光明城
LUMINOCITY

U0334340

看见我们的未来

Colin Rowe
柯林·罗

Fred Koetter
弗瑞德·科特

Tong Ming
童明 译

COLLAGE CITY
拼贴城市

同济大学出版社
TONGJI UNIVERSITY PRESS

目录

序一

关于现代建筑的凝视

童　明

1

“1973 年 8 月底至 12 月中旬，我和弗瑞德·科特（Fred Koetter）以一种高度专注的精神状态完成了英文版的《拼贴城市》。这是一次令人振奋的合作，随后在 1974 年 8 月刊的《建筑评论》（*The Architectural Review*）杂志上首次发表。”[1]

1996 年，在《拼贴城市》德文版的后记中，柯林·罗（Colin Rowe）仅用简短文字记述下本书的写作过程，它最初实际上是按照一篇期刊论文来撰写的。在这里，柯林·罗有可能出现了一次笔误，因为论文出版的时间事实上是在 1975 年 8 月。但这一笔误也可能不是无意发生，因为原本的刊登计划就是在 1974 年。1973 年年底的赶写虽然已经完成，但也许由于繁琐的编辑工作和反复的调整过程，论文的发表意想不到地被延缓了一年。

在此期间，本书的主要作者柯林·罗[2]通过与他在剑桥大学任教时期的学生迈克尔·斯宾斯（Michael Spens）进行联系，寻求将《拼贴城市》的文稿委托给伦敦的一家出版社以小册子的方式出版，并且于1974年7月签订了出版协议。可能是因为一篇期刊论文的容量似乎并不能令人满意地容纳书中想要表述的内容，更多的文字与图片需要补充于其中。但是随后这项计划就遇到不曾预料的困难，导致了严重的延误，以至于难以推动。好在MIT出版社随后对本书表达了兴趣，并决定予以出版。于是，在经历了重新排版和种种不顺之后，这一成形于1973年的论文直到1978年，才得以按照专著的方式付梓。

20世纪60年代末至70年代初，重要的建筑理论著作犹如井喷纷纷出版，在这一背景下，本该早些面世的《拼贴城市》显得有些姗姗来迟，柯林·罗显然对于延迟的出版过程充满了焦虑和不满。然而事实表明，时间方面的延迟非常重要，使得本书的内容显得更加充实而饱满。在大约长达5年的出版过程中，专著版的《拼贴城市》在内容方面有了极大的调整和扩展：第一、二、三章完全进行了重写，第四、五、六章的大部分内容也进行了重构，并且补充了作为案例说明的附录。于是相对于成形于1973年的论文版，1978年的专著版近乎于一场新生，在理论阐述方面有了更加完整的表达。

影响本书顺利出版的另一重要因素则是插图，因为图像为读者所提供的感知对于本书而言同样至关重要，专著版所采用的插图几乎重新更换。它们数量如此众多，不仅使得收集、整理工作十分繁重，也使得本书的出版变得近乎遥遥无期。此时幸亏柯林·罗的弟媳多萝西·罗（Dorothy Rowe）施以援手，在英国与美国之间来回穿梭进行协调，这项艰巨的工作才没有半途而废，但这也并非意味着出版过程的完满结束。

1976年3月，柯林·罗在德州大学奥斯汀分校任教时的同事伯纳德·霍伊斯利（Bernhard Hoesli）[3]获得了1973年的论文版书稿，随后就迫不及待地组织计划将其翻译成德文。同样也在经历了较长时间的译校工作后，于1984年由Birkhauser出版社出版。德文版的《拼贴城市》在英文版基础上缩小了开本，补充了一定数量的图片，并且在版式方面进行了调整，弥补了柯林·罗对MIT出版社英文版感到的缺憾。似乎直到此时，《拼贴城市》的出版过程才算正式画上了句号。

事实上，《拼贴城市》这部历史性著作的成形应该更早。1970年在伦敦建筑联盟（AA School）的国际设计学院（International Institute of Design）夏季会议上，柯林·罗向刚刚开始担任院长的阿尔文·鲍雅斯基（Alvin Boyarsky）[4]展示了《拼贴城市》的初稿，作为他在康奈尔大学执教城市设计课程7年后的一次理论梳理。如是而言，《拼贴城市》的构想大致成形于 1969 年。那一年秋天，柯林 · 罗前往罗马，开始了他在康奈尔的第一次全年学术休假。

这也是柯林 · 罗自 1962 年开始在康奈尔执教以来最为关键的时期。大量的教学思想和经验需要进行凝练，而这其中许多非常重要的内容不仅来自柯林 · 罗本人的思想发展，同时也来自他在康奈尔时期诸多杰出学生的共同参与。[5] 他们在设计课程与教学讨论中，对于这一重要的学术成就都作出了不少贡献。

60 年代末对于康奈尔的建筑教育而言，不仅是一个交汇期，同时也是一个转折点。在 60 年代初，由柯林 · 罗主导的城市设计课程起源于针对当时两种城市话题热议的讨论：一方面是关于传统城市的形态，另一方面则是关于在公园中的现代城市。教师与学生之间的集体性工作体现于柯林 · 罗与学生之间有关城市议题的讨论，因此，课程作业也展现了一系列不断发展着的议题，并围绕着“文脉主义”（Contextualism）、“冲突城市”（Collision City）、“拼贴城市”（Collage City）这些概念松散地组织起来。随后，设计课程中的许多想法逐渐引起广泛关注，因此，通过一个文本将这些思想梳理出来就成为一件很自然的工作，最后也就逐步演化成为《拼贴城市》这部著作。

值得注意的是，柯林 · 罗在构想《拼贴城市》之时，也正值自己学术生产的高峰之期，一些非常重要的著作相继出版。例如他的另外一本汇聚了早期作品的《理想别墅的数学及其他论文》（*The Mathematics of the Ideal Villa and Other Essays*）出版于 1976 年，甚至比《拼贴城市》的论文版还要略晚一年。[6] 这些大致在同一时期面世的作品写于不同年代，在思想方面存在着较大的反差，表现了当时的一种复杂情形，也折射出柯林 · 罗在 70 年代初的思想状况。

这表明《拼贴城市》的写作尽管存在着一个阶段性的过程，但相比于柯林 · 罗的其他作品，却是以一气呵成的方式完成的。这一集大成的论述并非预先设定，而是在先前著述的基础上已经初显端倪，各种思想内容在本书中多少有所呈现，并反过来影响了柯林 · 罗对于这些先前理论的梳理。如果稍加细究，《拼贴城市》的思想孕育可以回溯到柯林 · 罗 1959 年关于乌托邦（Utopia）的概念探讨，回溯到 1957 年在康奈尔对于卡米洛 · 西特（Camilo Sitte）的城市图形研究的初次接触[7]，甚至回溯到 1947 年在伦敦大学瓦尔堡学院（Warburg Institute）时期关于伊尼戈 · 琼斯（Inigo Jones）的柯文特花园（Covent Garden）的论文写作。所有这些写作过程都见证了柯林 · 罗对于现代建筑的一种特殊敏感，以及复杂的思想变化过程，其内容密集并且富有热忱，虽然成形于不同时期，但无疑具有多方面的关联性，因此需要通过一个更加全面开阔、更具时间距离的视角来进行视察。

《拼贴城市》是柯林·罗第一次依据整体框架的系统性写作[8]，这是一部关于现代建筑的思想史。他似乎需要通过《拼贴城市》来重新梳理自己思想中所存在的一些矛盾的、不一致的内容，同时也反过来进一步审视并发掘以往作品所带来的影响。

更进一步而言，《拼贴城市》既是柯林·罗对于自己学术思想的一次梳理和整形，同时也是关于二战以来建筑学思想的一次汇总和反思。

在《拼贴城市》思想开始逐渐成形的时期，罗伯特·文丘里出版了《建筑的矛盾性与复杂性》(1966)、《向拉斯维加斯学习》(1972)，阿尔多·罗西出版《城市建筑》(1966)，其他重要的学者如雷纳·班纳姆（Reyner Banham）、曼弗雷多·塔夫里（Manfredo Tafuri）、罗伯特·克里尔（Robert Kier）、文森特·斯库利（Vincent Scully）等等，都有重要的理论著作出版。[9]

在相关的城市研究领域，简·雅各布斯（Jane Jacobs）出版了《美国大城市的死与生》(*Death and Life of American Cities*，1961)，克里斯托弗·亚历山大出版了《论形式的综合》(*Notes on the Synthesis of Form*，1964)、发表了《城市不是一棵树》(A City is Not a Tree，1965)，亚历山大·左尼斯（Alexander Tzonis）出版了《走向无压迫的环境》(*Towards a Non-Oppressive Environment*，1972)，奥斯卡·纽曼在《可防卫空间》(*Defensible Space*）中呈现了关于衰毁的普鲁特 - 伊戈住区（Pruit-Igoe housing）的研究（1972)。

可以说，60 年代末、70 年代初是现代建筑思潮的一次震荡期，重要的时代性交融与变革在此时发生，许多理论批判针对现代建筑进行全面而认真的反思，并导致了整体思潮从现代主义向后现代主义的转变。《拼贴城市》恰如其分地成为这一变革的具体化身，并且由于极具知识批判性的威望处在这一运动的核心，召唤着一种新的思想趋向。

另外，大量聚焦于城市话题的研究小组及其研究话题云涌而出。在国际现代建筑协会（CIAM）于 1959 年解散后，十次小组（Team X）的主要成员[10]不断通过各自的实践发布着新的观点；此外，英国的城镇景观运动（Townscape Movement)、阿基格拉姆（Archigram）[11]，意大利的新理性主义运动（Neo-rationalism)，日本的新陈代谢派（Metabolism)，意大利的超级工作室（Superstudio)、阿基佐姆工作室（Archizoom)，以及尤纳·弗莱德曼（Yona Friedman)、康斯坦·尼文维斯

（Constant Nieuwenhuys）、巴克敏斯特·富勒（Buckminster Fuller）等思想家，不断通过各种各样的图纸、模型、拼贴画等提出关于未来城市的设想。

这一情形，堪比 19 世纪末、20 世纪初呈现出来的那种状态，托尼·加尼埃（Tony Garnier）通过工业城市（The Cité Industrielle）、埃比尼泽·霍华德通过田园城市、勒·柯布西耶通过当代城市（Ville Contemporaine）、布鲁诺·陶特（Bruno Taut）通过水晶之城、路德维希·希尔伯塞默（Ludwig Hilberseimer）通过大都市建筑（Grossstadt architektur），汉斯·迈耶（Hannes Meyer）、沃尔特·格罗皮乌斯（Walter Gropius）通过卡尔斯鲁厄的达姆斯托克（Karlsruhe-Dammarstock）等等，在新的技术条件和社会变革的背景下不断提出不同的城市愿景，对于先前已达共识的建筑理念形成了巨大冲击，这样一种缤繁纷杂的场景亟待一篇严谨的理论著作来进行反思。[12]

另一方面，《拼贴城市》也是在一种冲突背景下完成的。柯林·罗在构思和写作本书时，正值他在康奈尔的一段震荡期，亦是他学术生涯中的“黑暗危机时期”（dark period of crisis）。

1967 年，在阿瑟·德雷克斯勒（Arthur Drexler）[13] 的协助下，柯林·罗与彼得·埃森曼（Peter Eisenman）共同创办了建筑与城市研究所（Institute for Architecture and Urban Studies，IAUS），但是短短不到一年，由于与埃森曼之间发生了出乎意料的矛盾冲突，柯林·罗被排斥在这一学术组织之外。[14]

与此同时，柯林·罗在康奈尔的教学也陷入困境，这主要来自他与另外一位重要人物昂格尔斯（Oswald Mathias Ungers）[15] 之间的矛盾。大约在 1965 年，柯林·罗受邀前往柏林工业大学（Technical University of Berlin）参加教学评图，在昂格尔斯身上找到了志同道合的感觉，因为大家的共同兴趣在于如何将历史先例结合到一种新的现代观念之中。1968 年，在柯林·罗的力荐之下，昂格尔斯来到康奈尔大学担任建筑系主任。但是与“在柏林的非常和谐、鼓舞人心的时光”不同，两人很显然在教学方法、思想观念乃至意识形态上发生了严重的分歧，随后这种紧张局面达到了顶点。

1972 年 12 月，昂格尔斯解聘了跟随柯林·罗在城市设计课程中任教的三位年轻教师[16]，这使得柯林·罗非常生气和失望。1973 年 8 月，柯林·罗在给罗伯特·斯拉茨基（Robert Slutzky）的一封信中写道：“这里所发生的灾难至少还有一个好处：我可以‘忘了它’，忘了学生在教育方面将要面临的缺陷。现在总算可以把注意力集中在自己擅长的地方了。”[17] 这里所谓“擅长的地方”，应该是指柯林·罗在长期流动以及教学过程中，久而想之却未能付诸实现的理论思考与写作，他需要沉静地坐下来，专注而认真地梳理一下前一段时间所积攒下来的纷乱思绪。正是在这一时期，柯林·罗与弗瑞德·科特开始了《拼贴城市》的撰写。因此，《拼贴城市》与其说是一次在困顿中的转折，不如说是一个期待已久的新生。

柯林·罗与埃森曼、昂格尔斯之间所发生的尖锐矛盾，有个人性格方面的原因，但更多在于思想观念方面的差异。昂格尔斯在一篇纪念柯林·罗的文章中，以“一个不懂得‘时代精神’的人”(He Who Did Not Understand the Zeitgeist) 为题，回忆了与柯林·罗之间的交往，表明了两人在所持立场方面的差异。此时，柯林·罗已经对于现代建筑的形式语言及其内涵的乌托邦观念持有深深的怀疑态度。

如果将这一场冲突放置到更大范围的时代背景来看，柯林·罗这一学术生涯的转折似乎早已注定。1967 年 12 月在柏林工大举行的一次关于“建筑理论”的会议上，与会者们的发言受到了冷遇，甚至著名的建筑理论家西格弗里德·吉迪恩（Sigfried Giedion）的发言遭遇到嘘声。学生们打出标语，上面写着“每幢建筑都很漂亮，但是请停止建造。”两天后，大会在大规模的学生抗议活动中结束。柯林·罗显然对此感到十分震惊，此时他对于学生的政治倾向毫无兴趣，对于他们的所作所为非常反感，并认为相当愚蠢。[18] 但是这一次事件必定也给他造成了深刻的影响。一向不太关注世事的柯林·罗开始反思自己的学术路线，并触发了对于现代建筑整体性的反思。

事实上，在 1968 年柏林工大的事件中，昂格尔斯的事业也陷入了危机，因为“学生对理论、历史或概念性建筑问题没有任何兴趣。他们只有政治动机，希望改变整个社会”。[19]

触发这一时代性转向的事件，实际上是当时影响了整个西方社会的一场思想变革: 1968 年在巴黎兴起的“五月风暴”，在西德发动的“六八运动”(68er-Bewegung)，都是主要由左翼学生和民权运动共同发起的一个反战、反资本主义、反官僚精英等的抗议活动。本书所提及同时期在美国发生的“反主流文化运动”（Counter-Culture Movement），也呈现为反越战游行、马丁·路德·金遇刺以及各种激烈的民间冲突事件，这些浪潮也在不断挑战着先前的政治体制以及社会意识形态。

二战后，日益普及的大规模生产和消费不仅破坏了人与自然的关系，也造成了人际与社会的危机，并直接威胁到了传统的价值体系和道德规范，从而导致了一股强大的反对资本主义理性文化及其意识观念的浪潮，这使得柯林·罗一直所沉浸的现代建筑形式研究也显得与时代潮流格格不入。

面对现代主义建筑在社会现实环境中不断遭受失败的事实，柯林·罗急需重新梳理自己的建筑思想历程，融合当时的建筑思潮的转折，更重要的是，力图使得当代建筑学不只是被限定为一种特定的专业语言，而且与更为广泛的人文主义反思结合在一起。于此，《拼贴城市》反映了当时的社会与文化背景。

不难看到，《拼贴城市》的语境深受汉娜·阿伦特（Hannah Arendt）对于二战的反省，埃德蒙·伯克（Edmund Burke）、阿列克西斯·德·托克维尔（Alexis de Tocqueville）对于法国大革命的反思，以及卡尔·波普尔、卡尔·曼海姆（Karl Mannheim）对于乌托邦的批判性考察的影响。在意识形态方面，《拼贴城市》折射出针对 60 年代以来欧美世界对于资本主义工业文明危机的警觉，这里所谓的“危机”，则是指当时包括现实社会和思想文化在内的全面危机。而关于“危机”的讨论，则触发了本书的写作。

2

在以城市研究为背景的建筑学和城市设计领域，《拼贴城市》由于其知识与思辨的广度和高度，是一篇真正意义上的、划时代的理论著作，在建筑思想史中占有一种里程碑式的地位。

自面世以来，《拼贴城市》就成为学界内高度关注的研究对象，许多著名学府将其列为必选读物，然而它的深度和晦涩，也使得大量的读者望而却步，许多理解也仅仅停留于字面，甚至是一种歪曲的臆想。

这其中的原因一方面在于书中内容的高度浓缩。《拼贴城市》是一篇箴言式的著作，其内容虽是宏篇巨制，篇幅却不长。就在这样一本品貌不扬的简本中，作者的视野超越了一般的历史高度，言简意赅并且十分透彻地分析了 19 世纪以来现代建筑以及城市规划的历史过程，扫描了现代建筑的思想基础，它的哲学根源，它的传播内容，以及它的问题所在。为了保持叙述过程的连贯性与聚焦性，作者对文中所提及的大量人名和地名很少进行信息展开，这就为不少缺乏经验的读者带来了阅读障碍。

另一方面的原因则来自本书作者所持有的特定修辞风格。《拼贴城市》的行文方式并非遵循一种科学论文的体例，它的写作结构也并非顺沿一条清晰的线索，可以让人较为轻松地把握全局。在某种程度上，选择这样一种写作方式源自柯林·罗个人的文学习惯，他在行文中喜用长句，导致从句结构经常多重嵌套，常常令人深感难读。但是这样一种晦涩的状态也体现于大多数严谨的理论文章中。因为一篇具有深邃思想的批判性文章往往都很难阅读，它既需要同样具有深度的语境进行支撑，也需要在这样一种语境中从事激烈的思想辨争，再加上文中阐述的内容多元而复杂，丰富而变化，从而加大了阅读理解的难度。

那么，这本以拼贴为名，以城市为题，以繁冗晦涩著称的著作究竟在阐述什么？

其实作者在书中前言的回答也很清楚："这就是本书所要讨论的。其目的就是驱除幻象，与此同时，寻求秩序与非秩序、简单与复杂、永恒与偶发的共存，私人与公共的共存，创新与传统的共存，回顾与展望的结合。"[20]

这里所谓的幻象，指向的是现代建筑以及城市规划所描绘的各类愿景，以及为人类社会未来所带去的各种昭示。但之所以是幻象，是因为它们在现实中必然遭受到失败，以及根源上的垮台。于是写作本书的目的就是去寻求一种所谓的共存或结合，或者进而可以被理解为"拼贴"。

如何理解"拼贴"？

这一颇具涵义的理论术语显然并不可能通过一段简介性的短文就可以解释清楚，而是需要另起篇幅单独研讨。但是简略而言，作者在本书中将拼贴既作为一种用于理解的方式，也作为一种从事思考的策略，更作为一种进行操作的方法。

正如作者在文中所表露的，《拼贴城市》的思想基础来自法国人类学家克劳德·列维-斯特劳斯（Claude Lévi-Strauss）。关于现代建筑在城市研究中所体现的根本性问题，作者通过针对传统城市及其方法的研究，借助于《野性的思维》（*The Savage Mind*）一书中关于"拼贴"概念的解读，引介了与现代流行思想不同的另一种思维方式，显现了后现代主义思潮的兴起，而这也相应反映出对于另外一种策略的寻求。

然而，不了解这极为复杂的语境并不妨碍对于本书的直接阅读，因为从本质上看，《拼贴城市》是一篇逻辑结构严谨、思想内容深刻、文辞修养极高的著述，行文用语如同一把犀利的解剖刀，将浮于表面的角质一层层揭开，从而直达内核。因此在理解过程中，值得关注的是作者在理论研讨过程中所持有的这几方面立场：

1. 锐利的批判主义

《拼贴城市》始于针对那些不假思索的流行思想的批判，具体而言就是当时被奉为圭臬、广为普及的现代主义建筑思潮。柯林·罗尽管并不是最早针对现代主义建筑提出质疑的人，却是在二战后涌现出来的最坚定、最深刻的思想批判者之一。他经常在其文章中融入一种不合时宜的异见，有时甚至导致这些文章的发表并不顺利。[21]

在《透明性》以及其他早期论文中，柯林·罗所提出的关于建筑形式分析的严谨方法，矛头直指战后逐渐被制度化的现代建筑，指向它在文化领域中所呈现的权威主义的意识形态，以及隐藏在所谓功能主义之后的那种空泛内涵。这种批判性姿态使之从中发展出一种替代方案，成为他在所谓的“德州游侠”时期（德克萨斯大学奥斯汀分校）以及康奈尔大学初期发展出来的教学方法的主旨，并由此对于建筑设计方法研究产生了深远影响。[22]

但是柯林·罗批判精神的锐利性更多体现在针对自我的反思。伴随着《拼贴城市》的构想与写作过程，柯林·罗对于自己先前的一些思考也不断进行检讨，在许多场合中，他不断对于自己早年的“天真的黑格尔主义”（naive Hegelianism）进行嘲讽，并因此逐渐放弃了早期所倡导的分析形式主义（Analytic Formalism），因为这样一种理性化的分析过程容易被简化为一组固定的价值观，从而无法解释并应对现实中多元而矛盾性的问题。

柯林·罗的批判精神来自他本人的博学自信以及他对于现实领域的细致观察，在本书的结尾部分，他甚至对于作为本书最重要的思想索引的卡尔·波普尔也提出了质疑，[23] 但这种质疑却是源自一种由于这种慎密而来的包容性态度。伴随着对于功能主义、结构主义的批判，以及对于早期那种数学化的分析形式主义的放弃，柯林·罗在《拼贴城市》中接纳了对于现代建筑而言无法融入或者大逆不道的异质性因素，甚至心平气和地讨论起城镇景观、迪士尼等现象，并将其纳入到一种平等关系中。[24] 从这一角度而言，“拼贴”是从另外一种视角提出的另一种形式分析方式，从而避免了理想化的形式主义由于过度简化和排他性而缺乏包容性的那种自闭症特征，将建筑和城市的形式语言重新与社会的现实性、文化的多元性以及政治的多样性这类更为广泛的议题联系起来。

2. 冷静的理性主义

理性主义是奠定现代建筑发展的一块重要基石，可以说现代建筑也是启蒙运动的思想结晶。然而《拼贴城市》的重要性就在于针对这一基石的反思。

作者在本书中描述道：“当所有迷雾散去，我们可以发现，现代建筑的影响力与它的技术创新以及它的形式语言之间毫无关联。”[25] 这种态度也基本上体现了二战以来现代建筑思潮的一个重大转折，其本质就在于对现代建筑合理性基础的重新理解。虽然现代建筑运动表面上看似遵从于科学严谨的态度，但是在作者看来，它的整个逻辑关系实质上是建立在一种虚幻基础之上，从而成为一种科学畅想（science fiction）的神话，一种苍白的说教，甚至一种肤浅的装饰和托辞。现代建筑所寻求的新精神，最终导致为了变化而寻求变化的结果。

与许多其他针对现代建筑的批判者不同，柯林·罗并不为一种表面化的情绪所绑架，而是采取了一种更为冷静的姿态。他既未不假思索地延续现代建筑思想中诸如“时代精神”这样自闭、神谕的条框，将建筑视为自洽逻辑的推导结果，去倡导一种悖反的局面：现代建筑尚未成功，是因为现实不够理想；同时他也从未成为一名反理性主义者，以个人化、主观化的方式，不问缘由地否定那些与己不同的观点。

在本书的开篇，作者就引用桑塔亚那和帕斯卡尔的两段箴言，将思想领域中所存在的各类禁忌、权威的根源基础放置在显微镜之下进行详察，凭借于此，才有可能真正建立一种关于社会的理论，以及关于建筑的理论。

《拼贴城市》对于 20 世纪建筑理性主义思想的批判性反思，显然是从一种不同于科学理性主义的视角进行的。针对在推理过程中的不可抗拒力（force majeure）的视察，虽然从根本上向蕴含于现代建筑中的合理性基础提出挑战，但也相应成为了对于另一种合理性的坚持。

就如同哈贝马斯对于工具合理性与交往合理性的辨识一样，本书作者认为社会实践的合理性基础还需要兼容关于社会意识形态的考察，也就是针对历史中曾经出现过的各种乌托邦思想的考察。因为任何一种合理性行动必定是建立在某一特定目标基础上的，社会需要有意识地寻求其目标，并且根据这些目标去决定所采取的手段。

于是，《拼贴城市》关于现代建筑以及当代社会所面临危机的观点，本质上是从一种更为冷静的理性主义立场出发的，事实上也对现代建筑的理性基础进行了重构。也就是说，本书通过结合知识社会学的多重领域研究成果，进一步地恪守了启蒙运动理性主义的基本立场，并且由此出发针对现代建筑进行深入的探讨和研究。

3. 策略的现实主义

如前所述，《拼贴城市》的构想、写作时期，基本上也是战后现代建筑理论发展的一个高潮期，但这样一种趋向也相应造成了原本相互融合的理论与实践发生了分离。自 1960 年代后期以来，建筑理论的历史和批判领域逐渐充斥着的“结构主义”“语言学”“现象学”等各种时髦的标签化议题，“法兰克福、巴黎、符号学、结构主义、解构主义诱人的马克思主义色彩”，建筑理论的写作越来越成为了一个专门而封闭的领域。

柯林·罗显然充分意识到了这一点，与当时大多数的理论研究都喜爱吊书袋、深考据的方式不同，柯林·罗所恪守的仍然是一种建筑师的视角。他深感当今的建筑理论“已经沦为一种关于语言学和小技巧（bric-a-brac）的讨论，而不是去为建筑进行构想，我们顶多沉浸在为了批判而进行图画的状态”。[26]

为了针对当下的现实问题作出具体反应，柯林·罗显然在有意识地避免这种思想与实践之间的断裂。他并不效仿“书斋学者”的模样，在象牙塔的环境中进行纯粹的抽象性耕耘，以谋求构造某种新的“体系”（尽管这样的思辨性结果或者体系，也同样可以是对时代作出的反应）。同时他也竭力避免如同一些建筑师那样随想而发，缺乏理论纵深的系统性、连贯性、严密性，这也使得柯林·罗的大多数著述与其他同时代的建筑师出身的理论家有所不同。

柯林·罗所从事的是一种带有建筑师思维的理论性研究，这体现在他并不是简单地去支持或者反对某一种革命性的议题或者神话般的观点，而是以最为合理、最为务实的方式去认识自 20 世纪初期现代建筑在思想领域中所发生的巨大变革。可以说，柯林·罗的理论思想是一种带有视觉性的思维，因为他的文字所对应的必然是某种基于具体现实的图景，而这样一种带有图景化的思考过程，最具有建设意义。

同时，柯林·罗的理论思想也是最具策略性的，因为他非常清晰地意识到在概念与经验、物质与精神的二元论之间不存在一种调和性的可能。如何要在其中找到一条中间通道，首先需要放弃的就是那种革命的神话以及理想乌托邦的操作方式。因此《拼贴城市》的重要意义就在于，它把关于现代建筑及其设计理论的讨论，放置在城市这样一种现实而复杂的背景下来进行。

基于现实角度的思考，一直在推动着柯林·罗进行自己内部思想的变革。于是也就不难理解，《拼贴城市》一书淡化了对于单纯知识的倾斜，对于绝对标准的依赖，而是一如既往关注对于不可预知领域的操作，从而对于建筑设计思维产生一种激发。本质而言，奠定《拼贴城市》写作的，不是单纯的理论话语编写，也不是简单的设计操作描述，它的思想衔接着理论与实践。

4. 坚定的人文主义

在《拼贴城市》专著版的扉页，作者选用了一张来自罗马万神庙的天眼图片，整体的氛围呈现出一种令人震撼的完满和纯粹，同时也弥漫着一种冷酷与死寂。从黑色背景中所呈现出来的，是本书试图强烈抨击和摒弃的“单眼视域”，以及与之所对应的“整体建筑学”和“整体设计”（total design）的虚幻色彩。所要反衬的，则是本书所要论述的“拼贴”与“共存”的主张，这一主张反映了后现代主义在现实领域对于建筑及城市设计理论的重新界定，体现了一种依赖于上下文关系的文脉主义[27]的操作观念，以及一种对于传统主义的理解，一种基于人文主义的态度。

这样一种人文主义的态度来自更为广泛、更为当下的人文学科背景，可以说与维特科尔在《人文主义时代的建筑原理》一书中所探讨的那种人文主义有所不同，也与杰弗里·斯科特（Geoffrey Scott）在《人文主义建筑学》中基于愉悦性的那种人文主义存有差异，[28]并且更不同于那些基于好奇兴趣的建筑人类学研究。《拼贴城市》的思想并不是与之断离、另起炉灶，而是审慎地与某种单一导向概念保持适当距离。在柯林·罗看来，建筑需要在感官与思想之间保持一种微妙的平衡。或者换一种说法，《拼贴城市》所持有的态度是一种人文化的理性主义，或者说是一种理性化的人文主义。

在《拼贴城市》中，人文主义不是一种用于提供议题合理性的讨论背景，而是一种侧重语言学基础的思想立场，它关注于事情的发生过程。这样一种视角修正了现代建筑对于传统、习俗、经验的断然否定，同时也维护了现代主义开辟新的空间与机遇的可能，从而完善了现代建筑的合理性存在，也使之可以在一种不完美的现实中扮演更好的角色。

在这方面，柯林·罗深受英国保守主义思想的感染，与卡尔·波普尔、以赛亚·伯林（Isaiah Berlin）等人相对保守而温和的人文主义建立起了联系。他所秉持的思想观念是对达尔文主义那种偏激的物竞天择、适者生存思想的批判，以及对于一种渐进式的社会工程的推崇，从而避免以个人灵感为基础的乌托邦工程为现实世界所带来的灾难。

作者在书中提到，“如果一种有关‘事实’和数字的所谓的严肃理论可以解释一个充满疑虑的道德问题”，使得“建筑师沉迷于超级‘科学’或者‘自觉’自律的各种愿景，沉迷于亘古未有的虚妄的成效”，那么，“在一种社会达尔文主义——物竞天择和适者生存——的死灰复燃之际，对于世界各大城市的蹂躏就在持续进行着”。[29] 这样一种偏向之所以危险，是因为“它不仅可以为解放了的城市进行辩解，也可以为某一奥斯维辛（Auschwitz）集中营或者某一越南（Vietnam）的道德危机进行辩解，并且如果近来兴起的‘赋予人民权力’只能成为首选，那么这也需要大量的先决条件。在示范性城市或者构想性城市的背景下，也不能让对于简单功能或简单形式的关注去压制有关话语的风格及其实质的问题”。[30]

这些话语回荡着卡尔·波普尔在《开放的社会及其敌人》中的强音，这也就是柯林·罗为什么拒绝接受“时代精神”的历史指令，拒绝接受将历史理解为一种线性的发展进程，拒绝接受建筑与城市设计在现实中所期待的一种精确性。相应的，《拼贴城市》接续探讨了卡尔·曼海姆所提议的那种渐进式的社会工程，它不仅在考虑过去的基础上开辟了新的可能，同时也由于它的可参与性，使得一种可交流的社会集体成为可能。

因此，《拼贴城市》的基本立场是历史主义（historism）的，但不是历史决定论（histocisism）的。正是在这一层意义上，柯林·罗重新修正了现代建筑的基本含义，也就是说，现代与传统、过去与未来之间存在着断离与延续的辩证性关系，时代性的变化可能会给建筑设计带来新的思考因素，却无法在内涵中改变建筑的基本任务。由此，现代建筑是传统建筑的一种延续，当下是从带有上下文的语境中发展而来的，从而获得了一种属于自身的存在。

这也相应暗合了战后法国著名哲学家保罗·萨特（Jean-Paul Sartre）关于人文主义（人道主义）的界定。在《存在主义是一种人道主义》（*L'existentialisme est un humanisme*）一书中，萨特强调“存在”相对于本质的首要性，也就是人的本性并不是某种本质的附庸和显现，也不是虚无的混沌和紊乱，而是有意识地通过“存在”而达到自由与选择，并展示出人之所以为“人”的种种可能。同时，人也正是通过自身的自由和责任，从而与社会的其他人联系在一起，否则，人就只能像物一样存在，只能过着一种机械性和物质性的生活。[31]

因此，《拼贴城市》的写作原则是实践思维引导的，而不是本质主义先验判定的，诚如汉娜·阿伦特通过《人的境况》所谓的，人只有在与他人分享的“公共领域”的世界中积极行动（action），才能使自己获得意义。

人由于行动而得以存在，建筑经由实践而得以产生。

这样一种敏感的辩证关系，使得柯林·罗的思想产生了一定的混沌性，他说：“我宣布自己是一个不信教者，却为自己规定了传教士的角色。我想我希望提倡信仰，但也要颠覆信仰。最糟糕的是，我对‘操作’感兴趣——大概是思想和形式。但是，我认为，这些明显的矛盾可以消除。”[32] 然而这样一种混沌并不对他产生十足的困扰，相应地，这就是一种现实性的存在，这也就是为什么他需要在《拼贴城市》中引用亚里士多德的这段话：“一个人是否具备学养，就在于他能否在每一类事物的本质所容许的范围内，去寻求精确性”。[33]

3

对于现代建筑运动而言，第二次世界大战是一个分水岭，它不仅造成了实践序列在现实环境中的断裂，也形成了思想领域在内部竞争中的观念分化。在总体层面上，《拼贴城市》反映了乌托邦的社会理念在二战后的烟云消散，也反映了人们在这一过程中的深度迷茫。这既是在现代建筑领域中所存在的一种现象，也促使整个社会思想领域致力从事一种反思，并进而体现为后现代主义的思想潮流。于是《拼贴城市》一书所呈现的，正是关于现代建筑的一种凝视。

柯林·罗并不是最早试图针对正处于鼎盛时期的现代建筑进行反思的人，这样的一种异见与反思，实际上在现代主义运动兴起之初就已经广泛存在。然而大多数针对现代建筑存在问题的反思对于真正的实践环节难有触动，是因为这些反思要么仍在原有的轨道上继续驰骋，要么对于现代建筑提出武断性的否定观点，甚至在1970年代初，宣布现代建筑的死亡已经成为一种经常性的话题。

卡洛·阿尔甘（Giulio Carlo Argan）认为：“人们不能就这样简单地否定过去五十年间已经发展成为人类遗产的现代建筑。它消除了许多偏见，界定了空间、形式、功能的新概念；它在设计和操作方面都完善了新的工作方法；它建立了新的关系，一方面是城市规划，另一方面是工业生产。我们能否接受这一伟大的遗产，将这些形式和技术成就与产生它们的意识形态的倾向和利益分开？”[34]

柯林·罗显然也持有同样的观点。在他看来，现代建筑永远不可能完美无缺，因为在最为根本的层面上，它的德性与它的物性（它的意识形态和形式术语）并不等同。尽管现代建筑在意识形态层面存有争议，但是20世纪的现代主义运动并不能轻易抹杀。当前所面临的核心问题就是，如何在倒去洗澡水的同时保留婴儿。[35] 而事情的困难性就在于，如何在一种不完美的环境中去辨别并坚持某种值得的信念。

于是针对这种存疑的厘清，需要一种极度清晰的理论视角，以及一种极为宽容的思想境界。诚如书中所言："现在注意到最为粗鄙的复兴主义的手段是如何被曾经所谓的现代运动所采纳的，既不是要去谴责这种粗鄙的复兴主义，也不是要去彻底驳斥现代建筑；当然，它也不应被理解为是在谴责传教士的热情，或者暗示有关危机的信念全都是虚幻的。可以认为，危机确实存在，但也必须坚持认为，建筑师对于危机概念的兜售开始成为一种令人反感的陈词滥调，它现在已经成为一种迟钝麻木的批评伎俩，任何有责任感的人都应当尽力去避免。"因此，《拼贴城市》是一本探讨现代建筑如何失败的书，也是一本探讨现代建筑如何成立的书。在彼得·埃森曼认为，柯林·罗赞同的是现代建筑的目标，反对的则是它的空间表述方法，它的公共领域，以及它的城市规划。[36] 但是在柯林·罗自己看来，事情并不如此粗略。"对我们而言，现代城市似乎偶有美德闪烁若现，但仍然存在这样的问题：若以'现代'之名进行弘扬，如何使此美德名副其实。"于是，对于这一闪烁若现的美德的捕获，也就成为《拼贴城市》一书写作的主要目的。

革命？还是建筑？显然柯林·罗并不持有这样一种非白即黑的观点。他的不同之处在于，由于显然认识到在两难选择面前的那种困境，他并未重复以往的方式，要么陈词滥调、含糊其辞，要么主观武断、情绪用事，而是以更为现实、更加客观的态度，更为敏锐地参与到这类问题的探讨中。于是这里就呈现出《拼贴城市》既保守又开放的姿态，在坚持现代主义的同时，力图将传统因素重新融入其中，从而扭转了勒·柯布西耶在《走向新建筑》(*Vers Une Architecture*) 中所表达的那种激进主义的先锋色彩。

因此，《拼贴城市》是一本关于如何看待传统的书，也是一本关于如何探讨变革的书。长期以来，《拼贴城市》被誉为现代主义之后的思想著作，但它绝对不同于一度盛行的后现代主义建筑所呈现的那种率性的符号性拼杂。书中所谓的"拼贴"，在本意上不是一种简单、随意、缺乏意义的并置，所导向的不是"无所谓"主义，或者"都可以"主义。作为"拼贴匠"的建筑师所从事的，也不是形式主义、特征主义（ad hocery)、城镇景观、普罗主义以及其他人们可以任意选择命名的杂耍。"拼贴"既不是一种在单向思维中的简单选择，也不是在一种肤浅未来主义中所建议的简单调和，它是在真实性的道路上讨论如何可以同时并存，在一种辩证性的关系中寻求不可调和因素、不同观念价值之间的合作。这样一种"拼贴"，本质上是一种极为认真的实践行动。

因此，《拼贴城市》既是一本关于如何进行反思的书，也是一本关于如何行动的书。

从总体层面上而言，《拼贴城市》展现较多的是意识形态层面上的分析，但是在字里行间，特别是在所选图片中，透露出非常精湛的建筑形式分析。从图底关系分析到文脉主义思考，从文艺复兴时期的案例到现代建筑中相关的对应，以及对于久被忘却的诸如“剖碎”（Poché）这类传统设计方法在城市空间中的旧题重拾。

尽管“拼贴”是从其他领域中所借用而来的一种用语，但它实质上更接近于布扎设计方法（Beaux-Arts）中关于构成（Composition）的概念。只不过在“拼贴”这一用语中，一种操作性的意向被拓展到更为开放的状态。在书中所涉及的形式分析中，既有来自罗马帝国时期的城市要素，也有文艺复兴时期的宫殿府邸；既有来自巴黎的宏大场景，也有来自美国西部的广袤平原，甚至在文后附录中，作者提出了令人眼花缭乱的各种城市建筑的分类标准及解读方式，更显示拼贴操作及其意义的宽度与广度。

本书作者刻意地消解了时间维度所带来的隔阂障碍，以抚平“时代精神”“进步主义”在现代建筑中所带来的禁忌和断裂感，从而不仅把传统城市与现代城市放在同一层面上进行视看，而且更为清晰地表现出它们在观念和表象上的差异。作为一种涉及城市元素操作的建筑形式生成装置，这样一种实践导向性的形式分析，在本质上也对柯林·罗在德州大学奥斯汀分校时期在教学中所主导的那种透明性的形式分析作出了批判。它既可以理解为一种反转，也可以理解为一种修正与延续。

因此，《拼贴城市》提出了另外一种建筑的形式语言，一种修正性的现代建筑语言。这一形式语言接续了传统设计语言中的策略，但又在一种时间绵延体中，确认了创新的可能与通途，从而将建筑思维拓展到更为宽泛的领域里。

《拼贴城市》以不长的篇幅，呈现了一个宏大的历史与现实场景，其中汇聚了探讨现代建筑所涉及的众多人物与事件，不仅将目光延伸到那些被现代建筑运动历史有所忽略的豪克斯莫尔、索恩、勒琴斯、阿斯普伦特、佩雷、莫雷蒂、埃斯特伦、卢贝特金，同时也通过“刺猬与狐狸”的隐喻，将“拼贴”概念引申到艺术领域的毕加索、蒙德里安、艾略特、爱默生、乔伊斯、斯特拉文斯基等，同时更广阔的层面上，从思想领域的帕斯卡尔、黑格尔、马克思、波普尔、曼海姆、列维-斯特劳斯，到人文社会领域的卢梭、伯克、阿伦特、萨缪尔·约翰逊，时间横跨帝国罗马、启蒙运动、法国大革命……如此之多的内容线索并置在一起，使得任何一位读者想要准确地紧跟《拼贴城市》所阐述的思路，都是困难的。

当时任教于 MIT 的城市规划学家唐纳德·阿普里亚德（Donald Appleyard）在专著版的封底有一段关于本书的评述："当以一种粗略的眼光来看待这本书时，可以认为它是深奥的、晦涩的，当以一种怀疑性的情绪接触这本书时，我不得不认识到，它是启发的、启蒙的、闪亮的、睿智的，而它确实是启智而闪亮的，并且激动人心。"[37]

这一评述道出了大多数读者对于《拼贴建筑》形成的一种阅读观感。的确，这种阅读时的闪烁性阻碍了人们在从事理解时所期待的一种流畅感，因为它已经脱离了文本所要批判的那种科学格式的规范，其本身就是一种由标题、文字、图片、引述等内容所拼贴而成的思想杰作。这些内容因素似乎无意地并置在一起时，产生了意义非凡的关联，这就犹如一座精巧的建筑，各个要素密切却又不那么拘谨地紧扣在一起，从而摆脱了一种工程的状态，进入到一种艺术的境界。

柯林·罗曾说："建筑学是一项理智的事业，它将人的思想与行动计划之间原本的差异协调到一起。"[38]

如果以此作为一种基准点，尽管就柯林·罗的整个学术生涯而言，其研究领域、基本观点和理论著述曾经有过不少变化，甚至出现过一些不一致的矛盾之处，但是如果纵向来看，始终贯穿在他的全部学术生涯之中的，则是思想—策略—操作，理念—精神—形式，这样的一种视看主线。在他看来，如果建筑是人的思想之物，所塑造而成的建筑形式必然带着某种意图（Intention），因此反过来，凝结为物质形式的建筑就如同那许多有待释意的象形文字，关于现代建筑的信息也就不难破译。

这样一种比建筑师还要建筑师的思维方式，使得《拼贴建筑》的写作本身就成为了一种建构过程，这也使得本书就如同一座精妙的建筑作品，多重性的线索合理地交织于文本中，恰如在一种复杂的局面下去生成一座建筑。

这，也就是建筑作为人类丰富思想的具体表达，将永恒存在于人类社会中的一个重要原因吧。

1 Colin Rowe，Fred Koetter．Collage City[M]．Basel: Birkhauser，1984：275.

2 1980 年发表在耶鲁大学的建筑期刊 *Perspecta* Vol.16 上的“The Crisis of the Object: The Predicament of Texture”（《实体的危机：肌理的困境》）论文中，作者姓名的顺序为弗瑞德·科特与柯林·罗，可以判断，由于主持了《拼贴城市》中的该章节，科特的主要贡献较多集中于案例分析方面，而柯林·罗则主导了思想理论方面的阐述。

3 伯纳德·霍伊斯利（1923—1984）是著名的瑞士建筑师，曾经担任过勒·柯布西耶的助手，并负责过马赛公寓项目。霍伊斯利是柯林·罗在德州大学奥斯汀分校任教时的同事，二者一同进行了建筑课程改革。在短暂的“德州游侠”阶段之后，霍伊斯利回到瑞士，在苏黎士联邦理工学院（ETH Zurich）任教。霍伊斯利曾于 1968 年将柯林·罗与罗伯特·斯拉茨基的文章《透明性》翻译为德语，并作出了许多重要发展。在主持翻译《拼贴城市》时，霍伊斯利担任苏黎士理工学院建筑理论研究所（Geschichte und Theorie der Architektur, GTA）所长。

4 阿尔文·鲍雅斯基（1928—1990），加拿大建筑师。鲍雅斯基曾于 1965 年担任美国伊利诺大学建筑学院的副院长，1971 至 1990 年担任伦敦建筑联盟主席，在任职期间，他对实验性的坚定倡导，以及培养创造力的能力，促进了 70 年代以来建筑史上一些最伟大天才的蓬勃发展。

5 本书的第二作者弗瑞德·科特就是其中之一，其他还有汤姆·舒马赫（Tom Schumacher）、韦尼·库帕（Wayne Copper）、弗兰兹·奥斯瓦德（Franz Oswald）、杰瑞·威尔斯（Jerry Wells）、亚历山大·卡纳贡纳（Alexander Caragonne）、史蒂文·彼得森（Steven Peterson）、朱迪斯·迪马奥（Judith Di Maio）、大卫·肖恩（David Shane）等。

6 柯林·罗在构思《拼贴城市》一书的同一时期发表或出版的著作有：1967 年《“等待乌托邦”，关于罗伯特·文丘里〈建筑的矛盾性与复杂性〉的书评》（“Waiting for Utopia,” review of Robert Venturi’s *Complexity and Contradiction in Architecture*）；1968 年《关于雷纳·班纳姆〈新粗野主义〉的书评》（Reyner Banham’s *The New Brutalism*）；1968 年由霍伊斯利翻译、编辑出版了德文版《透明性》，此书基于柯林·罗和斯拉茨基写于 1955 年的文章《透明性一》，《透明性二》则于 1971 年在 *Perspecta* 发表；1972 年为《五位建筑师》（*Five Architects*）一书撰写序言；1973 年，柯林·罗写于 1956—1957 年的两篇《新“古典主义”与现代建筑》（Neo-‘Classicism’ and Modern Architecture）发表于《反对派》（*Oppositions*）杂志第一期；1974 年，柯林·罗写于 1953—1954 年的《性格与构成：19 世纪一些建筑词汇的变迁》（Character and Composition: or Some Vicissitudes of Architectural Vocabulary in the Nineteenth Century）发表于《反对派》杂志第二期。而这些文章连同更早发表的 1947 年《理想别墅的数学》（The Mathematics of the Ideal Villa），1956 年《芝加哥框架》（Chicago Frame），1959 年《乌托邦建筑》（The Architecture of Utopia）等文章一起，于 1976 年以《理想别墅的数学及其他论文》为题结集出版。

7 柯林·罗于 1957—1958 年间在康奈尔大学任教时期，第一次结识当时还在就读研究生的阿尔文·鲍雅斯基，并接触到卡米洛·西特的著作，被其中的图底分析方法深深吸引。

8 Colin Rowe，Fred Koetter．Collage City[M]．Basel: Birkhauser，1984：275．当时柯林·罗还计划写作另外两部著作，一部是于 1994 年以 *AD* 杂志（*The Architectural Design*）的专辑出版的《意图良好的建筑》（*The Architecture of Good Intentions*），以及始终没有进入写作议程的《本杰明·迪斯累里》（*Benjamin Disraeli*）。

9 在这一时期，雷纳·班纳姆出版了《新粗野主义》（*The New Brutalism: Ethic or Aesthetic*，1966）、《环境调控的建筑学》（*The Architecture of the Well-Tempered Environment*，1969）、《洛杉矶：四种生态的建筑》（*Los Angeles: The Architecture of Four Ecologies*，1971）；曼弗雷多·塔夫里出版了《建筑理论与历史》（*Teorie e storia della'architettura*，1970）、《闺中建筑学》（*L'Architecture dans le Boudoir*，1974）、《建筑与乌托邦》（*Architecture and Utopia*，1976）；罗伯特·克里尔出版了《城市空间》（*Urban Space*，1979）；雷姆·库哈斯出版了《癫狂的纽约》（*Delirious New York*，1978）。

10 来自英国的史密森夫妇（A.and P. Smithson）、来自荷兰的凡·艾克（Aldo van Eyck）、雅各布·巴克玛（Jacob Bakema），跨国组合坎迪里斯、尤西克和伍兹（Georges Candilis，Alexis Josic，Shadrach Woods）等，这些人物都曾在《拼贴城市》中有所提及。

11 也称建筑电讯派。

12 这些内容都是《拼贴城市》以及柯林·罗相关文章的重要参考文献，见诸文字和插图。

13 时任纽约现代艺术博物馆（MoMA）建筑部策展人。

14 在 1967 年创立建筑与城市研究所之前，彼得·艾森曼在普林斯顿大学（Princeton University）未能获得一席教职，于是来到纽约。IAUS 最初获得了现代艺术博物馆阿瑟·德雷克斯勒与柯林·罗的支持。但不久后，德雷克斯勒未能提供足够的来自 MoMA 的支持，柯林·罗也由于意见冲突被排除在外。

15 昂格尔斯也是詹姆斯·斯特林的朋友，柯林·罗经由斯特林的引介而得以与昂格尔斯相识。

16 其中包含本书的第二作者弗瑞德·科特，以及艾伦·奇马科夫（Alan Chimacoff）和罗杰·舍伍德（Roger Sherwood）。

17 Daniel J. Naegele．a brief biography [M] // Daniel J. Naegele．The Letters of Colin Rowe: Five Decades of Correspondence．London：Artifice Books on Architecture，2016.

18 O. Mathias Ungers．He Who Did Not Understand the Zeitgeist[C]//Emmanuel Petit．Reckoning With Colin Rowe：Ten Architects Take Position．New York: Routledge，2015: 69.

19 同上。

20 本书 51 页。

21 这一点可以在他在早期《透明性》一文中针对吉迪恩有关格罗皮乌斯作品论述所提出的不同看法中略见一斑。

22 在《建筑评论》中被尼古拉斯·佩夫斯纳（Nikolaus Pevsner）拒绝。

23 本书 225 页。

24 这方面着重体现在文丘里、布朗对于拉斯维加斯、迪斯尼现象的研究。

25 本书 55 页。

26 Colin Rowe. The Architecture of Good Intentions[M]. Wiley, 1994 : 9. bric-a-brac 的意思是（没有价值的）小装饰品、小摆设。

27 文脉主义（contextualism）的概念由柯林·罗首先提出，在康奈尔的城市设计课程中经常得以使用。

28 可以认为，柯林·罗早期的《理想别墅的数学》一文所意图秉持的是基于柏拉图哲学、毕达哥拉斯数学和欧几里得几何学的“智力形态”的一种人文主义思想。而同时受到另外一种人文主义思想的影响，即体现于杰弗里·斯科特《人文主义建筑学》中的文艺复兴时期艺术作品的身体意识。

29 本书 51 和 219 页。

30 本书 219 页。

31 由此不难理解，《拼贴城市》人文主义的立场仍是对于“本质主义”的抗拒，而人的“本质”也即人的“本性”不同于物的本质，它乃是人自由行动的结果。更深刻的含义还在于人的意识及其可能，是人的存在及其意识创造出人的本质。在这个意义上，“本质”——如果有的话——是存在所要求或建构出来的。

32 Colin Rowe. Architectural Education: USA [C]// Colin Rowe. As I was Saying (Volume 2). Cambridge: The MIT Press, 1996 : 54.

33 本书 51 页。

34 卡洛·阿尔甘（Giulio Carlo Argan，1909—1992），意大利艺术史学家与政治家，是 20 世纪意大利乃至全世界最重要的艺术学者之一。1976 到 1979 年间曾任罗马市市长，获意大利教育、文化与艺术功德金牌，并为美国艺术与科学院外籍荣誉院士。

35 Stephen Spender. The New Orthodoxies [M]//Robert Richman. The Arts at Mid-Century. NewYork : Horizon Press, 1954 : 4.

36 Peter Eisenman. Not the Last Word: The Intellectual Sheik [M]. ANY: Architecture New York,1998 : 66.

37 唐纳德·阿普里亚德（Donald Sidney Appleyard，1928—1982）城市设计师与理论家，《拼贴城市》出版社时在 MIT 任教。后来前往加州大学伯克利分校任教。

38 Architecture is an intellectual feat which reconciles the mind to the fundamental discrepancy of the programme. 引自：Colin Rowe. La Tourerre [M]// Colin Rowe. The Mathematics of the Ideal Villa and Other Essays. Cambridge: The MIT Press, 1976: 185-204.

序二

柯林·罗的思想传记（1938—1978）[1]

大卫·格雷厄姆·肖恩 ［著］
（David Grahame Shane）

江嘉玮 / 翟宇琦 ［译］

柯林·罗的人生经历仿佛伞兵空降一般（图1）。就像奥德修斯（Odysseus）那样，他每次总是从人生背景里的一个基准点出发，开始下一段征程。1920年，柯林·罗出生在英国的罗瑟勒姆（Rotherham），成长于南约克郡（South Yorkshire）的煤矿小镇迪尔尼谷的瓦斯（Wath-upon-Dearne）。这个地方正好位于唐卡斯特（Doncaster）、罗瑟勒姆和巴恩斯利（Barnsley）三座城市的中央，而罗的父亲是小镇上的教师。二战后，随着煤炭企业的国有化，他的父亲被聘为当地国家煤炭委员会的高级经理。高度工业化的城市以及小型的工业煤矿小镇被田野及乡村所环绕，形成了一种“农业—城市—工业”混合的高度反差，由工人阶级煤矿工及其工会控制。

1938年，罗从家乡的文法学校毕业，并获得了英国历史最悠久、规模最大的利物浦大学建筑学院的奖学金。入学不久后，他应征前往苏格兰参加伞兵训练。他在第 10 次跳伞训练时，不幸摔坏了脊柱，从而结束了军旅生涯，回到利物浦大学。柯林·罗的这段经历恰好可以用来比喻他不断空降到各种复杂情境之中的一生。他曾数度穿梭于大西洋两岸，这使得他身上叠合了若干个不同维度的“柯林·罗”。

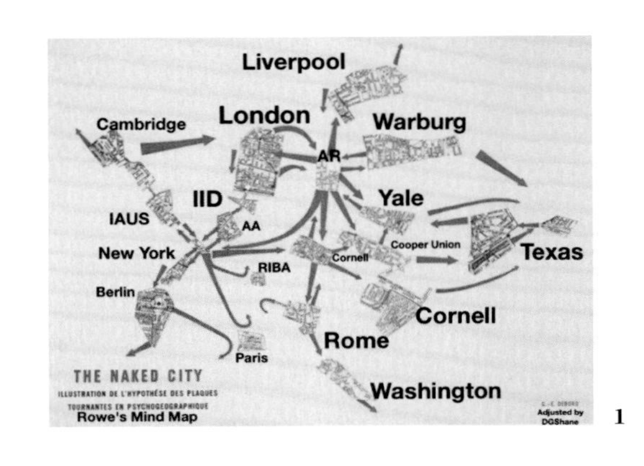

1

利物浦大学建筑学院曾经坐落于一座面朝广场的乔治风格（Georgian）式联排住宅。崇尚英国工艺美术运动（British Arts and Crafts）的查尔斯·莱利（Charles R. Reilly）、崇尚巴黎美术学院派（Beaux-Arts）的麦金托什（Mackintosh），以及来自美国的“麦金 - 米德 - 怀特”（McKim, Mead, White）事务所的建筑师，都曾领导过这所学院。正是在 1942 年，罗初次在苏格兰遇见了詹姆斯·斯特林（James Stirling）[2]。此外，罗日后还提到了当时流亡至利物浦教书的波兰现代主义建筑师。罗认为他们很重要，因为正是他们将柯布西耶式（Corbusian）的乌托邦激情带到了利物浦。罗的同窗罗伯特·麦克斯韦（Robert Maxwell）[3] 也提到罗在那个时候发现并开始传播当时流亡在英国的德裔学者鲁道夫·维特科尔（Rudolf Wittkower）关于帕拉第奥（Palladio）和手法主义（Mannerism）的著作。因此，当 1945 年从利物浦大学毕业后，罗就前往伦敦并成为维特科尔在瓦尔堡学院（Warburg Institute）的唯一学生。罗攻读的是建筑历史理论方向的硕士，论文研究的是伊尼戈·琼斯的绘图[4]。同期，罗还在帕特里克·阿伯克隆比（Patrick Abercrombie）爵士的伦敦事务所做一份兼职工作[5]。

在《如我所言》(*As I was saying*) 一书里，罗从未提及他在二战后一段时间内曾经的雇主，即伟大的英国城市规划师阿伯克隆比爵士。阿伯克隆比曾在利物浦大学任教，并在 1943 年创造了“城市设计”(urban design) 一词，在 1945 年组织了大伦敦规划（The Greater London Plan）。罗也没有提到阿伯克隆比的学生威廉·霍尔福德（William Holford），后者接替了阿伯克隆比在利物浦大学的教授岗位，讲授意大利的城市设计史，并为伦敦战后重建提供建议。罗的回忆录同样没有提到弗雷德里克·吉伯德（Frederick Gibberd），他是 1947 年哈罗新城（Harlow New Town）的设计师，并出版了具有先驱意义的城市设计教科书《城镇设计》(*Town Design*)[6]。

图 1　柯林·罗如同伞兵空降一般的人生经历

许多学者以及罗本人都写过他与瓦尔堡、维特科尔、弗里茨·扎克斯尔（Fritz Saxl）、贡布里希（Gombrich）、耶茨（Yates）等人的关系[7]。作为一名教师，罗特别看重恩斯特·卡西尔（Ernst Cassirer）的《英格兰的柏拉图式文艺复兴》（*The Platonic Renaissance in England*）一书[8]，这本书强调了在科学家弗朗西斯·培根（Francis Bacon）时代由新柏拉图主义者组成的剑桥学派。这些学者将科学与艺术、神话与魔法、化学与炼金术、数学与比例结合于一套由逻辑、语法与规则组成的体系。卡西尔强调保留在强大记忆系统中的形式（forms）、形状（shapes）、模式（patterns）和关系（relationships）的突变性（mutability）。罗也具有能够将记忆中的现实图像层叠处理的能力。罗的硕士论文将琼斯（Jones）的绘图与帕拉第奥百科全书式的《建筑四书》进行比较，进一步拓展了由惠妮（Whinney）所做的早期档案研究[9]。

罗的研究尝试验证了一个假设：琼斯在帕拉第奥著作的基础上来准备他自己的论著。这篇硕士论文像维特科尔和扎克斯尔的《英国艺术和地中海世界》（*British Art and the Mediterranean*）一书那样，追溯了意大利文艺复兴理论传入英国的历程[10]。罗的《理想别墅的数学》和《手法主义与现代建筑》（Mannerism and Modern Architecture）这两篇文章都确实得益于维特科尔[11]。尤其值得注意的是，维特科尔在帕拉第奥的《四书》基础上画出了一套以网格来组合排列的图解，即九宫格图解。罗在 1947 年发表于《建筑评论》的文章将这种网格图解应用到柯布西耶的别墅上，这令维特科尔大感意外[12]。这种九宫格图解，作为一种简单的组织思路和分类的工具，成为罗日后发展出的一种关键的空间分析图解。维特科尔在 1947 年给卡米洛·西特《遵循艺术原则的城市设计》（*Der Städtebau nach seinen künstlerischen Grundsätzen*）的英语新译本写了书评，并将西特的这本书视为对柯布西耶“机械乌托邦主义”（mechanical utopianism）的批判[13]，但罗仍认为维特科尔对现代主义“一无所知”[14]。

1947 年，CIAM 在布里斯托尔（Bristol）郊外的布里奇沃特（Bridgwater）举行了二战之后的第一次会议，即 CIAM 第六次大会。罗没有参加。《建筑评论》的两位编辑，英国 MARS 规划组成员莫尔顿·山德（Morton Shand，即斯特林未来的岳父）和理查兹（J. M. Richards），另外还有 CIAM 的创始人格罗皮乌斯、吉迪恩、柯布西耶、凡·埃斯特伦（Van Eesteren）等人都参加了那次会议。罗非常清楚，这种现代乌托邦背后的乌托邦理念和理想主义是促成战后重建的重要驱动力，而这种重建同时也是室内管道、中央供暖、电信等现代基础设施的一次系统化重建。在布里奇沃特以及在日后 1951 年于霍兹登（Hoddesdon）召开的 CIAM 第八次大会，柯布西耶都将他未建造的圣·迪耶（St. Dié）城市规划推广为现代主义城市及其功能主义空间的缩影，即"城市之心"（Heart of the City）[15]。在霍兹登的大会上，吉迪恩、罗杰斯（Rogers）、塞特（Josep Lluís Sert），甚至柯布西耶都谈到了地中海公共空间、民主和古典传统的理念[16]。

斯特林回忆说，罗在 1948—1951 年期间在利物浦时用维特科尔和扎克斯尔的大开本《英国艺术和地中海世界》作为教学工具。在罗的指导下，斯特林的论文以柯布西耶的圣·迪耶城市规划为原型，以比柯布西耶更谦逊的方式在平坦的网格状平面上设计了一个九宫格形态的市民广场（civic plaza）。这个市民广场布置了行政大楼、一处合院式的商业区、社区建筑、剧院等等，从而为规划中的未来新城构成一个微型的市民中心。与柯布西耶一样，斯特林创造了一个专为行人保留的市民区域（civic enclave）。斯特林的设计论文还详细地设计了一栋作为"社区建筑"的社交中心，它有演讲厅、会议室、餐厅、屋顶健身房等等，以三维方式清晰表达出来，架空在两个内部庭院上[17]。

1951 年秋，罗逃离了当时推崇城镇景观（townscape）的英国建筑界[18]。在获得了富布赖特奖学金（Fulbright Fellowship）资助后，他前往位于美国纽黑文的耶鲁大学学习。他求学于当初首次在瓦尔堡研究院遇到的亨利 - 罗素·希区柯克（Henry-Russell Hitchcock）门下。罗本人很敬重希区柯克，他认为后者既是一名历史学家，又是现代主义的领军人物，而且还是反法西斯主义者[19]。希区柯克出版了《绘画走向建筑》（*Painting Towards Architecture*）[20]一书，通过引用凯普斯（Kepes）的"透明性"（transparency）概念，将立体主义（Cubism）、抽象（abstraction）、现代建筑空间（modern architectural space）都联系了起来。罗在家信中将约瑟夫·阿尔伯斯（Joseph Albers）在耶鲁开设的关于现代艺术、色彩、光线、人物、场地、透明重叠的课程称为"这就是世界上正在发生的最好事情"。信中他还叙说了他与希区柯克一起驱车沿着东海岸考察，包括参观了菲利普·约翰逊（Philip Johnson）位于康涅狄格州新迦南（New Canaan）的玻璃宅（glass house）[21]。

当结束了在耶鲁大学的学习后，罗与另一位来自英国的访问学者一道开车游历了全美国。这位访问学者是罗在利物浦大学期间认识的交通规划师布莱恩·理查兹（Brian Richards）。在回程路上，他经历了那段被广为提及的故事，也就是巧遇了德克萨斯大学奥斯汀分校建筑学院院长哈里斯（H. H. Harris）的妻子，而哈里斯本人随后也为罗提供了教职[22]。这是他的德州游侠（Texas Rangers）阶段的开端。罗于1952—1953年来到了加利福尼亚州，并最终于1954年来到了德克萨斯州。他在奥斯汀度过短暂的3年时光。卡拉贡以及许多其他学者都认为，德州游侠阶段在罗日后的教学法及渐臻完善的批判思维体系的成型过程中具有核心地位[23]。在这条脉络里，罗在德克萨斯州持续地探求一种新的、反思性的现代性（reflexive modernity），将现代性的乌托邦元素与对历史的批判性阅读结合起来。从这一点看，罗延续了他在瓦尔堡研究院期间就已开始的研究，并尝试在德克萨斯创建一个新“学院”（Academy）。

在《德州游侠》一书里，卡拉贡详细描述了罗和霍伊斯利如何通过重组一年级课程来强调绘图和分析法。霍伊斯利在一年级课程中让学生以立体主义经典杰作的方式来对单点透视进行分层，该方法被证实是一种持久的教学工具。罗伯特·斯拉茨基是罗在耶鲁大学遇到的一位画家，他在受到立体主义的启发之后，将现代主义的深层、浅层和扁平空间的相互作用加进了一年级课程训练。约翰·海杜克（John Hejduk）基于维特科尔和罗的分析图而拓展出了九宫格图解，为一年级课程创造出一种创新的教学训练。这种教学以其灵活的、散布的平板而创造了一种格式塔（Gestalt）围合方式[24]，它以阿恩海姆（Arnheim）的理论为基础。在大二的课程里，他们增加了建筑尺度层面的技术要求。学生在最后一年做毕业论文前，在大三时增加了一个城市环节。在新课程体系中，他们让大三学生挑选一座典型的堪萨斯州小镇进行设计训练。

卡拉贡详尽地分析了霍伊斯利、海杜克、罗在1955年带的设计课，它以德克萨斯州圣安东尼奥（San Antonio）的洛索亚公园（Losoya Park）为基地，包括下穿街道的河流等复杂的三维城市设计问题[25]。罗和海杜克也针对德克萨斯州的洛克哈特（Lockhart）进行阅读，将这座城市视为反映了美国“农业—城市”关系的理想与象征。其中，代表着杰斐逊式民主（Jeffersonian democracy）的法院位于被商业、教堂和社区建筑包围的中央广场。街道网格和农场景观环绕着这一片市政核心区。在这种象征性的文化阐释中，洛克哈特成为意大利文艺复兴经典城市模型的一个变体。作为一名表达清晰的评论家与作家，罗与其他年轻的德州游侠们合作设计了这份雄心勃勃的新课程体系，它将历史作为富有教益的先例整合进了现代的设计课里。这套课程体系关联了一系列的讲座，均旨在创造一种现代的、建筑学的、混合的、第三类的空间新型制。当院长哈里斯退休而其他教员都拒绝这份新教学体系时，德州游侠被解雇了。罗在寻找新教职之际，向他的父母写了一封很长的解释信件[26]。

德州游侠雄心勃勃的教学改革计划落幕之后，成员们四散而去，罗又重新开始了他伞兵般的人生。1957—1958 年间，他搬到纽约，在库珀联盟与海杜克一起教学。海杜克在库珀联盟教书时，将平面九宫格改成了立方体，并针对立方体进行了旋转、拉伸，加入了墙宅、移动住所，最后还出现了象征要素（symbolic operative），也就是他的象征式“都市演员”（symbolic urban actor）。正如海杜克[27]自己说的，他通过图解来进行菱形住宅（Diamond Houses）和墙宅（Wall Houses）的旋转实验，这其实是将德克萨斯阶段的那种手法主义式的九宫格平面训练给延展开了[28]。此外，托尼·艾德利（Tony Eardley）记录了罗在此期间曾与朋友们一起参加过悉尼歌剧院的方案竞赛。

然后，罗在 1958 年短暂地来到常春藤联盟的康奈尔大学，这是美国排名第一的 5 年制本科建筑学校，共有约 500 名学生。在那里，罗遇见了加拿大建筑师阿尔文·鲍雅斯基。后者在 1959 年刚完成城市规划硕士学位论文，论文研究的是西特的文脉主义观点，该观点反对维也纳现代建筑造成的开敞且空荡的空间[29]。当鲍雅斯基与城市规划系的教授帕森斯（K. C. Parsons）共同工作时，也正是乔治·柯林斯（George Collins）和玛丽·柯林斯（Mary Collins）在哥伦比亚大学维特科尔门下研究西特（维特科尔在 1947 年一篇书评里写过西特）的阶段[30]。

罗在这段康奈尔时期里开始质疑他自己和斯拉茨基所强调的不同空间场域里的正面（frontal plane）和透视层次（perspective layering），并以此作为重新思考城市的契机。鲍雅斯基关于西特的硕士论文也支持了罗的这种直觉。西特展现了城市设计师如何将具有形态的实体（figural object）甚至是向心式的、理想化的宗教建筑嵌入城市肌理中，令它们与具有形态的空敞地带（figural void）（比如那些规则或不规则的广场）相依为邻。西特还展现了维也纳的环形大道宽敞开阔的现代空间是如何同样能够被公寓建筑及新的市政空间来重构的。西特认为，具有一定形态的公共空敞空间（figural public void）表达了当地的社区生活。在西特对维也纳中世纪广场和教堂布局的微观语境分析（micro-contextual analysis）中，经典原型是被当地元素所改造和转化的，正如扎克斯尔和维特科尔追溯了从意大利到英国的古典形式的转变历程。

1958 年，罗 38 岁，他回到英国剑桥大学建筑学院。他这次在剑桥总共待了 4 年，教一个 3 年制的本科班，班里共约 60 名学生。系主任莱斯利·马丁（Leslie

Martin）在 1956 年上任，他聘请了斯特林和艾德利在剑桥大学建筑学院教学[31]。据当时仍是学生的尼古拉斯·布洛克（Nicholas Bullock）回忆，罗当时虽然深受学生喜爱，但在学院的发展并不顺意。马丁冷落了罗，拒绝给他发放正式的学院聘书，因此罗只能作为一个局外人，连吃住都不在剑桥校园里。学院要求罗讲授他自身并不感兴趣的哥特建筑史[32]。如此造成的结果是，除了与马丁当时的副手桑迪·威尔逊（Sandy Wilson）保持了长时间友谊，罗作为一名讲师其实在剑桥的建筑学教员群体里是很孤立的。不过，来自美国的研究生杰奎琳·罗伯逊（Jaquelin Robertson）和彼得·埃森曼则认为罗是一位友善的良师益友[33]。当时，罗还喜欢驾驶着他的苏格兰本科生迈克尔·斯宾斯（Michael Spens）的跑车穿越剑桥小镇，而斯宾斯后来也成为一位杰出的景观设计师。后来，罗在剑桥大学建筑学院的学生杂志《格兰塔》（*Granta*）[34] 上第一次发表了他对现代主义都市观及其乌托邦的批评[35]。马丁在 1966 年创立了剑桥土地利用与建成形式研究中心（Cambridge Land Use and Built Form Study Center）[36]，在罗看来，这个组织代表了马丁妄图用数学来构建理想城市（ideal city）的错误梦想。罗与以马丁为首的剑桥建筑学教员群体在对待现代主义以及建筑学设计方法的态度上产生了对抗。

在剑桥阶段，罗写了关于斯特林和高恩（Gowan）极具纪念碑性的丘吉尔学院（Churchill College）方案的文章，谈到了该方案所包含的宽阔虚空形态的庭院以及 5 个像是“福利国家的布伦海姆（Blenheim of the Welfare State）”那样的实体形态[37]。此外，罗还写了一篇专门评论柯布西耶的拉图雷特修道院（La Tourette Monastery）[38] 的文章。他认为拉图雷特修道院是一件在空间三维层面的“杰作”[39]——呈现为虚空形态的中心庭院被架空的修士房间三面围合起来，修士房间下方是一系列的共有空间，比如膳房和修士议事厅。走廊在教堂底部的斜坡景观中逐层向下一直到达修院的教堂，教堂是一座像独立物件那样的建筑，它构成了这座修道院平面形态上的第四个面。与此同时，斯特林和高恩从 1957 年开始在他们的莱切斯特大学实验楼（Leicester Laboratory，1963 年建成）设计方案中拼贴了来自英国工业时代乡土的以及现代主义建筑史上的碎片。该实验楼以其强有力的竖向轴线主导了邻近公园的景观，该竖向轴线由坡道、整齐的楼梯以及塔内的电梯竖井表达出来。这座建筑从不同的透视角度表现了不同的轮廓，如同毕加索的《阿莱城的姑娘》（*Arlésienne*）那样将字面的（literal）和现象的（phenomenal）透明性都结合起来，围绕着一个压缩的、内卷式的、循环的中心柱而在建筑的剖面空间内上升。

在 1956 年，罗和斯拉茨基使用了扁平化的图解方法（flattening approach）；斯特林和高恩 1957 年在莱切斯特大学实验楼设计里，在内部竖向交通空间形成的虚空形态里对现代主义的三维元素进行拼贴——这两种方法形成了极为强烈的对比。在莱切斯特大学的校园里，这栋实验楼无疑是一个自信满满的、充满雕塑感的物体形态，它在外观上是一座被红砖所覆盖的组合体[40]。它重组了柯布西耶、赖特（Frank Lloyd Wright）、俄罗斯结构主义、维多利亚时代的工厂和玻璃屋等理想化的碎片，标志着它属于那种超现实且自由得如同“德克萨斯州餐巾”一般的空间传统（Texas napkin spatial tradition）。卡拉贡描绘过这种传统，而霍伊斯利在他瑞士译版的《透明性》（*Transparency*）里也同样描绘过这种传统[41]。当罗从柯布西耶式的空间典码（Corbusian spatial codes）研究转向文脉主义[42]并提倡融合传统城市时，他进一步探究了实体与虚空图形之间的模糊性。与此同时，凯普斯在麻省理工学院的学生凯文·林奇（Kevin Lynch）出版了《城市意象》（*The Image of the City*）一书[43]，而简·雅各布斯则出版了《美国大城市的死与生》[44]。

1962 年，罗前往康奈尔大学任教，并在次年获得了终身教职。从那时起，罗终于让自己从剑桥大学的学术压迫里解脱了出来。在康奈尔阶段，罗在秋季学期教文艺复兴，在春季学期的本科历史讲座课程里教现代建筑。《都市化美国的诞生》（*The Making of Urban America*）一书的作者约翰·莱普斯（John Reps）教授曾建议罗给研究生开设一门城市设计专业课[45]。此前，塞特于 1960 年在哈佛大学开设了一门类似的课程。甚至可以说，路易·康（Louis Kahn）在更早时在宾夕法尼亚大学开设的公共建筑设计（Civic Design）课也算是城市设计专业课的前身[46]。罗新开了这门课后，选课的学生很少，而且以外国学生为主。最早期的设计课主要研究伊萨卡向其新机场方向的郊区扩张，研究如何抵制新高速公路沿线的呈条形排列的商店[47]。不过，经过罗本人广泛的朋友圈推荐，更多学生开始来到这门研究生课。至 1966 年，来自俄勒冈州的弗瑞德·科特和迈克·丹尼斯（Mike Dennis）经过霍奇登（Hodgden）和鲍雅斯基的引荐而来，弗兰茨·奥斯瓦德经过苏黎世联邦理工学院的霍伊斯利的引荐而来，而汤姆·舒马赫则是毕业于康奈尔大学的本科[48]。

罗后来获得了两个受委托的文脉主义城市设计（UD）项目，这些学生组成了这两个项目的学生团队核心。第一个项目是在 1967 年纽约现代艺术博物馆的第一届城市设计里为纽约市的哈莱姆（Harlem）做城市设计，第二个项目是 1969 年为纽约州的布法罗（Buffalo）做城市设计。在这些项目中，罗跟随莱普斯的方法，将快速发展的美国城市里的那些巨大且理想化的网格碎片隔离开来，支持历史街区的更新并融入这种理想化的城市碎片。布法罗的中央广场与洛克哈特的相似。在为赞助商准备的小册子里，奥斯瓦德绘制了阐释这些分析的重要几何图解。罗的团队深入研究了位于巨型的、超柯布西耶式（mega-Corbusian）的空间碎片之间的无序空隙（disordered interstice），还研究位于多层、线性延伸、锯齿状的公寓楼群旁边的大型高速公路，以及功能含混的、复杂的、纪念碑式的连接式建筑群（junction buildings）。它们的尺度已经远远超过了柯布西耶设计的国际联盟大楼方案或圣·迪耶的规划方案。在罗的团队做的方案里，锯齿状的建筑群形成了一个由沿着滨水线布置的 5 个边长为 800 英尺（ 230 米）的正方形大庭院所构成的城市肌理，它的背后则是一条沿街布置的长达 4000 英尺（1300 米）的连续建筑界面。当时，哈莱姆经常发生骚乱，在它的城市设计方案里，罗的学生团队与迈克尔·施瓦汀（Michael Schwarting）一起，将城市设计介入的范围缩小至街区尺度，填充并增建了小型高层建筑。罗的设计团队将微观的城市语境设计策略发展到了碎片化的城市肌理中，这种方法与昂格尔斯于同一时期对柏林（Berlin）的城市碎片研究是互相平行的。另外，罗尤其赞赏雷纳·雅加尔斯（Rainer Jagals）在柏林的手绘以及对城市微小尺度的绘画[49]。

1967 年，罗在柏林的某次会议上认识了昂格尔斯[50]。随后，1968 年他与埃森曼在纽约创建了建筑与城市研究所（IAUS）。1969 年秋，罗前往罗马，开始了他在康奈尔时期的首次年假（sabbatic）。此前，罗一直协助昂格尔斯（他也是斯特林的朋友）来康奈尔大学建筑学院当系主任。他在昂格尔斯身上找到了志同道合的感觉，这似乎预示着他已经为如何将历史先例结合进一种新的现代性创造了一个很好的开端。但是，罗仍然对现代主义的乌托邦观念持怀疑态度。与之相反，昂格尔斯在 1970—1971 年间研究了美国的乌托邦聚落，而且他还在那一年花费了康奈尔建筑学院很多预算来邀请所有已经年迈的十次小组成员来伊萨卡教学。如同库哈斯所述[51]，在 1968 年柏林自由大学（Free University of Berlin）的学生动乱之后，昂格尔斯的事业就已陷入危机，正如罗以及他所推崇的现代主义角色在伊萨卡的争取公民权和反越战示威游行中也陷入了危机。

1970 年，罗参与了鲍雅斯基在伦敦主办的国际设计学院（International Institute of Design）的夏季会议，并向他展示了《拼贴城市》（*Collage City*）一书的首轮初稿。在《如我所言》一书中，罗描述了康奈尔研究生城市设计课程的三个阶段：第一阶段（1963—1970），主要涉及文脉主义；第二阶段（1970—1972）是一个带有危机的“黑暗时期”（dark period），他与科特开始酝酿构思《拼贴城市》；第三个阶段（1974—1999），罗带领学生们以参与“断裂之罗马”（Roma Interrotta）竞赛的契机，探索了城市拼贴（collagist）的策略。

20世纪70年代初，罗在康奈尔大学的文艺复兴讲座系列包括理想城市，以及作为日后巴黎美术学院式（Beaux-Arts）城市规划先例的大尺度巴洛克花园布局。罗在他的现代建筑讲座系列中仍然强调柯布西耶的住宅建筑设计的价值，甚至还赞扬柯布西耶的乌托邦城市理念中的力量。然而不久之后，罗的讲座以高度发达的文脉主义方法批判了柯布西耶的城市梦想，他开始往自己的讲座里重新整合进历史及象征性维度。这些维度，假如说与他老师维特科尔的几何学不直接相关，那么它们跟瓦尔堡也就只有些许松散的联系。罗自身的这段文脉主义历史涵盖了他日后在《拼贴城市》里使用的许多插图，比如，贡纳·阿斯普伦特1922年的斯德哥尔摩皇家总理府（Stockholm Royal Chancellery）竞赛方案。当罗和科特为如何重建城市设计这个年轻的学科焦头烂额之时，他们的城市设计课程又不由自主地对哈莱姆和布法罗这两座城市做了大规模的总体规划。汤姆·舒马赫在《美丽家居》（*Casabella*）杂志上发表的文章《文脉主义：城市理念与变形》（Contextualism: Urban Ideals and Deformations）[52]提高了罗的城市设计课的知名度，并清晰地解释了罗在1960年代的城市设计策略。

从70年代初起，罗遭遇了这样的双重僵局：第一，昂格尔斯抵达康奈尔后与他产生了嫌隙；第二，位于纽约的建筑城市研究所被埃森曼夺走，罗受到埃森曼的挤兑。他几乎花了三年时间来化解这个双重僵局。在《如我所言》中，罗将他带设计课的这段时间描绘为“阴暗时期”。罗针对伊尼戈·琼斯设计的科文特花园的密集且片段化的中心区域如何介入城市设计发起了讨论，而我当时在康奈尔大学的硕士论文《伦敦的城市模式研究》（*Urban Patterns in London*）[53]正是参与了这个讨论。这次设计需要新的微观及宏观策略的介入，与十次小组的总体规划策略完全不同[54]。罗写道：“1970年1月，我从罗马回到了康奈尔，这时的设计课学生已经是一个完全不同的新群体。此时，一场浩大的文化事件已发生。但学生并非都抱有敌对态度，他们只是坚决不要联排式建筑（Zeilenbauen）。也就是自那时起，学生要的是传统城市（trad city）和传统城市街区（trad city blocks ）。”[55]在对科文特花园的案例研究里，新策略包括步行街（如哥本哈根，1963年），微切口（micro-incisions），微插入（micro-insertions），新的小广场（带有地下停车场），一片呈现嬉皮士风格的保护与更新（hippy style preservation/renovations）街区。另外，他们还与科文特花园的当地社区组织进行合作。

鲍雅斯基组织了国际设计研究所（IID，即 International Institute of Design），而科文特花园项目其实是在这个研究所举办的首次夏季研习营的丰厚背景积淀中发展起来的。其中，鲍雅斯基、斯特林、布莱恩·理查兹都是评委[56]。其他毕业于利物浦大学的学者，比如麦斯威尔、山姆·史蒂文斯（Sam Stevens）也参加了国际设计研究所的伦敦夏季研习营，一同前来的还有阿基格拉姆的成员，以及雷纳·班纳姆，还有曾是剑桥大学研究生的塞德里克·普莱斯（Cedric Price）。阿基格拉姆还带来了国际化的年轻一代，包括伯纳德·屈米（Bernard Tschumi）、蓝天组（Coop Himmelblau）和超级工作室。至 1975 年，当罗和科特为《拼贴城市》一书发展出了设计策略时，罗在彼得·库克（Peter Cook）主持的"概念建筑"（Conceptual Architecture）会议上与查尔斯·詹克斯（Charles Jencks）争辩。罗认为"如果没有乌托邦，那么城市只不过是具有历史和当代片段的博物馆集锦。"罗还用一种相当瓦尔堡学派（Warburgian）和波普尔式的（Popperian）的术语来谈论对传统进行更新的必要性，对传统的时常背叛也导向了创新[57]。目前，面对没有总体规划的复杂城市，面对多中心以及拥有不同空间想象并以碎片化的方式参与城市建设的城市行动者们（city actors），城市设计在城市发展进程中的身份与地位很模糊。

1973 年后，科特离开，罗独自继续带他的城市设计课。直至 1976 年，他开始发展出一种非柯布西耶式（non-Corbusian）的城市词汇，将他的设计典码转向了"图形虚空"（figural voids）。如同赫德格（Herdeg）和丹尼斯（Dennis）在 1974 年的"城市先例"（Urban Precedents）研究里所展现的，图形虚空（figural voids）完全构成了历史城市的中心。这项研究获益于当时的理性主义复兴（Rationalist Revival）浪潮：得益于阿尔多·罗西（Aldo Rossi）及其《类比城市》（*Analogical City*）的图绘[58]，以及罗伯特·克里尔（Rob Krier）的《城市空间的理论与实践》（*Stadtraum in Theorie und Praxis*）[59]。罗还了解到 1976 年的罗斯福岛（Roosevelt Island）竞赛，在这个竞赛里，昂格尔斯提出了一个由街道和街区围合出一个微型中央公园（Central Park）的方案，罗斯福岛也就成了一个微型的曼哈顿岛。科特和金（Kim）[60]在波士顿（Boston）也设计了一个有街道与广场理想片段的方案，并以此作为设计概念，日后于 1980 年代在伦敦的金丝雀码头项目中与 SOM 公司合作。彼得森·里滕伯格（Peterson Littenberg）赢得了巴黎的中央大市场（Les Halles）设计竞赛[61]，他在方案中构建了理想化的城市片段，用内部花园来使不规则的场地趋向稳定。

对于柯林·罗的思想传记，本文选择将1978年作为写作的结束年份。不过，由布莱克·米德尔顿（Blake Middleton）编辑的《康奈尔建筑学杂志》（*The Cornell Journal of Architecture*）与罗的《如我所言》第三卷“城市规划与城市设计”（Urbanistic）[62]等书里包含了罗在1978—1990年期间的许多理想化的城市设计。米德尔顿描述了罗如何再度吸纳了一个能够在学术创新性上与1960年代的学生团队相提并论的新团队。这批新的学生将高层建筑与高密度的周边街区结合起来，以街道的回归为导向。这个新团队的研究能力可以媲美罗自己在“断裂之罗马”时期的团队[63]。

结论：回顾罗40年的思想历程

本文作为柯林·罗的思想传记，在一开始提出的问题是，在一个快速变迁的世界里，罗是如何在其不断移动的40年职业生涯里成功生存的？本文认为，罗之所以能在学术水平和职业发展中稳步推进，得益于以下三套基本典码（code）。

第一套典码来源于古典主义和新古典主义的传统，正是这一点最初吸引他来到瓦尔堡研究院和维特科尔的门下。这代表了欧洲文化里的一条漫长的线索。这条线索在多种多样的建筑和城镇形态中都有特定的表达，并始终由平面及透视中的几何比例感所控制着。从城市的角度看，这条线索始于文艺复兴，经由帕拉第奥与伊尼戈·琼斯等建筑师逐步进入了美国的小城镇规划实践里，即用一片图形虚空（figural void）围绕中心的象征性建筑进行城市规划。

第二套典码是现代主义及其各种乌托邦理念，它们构成了罗自身稳定的三元思想结构中的第二条线索。在现代建筑里，现代性呈现了多种形式；但在城市层面，它几乎意味着都集中于柯布西耶的项目，从三百万人口的城市（City of Three Million Inhabitants）到国际联盟总部的设计方案，再到圣·迪耶的城市规划。即便罗试图与斯拉茨基一同将立体主义的碎片化思路纳入进来，但不可否认他仍继承了维特科尔对几何平面图解的重视。这种方法将现代主义式的图形物体（figural object）打散，然后布置于一片理想化的平面图形之内，这也就产生了建筑和城市的片段。罗仍然希望，有这方面觉悟的现代设计师能将这些建筑和城市的片段整合到场地里一个虚拟的、实际上不存在的中心的周围。在这种文脉主义的后期阶段，例如奥斯瓦德为布法罗城做的几何化规划图解设计里[64]，依旧保持了一种能够潜在地进行概念性整合的假想力（fiction）。这是一条继承自维特科尔的思想线索。

在罗的稳定三元思想结构里，第三套典码是为新的空间秩序体系构想出所谓的“第三类空间”（third space）。这类富有想象力的空间饱含连续性与变化，它令罗成为一名思想的伞兵，将各种文化成品视为能获得新意义的、可重组的象征体系，从而形成具有丰富潜力和新解释可能性的元历史（meta-histories）。在城市层面，第三类空间能将像柯布西耶的国际联盟总部那样的现代主义层次（modernist layering），以及像慕尼黑的新古典主义城市重构那样的城市空间一并包含进来。但最重要的是，这种第三类空间能够允许一种复杂的、开放的、混合的体系。正如罗在他的“断裂之罗马”参赛方案里所表达的那样，该体系能够容纳场地上更早期的城市体系及景观。罗根据大量的信息流（flow of information）清晰表达出了他的元历史思考，并基于《拼贴城市》一书创建了符合他自身数据库的“信息元城市”（meta-city of information）。所有参加“断裂之罗马”竞赛的设计师都在这一富有想象的信息空间中以他们各自的叙述方式来操作。

综上所述，从 1938 年到 1978 年，罗至少三次改变了他自己的城市空间典码（urban spatial code）。这三套不同的典码在罗不同的人生阶段分别占主导地位。其实在最早的时候，当罗栖居于像利物浦或伦敦这种带有乔治风格的城市里，他内心已经有了一个未曾表述出来的城市假设。随后，他的第一个典码（姑且以 A 来表示）出现在他投身于研究柯布西耶的圣·迪耶城市规划的现代乌托邦（modern utopia）里。接着，他的第二个典码（B）包括了在德克萨斯期间与斯拉茨基一同对现代主义的质疑，并在立体主义中探寻对现代主义的反思。这种反思促使罗在对柯布西耶的国际联盟总部方案的分析里突破了维特科尔对帕拉第奥的封闭式分析程式，并开始导向了他在康奈尔阶段的早期文脉主义。罗与科特一同构思出来的第三种典码（C）则涉及对已被众人遗忘的新古典主义城市的重新发现，从而令典码 A 与典码 B 能够混合成为一种囊括了城市景观（但要注意，该理论并未包括小汽车）的元城市理论（meta-city formulation）。罗在一段时间内拒斥了乌托邦，后来他再次回归古典，这令他有能力将城市描绘成一个博物馆，并进而导向了他最具元历史之集大成者的“断裂之罗马”竞赛设计方案。罗在 40 年的学术职业生涯里完成了这三套城市空间典码的转换，成为了他留给后人的最传奇、最具反思力的思想遗产。

1 译者注：限于《拼贴城市》新译本的篇幅要求，本译文对作者大卫·格雷厄姆·肖恩（David Grahame Shane）的英文原文（Notes towards an Intellectual Biography of Colin Rowe [1938-78]）进行了删减。

大卫·格雷厄姆·肖恩，美国哥伦比亚大学建筑与城市规划学院城市设计专业教授。1969 年毕业于英国 AA 建筑联盟学院（Architectural Association School of Architecture），随后前往美国康奈尔大学受教于柯林·罗，获得城市设计专业硕士学位和建筑与城市历史专业博士学位。曾经在库柏联盟学院、伦敦大学、香港大学等院校任教，在美国和欧洲许多城市就建筑和规划问题展开演讲。其主要著作包括 *Recombinant Urbanism: Conceptual Modeling in Architecture, Urban Design and City Theory*（2005）、*Urban Design Since 1945: A Global Perspective*（2011）等。

2 Riedijk, Michiel, "The Parachutist in the China Shop" in *The Architecture of James Stirling, Oase* #79, Rotterdam, Nai Publishing, pp. 44-50.

3 Maxwell, Robert, "Rowe's Urbanism in *Collage City*. A Triumph for Common Sense", in Marzo, Mauro (ed.), *L'architettura come testo e la figura di Colin Rowe*, Marsilio, Venezia, 2010: 155.

4 Benelli, Francesco, "Rudolf Wittkower e Colin Rowe: continuitŕ e frattura" and Mazzucco, Katia, "L'incontro di Colin Rowe con Rudolf Wittkower e un'immagine del cosiddetto 'metodo warburghiano'" in Marzo (2010).

5 我把这些信息归功于 2014 年在罗马召开的纪念柯林·罗的会议期间与大卫·罗的一次谈话。

6 Gibberd, Frederick, *Town Design*, Architectural Press, London, 1953.

7 Benelli (2010); Centanni, Monica, "Per una iconologia dell'intervallo. Tradizione dell'antico e visione retrospettiva in Aby Warburg e Colin Rowe" and Semerani, Luciano, "Introduzione a Colin Rowe e all'architettura come testo", in Marzo (2010); Marchi (2012).

8 Cassirer, Ernst, *The Platonic Renaissance in England*, Nelson, Edinburgh, 1953.

9 Whinney op.cit..

10 Saxl, Fritz; Wittkower, Rudolf, *British Art and the Mediterranean*, Oxford University Press, London – New York, 1948.

11 Rowe, Colin, "The Mathematics of the Ideal Villa", *The Architectural Review*, March, 1947; idem, "Mannerism and Modern Architecture", *The Architectural Review*, May, 1950.

12 Benelli (2010); Mazzucco (2010), Vidler, Anthony, "Reckoning with Art History: Colin Rowe's Critical Vision", in Petit, Emmanuel (ed.), *Reckoning with Colin Rowe: Ten Architects Take Position*, Routledge, New York / Abingdon, 2015.

13 Naegele, Daniel (ed.), *The Letters of Colin Rowe: Five Decades of Correspondence*, Artifice, London, 2016. Accessed on line as "The Letters of Colin Rowe: Five Decades of Correspondence", Architecture Books, 2, 2015. [http://lib.dr.iastate.edu/arch_books/2]

14 Wittkower, Rudolph, "Review of The Art of Building Cities "in *Town Planning Review*, Vol. 19, Nos 3 and 4, 1947, p.165.

15 Mumford (2009) p.103.

16 McCleod (2013); Mumford (2009); Shane 1978/1982; Zuccaro Marchi, Leonardo, *The Heart of the City: Legacy and Complexity of a Modern Design Idea*, Routledge, London, 2017. [https://www.academia.edu/34645260/_The_Heart_of_the_City._Legacy_and_Complexity_of_a_Modern_Design_Idea._Foreword_by_Tom_Avermaete_Paola_Viganň._Afterword_by_Vittorio_Gregotti, accessed 12/9/2018]

17 Crinson, Mark, *Stirling and Gowan: Architecture from Austerity to Affluence*, Yale University Press, New Haven (Conn.), 2012: 34-44.

18 Banham, Mary; Hillier, Bevis, *A Tonic to the Nation: The Festival of Britain 1951*, Thames & Hudson, London, 1976.

19 Ponte, Alessandra, "Woefully Inadequate: Colin Rowe's Composition and Character" in Marzo (2010); Vidler (2015) op.cit.

20 Hitchcock, Henry-Russel, *Painting Towards Architecture*, Duell, Sloan and Pearce, New York, 1947.

21 Naegele, op.cit.

22 Naegele, op.cit.

23 Ockman, Joan, "Form without Utopia. Contextualizing Colin Rowe", *Journal of the Society of Architectural Historians*, 57 (4), (1998): 448-56; Ponte (2010).

24 Arnheim, Rudolf, *Art and Visual Perception: A Psychology of the Creative Eye*, University of California Press, Berkeley, 1954.

25 Caragonne (1995): 220-21.

26 Rowe (1996/1), Caragonne (1995), Naegele (2015).

27 Hejduk, John, *Masque of Medusa: Works 1947-1983*, Rizzoli, New York, 1985: pp.37-38 and p.283.

28 译者注：在菱形住宅系列中，海杜克实现了他提到的从二维绘画到三维空间再现的超越，将蒙德里安和柯布、密斯连接在一起。他建构了新的建筑空间图示，提出了一种属于当代的范式空间，将空间中互相垂直的二维平面压缩投射到一起。

29 Boyarsky, Alvin, "Camillo Sitte: 'city builder'", (Thesis presented to the Faculty of the Graduate School of Cornell University for the Degree of Master of Regional Planning), (1959). Typescript copy in black folder: [AA SHELFMARK: 711.4:92SIT BOY (RARE-STORE)].

30 Sitte, Camillo, *City Planning According to Artistic Principles*, (translated by Collins George and Collins, Mary Crasemann), (Columbia University studies in art history and archaeology. Ed. Rudolf Wittkower), Random House, New York, 1965 (1889). Wittkower, Rudolph, "Review of The Art of Building Cities " in *Town Planning Review*, Vol. 19, Nos 3 and 4, 1947, p.165.

31 Saint, Andrew, "A History of the Department", Cambridge School of Architecture website, 2006. [https://www.arct.cam.ac.uk/aboutthedepartment/aboutthedepthome, accessed 12/9/2018]

32 Bullock, Nicholas (2015) Personal communication (Nanjing Conference, China).

33 Eisenman, Peter, "The Colin Rowe Synthesis" in Marzo (2010); idem, "Bifurcating Colin Rowe" in Petit (2015).

34 译者注：*GRANTA* 是一本始于维多利亚时代的文学类杂志，创刊于 1889 年的剑桥大学，早期作为一本学生群体自己的出版物。*GRANTA* 的名称取自流过剑桥的一条河流，也就是今天的剑河。

35 Schrijver, Lara, "Utopia And/or Spectacle? Rethinking Urban Interventions Through the Legacy of Modernism and the Situationist City", *Architectural Theory Review*, 16 (3), (2011): 245-58.

36 Saint (2006). One of Colin Rowe's students later discovered the mathematics of the 600ft x 40ft shopping mall armature, see Maitland, Barry, *Shopping Mall Planning and Design*, 1986.

37 Rowe, Colin, "The Blenheim of the Welfare State", *Cambridge Review*, (October 31, 1959), now in Rowe (1996/1): 143-151.

38 Rowe, Colin, "Dominican Monastery of La Tourette, Eveux-sur-Arbresle, Lyons", *The Architectural Review*, (Jun 1961): 400-410.

39 Rowe, Colin, 1996 Vol 3., pp.357-58.

40 译者注：类似于柯林·罗在《拼贴城市》中的根茎组装概念。

41 Rowe, Colin; Slutzky, Robert, *Transparenz*, Birkhäuser, Basel-Stuttgart, 1968, 1974, 1989 and 1997.

42 Shane, David Grahame, "Contextualism", *Architectural Design* (1976): 676-79.

43 Lynch, Kevin, *The Image of the City*, (Publications of the Joint Center for Urban Studies), MIT Press, Cambridge, (Mass.), 1960.

44 Jacobs, Jane, *The Death and Life of Great American Cities*, Vintage Books, New York, 1961.

45 Reps, John William, The Making of Urban America: A History of City Planning in the United States, Princeton University Press, Princeton, 1965.

46 Mumford (2009) p.104 and p.148.

47 Handler, Philip, Personal communication; Colin Rowe's first Teaching Assistant in UD program. (2013).

48 See Middleton, Blake "Disseminating and Idea" in this volume.

49 Jagals, Reiner, Exhibition Catalogue, Galerie Strecker, Berlin, 1967-68, cited by Krier, Léon, "Unresolved Encounters with Colin Rowe" in Petit (2015): 80.

50 Petit, Emmanuel (ed.), *Reckoning with Colin Rowe: Ten Architects Take Position*, Routledge, New York / Abingdon, 2015: 65-72.

51 Koolhaas, Rem, "'But Most of All, Ungers' : Berlin Stories", in *Oswald Mathias Ungers*; Koolhaas, Rem, (with) Riemann, Peter; Kollhoff, Hans; Ovaska, Arthur, *The City in the City. Berlin: A Green Archipelago*, (Hertweck, Florian; Marot, Sebastien, eds.), Lars Muller Publishers, Zurich, 2013 (1977): 44-45; idem (in conversation with Florian Hertweck and Sébastien Marot), "Ghostwriting" , in Ungers et al. (2013): 131-43; idem, "Being O.M.U.'s Ghost Writer" in Petit (2015): 87-97.

52 Schumacher, Thomas, "Contextualism: urban ideals and deformation", in *Casabella*, 359-360, (1971): 79-86.

53 Shane, David Grahame, "Urban Patterns in London", M.Arch. Dissertation, Cornell University, 1972.

54 Shane, David Grahame, "Contextualism 1; Covent Garden" in *AD* 4, 1972, p.229.

55 Rowe (1996/3): 3.

56 Sunwoo I (2017) (Ed) In Progress; the IID Summer Sessions, AA Press London.

57 Rowe, Colin, "In Conversation with Charles Jencks" , (1975) at Artnet video [https://www.youtube.com/watch?v=Ln_8ymrqgdE, accessed 25 July 2012]. Lecture text in Colin Rowe, 1996, Vol.2, pp.65-73.

58 Braghieri, Gianni, *Aldo Rossi: Works and Projects*, Barcelona, Gili, 1991, 50-57 and *The Analogous City, The Map*, (1976) accessed 12/9/2018 at https://www.researchgate.net/publication/280530086_The_Analogous_City_The_Map .

59 Krier, Robert, *Stadtraum in theorie und praxis*, Kramer, Stuttgart, 1975; Shane, David Grahame, "Theory vs Practice", (Review of Krier's book), *Architectural Design*,11, (1976): 680-84.

60 Koetter and Kim (1997).

61 Peterson Steven; Littenberg, Barbara, Les Halles Competition Paris (1979) [http://petersonlittenberg.com/Architecture-UrbanDesign/Aims_Means_part_1.html, accessed 12/9/2018]

62 Rowe (1996/3) pp.1-155.

63 See Middleton, Blake, "Evidence of an Argument" in this volume.

64 Oswald, Franz, "Buffalo Waterfront" Diagrams: 88. [https://issuu.com/cornellaap/docs/cja002-opt/59;]; Rowe, Colin; Seligmann, Werner; Wells, Jerry, "Buffalo Waterfront Project", Exhibition Catalogue, Albright-Knox Art Gallery, Buffalo (NY), 1969.

拼贴城市

1978
MIT版

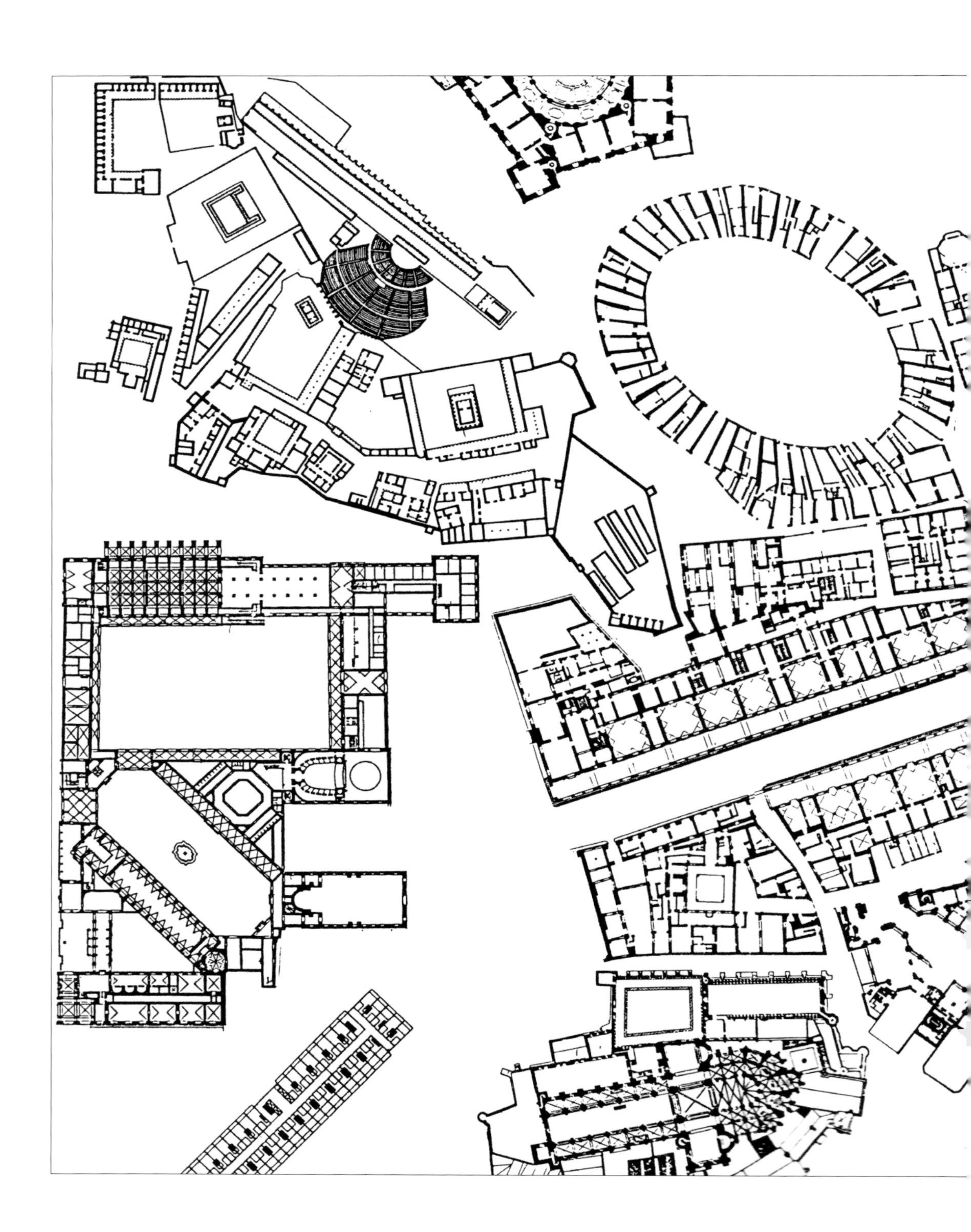

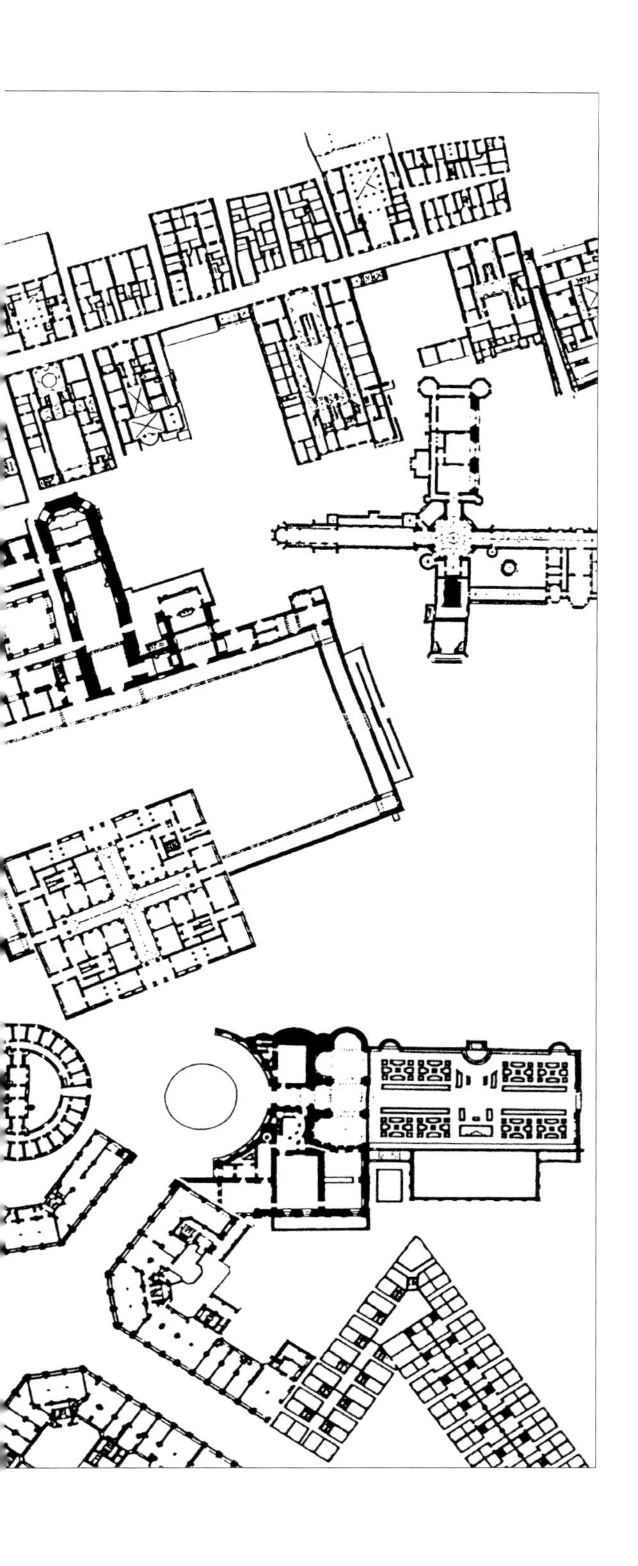

引言

勒 · 柯布西耶：当代城市，1922 年

人类视其自身有一种偏见：对他而言，任何源于自己的思想之物似乎都不那么真实，或者不那么重要。我们只有设想身处与自己本性无关的事物和规律之中时，才会感到心安理得。[1]

乔治·桑塔亚那（George Santayana）[2]

但是，什么是本质（nature）？为什么习俗（custom）就不是本质的？我深怕这本质就是第一习俗，而习俗就是第二本质。[3]

布莱兹·帕斯卡尔（Blaise Pascal）[4]

1　全书脚注均为译者注。此段节选于：George Santayana, *The Sense of Beauty: Being the Outline of Aesthetic Theory*, Charles Scribner' s Sons, 1896.

2　乔治·桑塔亚那（1863—1952），西班牙哲学家、文学家，批判实在论代表之一，后移居美国，曾在哈佛大学任教，著作有《理性生活》《存在的领域》等。桑塔亚那曾经将美定义为"客观化的愉悦"（objectified pleasure），并将美分成三种：①材料美——直接诉诸于感官的各种事物的物质材料；②形式美——这些物质材料在特殊形式中的组合和关系，它对应于人类心灵的综合能力，唤起感情的愉悦；③表现美——把形式和过去的经验联系起来时产生的一种表现力。他认为审美活动的特征不在于非功利性，也不在于康德说的"必然"的普遍性，而在于它能产生一种价值判断，这种价值判断与理智判断不同，后者不需要感情而只受事实约束。桑塔亚那的美学理论对后来的托马斯·门罗（Thomas Munro）、苏珊·朗格（Susanne K. Langer）等人有一定影响，在美学界享有很高声誉。

3　节选于：Blaise Pascal, *Pensées*, E. P. Dutton & Co., Inc., 1958．中文版可参见：布莱兹·帕斯卡尔．思想录 [M]．何兆武，译．北京：商务印书馆，1985．这是一部帕斯卡尔未完成著作的草稿，是为他所认定的宗教信仰所写的辩护词，后世编者根据他的笔记与手稿片断编辑而成，并将其命名为《思想录》。这里有关自然与习俗的讨论，源自亚里士多德的观点。亚里士多德认为，自然（物理）、习俗（社会思潮）、理性（逻辑）是社会原理的基本原则，也是善的基础。哲学语境中的 Nature 包含有两种含义，一种是指遵循自然规则的自然物或自然界，另一种是独立物体的本质属性，由于这两种含义在使用中经常不易区分，本译本根据不同情况，翻译为"自然""本质"或者"本性"。

4　布莱兹·帕斯卡尔（1623—1662），法国数学家、物理学家、哲学家，在理论科学和实验科学两方面都做出了杰出贡献。他是概率论创立者之一，提出几何学上的帕斯卡尔六边形定理、帕斯卡尔三角形，物理学上密闭流体能传递压力变化的帕斯卡定律，他还创制了世界上第一台计算机，制作了水银气压计。著有《致外省人书》《思想录》等。

以上两段引言，一段评议了禁忌，另一段针对所有权威的最终根源提出了质疑，凭借于此，我们或许可以建立一种关于社会的理论，甚至关于建筑的理论。但是，如果只是循规蹈矩而不积极探索，来自实践方面的因素仍然催促我们不断进行尝试。

现代建筑的城市（或可称作现代城市）尚未建成。无论其倡导者带有多少善良的愿望和美好的冀图，它仍然停留于纸面，或者已经流产，并且似乎越来越缺乏充分理由令人相信还会另有转机。这是因为，汇聚在现代建筑基本概念之下的浩若星辰的态度与情感，以种种方式外溢到与之密不可分的规划领域之中，最终却开始显得如此自相矛盾，如此令人困惑，如此浅薄稚嫩，乃至于鲜有成效。

从某种角度而言，现代建筑是一项固执而顽拗的事业。在其所有领域中，都存在着一个特定的问题，这也需要肩负一种责任，一种科学精神的责任，从各个方面去解决它。我们因此放下偏见与窘迫，开始钻研事实，一旦进入其中，就可以依据这些无可撼动的经验事实去寻求解决方法。但是，如果这是一个被奉为圭臬的重要信条，那么顺沿着它，我们就会获得一种同样崇高的观点：现代建筑的目标就是成为博爱主义、自由主义、“远大理想”和“臻于至善”的工具。

换言之，从一开始起，人们就同时面临着两种不太兼容的价值标准：一方面是对于某种准则的服从，它貌似科学，但实质上就是管制；另一方面，是对于某种理想的热衷——生活、人民、社区及其他方面，也就是前几年经常被提到的反主流文化（counter culture）[5]思潮。这一奇特的二元性几乎没有引发人们的诧异，只能归咎于他们决意不顾这一眼前事实。

但是，假如这种本质性冲突就体现在老套的科学概念与不愿坦承的诗情画意之间，那么我们可以认为，很明显，鼎盛时期的现代建筑无疑就是一种伟大理想，因为它融合并竭力夸张了这两种仍在

5　20世纪60年代中后期在美国发生的反主流文化运动，主要指对美国主流文化的反叛与背离，其主体是青年。60年代中后期，资本主义在社会、经济和文化方面出现了极大的动荡，大规模生产和消费不仅破坏了人与自然的关系，也造成了人际和人与社会的危机和危机意识，并直接威胁到了传统的意识形态和价值体系，从而导致了一股强大的反对遵从资本主义理性文化道德法规及文化意识形态和价值观念的浪潮，这种对立的文化浪潮被称为反主流文化运动。

1

广泛传播着的神话——科学与自由，前者有其客观性，后者有其人文性，如果对于科学的幻想，与对于自由的幻想结合到一起，构成了一条 19 世纪晚期最诱人、最伤感的教义[6]，那么在 20 世纪，这些议题势必会以建筑的形式来进行明确表达。如果它越能激发起想象力，一种科学的、进步的、与历史相关的建筑概念也就越能成为一个进一步汇聚幻想的焦点。新建筑是由理性决定的，新建筑是由历史注定的，新建筑代表着超越历史，新建筑是对于时代精神的回应，新建筑是医治社会的良药，新建筑年轻少壮，并且能够自我革新，它永远不会落伍于时代。但是，或许首先，新建筑意味着欺骗、虚伪、虚荣、诡计和强权的终结。

这些正是激发产生了现代建筑、又反过来被现代建筑所激发的潜意识。由于我们正在讨论五十年前的那个时期，当我们回顾一种如此超凡脱俗的教义以及一种如此不同寻常的神示时，我们也可以回顾一下伍德罗·威尔逊（Woodrow Wilson）[7] 对于民主与外交的向往，简略思考一下这位美国总统的“正大光明达成公开和约”（open contracts

6 这里指随着科学与社会的发展，于 19 世纪后期开始普遍形成并流行的对于科学与进步的信仰。

7 伍德罗·威尔逊（1856—1924），现代美国公共行政研究先驱，著有《行政研究》《国会制政府》，强调权力集中式的政府体制。曾任美国第二十八任总统、民主党人，领导美国参加第一次世界大战，倡议建立国际联盟（联合国前身），并提出“十四点”和平纲领。威尔逊曾于 1919 年获诺贝尔和平奖。

8 史岱文森城位于纽约曼哈顿下东区。史岱文森城的建造计划始于 1943 年，是一座大型住宅小区，也是战后最成功的标志性住宅小区之一。

2 纽约，彼得 · 库帕（Peter Cooper）村，曼哈顿下城的公共住房

3 纽约，史岱文森城（Stuyvesant Town）[8]，1951 年

4 巴黎，拉 · 德方斯（La Défense），1970 年

openly arrived at）[9]。从伍德罗·威尔逊对于国际政治的构想到光辉城市（Ville Radieuse）仅仅几步之遥。水晶城（crystal city）[10]与正大光明（而非玩弄伎俩）地进行谈判的梦想，就意味着通过这场清肃之战，邪恶就可以完全消除。

作为自由长老会（liberal Presbyterian）信条[11]（对于现实世界既是过于善的，却又是不够善的）的一个可怜的副产品，这位普林斯顿前校长[12]的梦想只有在破碎时分才会获得尊重，这也造就了它命中注定的空洞与荒芜。在现实政治（Real-politik）[13]的面前，他和他所说的话就被轻飘飘地扔在一旁，或者至多得到了些许礼节性的尊重，而这比没有还要糟糕。虽然水晶城的幻想已经久而有之，如今它的命运已经很难再次兴盛起来，因为这是一个所有权力将被消解的城市，所有传统将被取代的城市。在这样的城市里，变化是持续的，规则是完备的；公共领域变得多余并且逐渐消失，私有领域如果找不到更多理由作为借口，就会在外表的掩饰之下公然涌现。即使这种梦想的影响依然存在，但这已经是一个萎缩到几乎不存在的城市，萎缩成了潦倒平庸的公共住房，它们伫立于四周，仿若一个难以降临的新世界所呈现的那种营养不良之情状。

于是，一个重要的参照系就这样已经解体。如同第一次世界大战的目的就是用战争来结束战争。现代建筑的城市，无论作为心理上的建构还是作为实体性的模型，它已经悲剧性地沦为荒诞不经。但是，

---

9 这主要体现在伍德罗·威尔逊提出的“十四点”计划，即用于结束第一次世界大战的和平原则，提出民族自决，反对秘密外交，倡导建立公正而持久的和平。其中第一条就是：签订公开和约，杜绝秘密外交。其愿望和宗旨在于，和平的缔造过程一经开始便要绝对公开进行，嗣后不得容许任何类型的秘密默契。这就使每一个宗旨符合正义和世界和平的国家，有可能于现在或其他时刻公开申明其心目中的目标。

10 “水晶城”概念来自德国建筑师布鲁诺·陶特的构想。1917 年，陶特在《阿尔卑斯建筑学》一书中构想了一座乌托邦城市，设想在小型的、分散的社区中为社会提供未来新起点。城市中的建筑由水晶筑造，完全透明，所形成的城市也就相应被称作“水晶城”。该灵感来自德国评论家和小说家保罗·舍尔巴特（Paul Scheerbart）的作品，他在《玻璃建筑》（Glassarchitektur）这篇畅想文章中，提出建造一种所有室内空间都可以获得自然光线的建筑，并认为这种建筑会对人类环境产生巨大的积极影响。

11 长老会是源于英国的新教改革传统中的一个流派，属于加尔文教派的一个分支，于 17 世纪随清教徒传入美洲。第二次世界大战结束后，美国加尔文宗的重点活动是对话联合、多方传教、认真改革和积极参加国际与国内的社会活动。1958 年美国联合长老会成立，随后通过《1967 年告白》，简化了对上帝、基督的性质的繁琐论证，以“和好”观念为中心，突出人与上帝、人与人之间的和好；针对当代迫切的社会问题，强调信仰的伦理道德意义，淡化神学意义。另外该会不再坚持《圣经》无谬的僵硬态度，主张教会生活既要允许个人的一定自由，也要坚持一定的公共生活和秩序，反对美国宗教传统中过分强调主观内省的倾向。

12 指伍德罗·威尔逊，他曾于 1902—1910 年间担任普林斯顿大学校长。

13 现实政治尤指针对伍德罗·威尔逊的反对意见，其观点在于政治及外交应当建立在现实情况的基础上，而不是一味停留于纯正的意识观念及道德、伦理诉求之上，因而更加强调实用主义。

即便人们已经普遍感受到这一点，即便在20世纪30年代的若干年中已经形成确定模式的城市模型目前正在饱受抨击，然而我们尚不能断定，无论是纷杂的观点还是自觉的批判，是否足以成为一种重要而且全面的替代品。事实上，一些逆转已经发生。在路德维希·希尔伯塞默[14]和勒·柯布西耶的城市中，在CIAM[15]和《雅典宪章》（*The Athens Charter*）所颂扬和宣传的城市中，在这些致力于解救的先驱城市中，人们日益不断发现其中的不足之处，显然正是它的权宜之计造就了鱼目混珠、席卷一切的扩张。因此，我们可以认为，它在这里所表达的是一种自发形成的奇观，一种不可想象的梦魇，也在完全不经意之间，成为丹尼尔·伯纳姆（Daniel Burnham）[16] 那种"一旦建立，就永

---

14 路德维希·希尔伯塞默（1885—1967），德国建筑师兼规划师，汉斯·迈耶任校长时曾执教于包豪斯，后来离开德国前往美国，在芝加哥伊利诺理工学院（IIT）任教并担任城市规划系主任。希尔伯赛默曾经提出柏林市中心理想城市方案，强调城市的作用，著有《大都市建筑》（*Großstadt Architektur*）。

15 国际现代建筑协会的英文缩写，原文为法文：Congrčs International d' Architecture Moderne。1928年成立于瑞士，发起人包括勒·柯布西耶、W.格罗皮乌斯、A.阿尔托等，最初只有会员24人，后来发展到100多人。1959年停止活动。

16 丹尼尔·伯纳姆（1846—1912），美国建筑师和城市规划师，美国"城市美化运动"（City Beautiful Movement）主导者，在芝加哥开业，设计了多幢早期现代摩天大楼，在摩天大楼的发展中占有重要地位。伯纳姆主持1909年的芝加哥总体规划，1891至1893年担任芝加哥世界哥伦布博览会的建设主管，1901年成为华盛顿特区发展委员会主席，另外还为芝加哥、克利夫兰、旧金山和马尼拉起草了城市发展规划。

17 位于美国密苏里州圣路易斯市，是一个政府主导开发的联合住房项目，共有33幢11层住宅楼，由日裔美籍建筑师山崎实（Minoru Yamasaki）设计，曾获美国建筑师学会金奖。普鲁特·伊戈公寓于1956年建成，是美国20世纪50年代国家主导的住房计划的重要成果，也是美国城市更新计划失败的一个缩影，在建成后的短短数年内就迅速衰落，贫困、犯罪和种族冲突盛行，最后被迫于1972年全部爆破拆除。

圣路易斯市，炸毁普鲁特-伊戈住区[17]，
1972年7月15日

不磨灭”[18]的宏伟范式的翻版。

正因如此，目前这种状况已经形如乱麻，几乎无可梳理。其因在于建筑师仍然苦苦恪守这两种日益令人绝望的“职责”——既要坚持“科学”，又要维系“人民”，它们在20世纪的共栖关系摇摇欲坠，分崩离析的作用力刻板而强烈，并且开始相互抵消对方的有效部分。所以，尽管现代建筑声明是科学的，却表现出一种全然幼稚的理想主义。因此从现在开始，我们需要不断借助技术、行为科学研究和计算机，去纠正这种情况。或者换种方式，尽管现代建筑声明是人文的，却依然表现出一种完全难以接受的、科学式的死板。于是从现在开始，让我们停止书生式的自负，遵循事物的原有面目，去观察一个并非由自诩为哲人的人用其傲慢所重构的世界，而是如同大众所期望的——有用、真实、知根知底的世界。

现在还很难说，“科学”的专断与“大众”的蛮横，这两种给未来定制的纲领哪一个更加令人厌烦。但是无论分开来说还是合起来讲，毫无疑问，它们只能磨灭所有的初衷。也不必说，无论“让科学建设城市”还是“让人民建设城市”，这两者都是非常神经质的。这是因为，一方面，科学将要并且应该被用来建设城市，另一方面，老百姓的意见也将同样适用；但是人们对于建筑师能力不足这一弱点却始终深揪不放，而且好像确实如此，再加上建筑师孤芳自赏这一心魔，这至少可以被视为一种用负疚感来转移责任根源的心理学手段。

但是，倘若建筑师的社会罪责（social guilt）和其用来使之升华的手段完全只是一个将整个行业彻底扰乱的故事，那么更为重要的是，我们又一次面临着桑塔亚那所谓的“人类思想对其自身存在着一种成见”，并且沿着这一根深蒂固的成见，我们就会面临一个相应的判断：人造物会与其本意相异。诚然，如果急切想要引入这种幻象，那么永远也不会缺乏恰当的手法。这是因为总会存在“本质”（nature），而且关于本质的概念总是能够被编造，或者更恰当地说是“被发现”，以此平息良知上的剧痛。

18　这是伯纳姆在制定芝加哥总体规划时于1907年所说的一段话：“不要做小规划，因为它不能激发人们的热情，而且不太可能实现；要做大规划，在目标和手法上眼光要高”。

行文至此，我们基本上得出一个初步观点。总体而言，20 世纪的建筑师完全不愿思考帕斯卡尔问题中的反讽，本质与习俗可能相互关联的看法必定与他的立场完全相反：本质是纯洁的，习俗却是堕落的；我们责无旁贷需要超越习俗。

只有新事物才是完全本真的，在那个时代，这曾经是一个重要概念，人们现在仍然可以感受到它的说服力。然而，无论新事物有多么本真，从人造物的新颖之处或许可以看到思想的新颖之处，长久以来，20 世纪建筑师的工作理念显然未经翻检而得以全盘继承。这里仍然留存着 18 世纪对于科学真实性的信仰（培根、牛顿），留存着 18 世纪对于大众意愿真实性的信仰（卢梭 [Jean-Jacques Rousseau]、伯克）。如果这两者可以令人感受到更具说服力的来自黑格尔、达尔文（Darwin）、马克思的论调，那么目前情况就如同一百年前那样仍然在延续着。也就是说，很大程度上，建筑师被视为一种肉体的灵应牌（ouija-board）或扶乩板（planchette），一种用来接受和传递命运的逻辑讯息的灵敏感应器。

“一个人是否具备学养，就在于能否在每一类事物的本质所容许的范围内，去寻求精确性”[19] 确实如此。但是从本质上看，建筑与城市设计几乎不存在这种精确性，若要竭力找寻这种精确性，18 世纪关于“本质”的探求那可就提供了绝佳范例。同时，当建筑师沉迷于超级“科学”或者“自觉”自律的各种愿景，沉迷于亘古未有的虚妄的成效之时，在一种社会达尔文主义——物竞天择和适者生存——的死灰复燃之际，对于世界各大城市的蹂躏就在持续进行着。

古有人云，倘若蹂躏难免，何妨逆来顺受。但是，未来主义的这一中心思想——让我们赞美不可抗拒力（force majeure）——倘若我们的道德良知无法接受，那就必须进行反思。这就是本书所要讨论的。其目的就是驱除幻象，与此同时，寻求秩序与非秩序、简单与复杂、永恒与偶发的共存，私人与公共的共存，创新与传统的共存，回顾与展望的结合。对我们而言，现代城市似乎偶有美德闪烁若现，但仍然存在这样的问题：若以“现代”之名进行弘扬，如何使此美德名副其实。

19　亚里士多德语，出自《尼各马可伦理学》。

乌托邦：衰落并消亡？

布鲁诺·陶特[4]：出自《阿尔卑斯建筑学》（*Alpine Architektur*）的设计，1919 年

天堂之门为你开启，生命之树为你栽种，将临的时代准备就绪，一切应有尽有，城市建成，可以安歇矣。赞乎，至高的美德与智慧。

罪恶之源离你而去，虚弱和秽浊绕你而行，腐败遁入地狱而杳无踪影。悲苦散尽，终现珍贵的永恒不朽。

《以斯拉二书》[1]（2 *ESDRAS*）第八章，52—54 节

当我们不是在思考神话，而是真正生活于其中时，实际感受到的现实与神秘幻妄的世界之间并无差别。[2]

恩斯特·卡西尔[3]

1　《以斯拉二书》，也称《以斯拉书下》，《圣经》外典的最初二书之一。

2　节选于：Ernst Cassirer, Ralph Manheim, *The Philosophy of Symbolic Forms: The phenomenology of knowledge*, Volume 3, Yale University Press, 1957.

3　恩斯特·卡西尔（1874—1945），德国犹太哲学家，新康德主义马堡学派的代表人物、文化哲学创始人。卡西尔的人类文化哲学从探讨人和人类文化本质入手来展开全部思想体系。他认为人是符号的动物，文化是符号的形式，人类活动本质上是一种“符号”或“象征”活动，在此过程中，人建立起人之为人的“主体性”，并构成了一个文化世界。语言、神话、宗教、艺术、科学和历史都是符号活动的组成和生成，表示人类的各种经验，趋向一个共同的目标——塑造“文化人”。主要著作有《自由与形式》《神话思维的概念形式》《语言与神话》《人论》等。

4　布鲁诺·陶特（1880—1938），德国现代主义建筑运动先驱，魏玛共和国时期的建筑师、城市规划师，曾担任马格德堡掌管城市规划的市议员，主张城市应体现最先进的意识形态，其设计具有表现主义色彩，强调玻璃在建筑中的应用。与格罗皮乌斯成立艺术劳工委员会（Arbeitsrat für Kunst），由陶特起草的纲领成为包豪斯宣言的重要基础。

毫无疑问，现代建筑可以被理解为一道福音，表面上看，现代建筑传达出了好消息，以及由此而来的影响力。当所有迷雾散去，我们可以发现，现代建筑的影响力与它的技术创新以及它的形式语言之间毫无关联。确实，它在这些方面的价值可能总是言过其实，其外表只是一种肤浅虚假的伪装。本质而言，它们是训导性的图示，与其说是为了它们自身，不如说是一个更美好的世界的索引，一个理性光芒普遍照耀的世界，在这个世界里，所有更显而易见的政治秩序机制都将被扫入被取代和被遗忘的无关紧要的角落。于是就有了现代建筑早期英雄化、崇高化的色彩。它的目标从来都不是为个人的和公共的资产阶级趣味提供一处装饰精美的居所。相反，它的志向更为高远，是要去展示一种教徒式的清贫美德，一种方济各最低限度生存（Franciscan Existenz minimum）[5]式的美德。“这是因为富人进天堂，比骆驼穿针眼还要难”[6]。一旦带有这种挑衅性的、有点日本武士道训令色彩的观念，20世纪建筑师的那种简朴就必然不难理解。他就是要去帮助建立并颂扬一个开明而公平的社会。现代建筑的一个定义似乎就在于，它是一种当时正在显现的针对建筑的态度：未来所要展现的更加完美的秩序。

“他（建筑师）将要按照上天意志构筑自己的城堡，他要征服空中的向心精神，拉伸弹缩，将那些有如一张皮肤那样紧裹住自己的以太幔层（ether mantle）[7]撑张开，一层又一层地揭去，从而更高更纯地远离这些已被超越了的东西……千万个裸露的灵魂，千万个渺小的、消亡的灵魂，守候着那个已经在前方翘首以盼的目标——一座人间天堂。”「1

「1 感谢 Lan Boyd Whyte 使我们注意到 Finsterlin 写于 1919 年的这段话，它在 Glaserne Kette 展览的目录中再次发表（该展览由 O.M Ungers 组织，1963 年，柏林）。（全书边注为作者原注。）

5 天主教的方济各会（13 世纪由圣方济各创立），中世纪修士的方济各式秩序是欧洲天主教会的，他们试图改革教堂，使之回复到最单纯的最初状态，他们生活极简，甚至沿街乞讨。1929 年，CIAM 第二次会议在德国法兰克福召开，会议主题为“Die Wohnung für das Existenzminimum”（满足最低生存需求的住宅），以及围绕这个主题所衍生出来的住宅标准化问题。

6 引自《圣经》,《马太福音》（*Matthew*）第 19 章，或者《马可福音》（*Mark*）第 10 章、《路加福音》（*Luke*）第 18 章。原文为：For it is easier for a camel to go through a needle' s eye, than for a rich man to enter into the kingdom of God.

7 以太（Ether）是古希腊哲学家亚里士多德所设想的一种物质，是一种假想的物质观念，泛指青天或上层大气。在亚里士多德看来，物质元素除了水、火、气、土之外，还有一种居于天空上层的以太。在科学史上，“以太”起初带有一种神秘色彩，后来逐渐成为某些历史时期物理学家赖以思考的假想物质。

托马斯 · 莫尔爵士，《乌托邦》扉页，1516 年

从赫尔曼·芬斯特林（Hermann Finsterlin）[8] 这段在德国表现主义思潮中占据核心地位的话语中，人们可以体会出它欣喜的愿望和兴奋的动机；即便人们可能希望从中读出某种天机，但是能否做到这一点仍然值得怀疑。尽管在表面上极度夸张，这段话语仍然是其他场合中类似论调的一种极度浓缩。稍微变换一下文字的形式，就可以看到汉斯·迈耶和沃尔特·格罗皮乌斯的论调。再稍偏一点，勒·柯布西耶和刘易斯·芒福德（Lewis Mumford）的论调也会呈现出来。揭开现代建筑事实性的表层，简单试探一下它的客观性理想，几乎可以肯定，透过理性主义（rationalism）的外表，就会看到有如火山般的心理熔岩，最终沉积为现代城市的基底。

目前，现代建筑中这种令人欢欣鼓舞的因素还没有引发足够重视，而且也无需对此寻根问底。人们已经大致根据表面价值对其作出了一种理性辩护，但是，如果建筑师及其辩护者已经被预设是关注“事实”的，那么很明显，只要建筑师的公然的、全部的合理性仍是一个亟待确立的问题，对于现代主义运动就会依然缺乏科学的解释。弗兰克·劳埃德·赖特说：“据此，我将建筑师视为现代美国社会文化的拯救者，一个针对当前所有文明的拯救者。”「2 柯布西耶说：“有一天，当眼下如此病态的社会已经清醒地认识到，只有建筑学和城市规划可以为其病症开出准确药方的时候，也就是伟大机器开始运转的时候。”「3 尽管这些话语在今天看起来十分古怪，但是它们比目前普遍流行的训诫工具更具阐释力。因为它们道出了建筑师思想状态中的一些东西，表达了一种救世主式的热忱气质，一种结束旧世界、开创新纪元的急切心情，它们肯定起到了一种思维变形镜的作用，放大或缩小在形式和技术方面的素材，使之呈现出来并得以采用。

我们说的是一种至为重要的心理状态，当不可能的东西重新引导现实，或者对于千禧盛世的期盼颠覆了所有理智可能性之时那种本质

「2 Frank Lloyd Wright, *A Testament*, New York, 1954, p. 24.

「3 Le Corbusier, *The Radiant City*, NewYork, 1964, p. 143.

8 赫尔曼·芬斯特林（1887—1973），德国建筑师、画家、诗人、散文作家，与德国许多早期现代建筑师交往甚密，是德国表现主义建筑运动主要成员之一，后来又从中撤出，加入新客观主义运动。曾参加过主要由建筑师组成的艺术劳工委员会，是布鲁诺·陶特的“乌托邦通信”中的重要成员。

性的、革命性的时刻。如果卡尔·曼海姆[9]在描写中世纪晚期的千禧年说（chiliasm）[10]时就已经明确认定了这些情况，认定了一种“精神狂热与肉体兴奋”「4 的激进融合的状态，那么我们只想提请大家注意建筑师幻想的一度升华，注意到它的一些起因，并对随后的退化进行评论。

出于这种目的，特别是我们说到城市，有两个故事：其一是“传统乌托邦（classical utopia），也就是由普遍的理性精神和公平思想所激发的批判性乌托邦（critical utopia），这种斯巴达式或苦行僧式的乌托邦在法国大革命之前就已经死亡”；「5 其二是后启蒙运动的行动派乌托邦（activist utopia）。[11]

1500 年前后的传统乌托邦的历史无需额外解释。此类理想中的城市，本质而言就是由希伯来式的启示录和柏拉图式的宇宙观组合而成，辨识它的成分并不困难。而且无论人们找出何种其他预设的缘由，从本质上仍然可以看到，它不是通过基督启示来加热柏拉图（Plato），就是通过柏拉图来冷却基督启示。无论加入什么附加条件，它仍然是《启示录》（*Revelation*）[12] 叠加《理想国（*The Republic*）[13]，或者

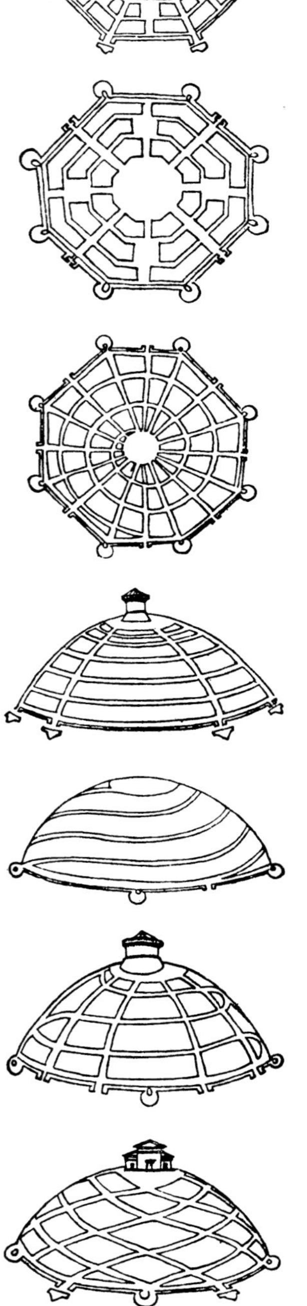

1 弗朗西斯科 · 迪 · 乔治 · 马尔蒂尼（Francesco di Giorgio Martini）[14]：理想城市研究

9 卡尔·曼海姆（1893—1947），德国现代思想家、社会学家，生于布达佩斯，卒于伦敦。先后就读于柏林大学、巴黎大学和海德堡大学，1926 年任海德堡大学编外讲师，1933 年移居英国。曼海姆提出“社会知识”的概念，认为社会是根据文化与结构形成的，知识是不可分离的，与社会所有事物都有关联。著有《意识形态与乌托邦》《自由、权力与民主规划》等。

10 “千禧年说”的概念是指长度为一千年的时间循环，来自某些基督教教派的正式或民间的信仰，这种信仰相信将来会有一个黄金时代：全球和平来临，地球将变为天堂；人类将繁荣，大一统的时代来临以及“基督统治世界”。千禧年的到来并非意味着“世界末日”，而是人类倒数第二个世代，是世界末日来临前的最后一个世代。

11 行动派乌托邦是指要将乌托邦想法付诸于实践。受埃德蒙·伯克、卡尔·波普尔等人学说的影响，柯林·罗对行动派乌托邦持反对意见，他认为文艺复兴时期所形成的理想城市中的反思性或传统性的乌托邦应该作为一种未来的图景，而不应成为医疗社会的处方。乌托邦之所以有益，是因为它包含了人类社会的良好意图；乌托邦之所以有害，是因为人们容易通过暴行来使之实现。因此，批判性乌托邦的主要思想就是意识到乌托邦传统的局限性，因而放弃将乌托邦作为实现社会理想的一种蓝图，而只是将其保持为一种梦想。

12 《新约》的最后一书，或称《圣约翰启示录》（*The Revelation of St.John the Divine*），讲述的是通过与上帝或者某种超自然存在的交流，获得真理或者知识。

13 《理想国》是古希腊哲学家柏拉图的一篇重要对话录，柏拉图以苏格拉底之口，通过与其他人对话的方式设计了一个真、善、美相统一的政体，即可以达到公正的理想国。这部哲学大全不仅是柏拉图对自己此前哲学思想的概括和总结，而且也是当时各门学科的综合，它探讨了哲学、政治、伦理道德、教育、文艺等各方面的问题，以理念论为基础，建立了一个系统的理想国家方案。柏拉图的理想国是人类历史上最早的乌托邦。在他的理想国里统治者必须是哲学家，或者让政治家去学习哲学。他认为现存的政治都是坏的，人类的真正出路在于哲学家掌握政权，也只有真正的哲学家才能拯救当时处于危机中的城邦。

14 弗朗西斯科·迪·乔治·马尔蒂尼（1439—1501），意大利建筑师、工程师、画家、雕塑家、作家，属于锡耶纳学派成员，也是一名愿景式的建筑理论家。

[4] Karl Mannheim, *Ideology and Utopia*, New York, n.d., p. 213.1936 年首次由心理学、哲学和科学方法国际图书馆（International Library of Psychology, Philosophy and Scientific Method）出版。

[5] Judith Shklaar, "The Political Theory of Utopia: From Melancholy to Nostalgia", *Daedalus*, Spring, 1965, p.369.

2　赛巴斯蒂亚诺 · 塞利奥：喜剧场景

3　赛巴斯蒂亚诺 · 塞利奥：悲剧场景

《蒂迈欧篇》(*Timaeus*)[15] 叠加新耶路撒冷[16] 的愿景。

即便在五百年前，这也不是最具原创性的组合，因此也不必惊讶，传统乌托邦从未表现出那种革命性的内涵，就如同在 20 世纪初的乌托邦神话中可以感受到的那种急迫的、改变一切的新秩序的感觉。相反，如果人们对其进行审视，传统乌托邦在很大程度上将自己表现为一种深思的对象。它的存在方式是沉静的，甚至是带有一些反讽性的。它表现为一种游离其外的参照，一种昭示的能力，一种甚至比任何其他可以直接运用的政治手段更具启示性的工具。

作为美好社会的一种标志，作为思想理念的现实投影，传统乌托邦显然是说给一小部分听众的，它在建筑学中的推论——作为一种普遍、永恒、至善的象征的理想城市，被认为是用来教育那些同样数量不多的业主[17] 的工具。用马基雅维利(Machiavelli)[18] 的话来说：文艺复兴的理想城市主要是向君王提供信息的一种载体，或者进一步而言，它也是国家的维护和体面的代表。它确实是一种社会批判(social criticism)，但它与其说是关于未来的设想，不如说依旧是假想性的。圣像是要被崇拜的，并且在某种程度上是要被使用的；但作为形象而不是处方。而且，诸如巴尔达萨雷·卡斯蒂廖内(Baldassare Castiglione)[19] 这样的宫廷图景，理想城市总是仅仅满足于能够获得关注，自娱自乐而已。

1

2

3

15 《蒂迈欧篇》为柏拉图的晚期著作，是体现柏拉图思想的重要文献。在书中，Timaeus 为一主要对话者的名字，一位毕达哥拉斯学派的哲学家。对话提出了两个重要概念：作为事物材料来源的载体，以及为事物提供形式结构的理型。柏拉图运用几何化的理型来解释万事万物的结构，并认为事物的内在结构是事物的本质，他认为宇宙生成是必然作用和理性作用的结果，必然作用即是载体概念和理型几何化的过程。

16 新耶路撒冷是《启示录》中，约翰在异象中所见从天国降临到地球上的神圣城市的名称（《启示录》21：2)。该预言认为，当耶稣基督重返地球时，他的信徒会归入他，并为神统治世界。新耶路撒冷被描写成正方体，用金子、宝石和珍珠建成，闪耀着神的荣耀，并且来自上天。

17 指文艺复兴时期一些城市的君王，如米兰公爵斯福查、乌尔比诺公爵蒙特菲尔特罗，等等。

18 马基雅维利（1469—1527)，意大利政治思想家、历史学家、作家，主张君主专制和意大利的统一，在中世纪后期的政治思想家中，他第一个明显地摆脱了神学和伦理学的束缚，为政治学和法学开辟了走向独立学科的道路。他主张国家至上，将国家权力作为法的基础。代表作《君主论》主要论述为君之道、君主应具备哪些条件和本领、应该如何夺取和巩固政权等。马基雅维利因主张为达目的可以不择手段而著称于世，马基雅维利主义（machiavellianism）也因之成为权术和谋略的代名词。

19 卡斯蒂廖内（1478—1529)，意大利外交官、侍臣，著有《侍臣论》，采用对话体描述文艺复兴时期理想贵族和侍臣的礼仪。

20 达莱（1822—1888)，美国 19 世纪插图画家。

1 自然之人：引自 F.O.C. 达莱（Felix Octavius Carr Darley）[20]，《印第安人生活场景》(*Scenes from Indian Life*)，1844 年

2 无套裤汉（sansculotte）

3 自然人：每日上班前的自然人，在城市住宅公寓的空中花园里。引自勒·柯布西耶《全集》(*Oeuvre Complète*)，1910—1929 年

仅仅作为一种参照，乌托邦和理想城市，及其姗姗来迟的组合——菲拉雷特（Filarete）和卡斯蒂廖内的结合，托马斯·莫尔（Thomas More）和马基雅维利的结合，风格与道德的杂交，都产生了最终结果。这种结合促成了某种惯例，尽管这种惯例并未改变多少社会秩序，却帮助生成了至今仍然倍受推崇的城市形式。简言之，这种结合的作用是用塞巴斯蒂亚诺·塞利奥（Sebastiano Serlio）[21] 的悲剧场景来代替他的喜剧场景；这种惯例会渗入既有现状，从而将一种随机的、中世纪的偶发世界，转变为有着庄重严肃的规矩的、更高度整合的状态。

偏好传统规则以及悲剧场景的衍生物是好是坏，目前无关紧要。但是很显然，它只表达了一种临时性状况，最终，传统乌托邦的形而上学式的超脱将不能维续下去。个人对于终极至善的管窥之见只会吊起公众的胃口。随着君王的砝码及其所象征事物的地位开始下降，它奇特的圆形城市模型及其所隐含的思想开始需要大幅修正。因为如今，随着公众不断介入，社会现实情况变得跟社会思想一样重要起来。兴趣点被重新导向；由于抽象的道德观念被“道德应当成为现实”的要求所软化，因此沉思性的柏拉图模型让位于一种更具活力的乌托邦指令。它让位于一种信息，这种信息不仅能够作为少数人的批判性参照，而且也可以作为整个社会解放和变革的工具。

这样一种愿景作为后启蒙运动的行动派乌托邦的基础，我们可以认为它首先得到了牛顿理性主义的有力支持。这是因为，如果物质世界的特征和活动终于可以无需疑虑重重的猜测而得以解释，如果它们可以经由观察和实验而获得证明，那么，由于可测量的东西可以越来越多地等同于真实的东西，因此，就有可能清除一切形而上学和盲目迷信的阴云而设想思想中的理想城市。这是一个尺度如此之大的冒险，而决非一种小小的试探。但是，如果牛顿可以结论性地证明物质

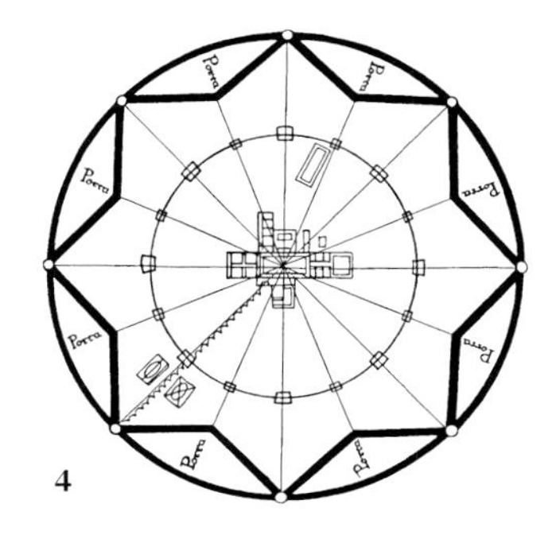

4

21 塞利奥（1475—1554），意大利文艺复兴晚期建筑师与建筑理论家，曾参与过枫丹白露宫的建造。所著《建筑五书》着力于建筑制图、实用图样和基本规则，思考了社会条件与民族传统问题，在实际建筑建造方面产生了重大影响。塞利奥在《建筑五书》第二章提出城市的喜剧场景（comic scene）、悲剧场景（tragic scene）和俳谐场景（satiric scene）。悲剧场景也称为贵族场景，采用宫殿、庙宇等类型建筑构成严整、规则的街道、广场空间，用以烘托严肃、庄重的氛围；喜剧空间由风格多样的商业、住宅等类型建筑所构成，街道空间表现出不规则的变化；俳谐场景则指向郊外的街道，林木占据主导，房屋散落其中。

4 **菲拉雷特，斯福辛达（Sforzinda）**

1　安德列（André）：一个理想社区的 19 世纪中期的方案[25]

2　克劳德 - 尼古拉斯 · 勒杜：舍伍盐场方案，1776 年

世界的理性建构，那么关于思想的内部机制，或者关于社会的机制为什么就不能同样获得证明？通过既诉诸理性思考也诉诸经验哲学，放弃业已接受的并且明显的独断专权，社会状况和人类状况必然可以重新塑造，并遵从类似于物理学的永恒规律。如此，很快，理想城市就不必再止步于纸上谈兵了。

但是，如果对于存在一个理性世界的可能性的绝对信仰只是短暂的，如果早就已经出现了一些零星的怀疑，那么力图创建一个和谐的、完全公平的社会秩序的急切热情，则远甚于去持有这种观点本身；并且，当它仍然有点机械地迈向19世纪时，这种已经更加现实化的乌托邦幻想能够获得一种精神上的实质和动力。其原因在于，若要将社会的运转建立在一个坚实基础之上，那么，就如同科学革命的倡导者针对本初自然进行仔细研究，社会革命的拥护者则应当针对“自然”社会进行研究，这无疑是必要的。“自然”社会作为“理性”社会的典范，必然导向对于“自然”人的审视。

确实，为了使社会能够获得成功的分析，必须离析并辨别出一种人类的原始模型。人类必须去除所受到的文化污染和社会腐蚀，他必须被设想成处在他的原始状态，处在原点，处在被引诱（Temptation）之前，堕落（Fall）之前[22]。正是在这样一种对理性和纯真的坚持不懈追求的背景下，在18世纪出现了这一时代最震撼人心的捏造——高贵原始人（noble savage）[23]的神话。

以这种或那种形式表现出来的高贵原始人的神话显然渊源已久。因为纯洁的自然人（natural man）首先是被修饰成理想化的、田园式的阿卡狄亚（Arcadia）[24]居民，如果他已经以此面目被古人所熟知，那么在文艺复兴时重返文化舞台后，他只可能成为更加实用的道德的附

---

22 指《圣经》中夏娃受蛇的诱惑后，偷食了善恶树的禁果而随之堕落。

23 法国启蒙运动思想家卢梭在其著作《论人类不平等的起源》中所提出的社会人的原型，也就是处于受教化之前，不辨善恶、毫无邪念、心态宁静的人。卢梭在此书中回顾了人类由自然状态向社会状态过渡的历史进程，认为人类的进步史也就是人类的堕落史，而私有制的确立是造成人类不平等及其后果的关键环节。

24 古希腊伯罗奔尼撒半岛中部山区，以人民生活淳朴宁静著称。

25 弗朗索瓦·乔伊（Francoise Choay）为该图所添加的注解：“这是安德烈按照公社模板设计的一个社区，它以平等、自由、博爱、团结的永恒原则为基础，由此可以通达幸福。在19世纪，采用文艺复兴时期的几何形式来表达社会乌托邦的理想城市，是一种常见的方式。”

属品。到了启蒙运动时期，尽管贸然闯入了事物的机械系统中，但自然人（一个让人感觉像是真的一样的抽象概念）几乎完全是为启蒙运动度身定做的。度身定做不仅是因为他可以作为科学所急需的、可以普遍运用的人类标本，更重要的是，轻微调整并修饰后的高贵原始人，足以成为一种急需的成分，用来塑造一种更为合理的普通人（common man）的概念。普通人是一个值得认真关注的对象，但却备受忽视；他平淡无奇，籍籍无名，毫无英雄色彩；他处在可悲而真实的困境里；他迫切需要血统和色彩来获得提升。于是，能够无限提供血统和色彩的高贵原始人，就有用了。

高贵原始人一旦不只停留于一种文学印象而获得文明社会的接受，他就必定会拥有一个光辉前程。他也许只是一种抽象，但如果缺乏变化和生气，他就什么都不是。显然他曾是一个卓越的角色扮演者：一个古典的牧羊人，一个印第安人，一个被库克船长（Captain James Cook）[26] 发现的人，一个 1792 年的无套裤汉（sansculotte）[27]，一

26　库克船长（1728—1779），英国航海家、探险家，曾到达南太平洋、南冰洋及新西兰、澳大利亚沿岸等地。

27　法国大革命时期贵族对激进的共和主义者的蔑称。当时法国贵族男子盛行穿紧身短套裤，膝盖以下穿长统袜；平民则穿长裤，无套裤，故有“无套裤汉”之称。

埃提内 - 路易斯 · 布雷（Etienne-Louis Boullée）[31]：牛顿纪念堂方案，1784 年

个七月革命的参加者，一个快乐英格兰（Merrie England）[28]（或者其他哥特社会）的居民，一个马克思主义无产者，一个迈锡尼时代的（Mycenaean）[29]希腊人，一个现代美国人、老农夫，一个自由的嬉皮士，一个科学家，一个工程师，最终，一台计算机。保守分子和激进分子之流有一种有用的假设：作为针对文化与社会的批判，高贵原始人在过去的两百多年间已经出场于各种各样的演出，在每次出演中，只要还没有谢幕，他的表演就从来不乏说服力。

但是，如果将高贵原始人视为纯真的象征，那么很显然，在融合乌托邦和阿卡狄亚神话的过程中，启蒙运动有责任让这种混种联姻成为决定性的并且是富有成效的。这两种神话既相互融合又相互抵触，一个与历史的终结相关联，另一个与历史的起源相关联。乌托邦庆贺那种甚至具有压制作用的约制力的胜利，而阿卡狄亚则包含前文明无拘无束的喜悦。用弗洛伊德（Sigmund Freud）的话来说，一个是完全的超我（super-ego），另一个则是完全的本我（id）[30]。但是无论如何，这两种神话都各自受到对方的致命诱惑。假如它们杂交之后导致一切都不同于前，那么我们至少可以从这一典型的18世纪联姻中，为当下乌托邦图景中正在经历的变化找到一些解释。

作为一个与时间起源有关的神话的主角，高贵原始人越是让人觉得是一个真实的历史形象，他就越可能被设想成是可复制的；由此，

28　建立在一种田园牧歌式生活方式之上的英格兰社会与文化，在中世纪与工业革命之间较为流行的、对于理想中的英格兰美好生活的憧憬。

29　希腊南部阿尔戈利斯地区的一座古城，位于欧洲大陆南端伯罗奔尼撒半岛北部，在阿尔戈斯和科林斯之间，公元前1950年至公元前1100年曾为希腊文明的发源地。

30　弗洛伊德认为，人类的意识世界分为三重：自我、本我、超我。自我（ego）就是我们现在的自己，处于本我和超我之间，代表理性和机智，具有防卫和中介职能，它按照现实原则来行事，充当仲裁者，监督本我的动静，给予适当满足。本我（id）是动物性的、充满欲望的“我”，包含要求得到眼前满足的一切本能的驱动力，只希望自己的欲望得到满足。它按照快乐原则行事，急切地寻找发泄口，一味追求满足。超我就是道德的“我”，它节制欲望，要求我们遵守社会规范，考虑别人，它按照至善原则行事，指导自我，限制本我。

31　蒂安－路易·布雷（1728—1799），法国新古典主义建筑师，受到古典形式的启发，其作品特点是去除所有不必要的装饰，发展出独特的抽象几何风格，并重复运用建筑元素，如各式各样的柱子。他的作品极具远见，对现代建筑师影响颇深。布雷的风格在他为英国科学家艾萨克·牛顿设计的纪念堂中得到了最著名的体现。这座纪念堂本身是一个150米高的球体，周围环绕着两圈巨大的屏障和数百株柏树。内部弧形天顶上有许多小洞，当天顶被穿过这些小洞的阳光照亮的时候，人们仿佛看见了夜空中的星星，这就产生了黑夜的效果。而白日的效果则来自悬挂在球体正中、散发出神秘光芒的浑仪。这座建筑虽然从未建成，但1784年当布雷所作的许多钢笔画被刻印出来之后，在专业圈里产生了广泛影响。

如果越有理由去将一种美好社会视为近在眼前而非水中望月，乌托邦就越是应当转向政治热情而放弃柏拉图式的保守。

然而，当启蒙运动的批判明确修改了乌托邦的内容时，对其形式却几乎不动什么手脚。无论高贵原始人的行为曾经是什么样，乌托邦延续下来的、对于古典形象和庄重得体的坚持依然是行动派乌托邦早期阶段的一个更为显著的特征。得到普遍赞同、广泛公认的乌托邦传统在延续着，于是，诸如安德烈（André）于 1870 年的理想城（傅立叶的遐想所带来的一种影响？）「6，其实并不比勒杜（Claude-Nicolas Ledoux）于 1776 年在舍伍（Chaux）所做的工业村方案与 15 世纪（quattrocento）[32] 的原型更加有所不同。尽管如此，二者（是的，包括舍伍）与 15 世纪原型相比还是存在着一些分异。舍伍盐场（La Saline de Chaux）[33] 的格局无论怎么标新立异，它的意图就是服务于生产。如果它的圆形形状可以解释成是对于传统乌托邦神秘力量的一种体现，很明显它仍然是一种颠覆性的体现：管理者已经取代了君王的位置。并且，如果目前不是法律制定者，而是执政官（le directeur）在掌握着城市的权力，那么很有可能，我们在此刚刚见证了一种早期的关于国家型制的新思想。

但是很显然，这并不是将舍伍解读为针对传统形象的批判的唯一方式。如果我们相信卢梭提出的高贵原始人潜伏于自然主义环境中，那么同样也可以认为圆形布局意图激发的是牛顿式的当代卓越，而不是柏拉图的古时权威。这是一个致敬牛顿的纪念碑即将泛滥的时代，从勒杜的舍伍到 1803 年圣西门（Henri de Saint-Simon）[34] 为牛顿大议会（Grand Council of Newton）[35] 所提交的设想只不过是大势所趋。

「6 感谢 Françoise Choay 为我们提供的 André 的图片，*The Modern City: Planning in the Nineteenth Century*, New York, 1969. 然而，不幸的是，据我们所知，迄今为止 André 除了一个名字外，缺乏日期及其他详细信息。他没有被列入《法国传记名录》（*Dictionnaire de Biographie Française*）中，而且，据 Choay 女士所言，自从她出版这部乌托邦的作品后，甚至它的刻板也从国家图书馆中消失了。

32 指意大利文艺复兴初期。

33 勒杜于 1774—1775 年为阿尔克和塞南皇家盐场所做的方案，1778 年建成，地点位于法国汝拉山脉东侧的舍伍森林地区，被认为是工业时代的第一座理想城市。其方案采用圆形格局，表达理想城市的完美和谐，用以构造一个完美的共同体社会。

34 亨利·圣西门（1760—1825），法国哲学家、社会哲学家、法国社会主义的奠基人。圣西门出身贵族，曾参加法国大革命、北美独立战争。他抨击资本主义社会，致力于设计一种新的社会制度，认为应按照产业线索来考虑社会，资产阶级应当成为社会新精神领袖。在他所设想的社会中，人人劳动，没有不劳而获，没有剥削，没有压迫。

35 圣西门在其《一个日内瓦居民致当代人的信》中提出的一个设想，他认为社会应当交由一个由超级学者所构成的“牛顿委员会”进行管理。

可以认为，亨利·圣西门有志向成为政治领域中的牛顿，他的理想是创建一个普适的统治体。他谴责现存权威的种种秉性，建议用一个世界政府来取而代之，这个世界政府由致力于传播牛顿的事业，传播理性的科学家、数学家、学者、艺术家组成，而且到处都会建起崇拜牛顿的神圣祭堂。《一个日内瓦居民致当代人的信》（*lettres d'un habitant de Genève à ses contemporains*）[7]中所表达出来的这一思想是极端学究气的，甚至有点癫狂。但是无论怎样出格，在对理性的非理性高扬中，它为重大事件做了准备。恰如圣西门的格言"黄金时代不是在我们的后面，而是在我们的前面，通过对社会秩序的完善，我们就能抵达"[8]，显然，传统乌托邦的所有道德姿态已经被取代。换言之，我们处在一个转折点——行动派乌托邦，作为"一张未来蓝图"的乌托邦已经最终决定性地呈现了。在一个史无前例的科学跃进发展的社会中，急需一种逻辑化的社会组织形式，因此现在必须制定由科学的胜利所激发起来的、关于积极的社会目标的理想，必须转向将"人类科学"置于完全超越猜想阶段的基础之上。这种要求是明确的，这一理想必须努力将科学作为道德的基础，将政治学作为物理学的一个分支，并且最终采用理性的管理法规来取代武断的政府。

这些是随后二十多年发展而来的圣西门理论中的一部分，一个精心策划的"通过物的管理来取代人的管理"的尝试。撇开圣西门的权威主义，他的思想显然带有幸福社会的论调，并且这不仅限于艺术。在一个理性社会里，生产力将会得到提高，并且随着普及开来的繁荣，艺术将转而促进、扶助新生事物。这就是前景，进步艺术（progressive art）与进步社会（progressive society）之间的联姻（所有知识一致行动），似乎是圣西门信条中的核心直觉之一，而且他的门徒也是这样认为的。

艺术是社会的表达，在其最高层面上表达了最前沿的社会趋向；它是先行者和启蒙者。因此，如要知晓艺术是否胜任作为先行者的使命，艺术家是否是真正的先锋，就必须了解人类的发展方向，掌握人类种族的命运。[9]

如果没有圣西门的影响，这种说法是无法想象的，我们还可以提到另一个比他早20年的同样"现代"的主张。受到相同信念的驱

[7] Henri de saint-Simon, *Letres d'un habitant de saint-simon et d'Enfantin*, Paris, 1865-78.Vol.XV.

[8] The motto of Saint-Simon, *Opinions littéraires et philosophiques*, Paris, 1825. Also the motto of the Saint –Simonian periodical, *Le Producteur*, 1825-6.

[9] Gabriel-Desiré Laverdant, *De La Mission deL'Art et du Rôle des Artistes*, Paris, 1845. 引自 Renato Poggioli, *The Theory of the Avant-Garde*, Cambridge, Mass., and London, 1968.

使，诗人莱恩·阿列维（Léon Halévy）[36] 确信，不久之后“艺术家将掌握取悦并感动公众的能力，正如数学家解决几何问题、化学家分析某种物质一样确定无疑”，他接着写道，“只有这样，社会道德风尚才能深入人心”。「10

但是，如果这种宣言似乎将我们设身处地带到 20 世纪初期典型的乌托邦热情旁边，人们仍然不得不将法国实证主义（Positivism）相对的缺乏新意作为一种自我隔离的影响来考虑。因为，无论怎样评价圣西门，评价奥古斯都·孔德（Auguste Comte）[37] 的随后发展，评价夏尔·傅立叶（Charles Fourier）[38] 及其他所有人的类似贡献，我们必须认识到，这些人就其本身而言代表着一种历史决定论的死胡同。在整个 19 世纪，他们是按照一种启蒙运动的传统方式来进行研究的，而必然地，不论好坏，这种传统已经开始日渐式微。

一方面，在一个不断扩大的市场只会激发银行家和实业家热情的世界里，18 世纪的纯粹智性乐观主义开始显得毫无必要；另一方面，至少在英国和德国显示出，长期以来明显的是，社会不太可能如同法国理性主义者（除卢梭外）曾经希望去设想的那种机械构造。相反，在英国和德国，长期以来人们认为卢梭的高贵原始人与其说是支持理性主义者观点的一种抽象概念，不如说是一种类似于种族返祖现象的记忆，这一记忆的存在本身就是对于法国模式的缺陷的一种评论。这是因为在两个国家里，在浪漫主义和狂飙突进运动（Sturm und Drang）[39] 的影响下，甚至并不存在将人类视为一个抽象物的概

---

36 莱恩·阿列维（1802—1883），法国公务员，历史学家和戏剧家。

37 奥古斯都·孔德（1789—1857），法国思想家，社会学和实证主义创始者，被誉为现代社会哲学之父，曾担任过圣西门的秘书，并深受其影响。

38 夏尔·傅立叶（1772—1837），法国空想社会主义者、作家，曾提出空想社会的制度，希望建立一种以法伦斯泰尔（见注释 42）为基层组织的社会主义社会，在这里个人利益和集体利益达到一致。他主张消除脑力劳动和体力劳动的差别，主张妇女解放。他的思想在当时并未引起多少关注，对后来的社会主义运动产生了一定影响，被认为是马克思主要学说的来源之一，与圣西门、欧文并称三大空想社会主义者。

39 18 世纪 70 年代在德国文学界发生的一次运动，是文艺形式从古典主义向浪漫主义过渡的阶段。其名称来源于剧作家克林格的戏剧《狂飙突进》，中心代表人物是歌德和席勒。这次运动是由一批市民阶级出身的青年德国作家发起的，他们受到启蒙时代影响，推崇天才、创造性的力量，并把其作为其美学观点的核心，主张“自由”“个性解放”，提出了“返回自然”的口号。这个运动持续了将近二十多年，从 1765 年到 1795 年，然后被成熟的浪漫主义运动所取代。

「10 Léon Halévy, *Le Producteur*, Vol. I, p. 399; Vol. III, pp. 110 and 526.

念，而是视社会或国家处于特定的历史阶段；这个论点当时已经开始盛行，它倾向于设想社会是有机生长的概念，而不是法式机械论（French mechanism）[40]。对这个论点的最大贡献显然来自德国，并最终形成了黑格尔的历史辩证法概念。但是它在英国阶段的重要发展及精彩论述也不容忽视，这里要提及的是埃德蒙·伯克（Edmund Burke）[41]和他的《论法国大革命》（*Reflections on the Revolution in France*）「11。

伯克的名望一直有些模糊不定：他到底是美学理论家，还是政治哲学家？但是，只要伯克依旧被视为现代保守主义的奠基人，就不难看出，他思想的某些部分已经深入英国的社会主义传统之中。比如，威廉·莫里斯（William Morris）[42]在《来自乌有之乡的消息》（*News from Nowhere*）「12 里描述的乌托邦，完全没有古典设计的元素，这可以被看作是根源于伯克学说的影响。而且，就如之后的莫里斯一样，伯克对科学和工业发展潜力的漠然，以他的地位而言，必须被看作是他思想中的一个消极特征。而且，就如对待之后的莫里斯一样，我们必须将伯克对科学和工业发展的漠然看作是他的思想中的一个消极特征。他拒绝任何简单的功利思想。我们可以设想将老迈的伯克和年轻的杰里米·边沁（Jeremy Bentham）[43]作为一组对比。并且如同他的许多德国同行，他反对启蒙运动的传统，呼吁不可估量和不必分析之物，“那些在巴黎大不入流的东西，我指的是经验”。「13

从逻辑上讲，人们可能认为伯克肯定深受法国大革命的影响。因为在 1757 年，他正在全力探索有关崇高性（Sublime）的概念「14，接

40 机械论是指将世界的运动和变化归因于某种外力的宇宙学理论，其基本目的是将物体的所有质量和活动降低为定量的现实，即质量与运动。按照这种观点，物质是纯粹被动的。与之相对的观点则是动力论，认为物质拥有某种内部动力，这些动力解释了每种物质的活动及其对事件过程的影响。这里所谓的法国影响，应该是指法国哲学家笛卡尔的观点，他主张物质与精神的二元论，物质只是作为一种定量的事实。

41 埃德蒙·伯克（1729—1797），英国辉格党政论家、下院议员，维护议会政治，主张对北美殖民地实行自由和解的政策。他于 1790 年发表《论法国大革命》，认为大革命已经演变为一场颠覆传统和正当权威的暴力叛乱，而非追求代议、宪法民主的改革运动，他批评大革命是企图切断复杂的人类社会关系的实验，也因此沦为一场大灾难。

42 威廉·莫里斯（1834—1896），英国画家、设计师、匠人、诗人、社会改革家、“工艺美术运动”的发起人之一。

43 杰里米·边沁（1748—1832），英国的法理学家、功利主义哲学家、经济学家和社会改革者。他是一个政治上的激进分子，亦是英国法律改革运动的先驱和领袖，并以功利主义哲学的创立者、一位动物权利的宣扬者及自然权利的反对者而闻名于世。他还对社会福利制度的发展有重大的贡献。

「11 Edmund Burke, *Reflections on the Revolution in France*, 1790, World Classics Ed., 1950.

「12 William Morris, *News from Nowhere*, New York, 1890, London, 1891.

「13 Burke, op. cit. p.186.

「14 我们指 Bruke 的 *Philosophical Inquiry into Our Ideas of the Sublime and the Beautiful*, London, 1756.

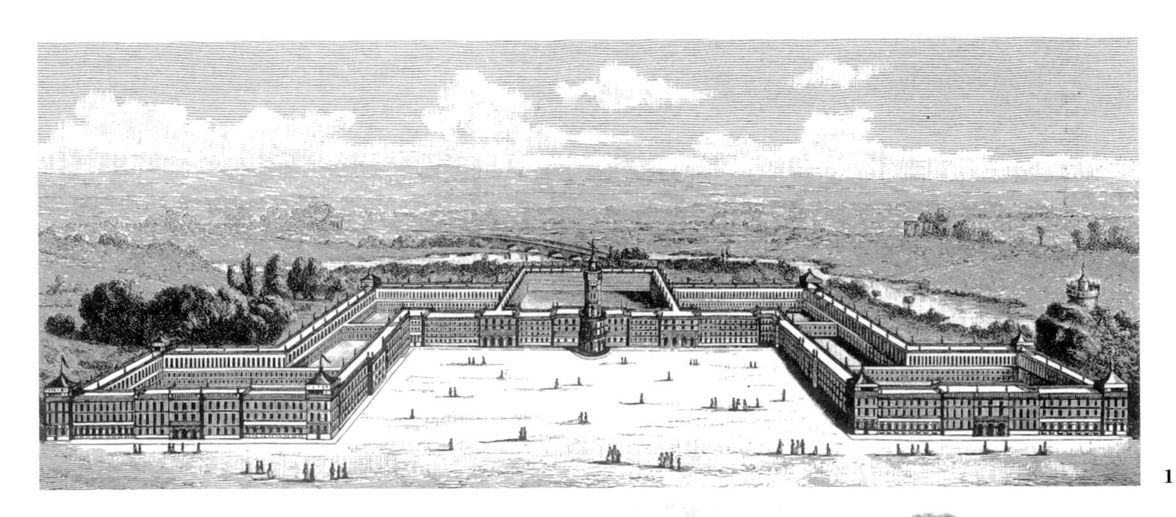

1

2

着在 1792 年，他恰好遇上一场关于崇高性的实况展示。但是恰恰相反，伯克的表现恰恰背离了他早期的直觉。“一种陌生的、无名的、粗野的、激情的东西”，那就是大革命，如果这是卢梭所谓的“公共意志”（general will）[44] 的一个案例，一个抽象而专横的理性冲击现有

44　经常也被译为“公意”，这是卢梭在《契约论》中的一个重要观点，公共意志所表达的是公民们在将自己看作是共同体的成员时理性地意愿的东西。在卢梭看来，每一个人同时既是一个人（a man），又是一个公民（a citizen）。作为人，每一个人都是独特的，有他独特的认同和特殊的利益；但是作为一个公民，他们都是共同体的成员，分享着共同的利益。每一个人既有作为一个人的个别的意志（或私人意志），也有作为一个公民的公共意志。

1　夏尔·傅立叶，法伦斯泰尔，1829 年

2　凡尔赛宫，鸟瞰

法规特权的案例，然而，与卢梭观点相一致的伯克却很少使用它。对伯克而言，如果社会确实是一种契约，那么，这并不是偶然丢失的虚构的法律文件。相反，它是一个特定社会在一定时期中积累起来的传统，这些传统应当确保自由的具体行使，但也必须被视为超越一切个人或个体的理性行为。

这样，对经验的呼吁就变成了对作为上帝工具的国家的呼吁，对作为社会变革具体图景的历史的呼吁。"没有……市民社会，人类绝对不可能达到他本该可以达到的完美"[15]；即便这些话会使得高贵原始人起身离开会客室，但他的记忆仍存续着，如同某位必受供奉的先祖的记忆一样。因为市民社会是"一切科学中的伙伴关系；……一切艺术中的伙伴关系；……一切美德中的以及一切完美中的伙伴关系……这种伙伴关系不仅存在于那些活着的人们之间，而且也存在于那些活着的、死去的和即将出生的人之间。"[16] 换言之，市民社会是一个无法被打断的连续体。

这就是伯克得出的一些极度反乌托邦的观点，部分是抑制性的，部分是自由化的，它们的作用无疑是双重的。可以认为，在用自己关于历史的观点驳斥法国理性主义时，伯克对于已经发展起来的行动派乌托邦的贡献，不逊于那些他极力谴责的学说对其作出的贡献。因为我们现在应当考虑到，社会的有机主义概念逐渐在浪漫主义的批判中瓦解了。我们应当认为，圣西门的信徒们逐渐放弃了那些源自他们领袖的、缺乏实践性的部分。我们应当注意到他们成为第二帝国（Second Empire）[45] 工业家的趋向，我们应当认识到，到 19 世纪中叶时，实证主义乌托邦是如何必定受到各方面制约的。那些实证主义者可能很关注根据"完全超越人类意愿的科学实证"[17] 的原则来建立一种政治秩序。但是撇开这一纲领，当 19 世纪逐渐沉浸于历史的发展观念之中时，任何像"意愿的"和"科学的"这样的简单概念都将

[15] Burke, ibid, p. 109.

[16] Burke, ibid, pp. 105-6.

[17] *Oeuvres de Saint-Simon et d'Enfantin, Vol. XX*, pp.199-200.

45　法兰西第二帝国（1852—1870），是波拿巴家族的路易 · 拿破仑 · 波拿巴在法国建立的君主制政权，以区别于拿破仑一世建立的法兰西帝国。法兰西第二共和国总统路易 · 拿破仑 · 波拿巴于 1851 年 12 月 2 日发动政变，称拿破仑三世。第二帝国经历了由专制统治向自由主义、议会政治演变的过程，同时在经济方面实行促进资本主义工商业发展的经济政策，建立了大工业，重工业中机器生产普遍代替手工劳动，生产不断集中，交通运输业迅速发展，法国完成了工业革命。

1

日益受到损害。

事实上，在19世纪中叶，马克思所指出的空想社会主义的特征已经在带有其自身特征的建筑设想中体现出来。傅立叶1829年的法伦斯泰尔（Phalanstère）[46]模仿了凡尔赛宫（Versailles），并将其作为无产阶级未来的一种原型。这恰恰反映了当时的状况，甚至无须侵扰英裔美国人和欧文主义者观点类似的案例来说明这一点。[47]它们被马克思称为“新耶路撒冷的袖珍版本”，无论它们多么美好，都是平庸和

46 法伦斯泰尔是专门为一种独立的乌托邦社区而设计的建筑，可容纳居民500~2000人，他们共同合作以实现互利。傅立叶通过将法语单词phalange（方阵，古希腊的基本军事单位）与monastčre（修道院）两个词语组合起来形成Phalanstčre这个名字。

47 傅立叶设计了法伦斯泰尔，虽然在欧洲由于缺乏资金而一无所成，但在美国却由英裔工业家实现了几个类似的产物。

2

无聊的宣言；并且在一个革命热情和民主运动的时代中，它们缺乏深度，无法使人信服。

在这种情况下，一幅画作或许能够补充一条注解。德拉克洛瓦（Delacroix）于 1830 年 7 月创作的完美寓言《自由引导人民》（*Liberty Leading the People*），在技艺，更在尺度上，可以被视为一种新解放的情感和思想的涤荡。这种涤荡早被伯克所警觉，却未能被实证主义者所顾及。因为这是一种超越了政治的政治，是一群被运动和命运所激发起来的群众；高贵原始人丧失了他应有的地位，并且被 18 世纪逐渐发展起来的革命浪潮所吞噬。但是无论如何，这种英勇的街垒骚动完全远离了实证主义的精神。既然我们谈及绘画，不妨说，这种气质在 40 年前的另一幅画面中得到了更为明确的体现。

大卫[48]为从未正式落笔的《网球场的誓言》（*Oath of Tennis Court*）

48　雅克 - 路易·大卫（Jacques-Louis David，1748—1825），法国著名画家，古典主义画派的奠基人，画风严谨，技法精工。在雅各宾专政时期，大卫曾任公共教育委员会和美术委员会的委员。其作品多以历史英雄人物为题材，如《荷拉斯兄弟之誓》《处决自己的儿子布鲁特斯》《马拉之死》等。

1　**德拉克洛瓦：《自由引导人民》，1830 年**
2　**大卫：《网球场的誓言》，1791 年**

所画的习作则是一种完全另样的英雄概念。场面描绘的是革命的开场阶段，1789 年 6 月 20 日，第三阶层（Third Estate）[49] 决意在其目的达成之前拒不解散。场景设置在凡尔赛宫的网球场（jeu de paume）[50]，它被描绘得简洁质朴、恰如其分；画中人物形象鲜明。他们的惯常礼仪毋庸置疑；变革之风吹得帷幕翻动，应和着场内群情激昂，但无论接下来剧情如何发展，你会相信它只涉及受教育阶层。托马斯·杰弗逊（Thomas Jefferson）[51] 完全有可能出现在这个场景里；事实上，这整个场景就好似大陆会议（Continental Congress）[52] 期间的费城。这群激奋的律师关注于宣扬终极真理，宣扬不言自喻的教义，以及无论何时何地都有效的规则，他们即将沉浸在一切伯克所批判的事物之中；如果帷幕翻动确实预示着什么，那这些人很可能永远都不会将其归因于任何即将到来的历史风暴。

虽然这种对比不言自明，却可能有些过时。但是如果它有助于将实证主义者限定在一种审慎的毕德迈耶（Biedermayer）时期[53]的社会背景中，那么德拉克洛瓦的自由女神和人民仍然可能需要与另一幅画作进行比较。而在这个场合中，并没有人民涉及其中。

高涨、运动，对不可抗拒力的欢呼、原生的动力、把握时运的命脉，所有这些特征都可以在安东尼奥·圣埃利亚（Antonio Sant'

49　第三阶层是 1789 年法国大革命爆发后出现的一种概念，指平民阶级。第一阶层指牧师阶层，第二阶层指贵族阶层。

50　1789 年 5 月 5 日，由于财政问题，路易十六在凡尔赛宫召开三级会议，希望在会议中讨论增税、限制新闻出版和民事刑法问题，并且下令不许讨论其他议题。而第三阶层代表不同意增税，并且宣布增税非法。6 月 17 日第三阶层代表宣布成立国民议会，但随后被关闭，愤怒的代表们到一个室内网球场集会，全体与会代表一致宣誓：在王朝宪法制定并在坚实的基础上确立起来之前，无论情况需要在什么地方集会，议会都绝不解散。这就是有名的“网球场宣誓”。网球场宣誓通常被认为是法国大革命诞生的标志。

51　托马斯·杰弗逊（1743—1826），美国第三任总统（1801—1809），民主共和党创建者，《美国独立宣言》主要起草人，美国开国元勋中最具影响力者之一。他在任期间保护农业，发展民族资本主义工业。从法国手中购买路易斯安那州，使美国领土近乎增加了一倍。

52　也称为费城大会（Philadelphia Congress），英属北美殖民地 13 个殖民地的代表会议，是独立战争期间的革命领导机构。1774 年，在北美殖民地与英国宗主国之间的矛盾不断尖锐化的过程中，13 州各派代表来到宾夕法尼亚州费城组建了第一届大陆会议。

53　指德意志邦联诸国在 1815 年（维也纳公约签订）至 1848 年（资产阶级革命开始）的历史时期，现多指文化史上的中产阶级艺术时期。在该时期，中产阶级发展出他们的文化和艺术品味，如家庭音乐会、室内设计及时装。在文学方面，以“袭旧”和“保守”为特色；文学家普遍遁入田园诗，或投入私人书写。

Elia）[54] 的城市中找到。德拉克洛瓦的激昂的无产阶级和骚动的学生的剧情角色已经演化成为一群同样激昂的建筑。如果我们思量一下这些真正的第一批行动派乌托邦的偶像，观察一下德拉克洛瓦的修辞被转化到何种程度，自由的“人民的力量”在多大程度上被转化为发动机和活塞的力量，那么我们也许可以看出圣埃利亚是如何从圣西门发展而来的，但我们仍然需要关注这种转变是如何发生的。

德拉克洛瓦、大卫、圣埃利亚，在这里被置于邻近的语境中而不得不成为思想史中的辩论家，暗示这里采用了类似电影制作的方法；同样也可以让他们暗示这种方法的偏好和角度，因为在这里所建立的

安东尼奥·圣埃利亚：新城市，1914 年

54　圣埃利亚（1888—1916），意大利建筑师，1912 年在米兰开始建筑师生涯。在米兰期间，圣埃利亚与未来主义者来往，在他们的影响下于 1912—1914 年间画了一系列以“新城市”为题的城市建筑想象图，有数百幅之多。其中一些于 1914 年 5 月在名为“新趋势”的团体举办的展览会上展出，展品目录上有圣埃利亚署名的《未来主义建筑宣言》。1916 年，圣埃利亚死于第一次世界大战炮火，年仅 26 岁。

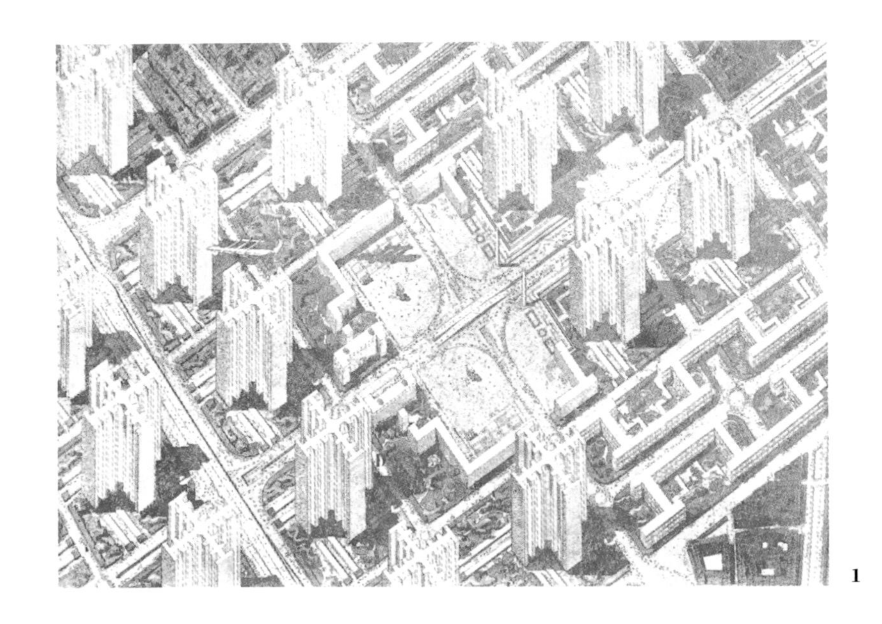

1

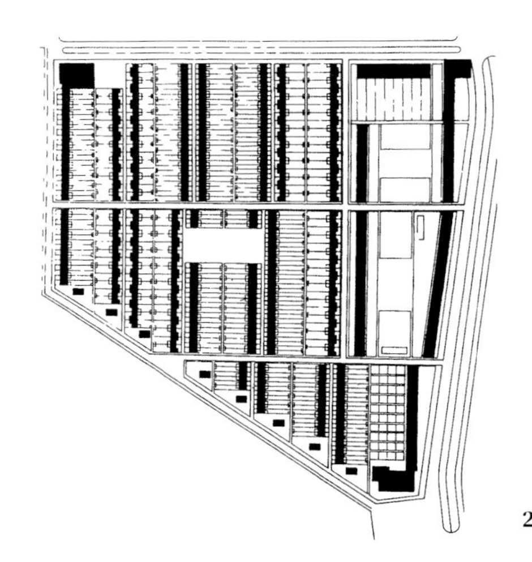

2

从德拉克洛瓦到圣埃利亚的关联性，如果不经由马克思，也必然会经过那些类似于马克思所展示的思想的集合。换言之，无论圣埃利亚是否意识到这一点，这条道路很可能经过由圣西门、孔德的相对静止与黑格尔世界观的明确动力之间的相互作用所形成的一些交汇点。

尽管黑格尔的思想必然是20世纪早期乌托邦不可或缺的构成要素，但通向他的路径却伴随着巨大的艰辛和困难。「18 历史必然性、历史辩证性、历史“终极性”的逐渐显露，时代、种族或者人民的精

1 勒·柯布西耶：巴黎，瓦赞规划，1922—1925年

2 沃尔特·格罗皮乌斯，卡尔斯鲁厄的达姆斯托克住区规划，1927—1928年

神：我们不清楚这里有多少是将社会视为一种发展过程的理论的产物，它的影响力比那些纯正古典或法国渊源的理论的影响力要小多少。因为，与伯克一样，黑格尔也关注对材料的分析，而这些材料几乎不屈服于现有的理性主义技术，也不终止于任何有形的形象。

但是在其立场的核心之处，似乎可以看到理性本身并不具有稳定性。但如果这是一种主动、灵活、充满活力的理性概念，那么，它也具备这样的条件：这种理性与其说是人类的产物，不如说是一种精神本质的活动。"理性是世界的统治者"，很显然，它是一个灵巧地躲藏在所有现象之后的绝对统治者。但是，"世界这一概念同时包含着物质和精神的本质"，这里存在着"自然的物质世界"和"历史的精神世界"。由于"世界不受制于机遇和外部偶然因素……但是有一个上帝控制着它"，这说明上帝不仅通过外部自然来表现自己，更重要的是通过普遍历史来表现自己。换言之，神灵及其理性创造仍在继续着。如果"精神是更为重要的世界，而物质事物遵从于它"，同时如果历史必须是理性的，那么人类的情感、意志、建构将被视为"世界精神实现其目标的工具和手段"。

基本的学说似乎就是如此；正是在这样的方式下，被视为历史的自然，才会用来产生一种得启天道的壮景及其必要的剧情。这是一个在本质上走向某种欢乐结局的自我驱动的剧情，但它也是一个通过无休无止的肯定与否定的相互作用持续进行的表演。并且，正因为我们沉浸于它的表演，那么我们所能做的顶多就是去读懂它。事实上，自由作为精神的一个方面，是强加给事业的。如果只有通过具备历史意识的行为，被自由所俘虏的我们才能理解事物的本质，那么也正是通过这一意识，自由得以被界定。虽然无论这种自由可能是什么，它仍然面临着屈服——即使是在实现的时候——屈服于不断涌现的、自我发展的无数特殊现象，这些现象全部具有"理性"和"精神"，并且全部都是恰如其分的。

「18 我们不能自欺欺人地把接下来的内容归为对黑格尔的特定研究，那样太荒谬了。我们尽量担当责任，但仍然不得不坦承我们的倦怠。我们最感兴趣的显然远非哲学问题，而是黑格尔对于现代建筑的巨大的、但还未得到广泛认同的贡献。

但是，如果黑格尔的纯粹性沉思使得他的第一个英国崇拜者[55]

55 可能指詹姆斯·希金森·斯特林（James Hutchison Stirling，1820—1909），英国哲学家，曾著有《黑格尔的秘密》（*The Secret of Hegel*）。

不得不认为它是“一项如此深邃，以至于晦涩难懂的思想研究”，那么是他的影响而不是他的晦涩值得我们接下来进行关注。“建筑是翻译到空间中的时代精神，它是活生生的，变化着的，崭新的”，“新建筑是我们这个时代中不可避免的逻辑产物”，“建筑师的使命就在于领悟时代之启示”「19。这些话语分别是密斯·凡·德·罗（Mies Van der Rohe）、格罗皮乌斯和勒·柯布西耶的，它们很好阐释了黑格尔的范畴和程式逐渐向一切思想进行渗透的方式。如果它们似乎从未在这种背景中得到阐释，在这里引用它们只是想表明，黑格尔继续存在于20世纪早期的乌托邦之中。因为在这三个案例中，一个不可阻挡的、强有力的、富有逻辑性的“历史”，似乎与任何具有维度、重量、色彩和质地的事物同样地真实。

但是，这只是附带说明一下。人们将要立刻面临一套关于测量和运转机制的思想，以及另一套关于变化和有机组织的思想。可以看到这样的观念，一方面，从物理学的角度来看，社会是潜在的逻辑化的；另一方面，从历史的角度来看，社会是内在的逻辑化的。有关于科学政治的可能性的立场——独立于人的意志；有关于理性历史的确定性的进一步陈述——也独立于人的干预。有一种旧的知识分子模式和一种新的历史决定论模式。现在还很难说这些态度哪一个更加保守，哪一个更加激进。于是，黑格尔的进步主义是暧昧的、有点儿油滑的，与圣西门的科学和习俗的混合体远不相同。但是人们如要接受黑格尔自己的历史辩证法概念，想必可以看出此处展现了一些将要相互作用的命题和反命题。

简言之，这即是马克思对这两个体系的构想，而且马克思关于“结构”（structure）和“上层建筑”（super-structure）[56]的区分对于他接下来的综合发挥了重大作用。如果说在1848年之后，已经醒悟了的19世纪中叶迅速从“理念”和乐观主义转向“事实”和作用力，

「19 Ludwig Mies Van der Rohe, G, No.1 (bibliog.2) 1923，引自 Philip Johnson, *Mies Van der Rohe*, New York, 1947; Walter Gropius, *Scope of Total Architecture*, New York, 1955, p.61; Le Corbusier, *The Radiant City*, New York, 1964, p.28, from the CIAM Manifesto of 1928.

56 马克思认为人类社会由两部分组成，基础结构（infrastructure）与上层建筑（superstructure）。基础结构包括生产关系，也就是雇佣与受雇佣、劳动分工以及财产关系，人们以此生产出生活所需物品。上层建筑则包括文化、制度、政治权力结构、社会角色、礼仪和国家。尽管相互关系并非十分严格，但基础结构决定上层建筑，上层建筑也影响基础结构。

从表面走向根本，（人们可以联想到屠格列夫的《父与子》[*Father and sons*] 中的巴扎洛夫[57]），那么，如果剥去法国理性主义的琐碎以及涉及精神（Geist）的德国式的伪深沉，如果考察真实而不是虚幻的东西，人们就会得出关于社会最终的物质本源的正确认识，就可以看到没有被以宗教和法律、政治和艺术为代表的“上层建筑”的操纵所歪曲的，那种本质的、原真的“结构”。

或者至少，类似于法国科学主义（scientism）和德国历史决定论混合物的东西，已经于有意或无意间得到了广泛接受，并且在这一背景下，人们可以理解马克思随后而来的核心内容。马克思倒置了黑格尔的精神与物质的体系，或者说删除了黑格尔的“精神”并更换了其机制，保留了黑格尔的预言成分，并通过援引发轫于法国的世界性革命案例使之显得更为浑厚。随后，当法国体系想要颠覆黑格尔的形而上学时，德国向法国输出了广度和深度，提供了对于即将产生事物的先进性的肯定和关于一种势不可挡的运动力量的理论。

这一命题绝非原创，但是不管有没有马克思的影响，将黑格尔与圣西门的思想联系到一起只能给予两者这样一种紧迫性：如果将两者分开理解，那么这种紧迫性就将不复存在。或者在达尔文的影响下，用英国的生物学替代法国的物理学，融入等量的德国精神，添加一些神学的新鲜细屑，在篝火上充分加热并加以品尝，这样也可以得出一个几乎相同的组合方式，但是尽管这种组合主要在德国、荷兰、（美国）威斯康星以及其他地方得到采纳，尽管它对于建筑学烹饪方式的贡献无可厚非，尽管马克思希望使自己成为社会学中的达尔文，但是这很显然是一种过于特殊化的策略，因而不能被纳入到公共机构之中。

然而，社会达尔文主义有它自己的主要贡献：它驱散了以物理学

57　巴扎罗夫是俄国作家屠格涅夫代表作《父与子》中的男主人公，所代表的是激进的平民知识分子，与父辈保守的贵族阶层就如何对待贵族文化遗产、艺术与科学、人的行为准则、道德标准、社会与教育、个人的社会责任等问题各抒己见，他们之间的分歧和对立体现出19世纪中叶的社会背景和时代趋势：一个新兴的文化阶层正在俄国开始出现，这一平民知识分子阶层来自平民百姓，由于受到上层社会的压迫与排斥，对于贵族权威与文化传统具有天然的反抗情绪，并且崇尚自然与科学，成为一个介于贵族与农民之间的新生文化阶层。

为基础的世界的某种严酷性，佐证了黑格尔的历史决定论，不与它的唯心主义发生矛盾，保持它的乐观主义，引入物竞天择和适者生存的有趣的思想，并且倾向于简直纵容权力。所以我们必须认识到它的这些无法忽视的贡献。

在这个阶段，人们很容易认为：在圣埃利亚的城市中，陈腐观念已经绝迹，自由已经被接纳成为必需品，机器成为一种精神或精神机器，历史推动力成为命运的指标。但是如果可以认为，这里已经以非常有冲击力的形式，提出了一个未来主义城市的谱系，那么，这并不是一个可以叫停的阶段。因为众所周知，未来主义的城市不是用来纪念人类的手足情谊，所以虽然我们将它作为第一个真正的行动派乌托邦的偶像，仍然有必要增加一个限定条件。这是作为原“现代”（proto-“modern”）的未来主义城市，作为原法西斯主义（proto-Fascist）的未来主义城市。而且存在一种惯常的深信，即因为它可能是其中一种，所以它不可能是另一种。但是如果这里存在着一个只与现代建筑纯洁观念的普遍教条相关的障碍，那么现在就需要在重大转折时刻去面对这一圣洁性（immaculata）。

我们可以将未来主义视为一种黑格尔式的浪漫先锋，但是如果对于力量的赞美是它更重要的深远含义，我们也可以把它纳入到一种历史框架中，即尼采（Friedrich Wilhelm Nietzsche）的“已经获得自由的人类（还有更多心灵获得了自由的人）唾弃那些小商贩、基督徒、牛仔、女人、英国人以及其他的民主主义者们所梦想的可鄙的安乐方式，自由者是一名斗士”「20，这句话与马里内蒂（Filippo Tommaso Marinetti）[58] 的这段话有着惊人的相似之处：“我们要歌颂作为清洁世界的唯一手段的战争，我们要赞美军国主义、爱国主义、无政府主义的破坏行为，我们歌颂为之献身的美好理想，我们赞同蔑视妇女的言行”「21，在 1914—1918 年以后，这种思潮除了剩下反思之外，不再会被视为先锋事物。“在这种强烈的喷发之后，”沃尔特·格罗皮乌斯

「20 F. W. Nietzsche. *The Twilighe of the Idols*, Chapter entitled “Skirmishes in a War with the Age” section 38.

「21 F. T. Marinetti, from the *Futurist Manifesto*, 1909, Proposition 9.

58 马里内蒂（1876—1944)），意大利诗人、编辑、艺术理论家，未来主义运动创始人之一。于 1909 年撰写了《未来主义宣言》，认为法西斯主义是未来主义的自然延伸，20 世纪 20 年代以后成为一名积极的法西斯主义者。

认为，“每一个有思想的人都觉得有必要在思想上改变一下阵线”「22但是如果说在第一次世界大战之后，未来主义计划很快证明了它内在的返祖现象，那么如同正要形成的“光辉城市”，除了国家主义和相应的阳性生殖器幻想的缺失之外，它们在基本内容上是很相似的。

“新精神”（L'esprit nouveau）和“现代动力”（dynamisme destemps modernes）再次成为一种去精神化的黑格尔式的浪漫前沿阵地；通过诉诸圣西门的“科学”（独立于人类意志的示例），在20世纪最为清晰的时刻，乌托邦发展剧烈，的确可以使建筑师认为自己是不可玷污的。因为他不仅觉得自己已经脱下了文化盛装，并且重复一下芬斯特林的话，他甚至即将蜕去那个迄今为止一直“像一张皮”那样包裹着他的一层幔罩。

就当前的目的而言，我们没有理由去区分光辉城市和柴棱堡城（Zeilenbau city）[59]，区分瓦赞规划（Plan Voisin）和卡尔斯鲁厄的达姆斯托克（Karlsruhe-Dammarstock）[60]。当我们回顾一下为此建立的知识体系时，虽然总体上感觉它是正确的，但仍然困扰于它的不足之处。这其中有许多思想就其自身而言是易于流变的，但是不得不承认，如果没有席卷一切的危机的威胁（同于革命的威胁），它们的神话力量就是不完美的。

19—20世纪的乌托邦产生于一种奇特占星术的集成，一方面是奥斯瓦尔德·斯宾格勒（Oswald Spengler）[61]，另一方面是赫伯特·乔治·威尔士（Herbert George Wells）[62]；一方面是世界末日的预告，无可扭转的西方的没落，另一方面则是千禧盛世的未来。正是在这里，人

59 意思为联排、平行行列式的建筑布局。

60 1928年，德国卡尔斯鲁厄市邀请多名建筑师为城市南部达姆斯托克区的市属住房进行设计，其目标是为中低收入家庭提供“可操作性的”公寓住宅。格罗皮乌斯赢得首奖并完成第一期住房项目，同时协调其他参与的相关建筑师。其规划主要特点就是打破传统周边围合型住宅布局模式，采用平行行列式的南向布局，为每个家庭带来足够的日照。

61 奥斯瓦尔德·斯宾格勒（1880—1936），德国哲学家、史学家，著有《西方的没落》《世界历史的远景》等。斯宾格勒认为，任何文化都要经历成长和衰亡的生命周期，历史只是若干独立的文化形态循环交替的过程。任何一种文化形态，像生物有机体一样，都要经过青年期、壮年期以至衰老灭亡。他把第一次世界大战中德国的失败和战后西欧资本主义的危机看作“西方文化的没落”，主张为了挽救这“悲剧”的命运，必须建立一种由军国主义和社会主义结合而成的“新文化”。

62 赫伯特·乔治·威尔士（1886—1946），英国作家，尤以科幻小说闻名，曾任教于伦敦大学，在赫胥黎的实验室工作，后转入新闻工作，从事科学和文化的研究，是英国费边社的成员和代表性人物。主要作品有《时间机器》《莫洛博士岛》《隐身人》《当睡着的人醒来时》《不灭的火焰》和《星际战争》等。

「22 Walter Gropius, *The New Architecture and the Bauhaus*, London, 1935, p.48.

们所关注的或许不再是思想，而是那些根深蒂固的、很少被意识到的习惯。

如果我们已经提到了一种希伯来式的东西，也就是来自救世主王国的承诺，然后提到了它的基督教版本；如果我们已经尝试分辨这种致命性的东西，它在文艺复兴时期被柏拉图化，而在 18 世纪被世俗化，那么我们很自然就会发现这种世俗性的残留物在 19 世纪的历程，由于它失去了一点毒性，此时已经从政治领域迈入美学领域。这是对美好社会的一种隐喻，实际上，很有可能成为事物本身，神话变成了处方，而处方又得到了两择其一的威胁的认可。作为在乌托邦和其他事物之间的一种选择，20 世纪 20 年代的城市主义的愿景在道德或生物的拯救问题上提出建议，而建筑则是主要因素，“已经严重脱轨的社会机制在具有历史决定性的改良与灾难之间摇摆不定”。[23]

正是基于这种背景，在如此耀眼的光束之下，德国的“历史”与法国的“科学”、精神的爆发与机械的冷静、命中注定与驻足观望、人民与进步，所有这些最终谱成了非凡的乐章。这是一种产生能量的光束，当它与从某种自由主义传统而来的温柔之力以及某种初出茅庐的先锋主义的浪漫指令结合后，这一光束为现代建筑提供了导弹发射般的速度，使之如同从一种刚刚发明出来的枪械中，通过决定命运的一射而进入 20 世纪。即便这束光已经有所黯淡，它仍将对任何与“结构”或社会福祉有关的“严肃”努力有重要影响。但是无论曾经怎样闪耀，人们最终必然会看到，这也是一种只允许限制性的、单眼视域的光束，因此只有从正常的视觉角度，我们才可能识别并讲述乌托邦的衰落与消亡。

[23] Le Corbusier, *Towards a New Architecture*, London, 1927, pp.14, 251.

千禧盛世之后

城镇景观 + 科学畅想：这张图将戈登·库伦 1961 年的城市步行街区研究与隆·赫伦（Ron Herron）[1] 和沃伦·乔克（Warren Chalk）[2] 1963 年的“交替”研究项目（Interchange）中的一个片段拼贴到一起

一旦乌托邦不复存在，历史就不再是朝向某个终极结果的前进过程。我们据以评价事物的标准体系将会消失，只剩下一堆本质上都相互雷同的事件。[3]

卡尔·曼海姆

欢迎来到漫漫沙漠，
痛楚在此缘绳而至，
恶罪可以按罐购买，
顺带随附标签说明。[4]

W.H. 奥登（W. H. Auden）[5]

---

1 隆·赫伦（1930—1994），英国建筑师，阿基格拉姆小组成员之一。

2 沃伦·乔克（1927—1988），英国建筑师，阿基格拉姆小组成员之一。

3 节选于：Karl Mannheim, *Ideology and Utopia: An Introduction To The Sociology Of Knowledge*, Harvest Books, 1955. 可参见中译版：卡尔·曼海姆（德）. 意识形态与乌托邦 [M]. 北京：商务印书馆，2005.

4 节选自奥登于 1944 年发表的圣诞清唱长诗《似水流逝》（*For the Time Being*）中的最后一节，“逃往埃及”（flight into Egypt）中的合唱，描绘圣家族将必须穿行的沙漠。沙漠在这里被喻为变得越来越苍白空虚的现代世界。

5 W.H. 奥登（1907—1973），英国诗人，文学评论家，20 世纪 30 年代英国左翼青年作家领袖，40 年代起思想向右转变，后期诗歌创作带有浓厚的宗教色彩，是公认的现代诗坛名家。奥登充分利用英美两国的历史传统，作品的内涵因而更深广，被公认为是艾略特之后最重要的英语诗人。

现代建筑的降临。关于即将来临的、世界末日的灾难，还有转瞬将至的千禧盛世，那些末日审判式的幻想。危机：堕入地狱的威胁，得以拯救的希望。不可逆转的变革仍然需要人类的合作。象征着新耶路撒冷的新的建筑学和城市设计。高雅文化的败化。虚荣的篝火。自我超越走向集体解放的形式。建筑师被收回了美德，并被类似于宗教经验的东西加持，他现在可以回归到本初的纯真了。

这是在夸张嘲弄，尽管并不严重地歪曲往往只是躺在意识门槛下的复杂情感，这些情感对于形成现代运动的良知非常关键。

在山谷中给我建一座小屋吧，她说，
在那里我可以哀悼并祈祷，
不要推倒我的宫殿之塔，它们
建造得如此轻盈而美丽，
偶尔，我可以和别人回到那里，
当我已经洗尽罪孽之后。

阿尔弗雷德·丁尼生（Alfred Tennyson）[6] 在《艺术殿堂》（*The Palace of Art*）（1832—1842）中发自灵魂深处的这段情感，仍然或多或少在20世纪20年代的现代建筑中得以体现，并且一般很难批评它们的节俭克制和道德尊严。但是如果“山谷中的村舍”（无疑是装饰过的村舍 [a cottage ornée]）可以被尖刻地贬低为一种纯洁的标志，那么其他事物也可以如此。20世纪40年代后期，现代建筑学得以创立并走向规制之时，现代城市的形象注定要遭殃。现代建筑固然已经来临，新耶路撒冷却并没有获得随之而来的关注。逐渐地，一些问题开始显现。事实上，现代建筑没有促成一个更加美好的世界。由于乌托邦幻想相应地收缩，关键性目标变得模糊，随之而来的是某种无目

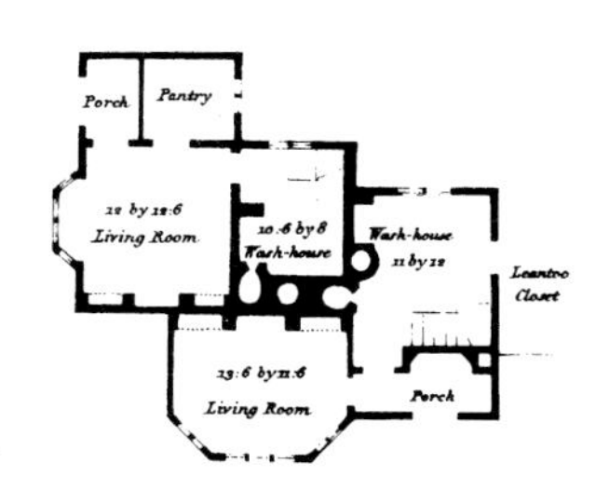

1

2

6　阿尔弗雷德·丁尼生（1809—1892），英国诗人，重视诗的形式完美，音韵和谐，词藻华丽，被封为桂冠诗人。主要诗作有《夏洛蒂小姐》《尤利西斯》等。

7　罗伯特·路夏（1773—1855），英国工业革命时期建筑师、工程师，主要工作于苏格兰与威尔士，受聘于一些大工业家，为其设计住宅。

1　罗伯特·路夏（Robert Lugar）[7]：双联村舍，1805年，立面与平面

2　选自帕普沃斯（Papworth）1818年的《乡村住宅》（*Rural Residences*）一书的案例

a selling the dummy

The secret of Evesham's uniqueness is the wedge of traffic free space that stretches from the river, E, right up into the centre of the town, in fact to the Market Place, C, providing within the triangle CDE an easily accessible retreat from the traffic-laden streets.
The High Street points directly at the heart of this wedge, but at the critical point 'a' it veers away and leaves the area free for pedestrians (an after-effect no doubt of the mediaeval abbey which once occupied the area).
It is this simple and valuable arrangement which makes possible the conception of a pedestrian way running right through Evesham for, as will be seen on the air photograph, the High Street is wide and the traffic route arranged to one side so that the pedestrian portion is free to go its own way and penetrate the wedge at B.
The sequences show how the several parts of the pedestrian way are linked.

b the High Street

The High Street, being a definite and recognizable element of the town ought to be seen as such. In Evesham, however, although the view from the High Street to the centre is all that could be desired, the view looking out is depressing because of the extreme length of the road which somewhere ceases to be a High Street and becomes 'Station Road' or the A435, or something quite different and boring.
It is suggested that to enclose and emphasize the High Street proper a screen of buildings, leaving an underpass for traffic, situated at the corner of Swan Lane, be considered in future development.

sequence from High Street to Market Place

C the Market Place

The Market Place marks the junction of busy streets and pedestrian wedge and succeeds in its small area in securing enclosure whilst allowing traffic to circulate through one side of it, leaving the major portion pedestrian.

sequence from Market Place to Park

Leaving the Place, which is lively, compact and important (library, post office, fire station)....

英文杂志《建筑评论》长年以来一直设有"城镇景观"专栏。这是1954年第2期发表的一篇典型文章

的性，可以说，这种无目的性从那时起就一直困扰着建筑师。他还能够继续将自己视为某种新文化体系中的主角？他一定要这样设想自己吗？如果是这样，怎么做呢？

现在这些明确提出的问题的范畴也许从来没有扩大过。但是无论怎样，这些问题的含蓄提出，只会导致人们在评价 20 世纪城市模型时，在切入方式上的分异。一方面，光辉城市可以被视为一种令人恐惧的错误允诺；但是另一方面，通过将柯布西耶的城市看作是一种精致与完美的、由技术与科学所激发的未来城市的滥觞，仍然可能使得一种过于肯定的乐观主义持续下去。这样，一方面是公然的回头看，另一方面则是明确的向前看；一个是对城镇景观（townscape）的膜拜，一个是对科学畅想（science fiction）的膜拜。

城镇景观是对于英格兰村落、意大利山城和北非卡斯巴（North African casbahs）[8] 的膜拜，尤其是关注恰到好处的措施和无名建筑。它的首度出现必定远在这些问题提出之前。事实上，在《建筑评论》的文章中，甚至在 20 世纪 30 年代初期，人们就可以察觉到随后的内容已经时断时续地出现了。这也许完全是英国人对于地形的一种嗜好，一种肯定受到包豪斯（Bauhaus）激发而来的、对于批量生产孕育出的物品的喜好（迄今尚未得到关注的维多利亚式检修口 [manhole] 等等）；一种关于粉刷的感觉，一种关于衰败的质感、18 世纪的讽刺剧和 19 世纪的绘画的感觉；这些早期的代表作包括：《发现之眼以及如何热爱事物》（*The Seeing Eye or How to Like Everything*）[9]，《东英吉利见闻——一名 14 岁半的学童阿基巴尔德 · 安古斯的假日之旅》（*Eye and Ears in East Anglia –a schoolboy's holiday tour by Archibald Angus aged 14 $\frac{1}{2}$*）[10]，《本土风格》（*The Native Style*）[11]，《西方温情》（*Warmth in the West*），《立体派民间艺术》（*A Cubist Folk Art*）[12]，更重要的是阿梅

---

8 卡斯巴意为小镇、小城。

9 英国诗人约翰 · 贝杰曼（John Betjeman）于 1939 年在《建筑评论》上发表文章的标题。

10 引自：John Piper，*The Architectural Review*, 79 (1936), pp.263–68．此处文章标题疑似有误，应为 Eyes and No Eyes in East Anglia: A Schoolboy's Holiday Tour' Archibald Angus (aged 14 &1 2)。Anglia 为英格兰的拉丁名称。

11 引自 John Piper, *The Architectural Review*, 96, no. 573 (1944), pp.89–91.

12 引自 John Piper, "A Cubist Folk Art", *The Architectural Review*, 94, no. 559 (1943), pp.21-22.

岱·奥赞方（Amédée Ozenfant）[13] 两篇非常关键的文章。他在《城市中的色彩》（*Colour in the Town*）（1937）中显然意有所指地说道：

“让建筑学的 H. G. 威尔士去捕捉理想城市的踪影吧，让他去描绘想象中公元 3000 年的巴黎或伦敦。我们所要接受的是目前英国首都的真实情况！她的过去，她的现在，以及她即将来临的未来。我要讲的是可以立即实现的东西。”

先是令人感到惊讶，再经过反思之后，这本文集所呈现的奥赞方就不再是那样了。这是因为他在伦敦已经暂居了一段时期，而且可以看出，在这段时期里，尽管热情有所减弱，他致力于重新开始将迄今为止民间风格、民间文化或大众生产的一些未被辨别的方面推向卓越。他与柯布西耶在十五年前就已经开始将这一工作付诸实践了。由于涉及从综合立体主义（Synthetic Cubism）[14] 的看家本领和超现实主义（Surrealist）[15] 的拾获之物（object trouvé）[16] 等概念所引发的态度，我们可以感受到奥赞方所提出的，是从特定角度对伦敦进行批判，就类似于勒·柯布西耶对具体的而不是理想中的巴黎的批判，那是一个拥有工作室大窗，拥有地铁站遮棚、毛石墙面以及日常情感事件的巴黎，这是勒·柯布西耶如此频繁地在他的建筑中，但从未在他的城市构想中引用的一种经验性的巴黎。

13　阿梅岱·奥赞方（1886—1966），法国画家、艺术理论家，纯粹派创始人之一，写有专著《现代绘画基础》。与勒·柯布西耶共同创办《新精神》杂志。

14　立体主义大致区分为分析立体主义与综合立体主义。1909—1912 年为分析立体主义时期，立体主义画家首先打破了传统绘画中只能按照一个固定视点去表现，然后将它们安排在同一个绘画平面上的方法，但是仍然注重追求形式的分解，而不注重整体的重组，并且颜色比较单一。1912—1914 年为综合立体主义时期。随着探索的发展，立体主义画家发现分析立体主义时期的分析往往使画面越来越失去本来的形态，而陷入一种抽象的形式，因此从 1912 年到 1914 年进入 综合立体主义时期。这一时期，画家开始注重画面的整体效果，不再只是强调局部的分解；色彩逐渐丰富起来，事物的形态又重新被重视。其观点在于：不要去描绘客观物体的外表形态，而是把客观物体引入绘画，从而将表现具象的物体本身和表现抽象的结构形态综合起来。

15　超现实主义画派主要受到弗洛伊德的精神分析研究的影响，1922 年左右在达达派艺术内部产生了超现实主义，对整个欧美产生了重大影响。超现实主义画家强调梦幻与现实的统一才是绝对的真实，力图把生与死，梦境与现实统一起来，具有神秘、恐怖、怪诞等特点。超现实主义强调受理性控制和受逻辑支配的现实是不真实的，只有梦幻与现实结合才是绝对的真实、绝对的客观。

16　意思是现成物、手边物（Found Objests），该物一旦进入到当前艺术设计的目的之中，就会呈现超出其本身的不一样的意义。

奥赞方的两篇文章写就于城镇景观的酝酿时期，远非发自一时兴趣。但是如果我们似乎可以一度看到城镇景观思想与立体主义和后立体主义传统的可能的从属关系，那么这种可能性随着第二次世界大战的爆发以及法国事物的贬值而大大降低[17]，因为人们总可以获得另外一种颇具吸引力并且更加综合的，对于本土风格意象的持久性意义的赞扬。换言之，城镇景观可以转译成 18 世纪如画派（Picturesque）的一个分支。由于它暗含了对于无序以及个人涵养的热爱，对于理性的反感，对于多元性的热忱，对于特定风格的喜好，对于普适性的怀疑，这种怀疑有时可以用来辨分大英帝国的建筑传统，所以（很像埃

17　应当指纳粹的那种高度集权的政体导致战争的可能性。

戈登·库伦：城镇景观研究，英国南部滨海城市卢港（Looe）的一个复兴方案设计，取名为“生活之线”（Line of Life），1961 年

1

* 尤纳·弗莱德曼（1923—2020），法国建筑师，出生于匈牙利，城市规划与设计师，以漂移建筑的概念而知名。

1 矶崎新：空中城市方案，拼贴，1960 年
2 尤纳·弗莱德曼（Yona Friedman）*：空间城市（the spatial city），1961 年
3 沃伦·乔克（Warren Chalk），插入式胶囊宾馆，1964 年

2

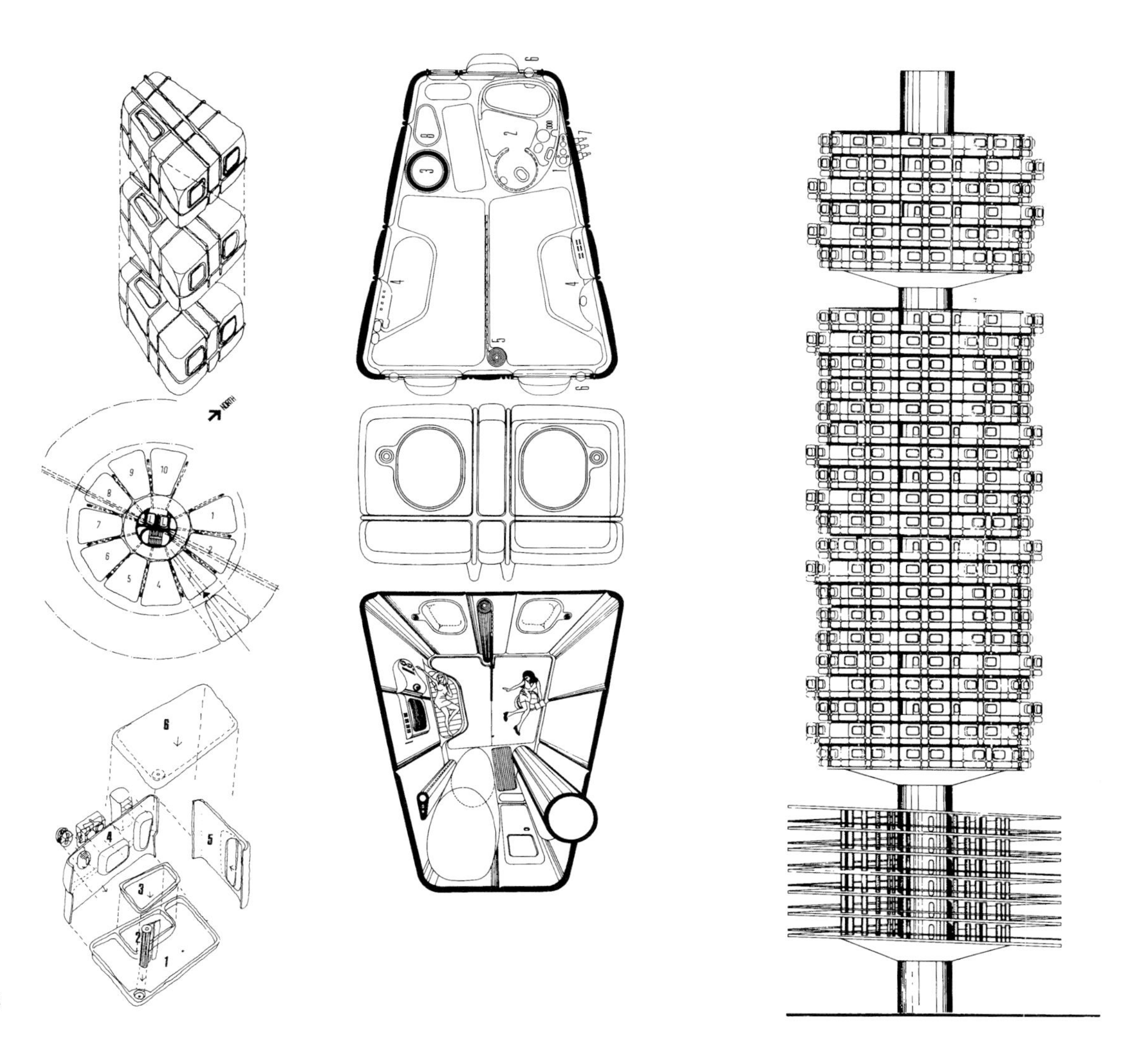

3

德蒙·伯克于1790年的政治辩论）它能够兴旺起来。

但是在实践中，城镇景观肯定不如在想法中那么容易把握，它涉及一个十分有意思的“偶然性”理论（其原型肯定是塞利奥的大众化的喜剧场景，而不是乌托邦所不断采用的贵族式的悲剧场景）。但是在实践中，城镇景观似乎缺少关于始终涉及其中的并且也是它所寻求激发的“偶然性”的理想参考物，结果，它的趋向就是随机性地提供感觉，吸引眼球而不是心灵，有效促成一个可感知的世界，并且贬低那种概念化的世界。

可能有人会认为这些制约因素对于方法而言并非是本质性的，城镇景观可以与那种很早就与啤酒和游艇高度关联的事情没有什么关系；但是同时，应该明确一下它作为一种学说的重要性。尽管经常被人误解成这样，城镇景观并未遵循卡米洛·西特[18]的学说，除非我们辨识一下城镇景观影响力的细节，否则今日的很多活动是不可捉摸的。除了基本的视觉感受，城镇景观已成为很多相关争论的参考点。于是，它被简·雅各布斯（Jane Jacobs）赋予了社会和经济的可信度，被凯文·林奇所谓的科学概念系统赋予了理性的光芒；而且，如果没有城镇景观的影响，倡导性规划（advocacy planning）[19]和自己动手（Do-it-yourself）就变得不可思议，这同样也适用于被波普文化所激发的对于拉斯维加斯（Las Vegas）大道的研究和对于迪士尼现象的热忱。[20]

如同城镇景观一样，我们所谓的科学畅想（science fiction）在现代建筑千禧盛世思想覆灭之前就已存在。但是如果要将它与早先的未来主义者和表现主义者有所关联，在某种意义上它也应该被看作是一种复活。科学畅想以巨构建筑、轻型快速交通、插入式易变建筑、斯德哥尔摩上空的熨衣板式的城市网格、杜塞尔多夫（Düsseldorf）线型城市上空的“华夫饼夹模”、建筑与交通一体化、运动系统和管道为特征。

---

18 卡米洛·西特（1843—1903），奥地利建筑师、城市规划师、画家及建筑理论家，被视为现代城市规划理论的奠基人。

19 20世纪60年代由当时美国宾夕法尼亚大学城市规划系的保罗·戴维多夫（Paul Davidoff）提出。倡导性规划为一种多元化、参与性的城市规划理念，提出规划师在规划过程中应当力图反映来自社会各方面的利益。

20 指罗伯特·文丘里、斯科特·布朗等关于拉斯维加斯的研究。

它表现出对于流程和超理性的偏好，对于原始事实的偏好，对于时代精神的迷恋。它的语汇表现出对于计算机技术的熟悉。如果光辉城市还带有一种对于未来的暗示，科学畅想则进一步将这种信念推得更远。

当然，在某种程度上，科学畅想就等同于现代建筑，带着它所有关于建筑完美存在的理性决定论的旧式假想，尽管有一点过于歇斯底里而不合情理。也就是说：既然方法论、系统分析和量化设计已经成为了一个重要的发展目标，那么科学畅想就可以表现成一种关于现代建筑应当如何的学院派版本。但是科学畅想，正如过时的现代建筑，已经减了一些严谨，多了一丝诗意。这表现在它们可以熟练地通过所见图像来阐释科学，以及相应的用于证明设计师全面客观性的宣传。

但是既可以用纯净方式也可以用普罗方式表达出来的科学畅想，尽管带有预言性的姿态，却仍然可以视为任何革命事物的反面。总体而言，对于系统性的寻求非常类似于旧式学术——改头换面、勇敢登台的柏拉图式确定性；即便是对于未来的审慎关注，也被视为一种倒退或者安于现状（status quo-ist）。事实上，科学畅想因其更加自由的形式，从而带有与它无意之中讽刺性地复活了的未来主义同样的缺点。也就是说：它所有以行动为导向的姿态，本质上却消极得几乎令人难以置信；甚至可以断定，它对于那些被视为地方性的东西非但没有抗议，反而表示出极大的赞同；相对于成为道德良知，它更容易以成功为目标，如同原初的未来主义者，它的一些信徒在必要的情况下（因为这是文化的相对主义），十分乐意将黑白颠倒。

关于未来主义的态度在这里已经辨析出来，它是对于不可抗拒力（force majeure）的赞美，是一种民族主义的、本质上 1914 年以前的宣言；我们因而可以对此加入肯尼斯·伯克（Kenneth Burke）[21] 的观察，他认为未来主义者习惯于滥用美德。如果抗议街道太喧闹了，典型的回应就是，我们喜欢它这样；如果提醒下水道的味道，完全可以预见到的反应则是，我们喜欢臭味 [22]「1。但是除此之外，在未来主义

21 肯尼斯·伯克（1897—1993），美国文学批判家，曾写过诗和小说，把文学创作当作掩盖自我的“象征行为”，从心理学角度综合各种知识，对文艺作广泛评论。

22 这一嘲讽可能源自意大利未来主义画家、雕塑家翁贝托·波丘尼（Umberto Boccioni）1912 年的作品

中，仍然保留着马里内蒂—墨索里尼（Marinetti—Mussolini）的衰旧（degringolade）┌2，如果不想一味地坚持这一点，只能承认它的确影响了当前的评判。

不管怎样，无论是系统性的还是新未来主义的，科学畅想的结果总是会碰到光辉城市所遭受到的非难——无视文化，不相信社会连续性，按照文学的方式去使用符号化的乌托邦模型，假设现有城市将会消失；并且，如果光辉城市现在被视为魔鬼，被视为心理错乱和心理迷失的产物，那么很难发现，这些看似使病症恶化的科学畅想有能力解决这些问题。

然而，科学畅想仍然也有值得感谢的地方；如果我们面前放着可能被弗朗索瓦·乔伊（Francoise Choay）[23] 称为文化主义（culturulist）和进步主义（progressivist）[24] ┌3 的两种模型，我们或许理所当然地期待它们的交合——这是两者都会极力反对的过程。但是，撇开可能的否认，结果是很显然的；在诸如坎贝诺尔德（Cumbernauld）[25]

《街道的喧闹穿透了房屋》（*The Noise of the Street Penetrates the House*）。

1

23　弗朗索瓦·乔伊（1925— ）法国著名建筑与城市历史学家，自 1973 年起在巴黎大学担任教授。曾出版《勒·柯布西耶》《现代城市：十九世纪的规划》《规则与模型》《历史纪念物的发明》等著作。

24　“文化主义”和“进步主义”是弗朗索瓦·乔伊在其著作《城市，乌托邦与现实》（*Urbanisme, utopies et réalités*）中所界定的两个未来城市图景的模型，这两者的差异在于，一个指向过去，一个指向未来，因而一个是带有乡愁的，一个是强调革新的。

25　位于苏格兰的北拉纳克郡，1955 年被建成为苏格兰第三座新城。市中心是一座整体设计的综合体建筑，其由于造型特征以及与周边环境的关系，经常被视为现代建筑的一个失败案例。

┌1 这个关于肯尼斯·伯克的注释只是粗略的，而且它们的来源目前都经不住认真的推敲。

┌2 总体而言，未来主义的追随者们很显然不愿意宣传（或是细察）马里内蒂与墨索里尼的关系。但是，冒着夸大其辞的嫌疑，我们也会想到马里内蒂对其领袖伟大的，甚至崇高的颂扬：

建设“意大利风格”，由激昂的和粗野的人进行设计，打造、雕刻用我们伊比利亚半岛坚固磐石制成的模型。紧锁的下颌。轻撇着的嘴唇将愤慨和不屑吐向所有缓慢的、迂腐的和挑剔的事物。大量的汽车在伦巴第平原上飞驰着。向左向右忽闪着豺狼般的凶光。

然后

……站起来演讲，前倾着他专横的头颅，像一个摆好架式的飞弹，填满了国家强烈意志的弹药。

但是最后，他低下了头，准备对这个问题进行正面的粉碎，或者，更像一头公牛一样去迎头相撞。未来主义者的雄辩只能由钢铁牙齿才能咀嚼。

接着

他将人群劈开，如同一场迅疾的反潜战，一条搜寻着的鱼雷，卤莽而又坚定。因为他良好的感知力，已经精确地判断了这种差距。但他并不残酷，因为他有着孩子般新嫩柔美的感性笑容。我还记得，当他用巨大的左轮手枪向那“Via Paolo di Cannobio”的警察亭开了 20 枪时，他笑起来，像一个快乐的婴儿。

出自 *Marinetti and Futurism*, 1929，引自 R.W.Flint, *Marinetti, Selected Writings*, New York, 1971.

┌3 Francoise Choay, *The Modern City: Planning in the Nineteenth Century*, New York, 1969.

2

这样的案例中，城镇景观与新未来主义的猛烈撞击在不经意间可能形成一种普遍想法。我们住在城镇景观中，经过艰苦跋涉后，我们在未来主义中购物；由于我们游荡于“相对”与“理性”之间，游荡于曾经是什么与将会是什么的幻想之间，就像我们在上哲学及其相关学科的基础课那样，毫无疑问我们不会失败，只会被教化。

有意思的是，与之类似的是在城市实践中以其大量构想著称的阿基格拉姆和十次小组。阿基格拉姆似乎是在制作未来的如画式图景（picturesque images of the future）。那种无计划的随意性、欢快的跳跃、醒目高耸的格调、激昂催人的节奏，所有活跃着的著名英伦元素，现在都被赋予了一种太空时代的光芒。在这里任何事情都有可能发生：建筑的死亡，无建筑，安迪·沃霍尔（Andi Warhol）[26] 的暴眼怪

26　安迪·沃霍尔（1930—1987），美国现代艺术家，采用凸版印刷、橡皮或木料拓印、金箔技术、照片投影等各种复制技法，通过绘画、物体、不公开的影片及其私生活来表现波普艺术。沃霍尔不仅是波普艺术的领袖人物，他还是电影制片人、作家、摇滚乐作曲者、出版商，是纽约社交界、艺术界大红大紫的明星式艺术家。

1　英国的坎贝诺尔德新城，位于缪尔黑德（Muirhead）居住区里的儿童游乐场

2　坎贝诺尔德市中心，初步方案模型

兽，对于生活的现时感受，即时性的游荡主义，消除所有压迫的愿望。一种穿着太空制服（space-suit）的城镇景观得以呈现。但是，尽管城镇景观的特征应该归因于环境的压力，阿基格拉姆所制作出来的图形通常被放置在一种理想化的空白背景之中，就所有意图和目的而言，与 20 世纪 30 年代的城市模型所处的空白相同。

但是，如果阿基格拉姆可能展现了一种回顾模型与展望模型偶然与无意之间的必然融合，那么十次小组因其松散的组织和表现形式的多样性，它的特点就不太容易把握。十次小组认为传统现代建筑大部分的理想和品味几乎是毫无意义的，但是如果它谴责《雅典宪章》和 CIAM 的相关声明已经变得无关紧要，那么它似乎（也许是故意的）没有发展出一种同样严密的理论体系。由于十次小组肩负着接班人的重任，尽管它经常努力通过由缺乏实质的图形和幼稚的用语来抵消这一困境，尽管它的成员小心翼翼地避免将自己困在一种前任教皇（ex cathedra）宣言[27]的泥潭中，但人们从他们一贯谨慎的操作中感受到几乎是教会责任的意识。有人（巴克玛 [Bakema][28]）宣称十次小组要采用综合性的建筑和功能来取代孤立状态的建筑和功能，要用“人类联系”（human association）「4 来取代功能组织，而且最新的动向则是用参与来取代强制要求「5。但是，尽管这些设想是值得赞赏的（而且有谁会不同意这种广泛的包容性？），但产物并不完全是可辨识的。十次小组就在系统建构与模拟村落之间，在增长的幻想和强化的城镇景观之间不断进行着切换「6。

现在很显然，科学畅想与城镇景观的各种勉强结合都宣称是自由的、无压迫的，这必定意味着相当分量的情感投资。但是，在提出“它值得吗？”这个问题之前，现在有必要识别一下这两个模型最新的代表（最终的逻辑结果？）。在这一阶段，超级工作室的乌托邦和罗伯特·文丘里（Robert Venturi）宣称在迪士尼乐园（Disney World）所发现的“符号化的美式乌托邦”（symbolic American utopia）「7 可以恰当

「4 Jacob B.Bakema, lecture at Cornell University, Spring 1972.

「5 吉安卡罗·德·卡罗（Giancarlo de Carlo）在康奈尔大学（Cornell University）的研讨课，1972 年春。

「6 可以参见 Alan Colquhoun 的评论：“Centraal Beheer, Apeldoorn, Holland”, in *Architecture Plus*, Sept.-Oct, 1974.

---

27 指 CIAM 及《雅典宪章》。

28 巴克玛（1914—1981），荷兰现代建筑师，曾于 20 世纪 50 年代参与过大量鹿特丹战后重建工作。1946 年起参加 CIAM，并于 1955 年担任秘书长，是十次小组的核心成员之一。

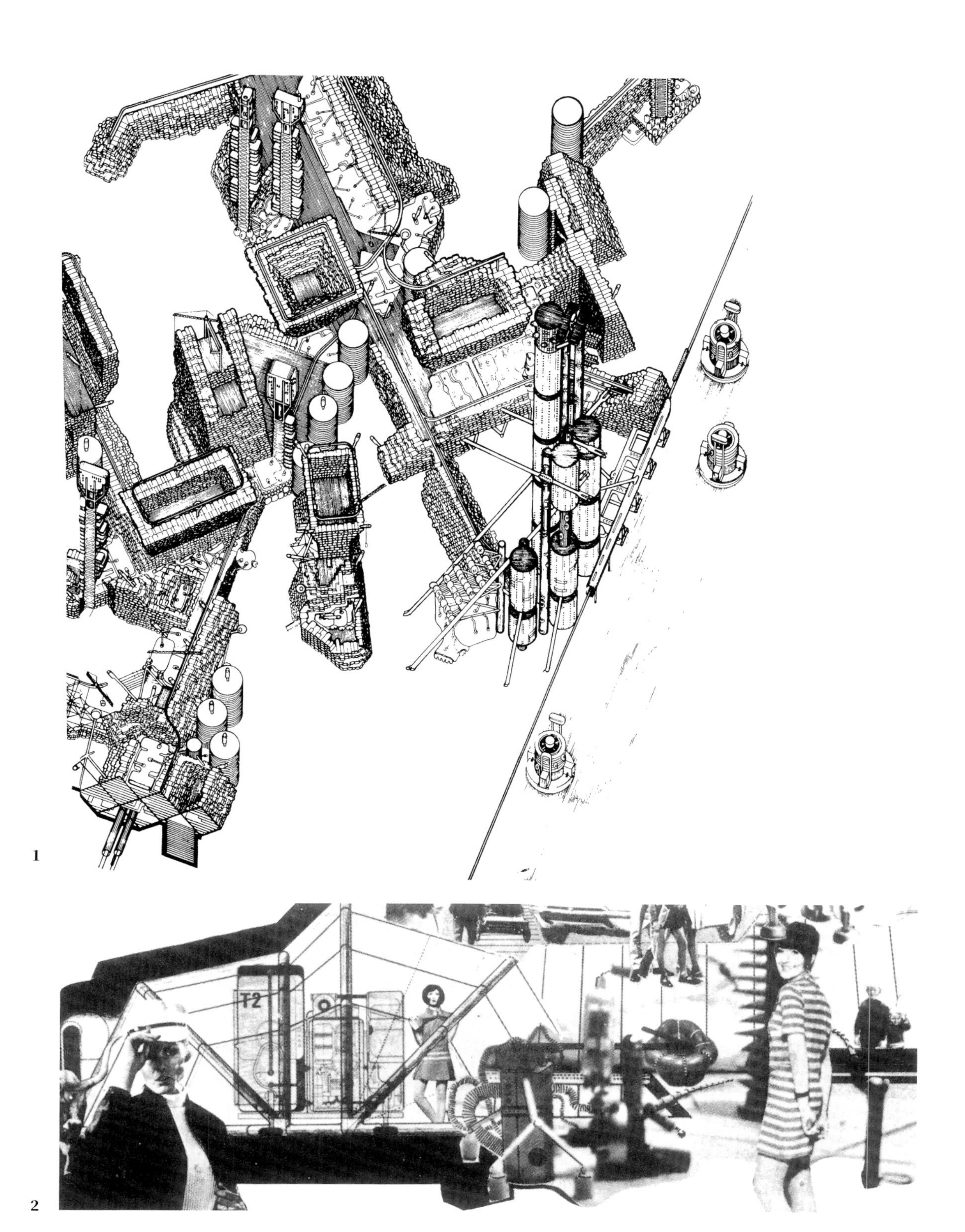

1　**阿基格拉姆：插入城市（plug-in city），1964 年**

2　**隆·赫伦（Ron Herron）和巴里·斯诺登（Barry Snowden）1967 年“空中村落”（Air Hab Village）方案里的一个局部**

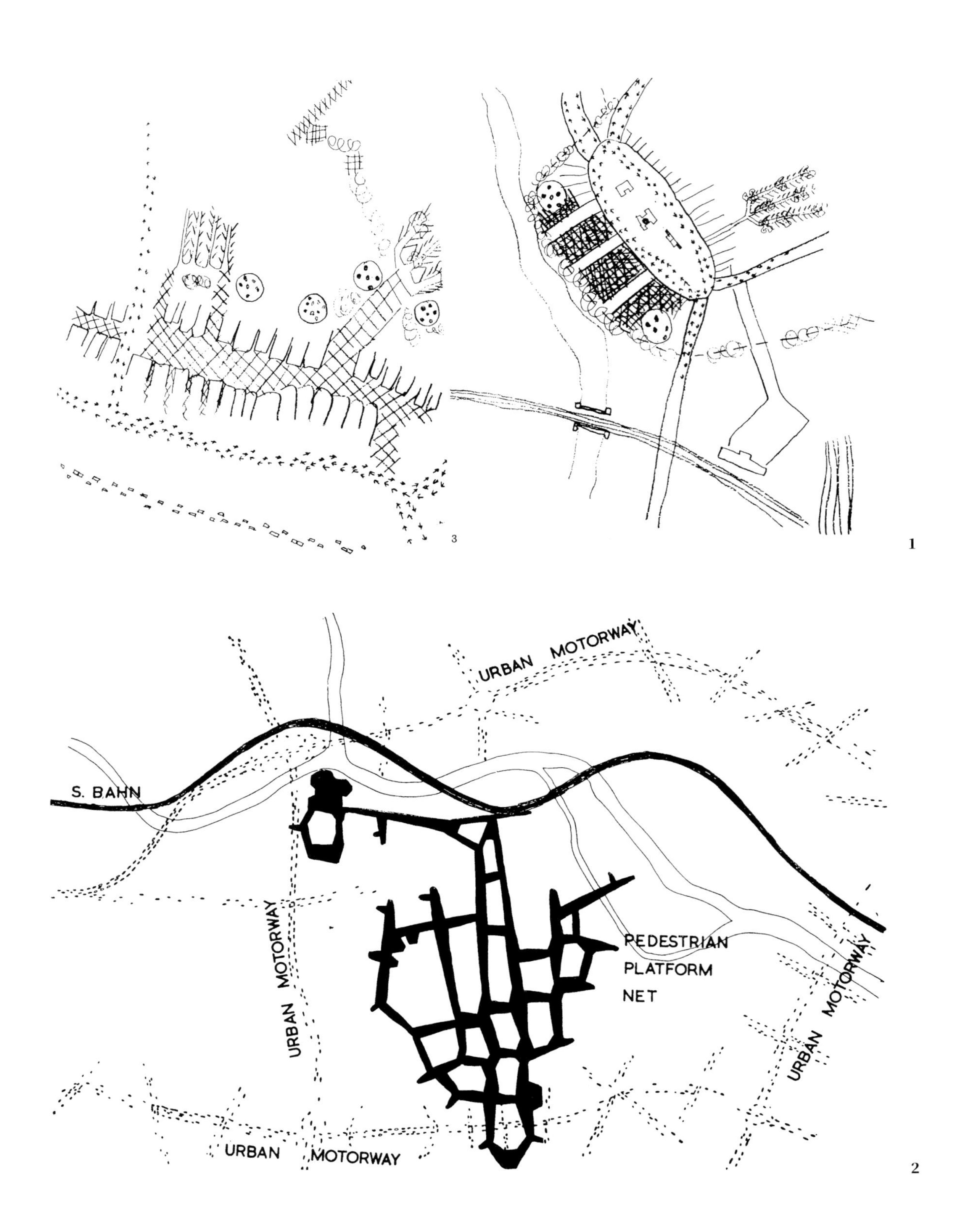

1　艾莉森和彼得 · 史密森（Alison and Peter Smithson）[29]：
城市之间缓解交通压力的方案，1968 年
左：对于一座大型的历史城市而言，这是主要街道区域的解决方案
右：对于次一级的地方性城市（provincial city）而言，要复兴集市周边的区域

2　史密森 / 西格蒙（Smithson/Sigmond）：柏林内城结构里的一个步行网格设计方案

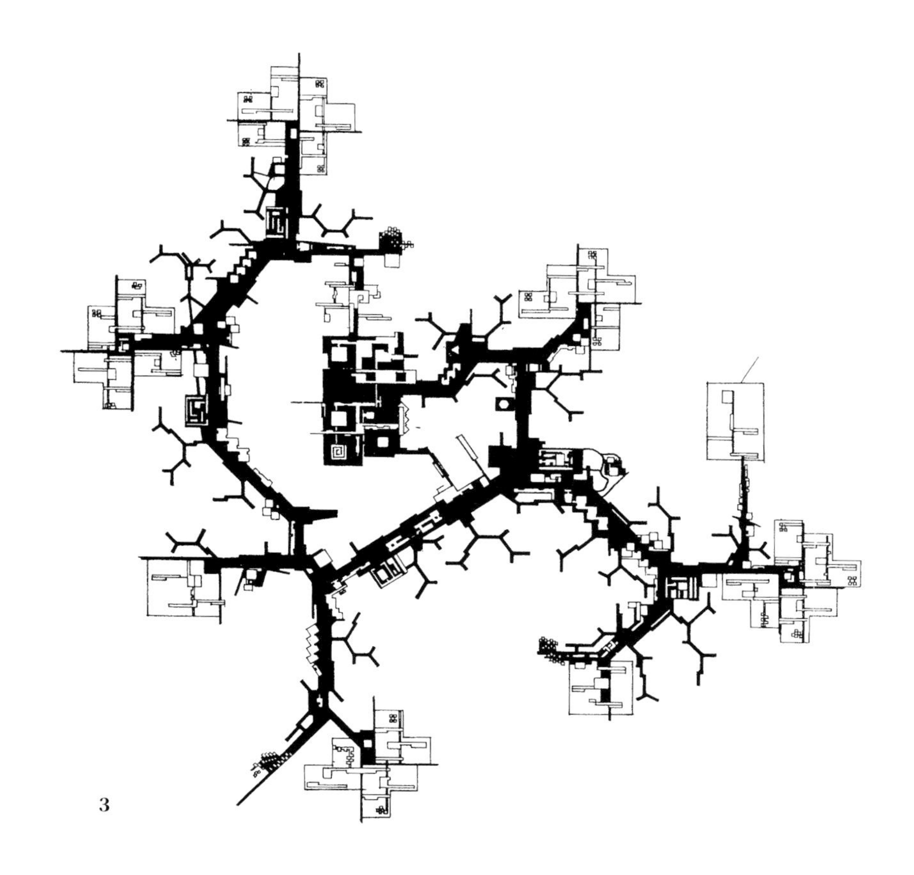

3

地展现出针对光辉城市的两种批判（目前？）简化之后的极端。

众所周知，对自由的迫切需求（不要权威的胁迫）会引发诸多最为矛盾的立场；很显然这就是我们于此发现的。超级工作室的乌托邦（抽象的笛卡尔网格 [Cartesian grid] 世界）要求从物质中最终解放，而所谓的迪士尼乐园的乌托邦（一种最自然的情况）则认为，与其他

29 艾莉森（1928—1993）和彼得·史密森（1923—2003），史密森夫妇是英国著名建筑师，十次小组成员，他们最早质疑和挑战现代主义设计和城市规划方法，引领了 20 世纪下半叶的英国粗野主义建筑风格，提出了“空中街道”的构想。

30 坎迪里斯、尤西克和伍兹（Georse Candilis，Alexis Josic，Shadrach Woods），基于法国的建筑与城市规划事务所（1952—1970），坎迪里斯出生于阿塞拜疆，尤西克出生于塞尔维亚，伍兹出生于美国，他们是著名的十次小组成员，其著名作品有柏林自由大学、图卢兹 - 米哈伊的规划与设计。

31 米哈伊位于法国城市图卢兹的郊区，1960 年进行开发建设，以解决法国当时所面临的住房短缺问题。由法国建筑师团队坎迪里斯、尤西克和伍兹设计的 Le Mirail 是一项针对房屋短缺的渐进式实验，旨在创造一种新型的大规模生活。它虽然与许多其他现代城市一样进行大规模和高密度的运作，但强调了清晰的街道结构，以及与地面之间的关系，旨在创造一个完全不同的城市类型，以促进建筑之间的联系和城市的有机发展。

「7 Robert Venturi reported in Paul Goldberger, “Mickey Mouse Teaches the Architects”, *New York Times Magazine*, 22 October, 1972.

3 坎迪里斯、尤西克和伍兹[30]：图卢兹 - 米哈伊（Toulouse-Le-Mirail）[31]的步行区路径系统方案，1961 年

问题相比，物质是一种解脱。但是，如果其中一个设想了对于物质的取代，而另一个则导致了它致命性的贬值，那么，在坚持表面上的及时享乐的可能性方面，它们当然是相同的。

为了恪守共同理念，超级工作室认为：

“带上你的部落或家人去想要去的地方，

那里无需居所，因为气候状况和人体机能已经调节完善，确保舒适。

至多我们可以依照乐趣去建造居所，或者家园，或者建筑。

所要做的就是停下来，接上插头，需要的小气候立即生成（气温、湿度等等）；接上信息网络，接上食物和饮水……”[8]

这样，在一定条件下，迪士尼乐园也是如此。

但是当超级工作室继续认为在理想社会中：

“不再需要城市或者堡垒，不再需要道路和广场，每个地方都与其他地方一样（除了一些不适宜居住的山峰或者沙漠）。”[9]

1

1 超级工作室：带有人类形象的风景，1970 年。它来自“超级表面（Supersurface）的生活”。“超级表面”是地球生活的另一种替代模型，而这种生活也是关于真正的现代建筑的一种开放思维

于是很显然，两种设想又出现分歧了。这是因为在佛罗伦萨的自由与迪比克（Dubuque）[32]的自由显然有着不同的面貌。迪士尼乐园正是为了缓解超级工作室的方案所呈现的情形而成长起来的。事实上，很明显，问题并非在于爱荷华（Iowa）没有城堡和广场[33]，而在于一旦缺少这些事物，就会（有时）带来一种被剥夺之感，在于当一种理想的笛卡尔网格长期以来成为活生生的现实，人们可能时不时需要寻找一些解脱之法，正是这些确保了迪士尼乐园的广受欢迎的成功。

所以在某种程度上，由于它们是由一连串因果链联系起来的，这两种愿景还是互补的。超级工作室由于注重无压迫的平等主义，就系统性地排除了所有现存的种类，以利于自发发生的、理想的统一进展过程（这可以称作为一种高地）；如果迪士尼乐园就是为了商业利益而挖掘了这一舞台的需求，那么两者之间唯一的明显区别则是行动的

「8 ed. Emilio Ambasz, *Italy: The New Domestic Landscape*, New York, 1972, p.249.

「9 Ambasz, ibid., p.247.

32 美国爱荷华州一城市，在密西西比河畔，处在爱荷华、密西根与威斯康星三州的交界处，曾经是美国黑奴的交易中心。

33 指爱荷华州呈网格化划分构成的、毫无特征的农村地区。

2 中西部草原

3 盐湖城 1870 年城市地图中的一个局部

质量或其根源。

换言之，这唯一的显著区别与社会的概念相关，尽管在这里，关系比原先预想的更加紧密。于是，当超级工作室构想着国家的消亡时，迪士尼乐园却成为社会现实的某种产物，在那里，公共领域中的景象从未获得正眼对待。简言之，超级工作室希望“消除权力的形式结构”，而迪士尼乐园则试图填补由此而来的真空。

因此，该问题可能最终简化成风格问题，简化成一个什么是可以接受的家具的问题，或者简化成这样一个问题：人的身体，最好是赤身裸体，周围只有最少量的设备，它们可以被理解为可接受的家具；或者我们不得不设想需要更多一点？我们是否应该自己做家具，还是从大急流城（Grand Rapids）[34] 那里订货？在两种情况中，家具都是简单地漂浮在操作性的下层结构（infra-structure）之上的东西，并根据品味将自己表现为“真实的”或“虚幻的”。在两种情况中，我们都是在梦境中展示出不同的复杂风格——但有一个隐含的条件，那就是，对于超级工作室来说，下层结构和依附于它的东西之间具有一种

34 美国密歇根州第二大城市，曾经以家具制造业而闻名。

内在联系。当有了这种“正确”的下层结构之后：

“我们将静听自己的身体，
我们将审视自己的生活。
思想将回到其自身去阅读自己的历史，
我们将开展能力与爱的游戏，
我们将与自己和每个人讨论很多东西，
生活将成为唯一的环境艺术。”「10

现在，沃尔特·迪士尼公司的目标肯定永远不会严格遵循这种规则。“在主街（Main Street）上从唯利是图的世纪老奶奶那里购买私家特制饼干；乘电梯游览安装有空调的灰姑娘城堡（Cinderella's Castle）”（谁还会再需要尚博尔城堡 [Chambord][35]？）；在冒险乐园“与一条巨蟒面对面；感受非洲大象嘶鸣的威力……穿过飞流、轰鸣的阿尔贝特·施韦泽大瀑布（Albert Schweitzer Falls）”[36]「11；在未来世界，在七分钟之内，乘坐从地球发射的火箭前往月球；最后，在与这些主题相关的旅馆中，体验一下前往伊斯法罕（Ispahan）、曼谷、塔希提的廉价航空旅行所带来的兴奋之感。

这就是一幅表现迪士尼乐园欢快场面的综合性画面。在那里有几百英亩玻璃纤维构成的奇景，它们以卓越非凡、不露声色的技术结构为基础，这里容易接驳并兼容各种各样的变化，因而有所有需要的服务——真空垃圾系统、电力网络、排污管线、随处可得的观光车路线，以及隐匿在布景之后（或之下）的穿着戏服的工作人员的通道，他们为上述各种奇幻演出增加各种效果。并且很显然，与此类似的是纽约摩天楼的服务系统。在第 65 层的彩虹大

35　此处应为 16 世纪文艺复兴时期法国的王室建筑尚博尔城堡，由弗朗索瓦一世主持建造。其特征是四角有圆形塔楼的矩形合院。

36　在许多迪士尼乐园的热带丛林项目中，都有“施韦泽大瀑布”。阿尔贝特·施韦泽（Albert Schweitzer，1875—1965）是法国著名学者、人道主义者，具备哲学、医学、神学、音乐四种不同领域的才华，提出了“敬畏生命”的伦理学思想，他是一位通才，一位成就卓越的世纪伟人，曾于 1952 年获得诺贝尔和平奖。他于 1913 年来到非洲加蓬，建立了丛林诊所，从事医疗援助工作，直到去世。

「10 Ambasz, ibid., p.248.

「11 引自迪士尼乐园的宣传册。

厅（Rainbow Room）[37]，先验主义鸡尾酒会是每日之选，而往下（在视线之外，但在想象之中）则是操作间夹层，它为楼上的灵感和公共性的欢愉提供服务。在这两种场合中，幻想世界与现实世界，公共世界和个人世界被隔开了。它们内部连通但表面分离；它们或许是等同的，但是绝对无法被融合在一起。如果在这里可以引用第二帝国的巴黎作为案例，我们在每个案例中所谈论的则是奥斯曼[38]排水系统的地下世界和加尼耶[39]大剧院的天上人间。

但是对于真正的道德主义者（尽管为数不多）而言，在这些存在明显分歧的情况中，肯定有什么事情是很不对劲的；但是如果对他而言，技术与艺术在这里同时都被滥用了，那么对于这个以毫不宽容而著称的人来说，抑制他本能的反应可能还是可取的。因为几乎可以肯定，这个性格中带有一点儿早期基督徒气质的严格道德主义者，希望将首要价值只应用于技术性的秘道（technological catacombs）中，那么，尽管他的观点是可以理解的，但这种把真实性只归结为幻觉道具的做法，最终必然会被认为是自拆台脚的。因为考虑到"现实"与"幻想"之间的分离，这就成为一个谁引导谁的问题：是下水道确证了大剧院，还是大剧院确证了下水道？谁有优先权，服务者还是被服务者？

现代建筑以及在其统领之下的超级工作室，总是希望废除这种粗略的区分，或者完全废除这一问题。但是当这样做的时候，它或许于无意之间全盘接受了马克思主义关于"结构"与"上层建筑"的区分，并仅奉前者为要义，这就不难解释为什么对于这些问题的思考是完全失败的。

37　指在纽约洛克菲勒中心 30 号 65 层的彩虹餐厅，这是一个高端餐厅以及会所。

38　奥斯曼（Georges-Eugčne Haussmann，1809—1891），法国城市规划师、法国政治家、法兰西第二帝国的重要官员，1853 年由拿破仑三世任命为巴黎警察局长，后任塞纳区行政长官，并封为男爵。1853 年至 1870 年主持巴黎改建工作，以古典式中轴线对称的道路和广场为中心，使首都大部分区域由陋屋窄巷变为宽街直路，卫生状况改善，交通运输和工商业都有所发展，建立起许多公园、广场、教堂、公共建筑及住宅区，并督建巴黎歌剧院和霍尔斯商场等。

39　夏利·加尼耶（Jean-Louis Charles Garnier，1825—1898），法国建筑大师，1842 年进入巴黎国立高等美术学院学习，1848 年获得罗马最高奖。1852 年回到巴黎后，参与了新建巴黎歌剧院的建筑设计竞选，结果一鸣惊人夺得头筹。巴黎歌剧院以巴洛克风格为主，极尽奢华之能，历时十余年方才建成，是加尼耶的巅峰作品，代表了 19 世纪的新古典主义建筑风格。

“相比起建筑师，迪士尼乐园所提供的更接近于人们的真实需求”「12，这段话语来自罗伯特·文丘里。不管是对是错（因为谁真的知道？），它至少道出了半个重要真理。所以迪士尼乐园理所当然很受欢迎；如果我们根据它是什么来进行判断，这就肯定足够了。但是，当一个由城镇景观发展而来的衍生物被娱乐产业所吞噬时，随后被富有争议地视为一种乌托邦，或者“一种符号化的美国乌托邦”，那就导致了完全不同的评判标准。如果媚俗与管制之间的内在勾联并不新鲜，那么当然（无论我们多么期待成为野

「12 Paul Goldberger, op. cit.

兽—达达 [Fauve-Dada][40] 之类的东西)，这并不一定要求颠覆所有严肃的价值评判。

迪士尼乐园所针对的是未经加工和显而易见的事情，这样做有利有弊。它的形象并不复杂。因此，迪士尼乐园的主街并不是现实的理想化，而是针对现实的过滤和包装，包括抹除忧伤、悲情、时间和瑕疵。

但是真正的主街，正宗的 19 世纪的东西，既不是那么肤浅，也不是那么恰到好处。相反，它显示了一种乐观的绝望。希腊神庙、维多利亚风格假立面、帕拉第奥风格的门廊、没有功能的歌剧院、受到拿破仑三世（Napoleon Ⅲ）时期巴黎光芒影响的法院、致敬南北战

40　20 世纪初期在西方艺术家、作家中兴起的一种文艺流派，他们以作品中怪诞的象征手法表达潜意识的东西，有纲领地向传统的艺术、思想和道德观念进行挑战。

巴黎：参观下水道，引自《景观杂志》(*Le Magasin Pittoresque*)

争或勇敢消防员的壮丽纪念碑「13，这都是一种近乎狂乱的努力。它努力通过对于静态文化形象的不断的虚假重建，为不安定的环境提供稳定性，将前卫思想灌输到现有的社会中去。主街从来都不是那么美，也可能从来都不是很繁华，但它是一种对世界的、既独立又进取的姿态，而且它从来都不缺乏一种生硬的可悲的尊严。它的笨拙以及似是而非的大城市饰面，表达了一种感情上的禁欲主义和一种加重了的浮夸，并从它注定的失败中获得了最终尊严。也就是说，主街经常是一种用来掩饰真正艰难和沮丧之处的巨大努力，而这种努力注定要失败。然而即便如此，即使它在物质层面上缺陷重重，人们仍然有时可以识别出其道德冲动隐含的伟大。

从另一角度来看，尽管主街可能经常会有一些轻慢的东西，它展现了一种颠倒性的、令人难以接受的现实，展现了一种触及独特好奇心的现实，它激发了想象力，并且按照自己的理解方式坚持了一种精神上的冒险。在真实的主街上，在观众和被观看的事物之间，必定存在着双向交易，但是迪士尼乐园的版本绝不容许任何这样的冒险的事情发生，它不可能严格地去效仿它迷雾重重的本源。作为一种生产快乐的机器，它只能压制想象力，抑制思维能力。但是也可能会有人反驳，过量的糖衣和固定不变的笑脸所产生的恶心反胃，可能会导致一种真正的、令人不快的生理反应，那么就必然会存在这样的问题（尽管有点自虐自受）：这种创伤经历是否值得。

但是，假如我们暗中将比利·格拉厄姆（Billy Graham）[41]视为迪士尼乐园的坎特伯雷大主教（永远都不可能成为教皇），那么我们不得不问：超级工作室又是怎样的？超级工作室以意大利的世界性智慧为基础，[42]，从新马克思主义的资产阶级立场出发，提出（我们认为是正确的）科幻小说不可避免的结局？也就是说，在超级工作室的项

「13 我们想起很多地方，特别是纽约的欧维戈（Owego），和德克萨斯的洛克哈特（Lockhart）。

41 比利·格拉厄姆（1918—2018），又译为葛培理、葛理翰，美国基督教传教士，20 世纪 50 年代成为美国基要主义运动领袖，世界上最著名的环球布道家之一，曾遍访 60 多个国家，300 多次巡回布道，听众达一亿多人次，曾向英国女王、苏联总统戈尔巴乔夫和九位美国总统等讲道，对美国许多总统如艾森豪威尔、约翰逊、尼克松等产生过影响。格拉厄姆认为传播福音有三要点：①有权威性；②简单明了，通俗易懂；③有紧迫感。1994 年在美国《新闻周刊》对美国成年人进行的一项民意调查中，他被认为是活着的美国人中最受尊敬的人物。

42 指 20 世纪初发轫于意大利的未来主义思想。

1

2

1　纽约州，伊萨卡（Ithaca），州街（State Street），1869 年
2　堪萨斯州（Kansas），维切塔 (Wichita)，主街（Main Street），1869 年
3　佛罗里达州，迪士尼乐园主街（Main Street）

3

目中，我们分辨出了太多的美好图景综合征（bella figura syndrome），以至于我们不会错过其中阴险的新法西斯主义的内容？我们并不认为这是足够的回应，因为超级工作室写道：“由于是完善的和理性的，设计可以通过调解来融合各种不同的现实……于是设计越来越与存在（existence）相对应：存在不再受到设计对象的庇护，但存在即设计。”「14 对于这句话该如何评价？这段诗句也许颇具诱惑性，但不会令人信服：坚持完全的自由就是否定那些历史上曾有过的、也是我们一直所期盼着的、近似的自由？「15 当然或许，如果超级工作室似乎将未来“城市”看作是一个连续的伍德斯托克节（Woodstock）[43]，为“所有人”（指数量极其有限的精英）造福，一个没有垃圾的伍德斯托克。于是当我们审视超级工作室的设想时，我们无法摆脱自身的固

「14 Ambasz, op. cit., p.250.

「15 对于这段文字的关注源于 Edmurd Burke 的“自由必须限定，才能获得”。引自：*A Letter From Burke to the Sheriffs of Bristol on the Affairs of America*, London, 1777. *The Works of the Right Honourable Edmund Burke*, London, 1845, p.217.

43 美国纽约州北部城镇。在金斯敦（Kingston）西北 16 千米处，为四季游览胜地，1902 年后发展为著名的艺术家聚居区，1906 年纽约艺术学生联合会的暑期讲习班迁此。1969 年 8 月，伍德斯托克在“3 日和平与音乐”的口号下举行了盛大的音乐节，主题是“和平、反战、博爱、平等”。规模与阵容史无前例，由于该音乐节没有任何商业性目的，而且在激进的世界观中展开，所以在 3 天的时间里大家感受到了最纯洁摇滚的自由世界，给那一代和下一代人们留下了神话般的记忆。

有印象。这难道是因为我们不应该认为（确实我们可以换一种方式）这些是从《花花公子》（*Playboy*）杂志编辑的角度去看待的一种取乐姿态的产物吗？当然在这里没有“强迫”，而且如果利比多（libido）[44]畅行无阻，我们甚至可以认为这些是邀请赫伯特·马尔库塞（Herbert Marcuse）[45]为休·海芬纳（Hugh Hefner）[46]的杂志准备特刊的结果之一……据我们所知，一个与迪士尼世界的媚俗不相上下的媚俗。

但是，如果这可以被视为一种双关语，如果我们可以相信超级工作室和迪士尼乐园只不过是关于死亡的另一种媚俗版本，那么，如果一个人处在一本带有“沉重”封面杂志的读者的角度，或者不得不在一种虚伪的虔诚中寻求希望，必然有一天他会认识到，那些追求逻辑终点的争论（尤其是一种信徒式的争论）只能是自拆台脚。因此我们引用迪士尼乐园和超级工作室的图像，并不是因为它们本质性的美德或者罪恶，而是作为两种观点在逻辑上的延伸。这两者也许本身都是有价值的，但是这里的假设意味着一个论点只有其中间地带是有用的，而它的极端则很可能总是荒谬的。这一假设现在被明确地提出，并非出于对折衷的某种嗜好，而是作为一种直觉，它可以作为某种警示或有用的缓冲器（détente）。

于是到这里，我们已经将现代建筑的特征归纳为，首先，它是同命运的一番较量，然后是宿醉之后的恶心反胃，为了对其进行医治，需要采用至少两种以上经过时间考验的处方：它们或多或少是一种类似止痛片之类的药物；但是，如果我们进而认为这些药物有时会被同时使用，而有时又会滥用过量，那么所有这些做法是否真的值得的问题就不能再拖延了。

我们已经审视了这样一种情况：它利用了众所周知，或者符合大众偏好的因素，在本质上支持回溯性的态度；我们也见证了现代建筑

44　弗洛伊德于 1894 年提出力比多（libido）概念，泛指一切身体器官的快感，包括性倒错者和儿童的性生活。弗洛伊德认为，力比多是一种本能，是一种力量，是人的心理现象发生的驱动力。力比多定理是指：一个人的力比多（性的欲望）是有限的，如果他 / 她将力比多用在一个人身上，那么用在另一个人身上的分量就会减少。

45　赫伯特·马尔库塞（1898—1979），德裔著名哲学家、社会理论家、政治活动家，新左翼运动领袖，长期从事马克思主义研究，法兰克福学派重要成员，著有《单向度的人》《理性与革命》等。

46　休·海芬纳（1926—2017），美国实业家，杂志出版商，1953 年创办《花花公子》杂志并担任主编，后来又向夜总会和其他娱乐产业拓展，反映了 20 世纪 60 年代享乐主义的趋向。

的前瞻性和未来性的延伸，这涉及技术—科学因素，并最终形成去物质化和无压迫的乌托邦国度。然而人们也不得不认识到，这两种传统均未能产生一种能弥补现代建筑的城市设计宣言。并且直到目前，调和这一途径的二元性的尝试也并不十分成功。由于这些努力或是过于偏离实用，或者过于犹豫不决、多变而不能具有连贯一致的阐释，早期现代建筑所表现出来的问题——综合性的救赎之城的幻想，被当作诗歌来宣扬，被当作处方来阅读，以怪诞的、切割的形式制度化——仍然存在，并且变得越来越令人无法忽视。而接下来应该怎么做，这一问题依然悬而未决。

无论更好还是更糟，鉴于我们已经认识到乌托邦模型将会在包围着我们的文化相对主义下覆灭，因此在考量这些模型时需要极度谨慎。考虑到任何一种制度化了的现状（status quo），特别是原状（status quo ante）（更多的是莱维顿 [Levittown][47]、温布尔顿 [Wimbledon][48]，甚至乌尔比诺 [Urbino][49] 和奇平卡姆登 [Chipping Camden][50]）内在的危险性和破坏性，无论是简单地“给他们想要的”，还是无修饰的城镇景观，似乎都不具备足够的说服力来提供更为完整的答案；如果是这样，就必须去构想一种策略，这一策略可以既包含理想又不会导致灾难，并且能够在不贬损自身的情况下对我们认为真实的东西作出反应。

在最近的《记忆之术》（*The Art of Memory*）「16 一书中，弗朗西

47　莱维顿是莱维特父子建造的郊区城镇。1947 年 5 月，莱维特公司在当时的纽约郊区购买了 4000 英亩（约 16 平方千米）土地，并宣布建造 2000 套住房。这些住房结构简单、便宜，并且配备了家具和实用的厨卫设施，主要供退伍军人家庭租用。莱维顿是当时全美国最大的住房开发项目，在这个项目出现以前，美国的住宅建造业一般都是小规模的分散项目。因此，莱维顿住宅把住宅建造带入了工业化阶段。莱维顿公司在纽约长岛、费城郊区以及新泽西建造了三座莱维顿，这种城镇的发展，引起了美国城市化格局的重大转变，大大促进了美国城市的郊区化。

48　英国伦敦西南的一个区域，二战后由于住房短缺，该地区的许多维多利亚时期的住宅被改造或重建为公寓楼。

49　意大利小城，地处马尔凯大区（Marche），坐落在一个倾斜的山坡上，是一座由城墙环绕的城市，保留了许多如画的中世纪景色，以 15 世纪文艺复兴时期的文化艺术著称，19 世纪中叶曾经进行城市改造，并对当时意大利的城市改造产生过影响。二战后，著名建筑师吉卡洛·德·卡洛（Giancarlo De Carlo）曾经受城市委托制定总体规划（1958—1964），旨在恢复历史中心。他试图通过极为详尽的研究，从现实角度阐述乌尔比诺的问题和计划，并针对所有市民的需求进行最全面的评估，以实现确实存在的增长可能性。

50　奇平卡姆登是英国格罗赛斯特郡的一个小型集镇，在中世纪时期是毛纺交易中心。1902 年，查尔斯·罗伯特·阿什比（Charles Robert Ashbee）将创办于 1888 年的手工艺行会与学校（Guild and School of Handicraft）从伦敦东区迁移至此，使得该镇成为当时最重要的工艺美术运动中心。阿什比的理论学说与工作实践甚至比莫里斯的理论更为传统，强调手工制品，以对抗机器迅速增长的主导地位。

「16 Frances Yates, *The Art of Memory*, London and Chicago, 1966.

斯·耶茨（Frances Yates）[51] 将哥特式大教堂视为记忆的装置。此类建筑作为不识字的人和有文化的人的圣经与百科全书，试图通过记忆来表述思想，并且在某种程度上作为经院学堂的辅助物，形成“记忆剧场”。这一称呼是有所裨益的。因为如果我们今天只能过于轻易地将建筑视为必须是预言性的，这种反向思维可以用来纠正我们过度的、富于成见的天真。建筑作为一种“预言剧场”（theatre of prophecy），建筑作为一种“记忆剧场”（theatre of memory）——如果我们能够将它看作是两者之一，那么我们也一定会本能地把它视为两者中的另一种；而我们承认，在没有学术理论帮助的情况下，这是我们习惯用来诠释建筑的方法，我们或许会进一步发现，可以将这一关于记忆剧场—预言剧场的辨析，应用到城市学领域中来。

当然，说了这么多就不多说了，几乎可以肯定，城市作为预言剧场的拥护者会被视为是激进的，而城市作为记忆剧场的拥护者则会被视为是保守的。但是，如果这种设想在某种程度上是正确的，那么必然可以肯定，大量这种形式的概念并非完全实用。人类在同一时刻大多总是既保守又激进；既希望能够熟门熟路，又希望来点喜出望外。如果我们全部都既生活在过去，又着眼于未来（现在只不过是时间长河中的一瞬间），那么，我们当然应当接受这一境况。因为如果没有预言就没有希望，同样，没有记忆也就没有交流。

尽管这显然是陈腐的、说教的，但无论高兴与否，它是人类心灵的一个方面，而现代建筑的早期支持者却能够忽略——对他们来说是高兴的，而对我们来说则是不幸的。但是，如果没有这种明显的敷衍了事的心理，“建筑新方法”就永远不会产生，就不能再有任何理由去忽视展望与回顾这两个过程至关重要的互补关系了。因为这是相互依存的两种行为，坦白而言，我们无法抛开其中之一而行动。为了其中之一而压制另外一个的尝试永远都不会获得长期成功。我们可以从预言性宣言的新颖之处获取力量，但是这种效力的程度必须与产生

51　弗朗西斯·耶茨（1899—1981），英国著名历史学家，曾任教于伦敦大学华堡学院，并荣膺大英帝国司令勋章以及大英帝国二等女爵士等尊衔。另著有《布鲁诺与赫米斯知识传统》(Giordano Bruno and the Hermetic Tradition)(1964) 以及《玫瑰十字会的启蒙》(The Rosicrucian Enlightenment) (1971) 等。

它的已知的、也许是平凡的、必然是充满记忆的文脉（context）紧密相关。

这几乎完成了一个阶段性的讨论。由于这是一个至此尚未结束的讨论，就目前而言，它可以通过以下三个问题来画上句号：

为什么我们不得不选择对未来的怀恋而不是对过去的怀恋呢？

难道我们头脑中思索的样板城市不能顾及我们已知的心理构成吗？

难道这座理想的城市，不能同时很明确地既表现为预言的剧场，也表现为记忆的剧场？

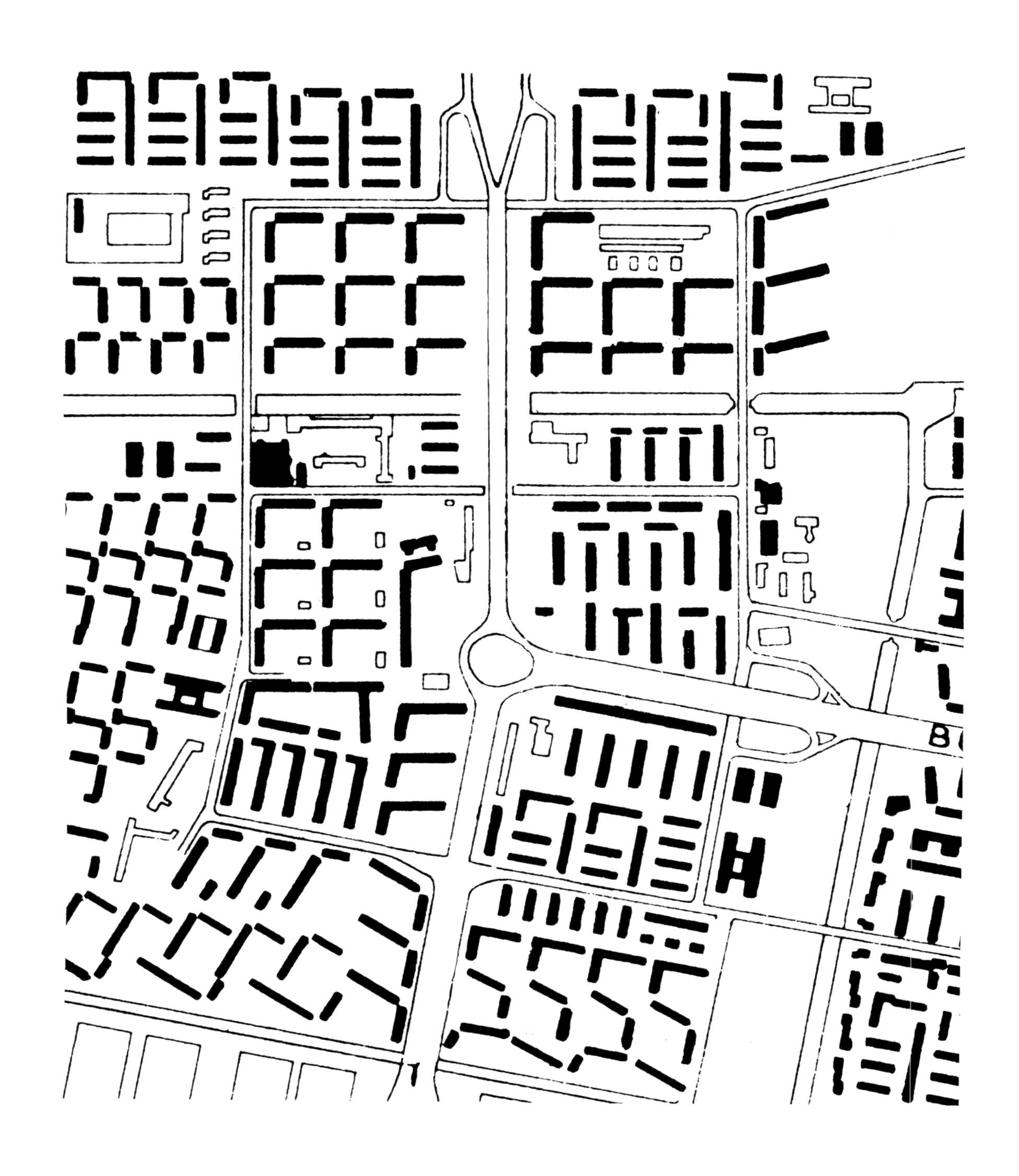

实体的危机：肌理的困境

阿姆斯特丹（Amsterdam）西区，古曾菲尔德（Geuzenveld）区

城市推动发展，让人会道能说，消遣娱乐，但也令人变得虚伪了。[1]

拉尔夫·瓦尔多·爱默生（Ralph Waldo Emerson）[2]

我想只要我们的政府总体上保持着农业特征，就会保持正直。[3]

托马斯·杰弗逊（Thomas Jefferson）

但是……人怎样才能离开原野？既然地球整个就是广袤无垠的原野，他能够去哪里？其实很简单：他就用围墙限定出一片场地，从无边无际的环境中界定出一个围合的、有限的空间……事实上，urbs（城市）与 polis（城邦）的确切含义，很像关于线圈的有趣定义。你先做一个孔，紧紧绕上金属线，这就成了你的线圈。所以 urbs 和 polis 源于虚空……那么接下来就是用来限定这个虚空的手段，限定边界的手段……广场……从无垠的场地中分离出来，成为属于自己的、相对驯化的场地，一种自成一体的崭新空间，在其中，人类将自己从植物、动物的世界中解脱出来……从而建立起一个独立的围合环境，一个完全人性的、文明的空间。[4]

何塞·奥特加·伊·加塞特（José Ortega Y. Gasset）[5]

1　节选于 Ralph Waldo Emerson, *Society and Solitude*, Sampson Low, Son & Marston，1870.

2　拉尔夫·瓦尔多·爱默生（1803—1882)），美国思想家、散文作家、诗人，美国超验主义运动的主要代表，强调人的价值，提倡个性、自由和社会改革，著有《论自然》等。

3　节选于 *The Founders' Constitution*, Volume 1, Chapter 18, Document 21.

4　引自 José Ortega Y. Gasset, *The Revolt of the Masses*, 1930.

5　何塞·奥特加·伊·加塞特（1883—1955），西班牙哲学家，曾在马德里大学任形而上学教授，提出自称为“生命理性的形而上学”哲学，著有《没有脊梁骨的西班牙》《群众的反抗》等。

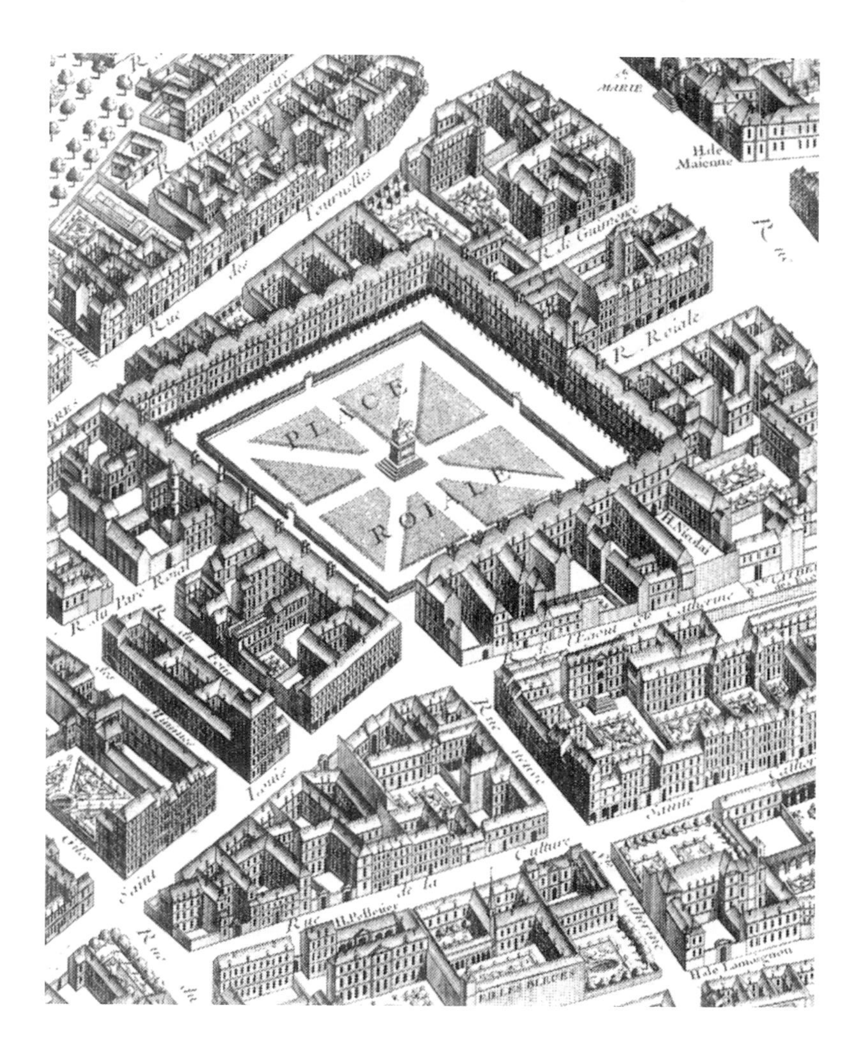

从其本意来看，现代城市就是为高贵原始人提供的一个合宜之家。一个本源上如此纯净的人应当拥有一处同样纯净的居所。如果回到高贵原始人刚刚从丛林中浮现之时，如果还需保留他无欲无求的纯真之态，使其美德一如既往，那么他就必须返回到丛林之中。

人们可以把这种论断看作是光辉城市或柴棱堡城(Zeilenbau city)[6] 的最终心理逻辑，这种城市在其完满的设想中，实际上却几乎被想象成正在消失。所需的建筑一旦出现，就会在尽可能的情况下，小心翼翼、谦

6　指由标准行列式住宅所构成的城市。

7　孚日广场是巴黎最古老的广场，位于马莱区（le Marais），最初称为皇宫广场（Place Royale），由亨利四世 1605—1612 年兴建。

孚日广场（Place des Vosges）（皇宫广场）[7]，引自图尔高地图（Plan Turgot），1739 年

逊自躬地融入到自然统一体之中；从地面升起的建筑尽可能减少与潜在的可开垦大地的接触。当这些建筑附带着摆脱地球引力约束的能力时，我们或许又会被如此观点提醒：不要过度地去暴露浮夸的人造物。

在这种意义上，现代城市的方案可以被视为一种过渡性的构想，对它的期待就是，最终它可以引导人们去重新建立一种尚未遭到侵染的自然环境。

太阳、空间、青翠：本源之悦，林木秀立，四季而春，人类之友。大型住区布满城镇，这又有什么关系？它们掩映入林，大自然写进租约。「1

这就是不断持续着的回返自然的梦想。人们曾经（现在也是）明确感受到这种返回是如此重要，以致一旦有可能，这种愿景的各种版本就会在形式上和本质上，坚持与所有通常会被视作一种污染、一些道德上和卫生上的麻风病症之类的东西绝对隔离。因此刘易斯·芒福德（Lewis Mumford）在其《城市文化》（*The Culture of Cities*）中有着这样一段叙述：

1

「1 Le Corbusier, *The Home of Man*, London, 1948, pp. 91, 96.

1 勒·柯布西耶：光辉城市，1935 年。“这是（摩天楼一般的）巨人与神的战斗吗？完全不是！树木及公园的奇迹重建了人类的尺度。”

2

3

爱丁堡（Edinburgh）一段壮丽街景的背后，是沿着狭长蜿蜒小路的棚户陋屋，在布景式画面中，人们习惯性地忽视了其背后的景象。一种门面性的建筑。美丽的丝绸，昂贵的香水。精神上的雅致和现实中的疵瑕。眼不见，心不烦。现代功能主义的规划要与这种纯粹视觉概念的规划划清界线，通过诚实并完善地处理每一个立面，废弃对于前部与后部、可看与污浊的粗略区分，从而建立起在每个维度上都完美和谐的结构。「2

8　约翰·纳什（1752—1835），英国建筑师，摄政时期伦敦的主要设计者。

2　切尔滕纳姆，兰斯顿联排住区（Cheltenham, Lansdown Terrace）的背后景象

3　约翰·纳什（John Nash）[8]：切斯特联排住区（Chester Terrace），伦敦，1815—1825 年

鉴于芒福德特有的修辞方式，这完全是两次世界大战间隔期间的典型观点。核心准则是诚实与卫生，令人兴趣盎然并浮想联翩的城市则将消失；为了取代来自传统的借口与强辞，将会引入一种可见的、合理的平等性——这种平等性强调开放，而且也可以被解释为人类各种幸福状况的起因与结果。

1

当然，将后院等同于道德与物质上的不健康，这可以用其他大量案例来解释。这种等号演变成为封闭与开放之间的对立，以及它们在正面和背面投入之间的反差（思想的雅致与疵瑕——就好像会自动接踵而至）；以别具一格的 19 世纪死亡之舞（danse macabre）[9]（一种在遭受霍乱肆虐的庭院中的镇符）的情形为例，这种争论方式无需更进一步强调。以视觉为导向的建筑师和规划师醉心于文化的战果和胜利，以及公共领域及其公共立面的表现，他们不仅已经可耻地去寻欢求愉，而且更糟糕的是，放弃了那种在更加私有环境中的基本卫生条件，但那些生活于其中值得关注的"真正"的人民却是着实存在的。若要将此类宣言扩大为讨论现实中的冷血资本家，那么它的总体性质就不会有根本的改变。

但是，如果这曾经一度是针对传统大城市的否定和必要的批判，如果可以将 19 世纪的巴黎视为魔鬼，那么针对阿姆斯特丹南区[10]的观点也能被用来表述另一种案例的原初概念。这两种解释都可以在西格弗里德·吉迪恩[11]的书中看到。⌜3

从鸟瞰视角或者从气球上看，奥斯曼式的情形与贝尔拉格[12]式的

9 一种仪式性的舞蹈，最早出现于 14 世纪欧洲黑死病大作时期，是死亡的象征，尤指中世纪绘画中出现的象征死亡的骷髅带领人们走向坟墓的舞蹈。

10 由荷兰著名建筑师贝尔拉格（H. P. Berlage）于 20 世纪初为阿姆斯特丹南区所做的城市规划，以小尺度街道、狭长条街区，外加斜向轴线为其特征。

11 西格弗里德·吉迪恩（1888—1968），20 世纪最著名的建筑理论家、历史学家之一，现代主义的先驱，他师从海因里希·沃尔夫林（Heinrich Wolfflin），曾任 CIAM 秘书长，先后执教于麻省理工学院、哈佛大学、苏黎世大学，曾任哈佛大学设计研究生院院长，曾于瑞士苏黎世大学执教艺术史。其主要著作有《空间·时间·建筑》（*Space, Time and Architecture*）、《机械化的决定作用》（*Mechanization Takes Command*）等。

12 贝尔拉格（1856—1934），荷兰著名建筑师，曾于苏黎世理工学院师从戈特弗雷德·森佩尔学习建筑，1880 年代在荷兰与西奥多·桑德斯（Theodore Sanders）创立事务所，曾设计阿姆斯特丹证券交易大楼、海牙别墅、阿姆斯特丹国立博物馆等作品。贝尔拉格 50 年的创作实践可以代表阿姆斯特丹学派探求简洁化的道路，他以佛兰德斯的罗马式和哥特式作为初始结构分析的参照。受森佩尔和勒杜的影响，贝尔拉格采用几何手法处理体积，物质性手法处理材质，两种手法自由整合产生新颖的效果。

⌜2 Lewis Mumford, *The Culture of Cities*, London, 1940, p. 136.

⌜3 Siegfried Giedion, *Space, Time and Architecture*, Cambridge, Mass., 1941, p. 524.

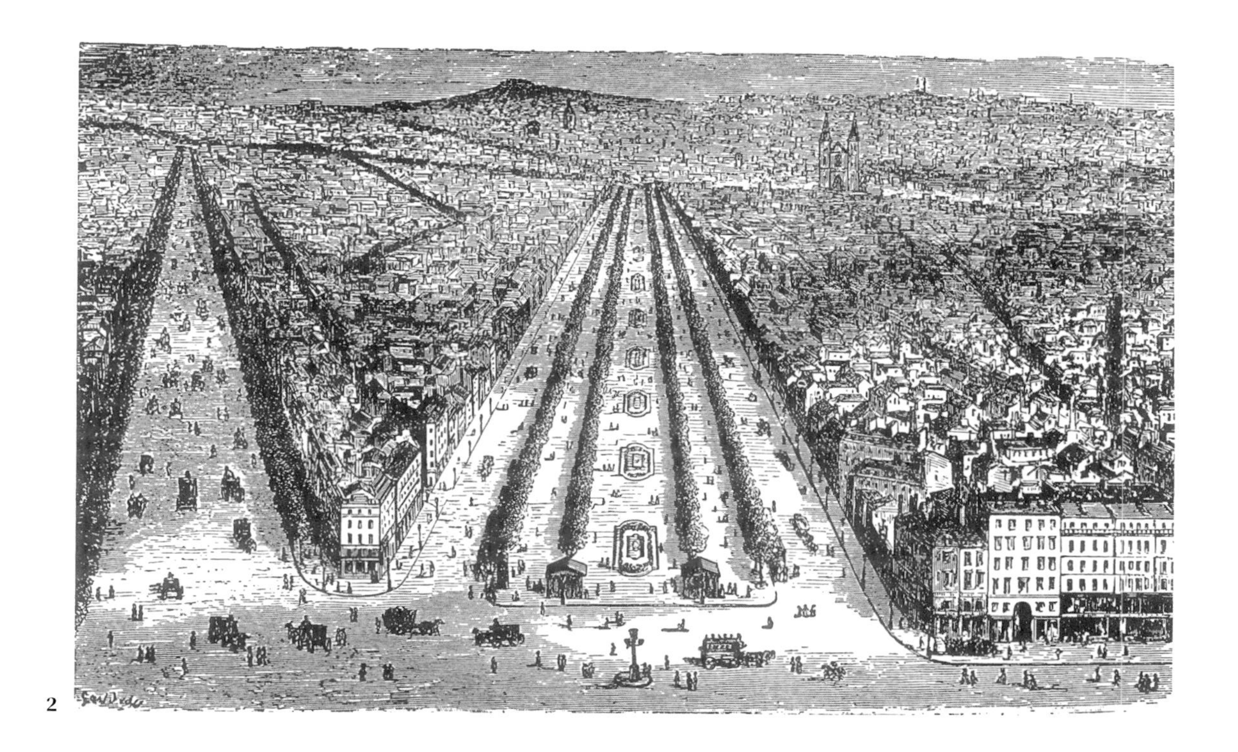
2

阿姆斯特丹的空中照片是如此相似，以至于无需评说。两者均采用圆形广场（ronds-points）和多叉路口（pattes-d'oie）来表达对 17 世纪法国狩猎森林美学[13]的遵从。通过这种方式，这两者可以将主要干道汇聚于某个重要地方，形成一种有待发展和填充的三角形地带。但是就是在这些需要填充的地带，相似性不再存在。如果在第二帝国时期巴黎的恢宏与粗野之中，无须多加考虑合乎逻辑的填充，如果它可以被简化成为例如勒·诺特尔（Le Nôtre）[14]设计的花园[15]中的巨型树丛，那么在 20 世纪之初的严谨有序的荷兰，这种十分随意的普遍网络或者“肌理”是绝对不存在的。而且正是由于法国式的原型，结果就是一种荷兰式的窘困。在阿姆斯特丹，真正需要尝试的是提供一种更为

13　指 16、17 世纪在法国出现的，由圆形广场、多叉路口以及发射轴线等要素所构成的法式园林设计手法，后来也被广泛应用于城市空间设计之中。

14　勒·诺特尔（1613—1700），法国造园家，路易十四的首席园林师，曾规划设计凡尔赛宫，主要作品有维孔特城堡（Vaux-le-Vicomte，1661）和枫丹白露（Fontainebleau，1660）、圣日耳曼（Saint-Germain，1663）、圣克洛（Saint-Cloud，1665）、尚蒂伊（Chantilly，1665）、杜乐丽花园（Tuileries，1669）、索园（Sceaux，1673）等。

15　指勒·诺特尔在凡尔赛宫中设计的花园。

1　伦敦，铁路高架下的贫民窟，古斯塔夫·多利（Gustave Doré）的雕版画所描绘的后院与后街，1872 年

2　巴黎，理查 - 莱诺大街（Boulevard Richard-Lenoir），1861—1863 年

1

宽容的生活剧场（theatre of existence）。空气、光线、景观、宽敞空间一应俱全，但是如果某人感到自己正处在福利社会的门槛上，他或许仍然会被异常现象所震慑。两条宽阔的绿荫道，尽管声势浩大、一展宏图，它们仍然内心怯弱、繁冗多余。它们缺少寓于它们巴黎原型中的粗俗、令人厌烦的趾高气扬和狂妄自信。它们是最后一次对于街道概念的无力表达，精心谋划的对于风格派（De Stijl）[16]或表现派的让步并不能掩盖它们的困境。它们只不过是一种用于表达某种奄奄一息理念的保守而委婉的道具。因为在实体与虚空的争辩中，它们已经变得多余；而且它们对于传统巴黎景观的借鉴现在也不再值得一提。简言之，这些林荫道是可有可无的。它们的沿街立面并没有在公共与私有之间形成某种有效的界面。它们是模棱两可的。相比 18 世纪的爱丁堡的沿街立面[17]，它们没有形成有效的遮蔽。重要的现实成为其

16　De stijl 意思为风格。风格派是 20 世纪初起源于荷兰的现代艺术运动，它既是一种先锋艺术运动，也是一个松散的设计团队，其主要人物有杜斯伯格（Theo van Doesburg）、蒙德里安（Piet Mondrian）等，聚集了许多建筑师、艺术家、画家、思想家，并且以 *De stijl* 为名出版期刊。

17　这里应该指爱丁堡王子大街的壮丽的沿街立面。

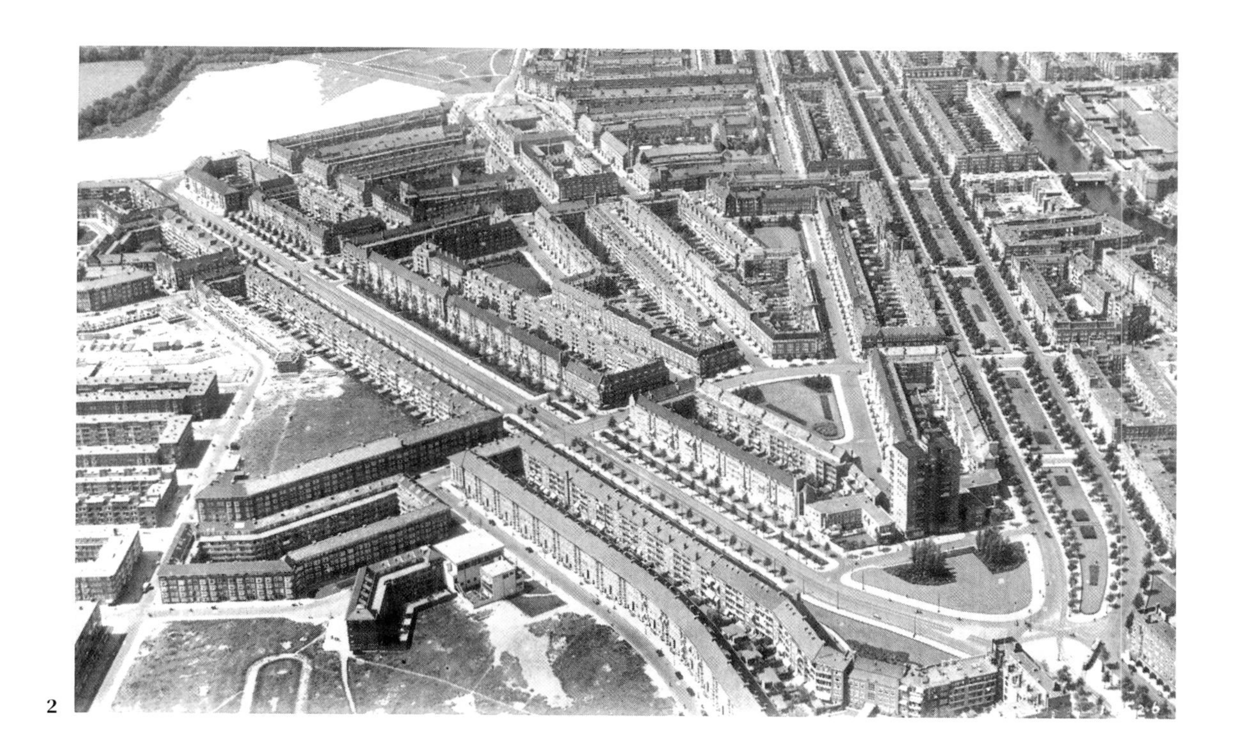

2

后的原因。城市矩阵已经从绵延的实体转变为绵延的虚空。

毋庸赘言，阿姆斯特丹南区以及其他一些类似项目的失败与成功，只能激发良知。但是无论存在怎样的质疑（良知总是更多地由失败而非成功所激发），我们确实可以认为，逻辑怀疑主义（logical scepticism）至少不能在数十年内解决这个问题。也就是说，直到19世纪20年代末，肩负文化责任的街道仍然占据主导，其结果就是，仍然无法获得某些结论。

于是，谁做了什么，以及究竟何时何地等等之类问题，从目前来看都是无关紧要的。三百万人口的城市[18]，形形色色的苏俄项目，卡尔斯鲁厄的达姆斯托克[19]，等等，各有各的时代性；谁更重要，谁该赞扬，谁该指责，在这里都无关紧要。问题在于，到1930年时，街道和高度组织的公共空间的解体似乎已经无可避免，因为两个主要原因：新型、合理的住房形式以及车辆交通的支配性地位。进一步而

18　指勒·柯布西耶于1922年设计的现代城市项目。

19　指格罗皮乌斯在这里完成的住房项目。

1　阿姆斯特丹南区，1934年

2　阿姆斯特丹南区，1961年

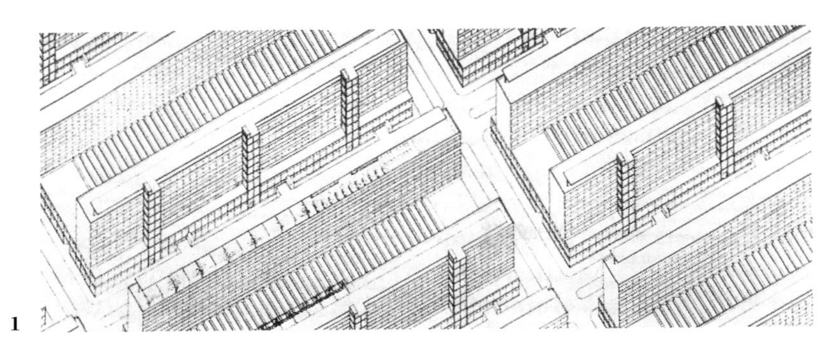

言，如果住房设计现在演变成由内及外，并从个人居住单元的逻辑要求出发，那么它们就不再会屈从于外部环境的压力；并且，如果外部公共空间在功能方面已经变得如此混杂，以至于不再具有实质性的意义，那么在任何情况下，它都无法再施加有效的压力。

这就是建造现代建筑的城市过程中所蕴含的明确无误的推断。但是围绕着这些主要论点，显然就有机会使得一整套混杂的次级合理性大量涌现。于是，新城可以进一步以体育或科学，以民主或平等，以历史和去除既有成见（parti pris），以私家轿车与公共交通，以技术与社会—政治危机等形式获得正当理由。如同现代建筑之城（city of modern architecture）这一概念本身，几乎所有这些论点仍然在以这种或那种方式伴随着我们。

当然，它们获得了其他因素的强化（虽然“强化”这个词是否正确仍然值得商榷）。“一座房屋就像一个肥皂泡。如果气体在内部是均匀分布的，这个气泡就是完美、和谐的。外部是内部的结果。”[4] 这个正在褪色的半条真理已被证明是勒·柯布西耶最具说服力的一个观察，很显然，它与需要进行观察的实践从未有过太多关联；但是，如果这是一个完美的、与穹窿和拱顶结构相关的学术理论宣言，它也会是一条可以用来说明一种完全独立的实体的建筑概念的箴言。刘易斯·芒福德暗示了类似的想法；但是，如果对于特奥·凡·杜斯伯格（Theo Van Doesburg）[20] 和其他人而言，“新建筑将向全塑型方向发展”[5]，这

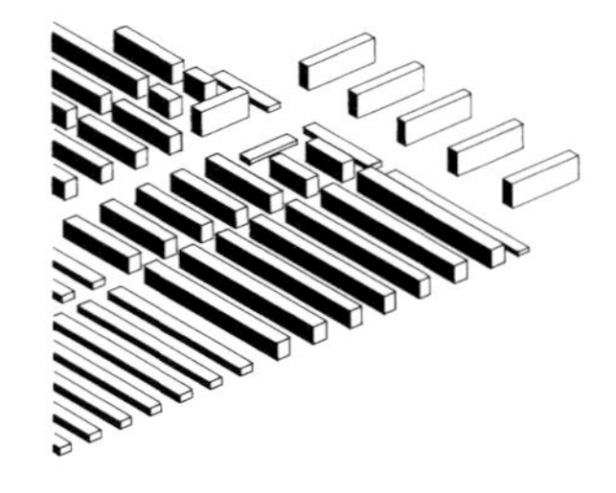

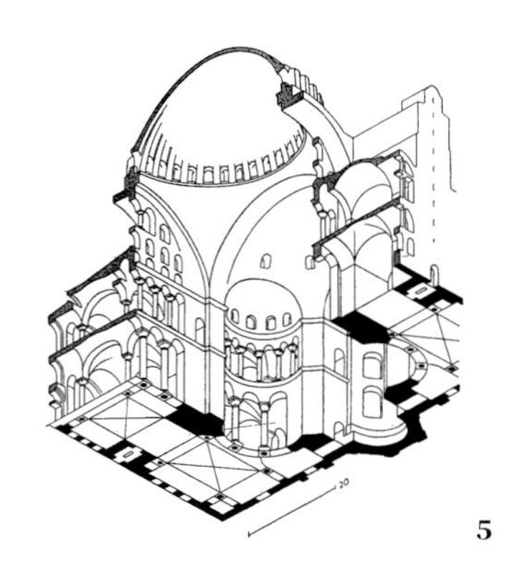

[4] Le Corbusier, *Towards a New Architecture*, London, 1927, p. 167.

[5] Le Corbusier, *Towards a New Architecture*, London, 1927, p. 167.

20 特奥·凡·杜斯伯格（1883—1931），原名 E. M. 库珀，荷兰画家、装饰家、诗人和艺术理论家，“风格主义”运动的领导人，也曾发表过达达主义和未来主义的作品。

1 路德维希·希尔伯塞默：柏林中心方案，1927 年

2 沃尔特·格罗皮乌斯：在一块矩形基地中，平行排列不同高度的住房的分析图解。在条状平面的城市规划中，不同楼层高度的房屋行列之间的经济性比较，1930 年

3 沃尔特·格罗皮乌斯：卡尔斯鲁厄的达姆斯托克住宅区（DammerstockSiedlung, Karlsruhe）

4 沃尔特·格罗皮乌斯的图示，阐明在 10 层高的钢结构高层大楼之间的宽敞绿化带，1930 年

5 一座建筑就如同一个肥皂泡：圣索菲亚大教堂

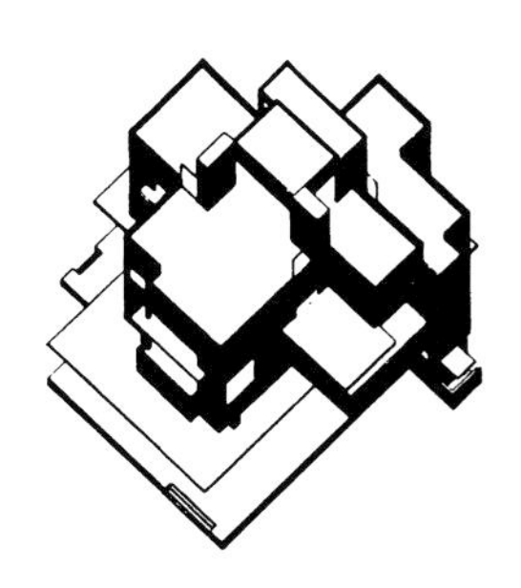

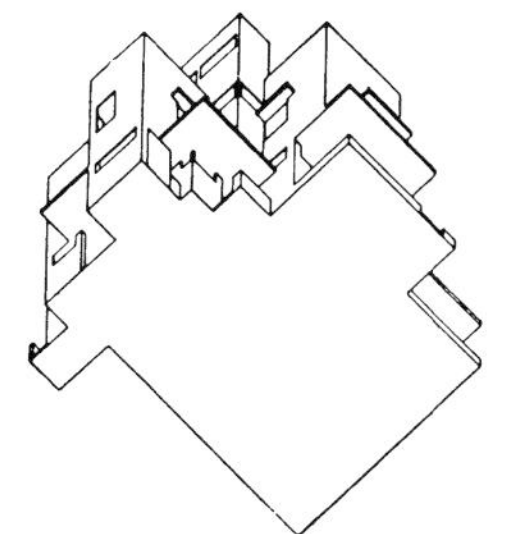

6

7

8

一公理对于作为“有趣的”和孤立的实体（这仍然延续着）的建筑作出了言过其实的评价，现在它必须与同时被接受的提议并置到一起。这一提议认为房屋（实体？）必须消失（“城市布满了巨型居住街区，那又有什么关系？它们被树林遮住了”）。如果我们在这里已经采用典型的柯布西耶式的自相矛盾来表明这种情况，那么，也有明确并且充足的理由认为，人们每时每刻都面临着同样的矛盾。确实，在现代建筑中，以实体的傲慢和希望掩饰这一傲慢的企图无处不在，它们是如此非同寻常，以至于不再可能出现任何留有情面的评论了。

但是现代建筑的实体迷恋（object fixation）（此实体不是一个物体）才是我们目前所要关心的，只要它涉及即将消散的城市。因为在它当前和未消散的形态中，现代建筑的城市开始变成了一堆明显杂乱的实体，与它所想要取代的传统城市同样问题重重。

首先让我们考量一下“理性的建筑必须成为一个实体”在理论上的根据，然后将这种设想与“建筑作为带有浮夸气息的人造物，在某种程度上损害了一种最终的精神解放”的明确疑问联系起来。让我们进一步把这种将实体合理地物质化的要求，以及将它进行解体的相应要求，与那种十分明显的感觉——空间在某种程度上比物质更加崇高的感觉——放在一起，就觉得对于物质的肯定必然是粗俗的，而对于空间连续性的肯定只会有助于对自由、自然和精神的需求。然后让我们采用目前另一种流行的设想来限定一下空间崇拜的普遍趋势，那就是：如果空间是崇高的，那么无限定的自然空间必定远比任何理论化和结构化的空间更加崇高。最后，让我们引入一种观念来取代这场全然不明的争论，即在所有情况下，空间都远没有时间重要，而过度地强调空间，特别是被限定了的空间，则会抑制未来的展现，以及某种“大同社会”的自然形成。

这是一些模棱两可与奇思妙想，它们曾经（现在也是）植根于现代建筑的城市之中；虽然它们似乎可以形成一种欢快、欣愉的处方，但是正如我们已经注意到的，即便这种城市已经部分得以实现，尽管它是纯净的，但针对它的质疑早就已经存在了。也许这些是很少公开表达的疑问，而且也还很难判定这些疑问是否直接切中概念的要点

6 **特奥·凡·杜斯伯格与凡·埃斯特伦：私人住宅，一个反构造的轴测图，1923年**

7 **特奥·凡·杜斯伯格：反构造，私人住宅（maison particulière），1923年**

8 **勒·柯布西耶：光辉城市，1935年**

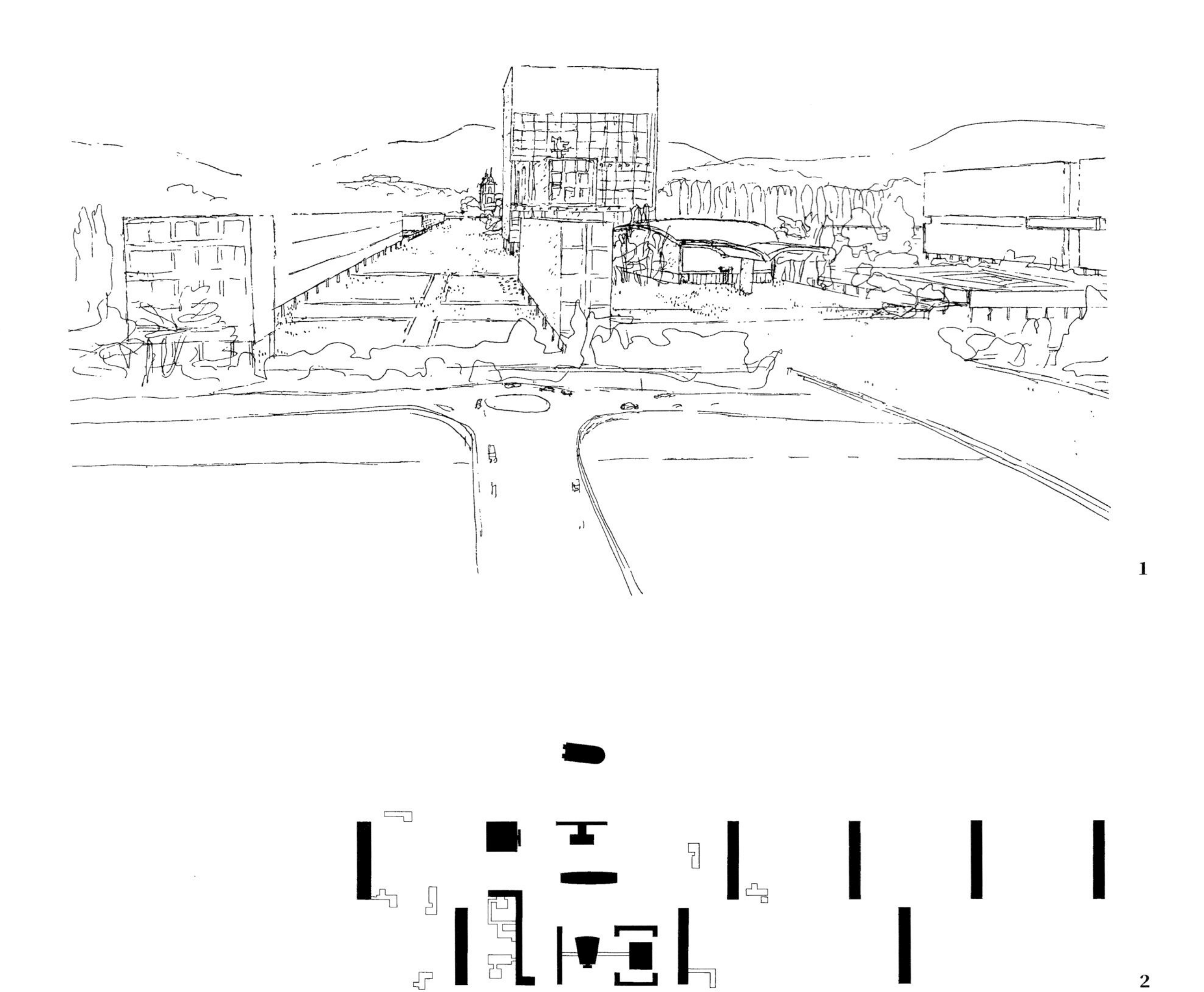

1

2

以及公共领域的难题，但是，如果 1933 年 CIAM「6 的雅典会议提出了关于新城市的基本原则，那么到 20 世纪 40 年代中期，就没有这种教条式的确信了，因为国家和实体都没有消失。在 1947 年以“城市之心”「7 为名的 CIAM 会议上，潜伏着的保留性意见由于它们的持续有效性而开始断断续续浮出水面。确实，对于“城市核心”（city core）的考虑，其本身就已经表达了一种无风险的赌注，并且可能也表明这样一种认识，即一种普遍适用的中性立场或难以察觉的平等理想，是很难实现的，甚至是难以奢望的。

3

4

但是如果到目前为止，人们对于某种问题及其后果再次提起精神，那么即使这种关注已然存在，人们仍然缺乏相应的手段。20 世纪 40 年代末的修正主义所带来的问题可以最为恰当地通过勒·柯布西耶为圣·迪耶（St. Dié）所作的方案来进行归纳并加以说明。在该方案中，已经修饰过的《雅典宪章》所确定的基本要素被松散地组织在一起，用以暗示一些中心化和等级化的概念，模仿“城市中心”或者结构化容器的某些版本。可以说，撇开作者的名字，建成后的圣·迪耶可能是相反的，是成功的困境；圣·迪耶和独立的建筑一

⌜6 Le Corbusier, *La Charte d'Athènes*, Paris, 1943. English translation, Anthony Eardley, *The Athens Charter*, New York, 1973.

⌜7 J.Tyrwhitt, J.L.Sert and E. N. Rogers (eds.), *The Heart of the City:Towards the Humanisation of Urban Life*, New York, 1951, London, 1952.

1 勒·柯布西耶：圣·迪耶市中心重建方案，1945 年，透视
2 圣·迪耶市中心，总平面
3 哈罗新城（Harlow New Town），集市广场，1950 年代
4 哈罗新城，总平面

1

样，清晰地说明了空间的占有者试图充当空间的限定者。如果试问一下此类“中心”是否有助于集聚，那么，除了对这种结果的奢望，似乎我们在这里所获得的是一种得不到满足的精神分裂症——一种雅典卫城（acropolis）的类似物，却试图起到某种阿格拉（agora）[21]的作用。

然而，尽管这项使命有些古怪，但对于中心化议题的再次确认并不容易被放弃；如果“城市核心”的论点可以简单地解释为城镇景观策略对于 CIAM 城市设想的一种渗透，那么现在就可以通过对比圣·迪耶城市中心与几乎同时期的哈罗新城市中心，从而证明一种观点。哈罗新城中心虽然明显是“不纯净”的，但有时也并非如同人们所认为的那么糟糕。

21　Agora 是古希腊城市的中央公共空间，通常是由建筑围合的，该词的字面意思是“聚集地”或“集会”，多数作为集市，同时也是城市的运动、艺术、精神和政治生活的中心。雅典的阿格拉是古代集市最著名的例子，也被认为是民主制度的诞生地。而雅典卫城则是非围合性的，建筑物独立而自由地散落在场地中。

2

毫无疑问，在一点也没有借用雅典卫城隐喻的哈罗新城，人们所得到的是一种“真正的”和名义上的集市；而且相应地，每一座建筑的独立形象被削弱，建筑被集聚在一起，表现出一种被偶然性的规范限定的外表。但是，如果将哈罗新城广场本身视为真实的，视为时代及其他一切变迁的产物，如果它的虚幻外表或许是有点过于迎合讨好的话，如果人们对于瞬时的“历史”和公然的“现代”如此诱人的混合感到有点疲倦的话，如果身处其中的人们对它所模仿的中世纪空间仍然感到真实的话，那么，当好奇心被唤起时，连这种错觉也很快消失了。

对眼前景象背后的情况做一番概述或者浏览，我们就可以迅速发现，人们所遵循的只不过是一种定式段落。也就是说，用来稀释人群密度、疏解拥挤环境的广场空间很快令人感到其实并未如此。它缺乏必要的理由和支撑，也缺乏来自建造形式或人性形式的限制约制，来为自己的存在赋予可靠性和生机。而且由于这一空间在本质上是“不

1　哈罗新城，集市广场，1950 年代，鸟瞰

2　哈罗新城，一座城郊的田园城市

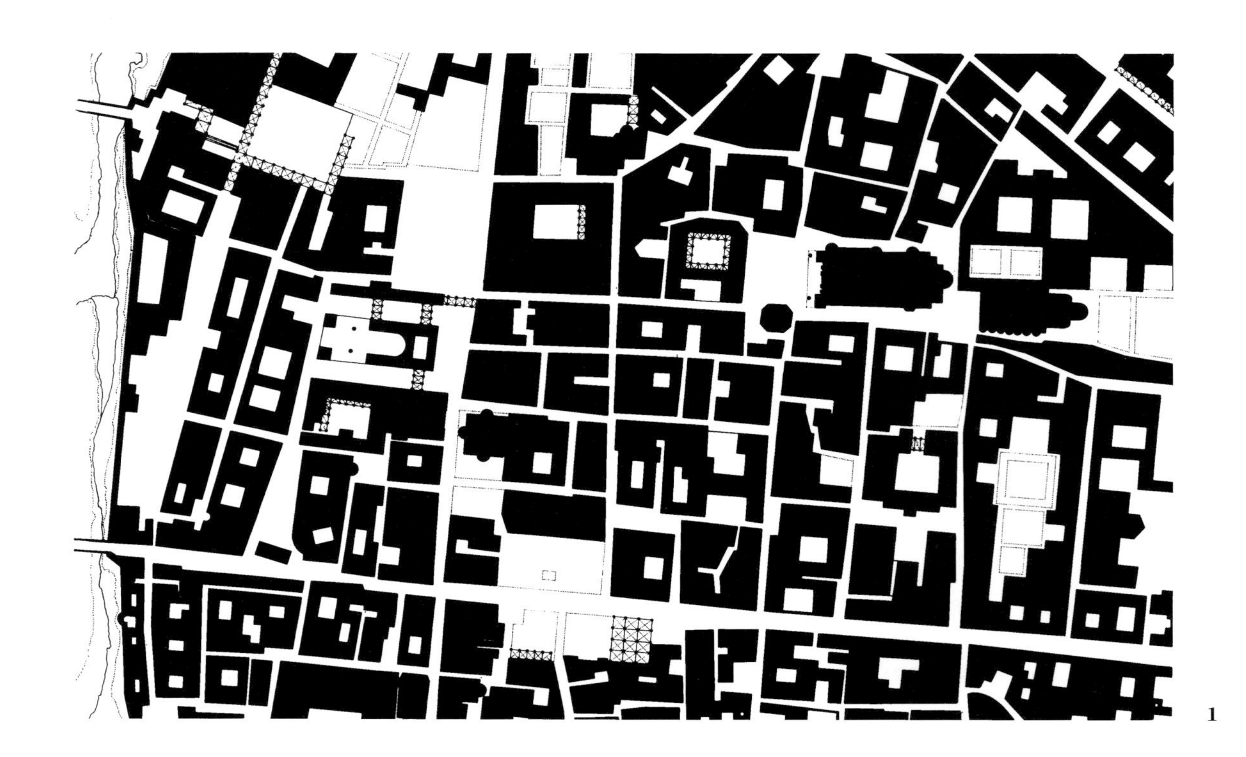

1

好解释”的，哈罗新城广场绝对不是从任何一种历史环境或空间环境中生长出来的东西（尽管它似乎想成为这样），实际上，它是在郊区中不加引号而直接嵌入的一种异质体。

但是，在哈罗新城与圣·迪耶的问题中，人们仍然不得不辨别出意向方面的一致性。这两个案例的目标都是要创造出一种重要的城市客厅。在这一目标下，人们自然会认为，无论它在建筑方面有何价值，哈罗新城广场可能比圣·迪耶曾经所做到的更加接近于设想中的情况。这并不是赞美哈罗新城或者贬低圣·迪耶，而是认同它们采用“虚空”元素来模拟“实体”城市品质的尝试，使之成为可供比较的审视对象。

现在，至于它们所提出的问题的相关性，或许最好再一次把目光转向传统城市的经典格局。传统城市的格局与现代建筑的城市如此相反，以致当两者并置在一起时，甚至可以作为可互换的、类似格式塔图解来解读，展示着图—底（figure-ground）现象之间的变换。于

2

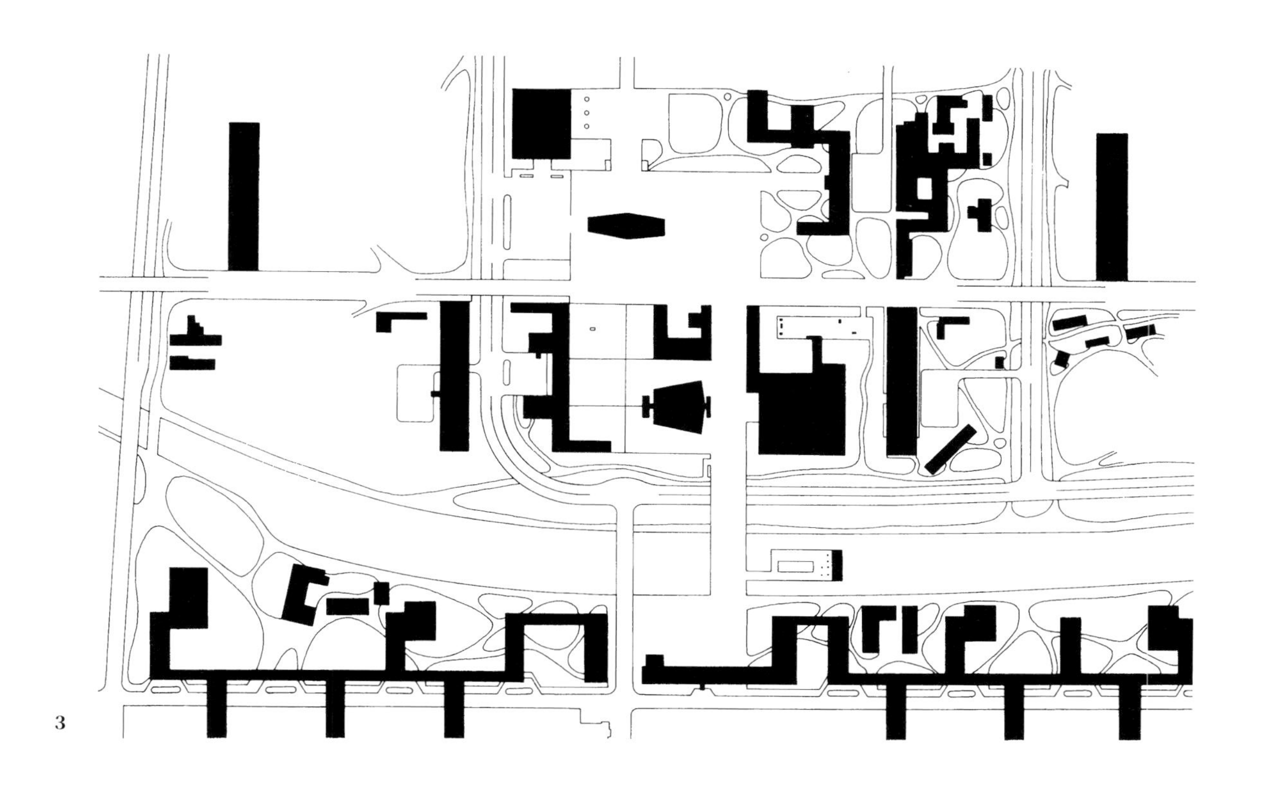
3

是，一个几乎完全是白的，另一个则几乎是黑的；一个是在一片不受控制的虚空中的一堆实体，另一个则是在一大片不受控制的实体中的一堆虚空；在两种场合中，基础图底（ground）促成了范畴完全不同的图形（figure）[22]——在一个场合中是实体，而在另一个场合中是空间。

然而我们不能针对这种具有讽刺意味的情况作出评论，如果撇开传统城市的明显缺陷，而仅仅简要地注意一下其明显的优点：实体以及连续的网格或者肌理，为其相应的状况，亦即特定的空间提供能量；随之而来的广场和街道形成了一种公共性的释放阀门，并且提供了可识别的结构。起着支撑性作用的肌理或图底的丰富多样性也具有同样的重要性，因为，作为一种随机组合拼接起来的连续性建筑场景，它并没有受到自我完整性或明显的功能表达方面的巨大压力；考

22　由于文字上容易产生混淆，译文中将 figure-ground 译为图—底，figure 译为图形，ground 译为图底。

1　帕尔马（Parma），总平面图
2　格式塔，图—底图示
3　圣·迪耶方案，图—底平面图

虑到公共性立面的稳定性作用，它可以灵活地按照当地的一时兴起或者某个时刻的需求进行调整。

也许这些是无需赘言的优点。但是即便每日都在大加宣传，如此描述的情形仍然不太能被接受。如果它在实体与虚空，在公共稳定性和个体不可预测性，在公性图形（figure）和私性图底（ground）之间激发出一场辩论；如果实体建筑，真实地表达内部的肥皂泡，被当作一个普遍性的命题，那就意味着公共生活和公共秩序的崩坏；如果它将公共领域，那个看得见的市民的传统世界简化成一种无形的剩余物，人们很可能不得不追问：那么又会怎样？现代建筑的富有逻辑、无懈可击的前提——光线、空气、卫生、景观、繁荣、娱乐、运动、开放，恰恰是它们激起了这种回应。

于是，如果由孤立的实体和连续的虚空所构成的稀松的、期望中的城市——这一所谓的自由城市和“大同”社会将不会轻易消逝，并且如果它或许在本质上比质疑者所容许的更具有价值，如果它即便被认为是“好”的也没有人会喜欢，那么这一问题仍然存在：可以用它去尝试做什么？

这里存在着很多可能性。采取某种讥讽的姿态，或者提出某种社会革命就是其中的两种；但是，由于那种显而易见的讥讽性已经几乎完全被屏蔽了，而社会革命往往走向相反的一面，那么，除了对于纯粹自由进行坚持不懈的追求，它们是否会成为十分有效的策略，这是值得怀疑的。设想一下差不多的或者基本一致的策略，譬如老式的自由放任（laisse faire），它们会提供某些自我修正吗？这正如资本主义完美无缺的自我调节能力，也同样值得怀疑；但是撇开这些可能性，首先从城市感知的可能性角度来审视一下这一受到威胁或是获得承诺的、实物迷恋症的城市，似乎是明智而合理的。

这是一个思想或眼光在多大程度上能够接纳或者理解的问题，自从 18 世纪末以来，这一问题就已经存在，并且缺乏有效的解决方法。这是一个关于量化的问题。

潘克拉斯（Pancras）就像马里勒本（Marylebone），而马里勒本（Marylebone）就像帕丁顿（Paddington）[23]，所有的街道都彼此相似……你的格罗赛斯特广场、贝克街、哈利街和威泊尔街，等等，所有那些平淡的、枯燥的、无精打采的街道，就像一个大家庭里的普通孩子那样彼此相似，而波特兰广场或波特曼广场[24]则是他们尊敬的父母。「8

此段由本杰明·迪斯累里（Benjamin Disraeli）[25]于1847年所作的评判，可以被视为针对由于复制而导致的无方向感的迟缓回应。但是如果人们在很久以前就对于空间的繁殖产生了这样的厌恶之情，那么现在又如何评论这种实体的繁殖？换言之，无论对历史城市如何评价，现代建筑的城市是否能够保有类似的如此丰富的感知性基础？答案显然是否定的。因为很显然，有限的、结构化的空间会有助于认识和理解，而一个没有可识别边界的、无穷尽的中性虚空，至少可能是无法理解的。

如果从感知性的角度来考察现代城市，根据格式塔原则，它显然只能受到批判。因为如果需要一种图底（ground）或者背景（field）的存在才能获得对于实体（object）或图形（figure）的理解以及感受，如果对于那些不同程度封闭的背景的认知是所有感知经验的前提，如果针对背景的感知先于针对图形的感知，那么，当图形得不到任何可识别的指示框架的支持时，它只会自我衰退或者自我解体。因为，虽然我们能够想象一群可以通过相邻性、可辨别性、公共结构、密度等方法来辨识的实体，并且能够想象从中感受到的愉悦，但是这些问题仍然存在着：这些实体能够被融合到多大程度？在现实中，它们确切的繁殖又在何种程度上才算是合理的呢？或者换个角度来说，这些是与视觉机制相关的问题。在贸易破裂和引入封闭、筛查、信息

23 伦敦市中心的一些主要区域名称。

24 波特兰广场是在马里勒本的一条街道，波特曼广场是伦敦市中心的一处广场。

25 迪斯累里（1804—1881），英国保守党领袖、三届内阁财政大臣，两度出任英国首相，在把托利党改造为保守党的过程中起了重大作用。在首相任期内，迪斯累里是英国殖民帝国主义的积极鼓吹者，大力推行对外侵略和殖民扩张政策。同时他还是一个小说家，社会、政治名声使他在历任英国首相中占有特殊地位。

「8 Benjamin Disraeli, *Tancred*, London, 1847.

隔离之前，视觉机制在何种程度上能够获得支撑，并成为一种经验上的需求。

可能这一点尚未实现，因为现代城市的贬值版本（公园中的城市沦为了停车场中的城市）的绝大多数地方仍然处在传统城市的包围之中。但是如果它继续以这种方式——不仅在感知方面，而且在社会学方面也是寄生的，去侵噬它打算要取代的有机体的话，那么距离这种支撑性背景（background）最终消失就为时不远了。

这一刚刚开始的危机不仅仅是感知方面的危机。传统城市逐步消失，但是我们甚至连对现代建筑的城市拙劣的演绎都不能建立起来。公共领域已经萎缩成为一个令人遗憾的鬼影，而私人领域还没有获得显著的加强；这里既没有历史的参照，也没有思想的参照；而且在这个原子化的社会里，人们依赖电子设备，或者不愿在印刷品中去搜寻，除此之外，沟通或者已经瓦解，或者已经沦为越来越平庸的语言公式的贫乏交流。

很显然，无论是韦伯斯特词典（Webster）还是牛津英语词典（OED）[26]都无需保持它现有的容量。它是过剩的，体量是臃肿的。人们对其内容的不严谨使用，使之成为华而不实的修辞，它的深奥内涵极少与“普通人”（jus’ plain folks）的价值观有所关联。并且，它的语义范畴与新型高贵原始人的思维活动必定难有对应。但是，如果以纯粹的名义来郑重要求简化字典，恐怕极少会有人支持。尽管建筑形式与文辞构造不尽相同，但我们在此所勾画的完全类似于现代建筑所发启的计划。

让我们杜绝那些想当然的东西，关心一下我们所需要的而不是所想要的；让我们不过度纠结如何辨识差异性；相反，让我们从基础开始建造……与此非常类似的是那些导致目前困境的讯息，如果人们认为当前所发生的事情，譬如现代建筑本身，是不可避免的，那么它们自然就会成为这样。但是换一角度而言，如果我们不认为自己处在黑格尔式的“不可逆转命运”的境况之中，那么是可以找到其他替代方式的。

26　Oxford English Dictionary 的缩写。

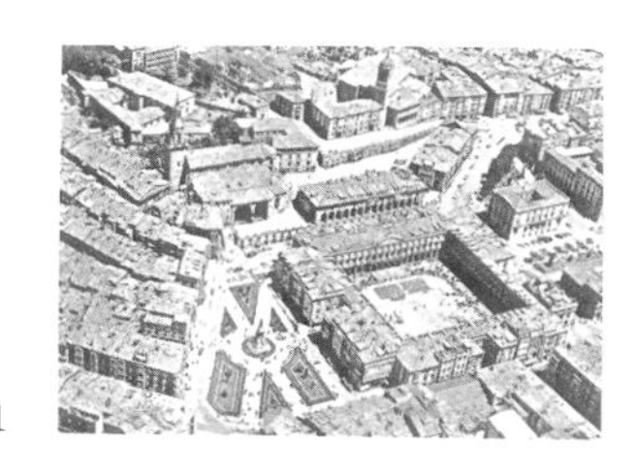

1

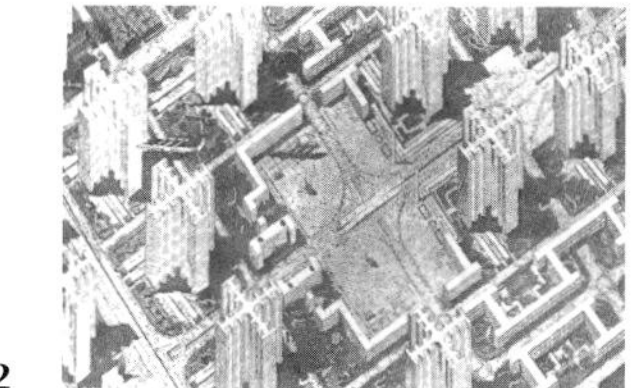

2

总而言之，这里的问题并非在于传统城市在绝对意义上是好是坏，有意义的还是无关紧要的，是与时代精神（Zeitgeist）合拍的还是不合拍的。这也不是一个有关现代建筑的明显缺陷的问题。相反，它是一个关于常识和共同利益的问题。我们拥有两种城市模型，并且从根本上我们两者都不想放弃，而是希望它们都有资格存在。因为在一个所谓的自由选择和多元思想的时代里，至少应该可以更好地得出某种包容与共生的策略。

但是，如果我们以这种方式要求从解脱之城中解脱出来，那么，为了尽力走向这种自由状态，就会出现一些不失最终价值而备受珍视的幻想，建筑师必然对其进行修饰并重新调配。建筑师将自己当作救世主的想法就是其中之一；而将他自己视为先锋派的恒久性力量则是另一种想法，更加重要的就是将建筑视为压迫性的和强制性的特别极端的想法。「9 事实上，这种新黑格尔主义的奇特遗存需要暂时压制一下，这有利于认识到"压迫性"一直作为难以逾越的生存境况而伴随着我们——生与死的压迫性，场所与时间的压迫性，语言与教育的压迫性，记忆和数字的压迫性，它们都是不可逾越的条件的组成部分。

因此，从诊断——通常是敷衍了事——再到预后——通常更加随意——首先可能出现的是对现代建筑的一个极少公开，但最为引人注目的宗旨的颠覆。这就是假设户外空间必须为公共所有，任何人都能使用。如果我们承认这是一种重要的工作思路，并且长期以来成为官僚主义的陈词滥调，那么我们仍然必须注意到，在所有可能的想法中，这一想法异乎寻常的重要性确实是非常奇特的。于是，当人们可以识别出它的符号性本质时，即它意味着一个没有人为障碍的集体化的、不受束缚的社会，可能仍然会惊叹于这个非同寻常的设想竟然如此根深蒂固。某个人穿过城市，不论它是纽约、罗马、伦敦或者巴黎，他看到楼上的灯光、天花板、阴影、一些物体，当他在脑子里想象着其他场景，想到他被从一个闪耀着无可比拟光辉的社会中排斥出来的时候，他并未觉得真的被剥夺了什么。因为，在可见事物和隐秘事物的奇特交流之中，我们清楚地认识到我们也可以建立起自己个人的舞台，通过打开我们自己的灯光，去形成那种无论多么荒谬都永远

「9 Alexander Tzonis, *Towards a Non-Oppressive Environment*, Boston, 1972.

1 西班牙，维多利亚（Vittoria），马约尔广场（Plaza Mayor）

2 勒·柯布西耶：巴黎，瓦赞规划，1925年，轴测鸟瞰图

1

激动人心的普遍性幻觉。

这是以一种非常极端的方式，具体说明被排除在外也可能满足想象力的途径。它要求人们去实现那种已经懵懵懂懂意识到，但又显然颇具神秘感的寻常景象。如果对所有这些景象的知根知底会有损于进行推测的乐趣，那么人们现在可能采用被照亮的房间来比拟整座城市的结构。即我们可以认为，光辉城市及其更为近期的衍生物中绝对的空间自由是缺乏趣味的；而且，与其让人有权走遍所有都是一模一样的地方，几乎可以肯定地说，还不如看到那些合理建造的底层平面上的围合墙体、栏杆、围栏、大门、屏障这样的隔离物来得更加令人满意。

然而，如果这些只是为了明确表达一个人们已经能够隐约感受到的趋势，并且这些通常被社会学的解释「10（身份、集体“地盘”[turf]等）支持，那么当代传统还需要作出更重要的牺牲。这就是所谓重新考虑实体的意愿，这种实体据称没人想要，也没人想将它作为图底而不是图形来加以评价。

一项提案，出于实际目的，要求人们愿意把当前的格局颠倒过来看，这种倒置的想法可通过一个几乎比例相同的虚空和实体的比较最直接简明地解释。而且，如要阐述最典型的实体，勒·柯布西耶的马赛公寓（Unité）[27] 就是最佳案例，而作为对立和对等条件的案例，瓦萨里[28] 的乌菲齐(Uffizi)[29] 则是最为适当的。它们的类似性是超越文化的。但是如果在某些前提之下，一座 16 世纪的办公建筑被转变成一座博物馆，从而可以与 20 世纪的公寓楼相提并论，那么我们就可以从中得出一个明确结论。因为，如果乌菲齐是马赛公寓的内外翻转，或者如果它是居住单元的“胶泥印模”，那么它也使虚空具有了形象，并被赋予了积极性与能动性；而且，马赛公寓的效应是宣传一种私人化、原子化的社会，而乌菲齐则完全是一种“集体”性的结构。我们进一步深化这种比较：如果勒·柯布西耶提供了一种私人的、独立的建筑以明确迎合少数顾客，那么，瓦萨里的模型则采用丰富的两张面孔来包容更多的事物。从城市主义的角度来看，它是更加活跃的：一个静态的并明显规划过的中央空心图形，统领着一个松散的、不规则的后部，并以此对紧临的背景作出反应。乌菲齐界定了理想世界，也容纳了经验环境，它或许可以被视为调和自觉秩序和自发随机性的议题；在接受现存的同时，通过宣扬新的东西，乌菲齐为新事物与旧事物都赋予了价值。

2

再者，将勒·柯布西耶的一件作品与奥古斯特·佩雷（Auguste Perret）[30] 的一件作品做一个比较，可以用来扩展或强化前述内容；这个比较原先是由彼得·柯林斯（Peter Collins）[31] 作出的，由于涉及对于同一个项目的两种演绎，就此而言，我们认为它可能是更加有效的。勒·柯布西耶和佩雷为苏维埃宫（Palace of the Soviets）所做的两个方案可能都可以用来证明形式服从功能的观点是错的，这一点几乎是不言而喻的。佩雷遵循当下的肌理，而勒·柯布西耶却很少这样。佩雷

「10 Oscar Newman, *Defensible Space*, New York and London, 1972, *Architectural Design for Crime Prevention*, Washington, 1973. Newman 为无论如何都应该是规范程序的东西提供了实用的理由。但他关于空间的布置可以阻止犯罪的推断（必然正确），远远不同于更加经典的论断，即建筑的目的是和良好社会的概念紧密联系的。

27　全称为 Unité d' Habitation，意思为居住单元，一般称为马赛公寓。

28　瓦萨里（Giorgio Vasari，1511—1574），意大利画家、建筑师和美术史家，其画风属风格主义，以著作《意大利杰出建筑师、画家和雕塑家传》闻名。

29　在意大利佛罗伦萨市中心。Uffizi 意思为 office，曾作为政务厅，目前是世界著名的绘画艺术博物馆。

30　奥古斯特·佩雷（1874—1954），比利时裔法国著名建筑师，早年曾在巴黎美术学院学习建筑，擅长混凝土结构建筑设计。

31　彼得·柯林斯（1920—1981），英国建筑师与建筑历史学家，二战后曾在奥古斯特·佩雷的巴黎事务所工作，后移居加拿大，任教于麦吉尔大学（McGill University），著有《现代建筑设计思想的演变》等著作。

1　乔吉奥·瓦萨里：佛罗伦萨，乌菲齐，始建于 1560 年

2　勒·柯布西耶：马赛，集合住宅单元，1947—1952 年

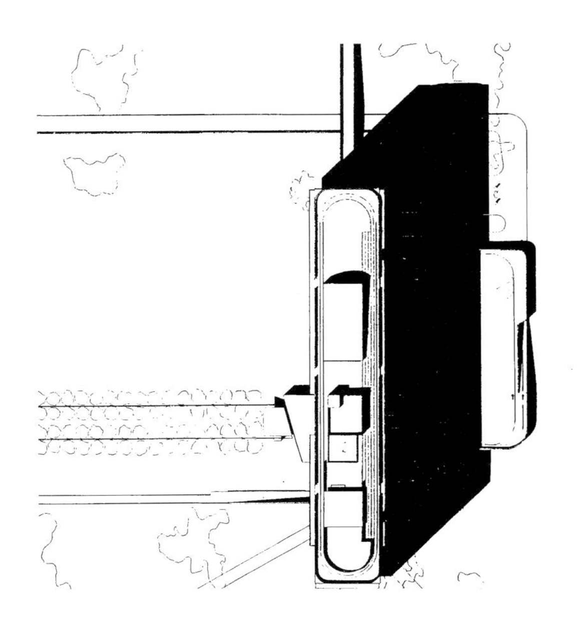

2

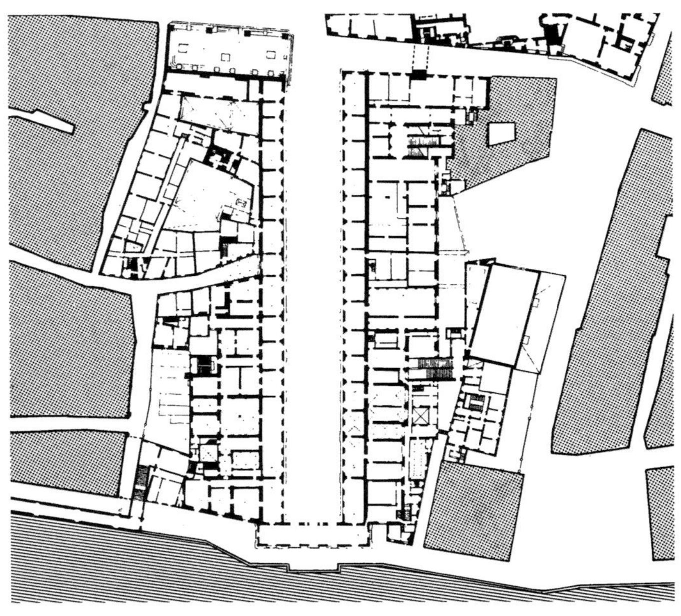

1

3

1　马赛公寓与乌菲齐，建筑体量与空间体量
2　马赛公寓，在空间中的建筑体量
3　乌菲齐，在建筑实体中的空间体量

4

5

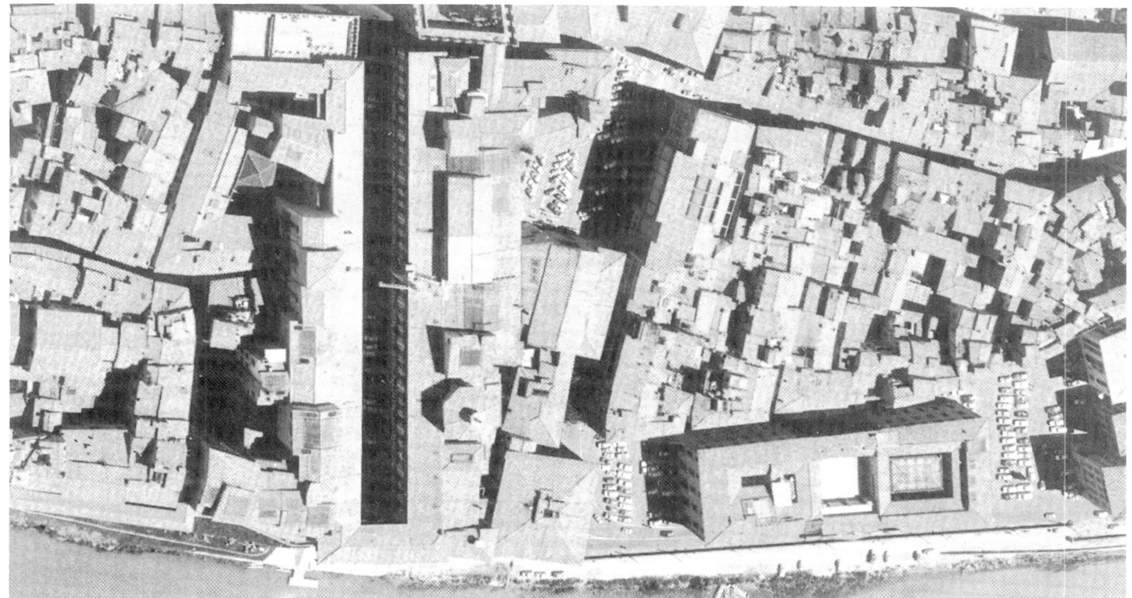

6

4 将马赛公寓内外翻转过来，它就成了乌菲齐的空间体量

5 用乌菲齐的立面取代马赛公寓的立面

6 城市尺度构成中的乌菲齐空间体量

通过与克里姆林宫建立明确的空间联系，使自己内院的折弯面朝向河道，他的建筑群融入了想要明确表达的莫斯科的印象；但勒·柯布西耶的建筑群倾向于表明它们与内在必然性的分离，当然也就没有与场地进行太多这样的呼应，而是作为与某个设想中的新兴自由的文化环境相对应的象征性构筑物。在这两个案例中，如果对于场地的利用方式非常典型地反映出一种关于传统的态度，那么在这两种针对传统的评判中，我们可以完全清楚地看到一个长达二十年之久的代沟所产生的效果。

但是在进一步顺着这些线索的比较中，就不再会涉及这种代沟了。贡纳·阿斯普伦特（Gunnar Asplund）[32] 与勒·柯布西耶完全处在同一时代。如果这里不去在意功能方面的可比性或者规模方面的匹配性，那么阿斯普伦特的皇家官邸方案与勒·柯布西耶的瓦赞规划在完

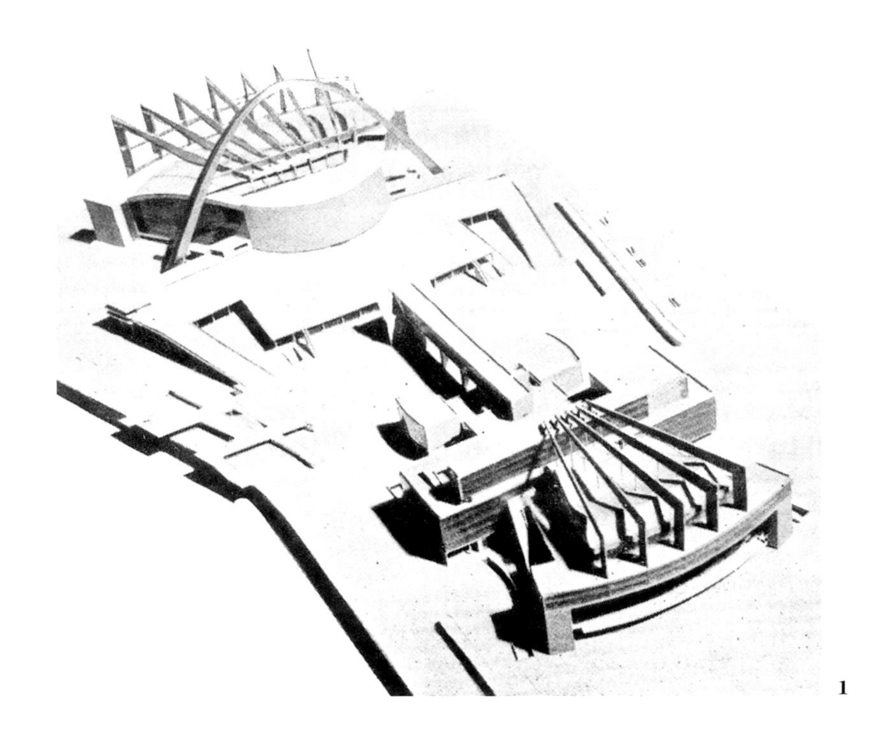

1

32　贡纳·阿斯普伦特（1885—1940），瑞典建筑师，北欧现代建筑的代表人物，曾设计斯德哥尔摩公共图书馆、哥德堡法院扩建工程等，1931 年发表著名演讲《我们对于空间的建构概念》。

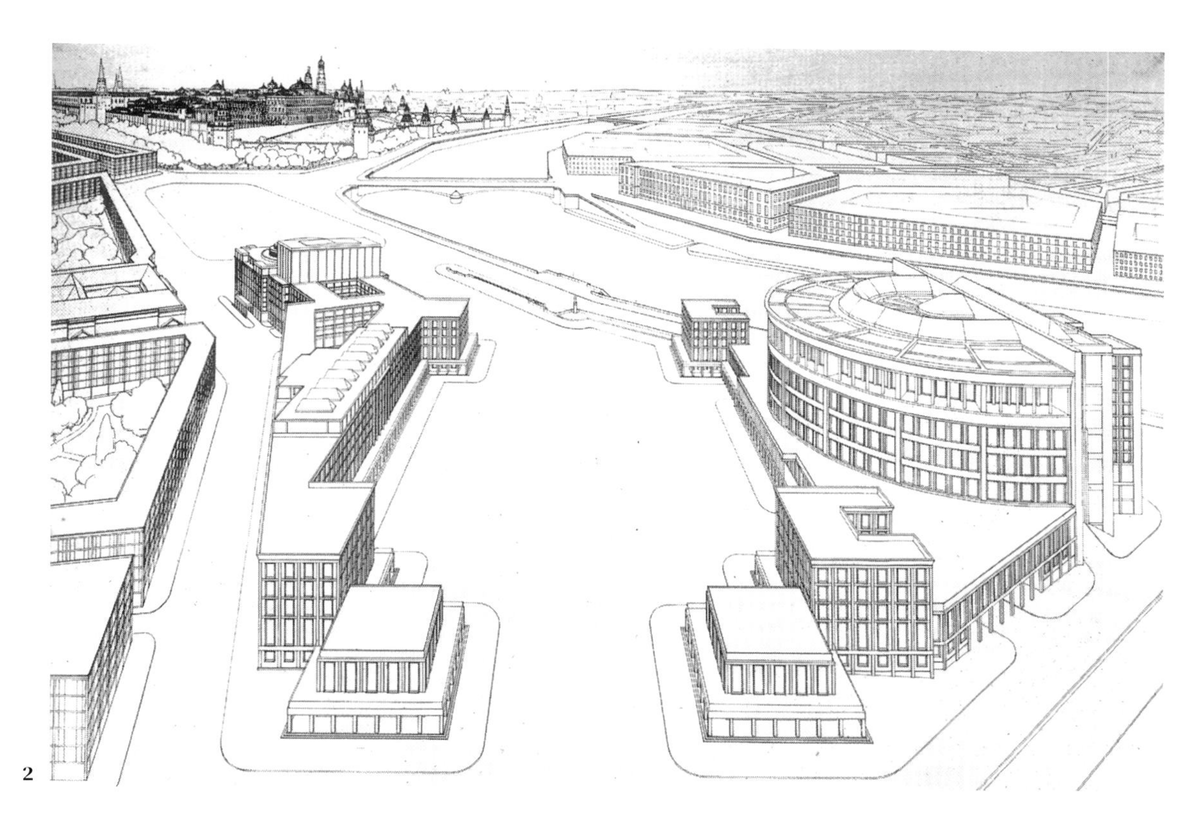

2

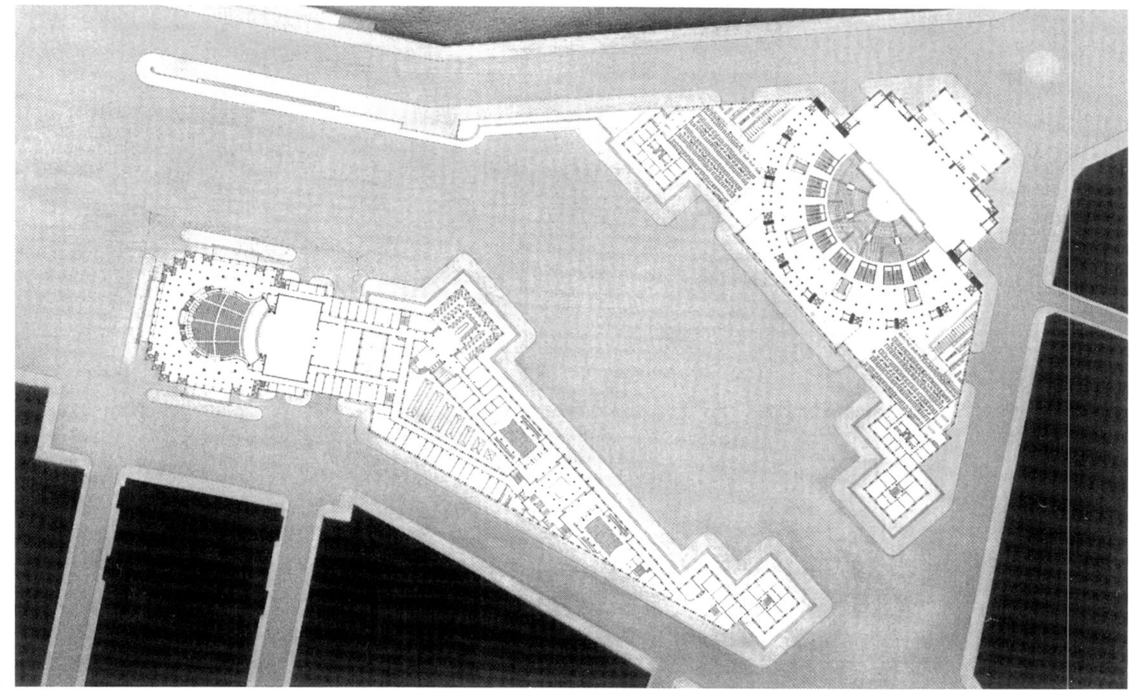

3

1　勒·柯布西耶：莫斯科，苏维埃宫方案，1931 年
2　奥古斯特·佩雷：莫斯科，苏维埃宫方案，1931 年
3　佩雷，苏维埃宫方案平面图

1

2

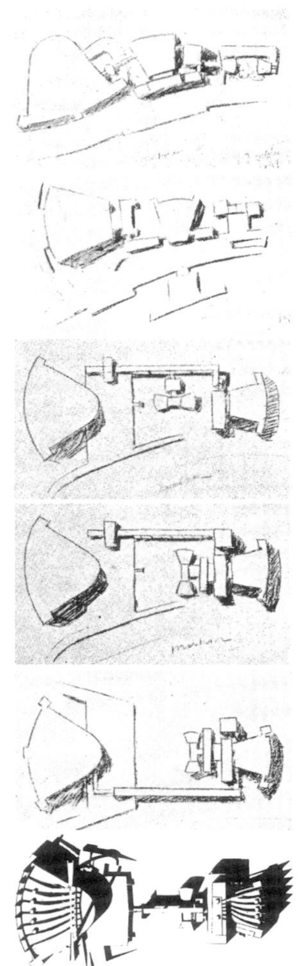

3

成时间方面的同时性，将有助于对它们进行一起审查。瓦赞规划是从勒·柯布西耶1922年的现代城市（Ville Contemporaine）发展而来。在这一方案中，现代城市被放置到一个巴黎的特定场地中。而且，无论它如何声称自己不是耽于幻想，或者是多么“真实”的，它显然构想了一个与阿斯普鲁特所采用的完全不一样的关于现实的工作模型。一个是关于历史命运的宣言，另一个则是历史延续性的宣言；一个是对于普遍性的庆贺，另一个则是对于特殊性的庆贺；在两个案例中，

1　勒·柯布西耶：莫斯科苏维埃宫方案，望向莫斯科河与克里姆林宫

2　勒·柯布西耶：莫斯科苏维埃宫方案，场地关系

3　勒·柯布西耶：莫斯科苏维埃宫方案，平面图。这个方案从一开始在一定程度上考虑了莫斯科河的弯曲，到后来几乎完全成为了独立于场地关系的建筑组团。该系列图解反映了建筑体块组织方式的演变

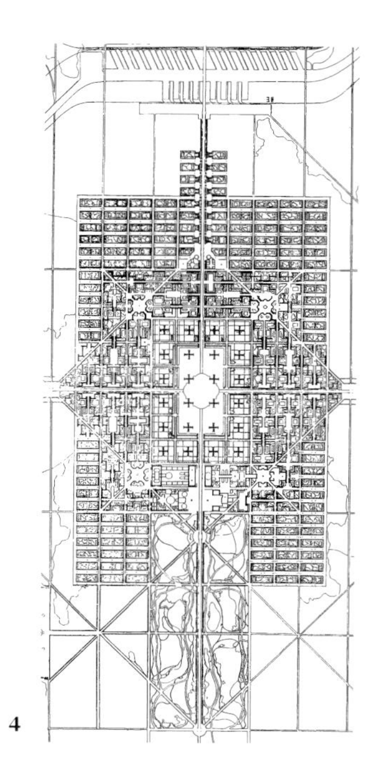

4

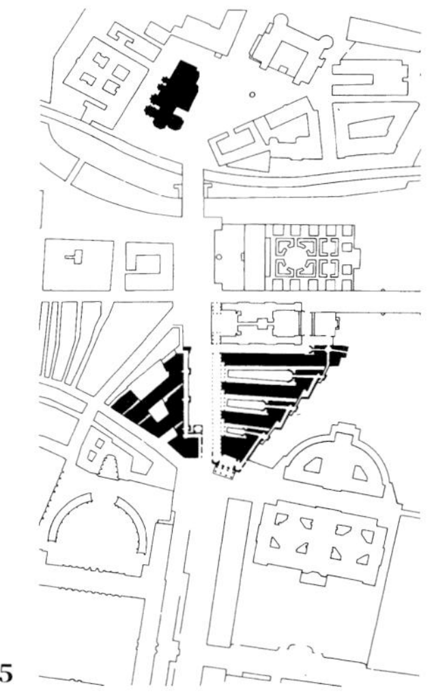

5

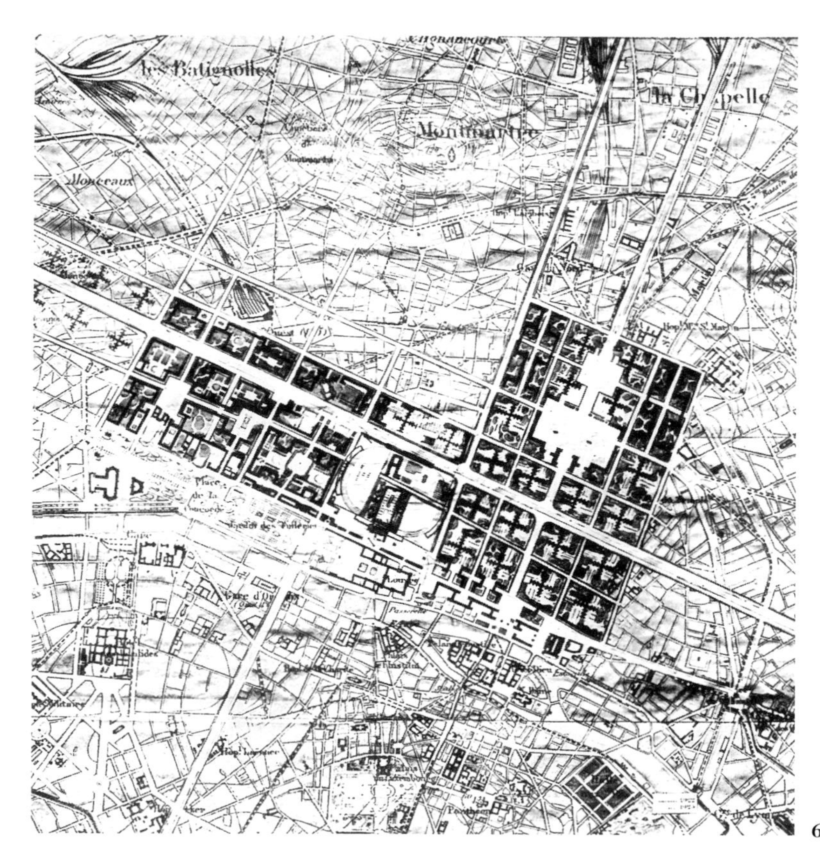

6

场地成为用来反映这些不同价值观的标志。

就这样，正如勒·柯布西耶几乎总是在自己的城市构想中所表现的那样，他更多是在回应一个被重构了的社会理想，对地方性的空间细节却不多加考虑。如果圣-丹尼斯拱门（Portes Saint-Denis）和圣·马丁（Saint Martin）[33] 能够被纳入到城市中心，那就好办了；如果玛莱（Marais）[34] 地区将被毁坏，那么也无关紧要，宣言才是最为主要的目标。勒·柯布西耶主要考虑的是建造一个凤凰涅槃的标志；从他对于在旧世界余烬里涅槃出新世界的考虑中，人们或许可以发现他对于主要纪念物所持的极其草率态度的一个原因——只有在文化接种之

33　圣-丹尼斯拱门与圣·马丁拱门在巴黎市中心，柯布西耶在瓦赞规划中描绘了该地点的方案轴测图。

34　玛莱是巴黎市中心一个非常著名的历史地区，瓦赞规划覆盖了该地区，并对其进行了彻底的改造。

4　勒·柯布西耶，1922 年的当代城市规划：三百万人口的城市规划

5　贡纳·阿斯普伦特：1922 年斯德哥尔摩皇家总理府方案，场地关系

6　勒·柯布西耶：1922—1925 年的巴黎“瓦赞规划”

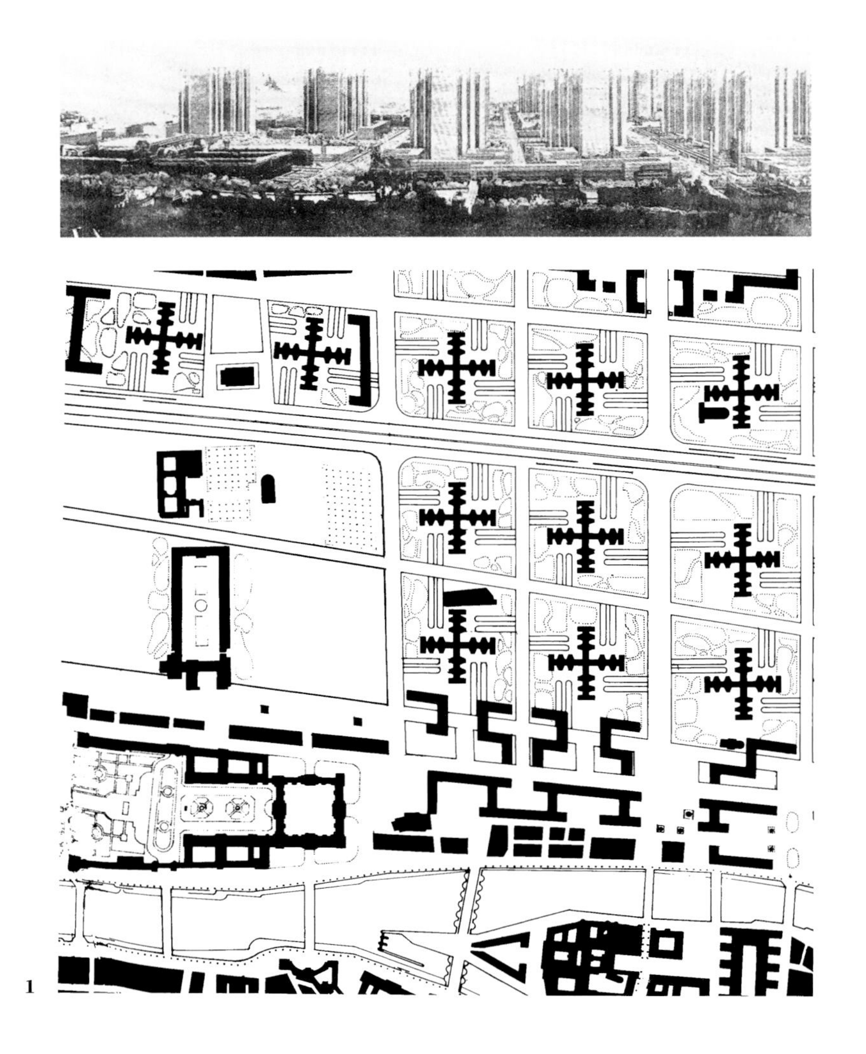

1

后才能进行反思。于是通过对比，人们可以发现，在阿斯普伦特尽可能地将建筑作为城市延续性的一部分的尝试中，他的社会可持续理想得以体现。

但是，如果勒·柯布西耶模拟了一个未来，而阿斯普伦特模拟了一个过去，如果一个几乎完全是预言性剧场，而另一个几乎完全是记忆性剧场，如果目前的争论在于这两种看待城市的方式——无论是空间上的还是情感上的——都是有价值的，那么随后的关注焦点就是它们的空间暗示。我们已经指出了两种模型；我们已经认识到放弃其中任何一种都是不明智的，那么因此，我们会关心它们之间的调和：一

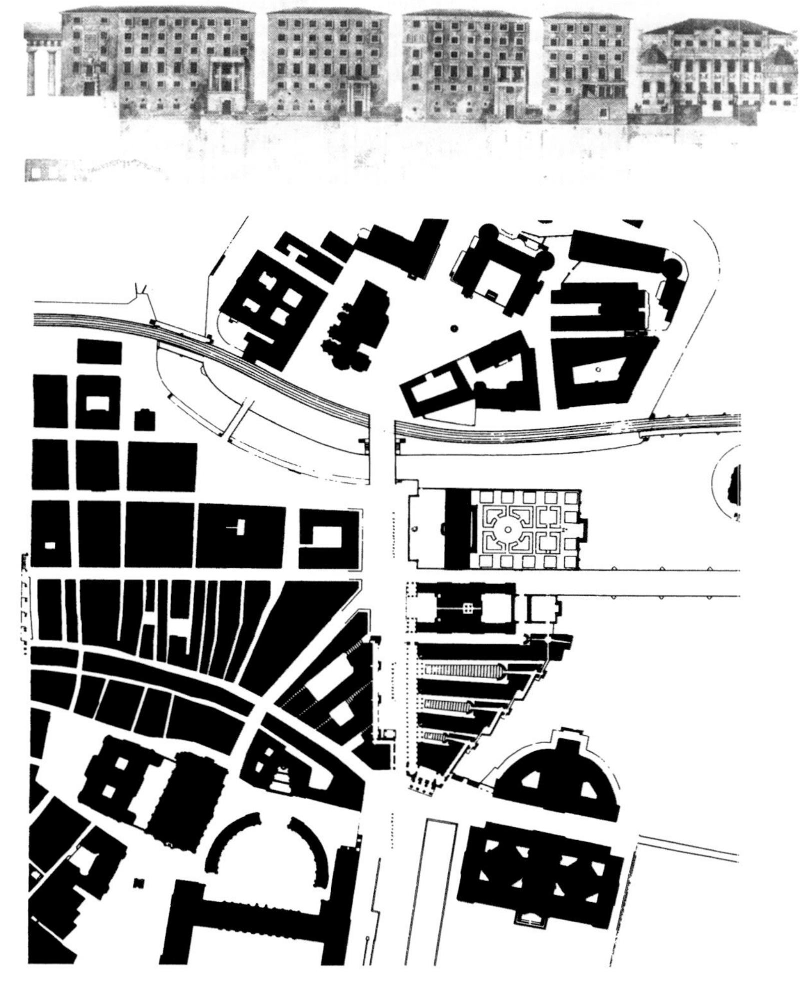

2

方面是对特殊性的辨识，另一方面是普遍原则的可能性。但是这里仍然存在着问题，一个模型是活跃的和主导的，而另一个则是处在严重衰退之中。为了纠正这种不平衡，我们已经不得不引入瓦萨里、佩雷和阿斯普伦特，将他们作为有用信息的提供者。如果我们毫不犹豫地认为，在这三者中，佩雷是最守旧的，或许瓦萨里是最有启发性的，那么阿斯普伦特可能会被认为是最能运用多重设计手段的。在阿斯普伦特的这一作品中，他既如经验主义者那样回应场地，又如唯心主义者那样关心普遍情况，他应对、调整、转译、宣布，然后同时成为被动的接受者和主动的反应者。

1 勒·柯布西耶：1922—1925 年巴黎“瓦赞规划”局部

2 贡纳·阿斯普伦特：1922 年斯德哥尔摩皇家总理府方案，立面与总平面

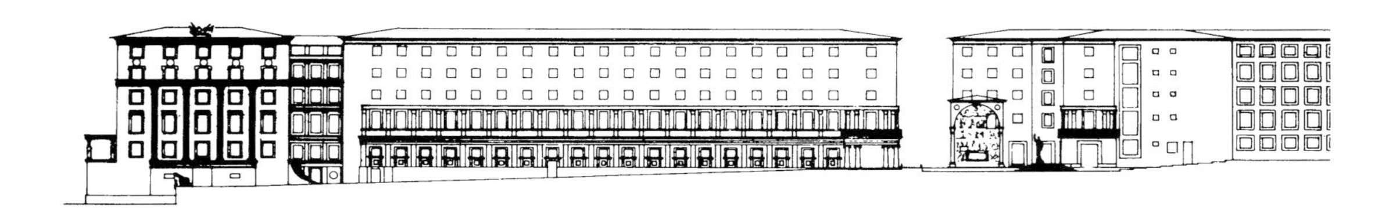

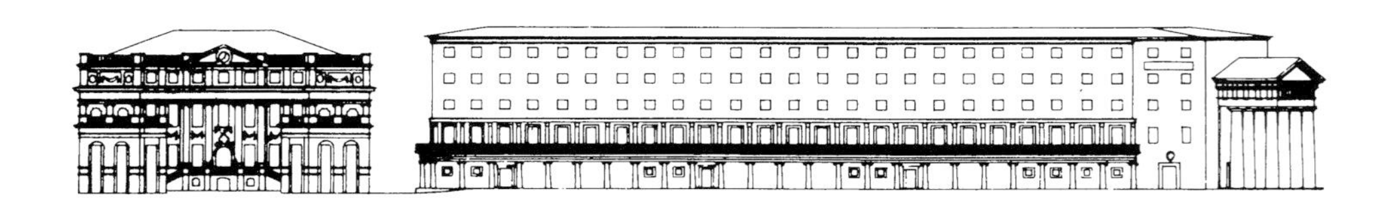

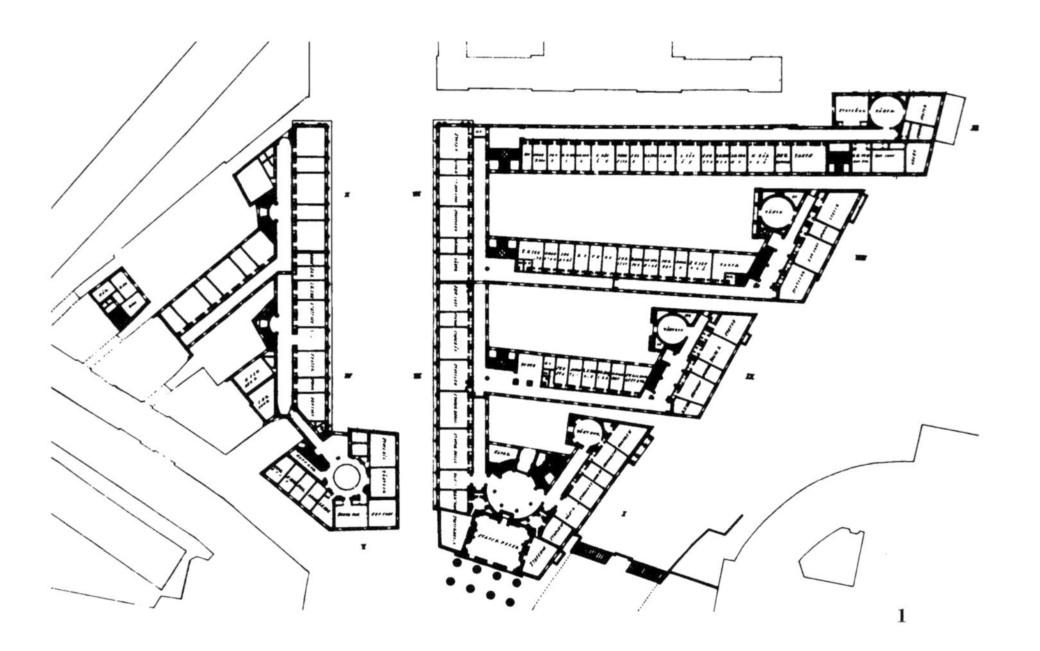

1

然而虽然华彩四溢，阿斯普伦特对于假设中的偶然性和绝对性的运用，确实很大程度上是回应式的策略；而且在考虑实体的困境时，不妨考虑一下公认的、对表现为理想形式的事物进行巧妙变形的古代技术。以文艺复兴—巴洛克为例：如果托迪（Todi）[35]的圣玛利亚慰灵堂（Santa Maria della Consolazione）撇开迂腐的细节，可以用它的纯真质朴来代表“完美的”建筑，那么该建筑如何在一个并非“完

35 意大利中部一小镇，在都灵与佩鲁贾之间，历史悠久，拥有各个时代遗留下来的历史遗迹。

1 贡纳·阿斯普伦特：1922 年斯德哥尔摩皇家总理府方案，外立面与平面
2 勒·柯布西耶：巴黎，瓦赞规划，1925 年，透视图
3 勒·柯布西耶：巴黎，瓦赞规划，1925，图—底平面图

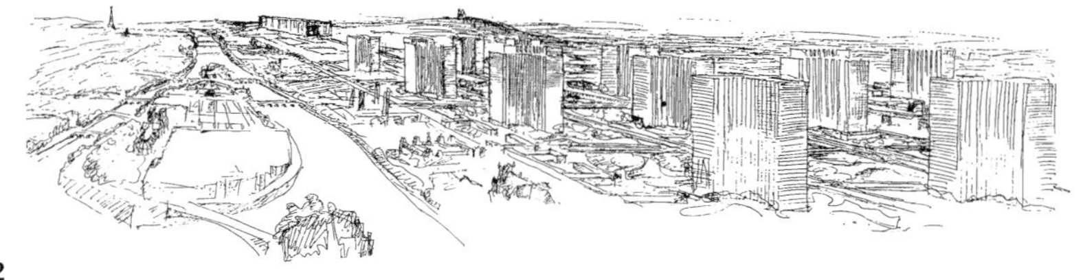

2

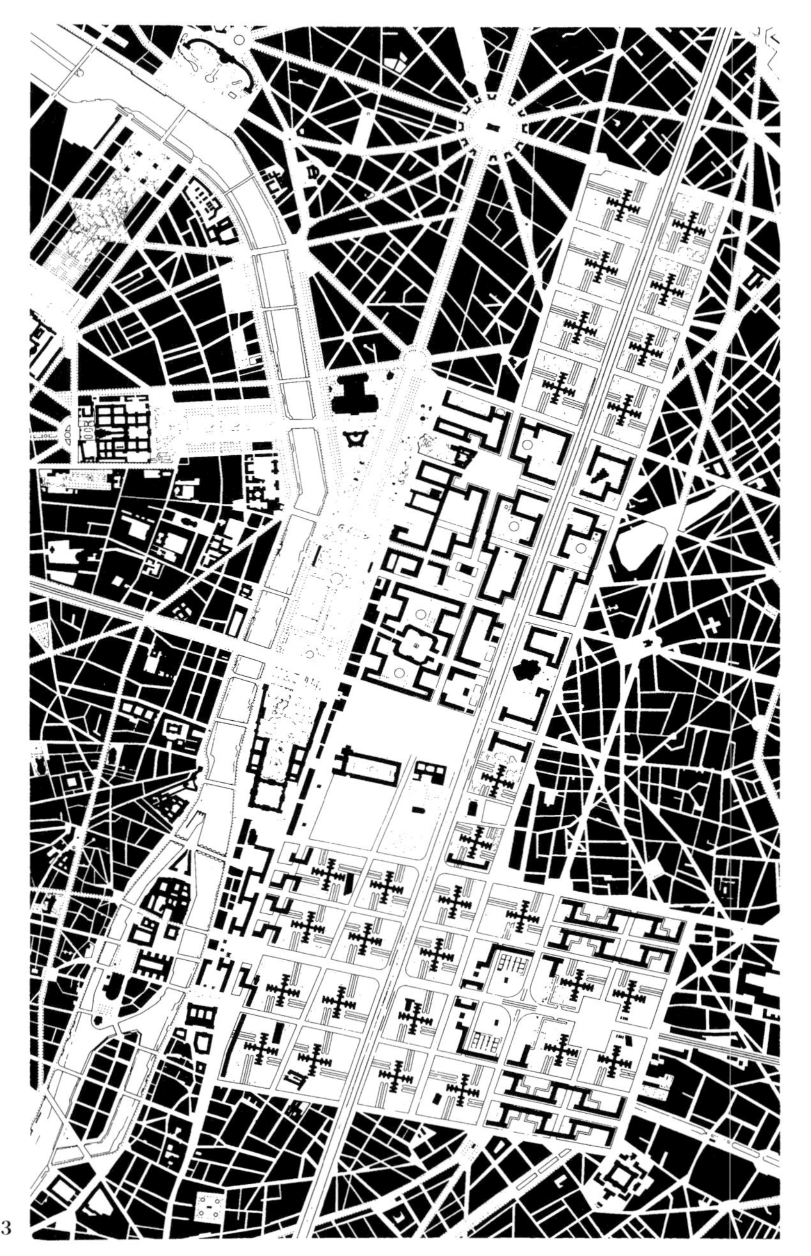

3

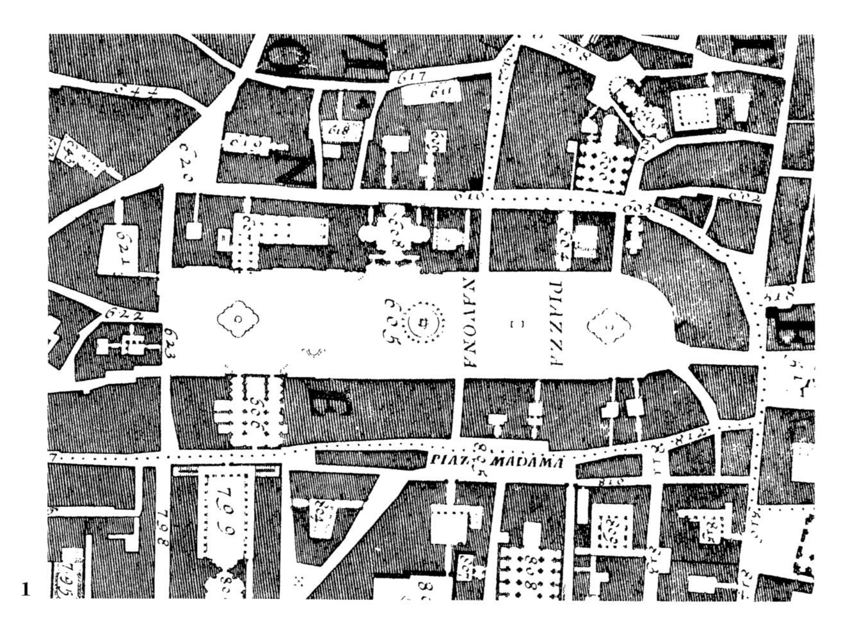

1

美”的场地中“屈从”地施展呢？这是一个功能主义理论既不能畅想又不能包容的问题。虽然在实践中，功能主义经常可以与类型理论进行综合，但从本质上说，它几乎无法理解，那些综合而成的、预先存在的模型被从一个地方挪到另一个地方的概念。但是，如果说功能主义提出要终结类型学而主张从具体事实中进行逻辑归纳的话，那么，正是因为它不愿将符号性意义本身视为一种真实要素，不愿将特定的具体形象作为交流工具，所以它对于理想模型的变形几乎毫无发言权。所以我们所知道的托迪成为一种标志和广告。正如我们认识到的，只要情况需要就可以随意使用广告，我们可以推断出这种可能性：根据环境的需求，在操作形式的同时，也延续和拯救意义。并且在这个意义上，我们可以将纳沃纳广场（Piazza Navona）[36]中的圣埃格尼斯（Sant' Agnese）教堂[37]看成是一个既“屈从”又完整的托迪[38]。受限制的场地对它施加了压力，广场和穹顶在争论中是互

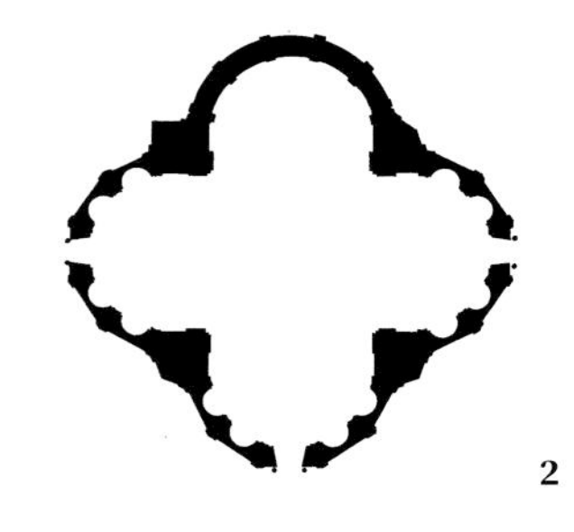

2

36　纳沃那广场位于罗马历史中心区，是罗马最美丽的广场之一。广场轮廓是一个宽阔的椭圆形，原为罗马帝国时期一个拥有 30 000 个座位的大型竞技场，由多米提安皇帝于公元 86 年建成。

37　圣埃格尼斯教堂是一座 17 世纪的巴洛克式教堂，它面向纳沃那广场，以纪念早期基督教圣埃格尼斯在古老的多米提安体育场殉难的地方。

38　指位于托迪的圣 · 玛利亚慰灵堂。

1　罗马，纳沃纳广场（Piazza Navona），截选自 1748 年诺利地图（Nolli Map）局部

2　位于意大利小城托迪（Todi）的圣玛利亚慰灵堂（Santa Maria della Consolazione），始建于 1508 年

3

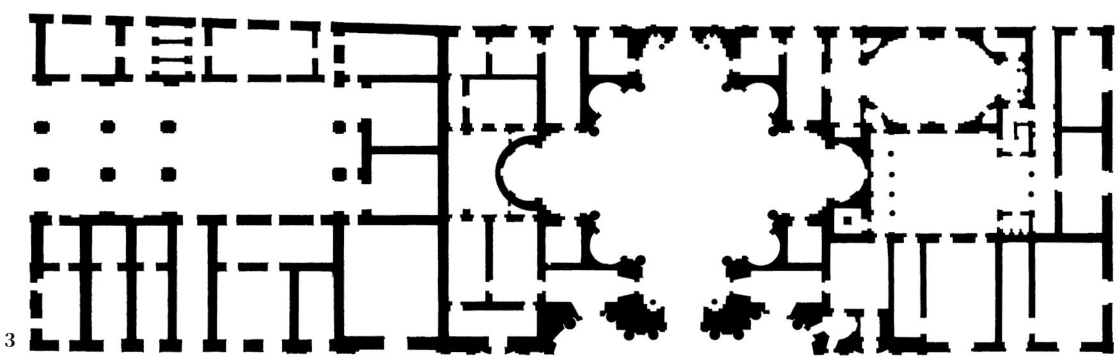

不屈服的对手：广场对于罗马有话要说，穹顶对于宇宙幻想有话要说；最终，通过一连串的回应和质疑，两者都表达了各自的观点。

所以，对圣埃格尼斯教堂的解读一直在将建筑作为实体的解读和作为肌理的重新解读之间摇摆着。但是，如果教堂有时候是一种理想的实体，有时候作为广场的围合，那么或许既从意义方面，也从形式方面，需要援引罗马的另一个图—底互换的案例。博尔盖塞宫（Palazzo Borghese）显然不如圣埃格尼斯建造得那样精湛，它坐落在非常独特的场地上，设法既要回应场地，又要表现为法尔内塞

3 弗兰西斯科·波洛米尼：罗马纳沃纳广场的圣埃格尼斯教堂（Sant' Agnese），1652年，立面的局部以及平面

1

（Palazzo Farnese）类型的代表性宫殿。法尔内塞宫为它提供了参照和意义，提供了立面和平面上的中心稳定的因素；但是，由于“完美”的庭院（cortile）被嵌入到一个边界全然不完美的、有弹性的体量中，而建筑基于对原型和偶然性的认识，这种双重的评估带来了极其丰富而自由的内部环境。

现在，这种将对场地的妥协与独立于任何地方性和特殊性事物的宣言结合起来的策略不胜枚举，但或许我们再举一例便足矣。勒·帕

特尔（Le Pautre）[39] 的博韦府邸（Hôtel de Beauvais）底层带有沿街商店，从外部关系来讲，它将一种小型罗马府邸搬至巴黎；作为自由平面范畴内的一个更加成熟版本，它可能促使我们将它与自由平面的建筑大师和倡导者本人相比较。但是显然，勒·柯布西耶的平面技巧在

39　勒·帕特尔（1618—1682），17 世纪法国重要的建筑师与装饰设计师，以路易十四风格而闻名于欧洲。

1　罗马，纳沃纳广场与圣埃格尼斯教堂
2　罗马，博尔盖塞宫（Palazzo Borghese），1590 年，没有放入建筑物之前的地块形态
3　博尔盖塞宫，场地关系

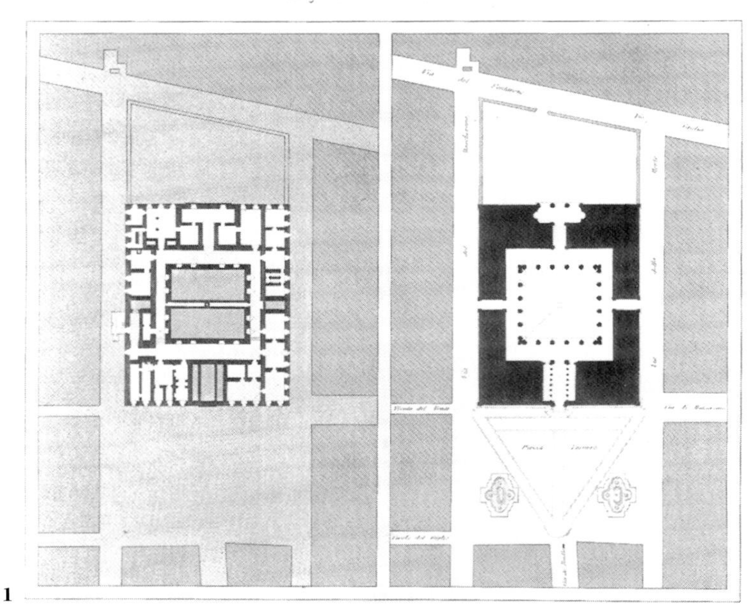

1

1　罗马，法尔内塞宫，实景和平面图，1541—1549年

2　罗马，博尔盖塞宫，实景和平面图

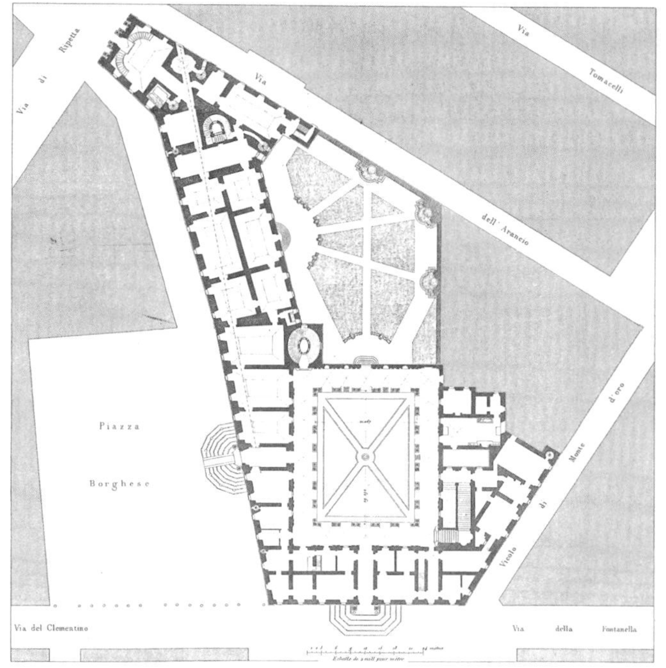

2

逻辑上是与勒·帕特尔相对立的；而且，如果萨沃伊别墅的自由依赖于它硬质边界的稳定性，那么博韦府邸的自由则来自它的中央荣誉庭（cour d'honneur）的相同的稳定性。

换言之，人们可以得出一个等式，乌菲齐博物馆：马赛公寓＝博韦府邸：萨沃伊别墅，作为一种易于理解的便宜设置，这个等式就变得十分重要。因为一方面在萨沃伊别墅，如同在马赛公寓一样，存在着一种对主要实体的优点的坚持，存在着一种对作为实体的独立的建筑物的绝对坚持，而这种坚持在城市中所产生的必然结果则无需进一步评论；另一方面，在博韦府邸，如同在博尔盖塞宫那样，实体的建造就显得不那么重要。事实上，在这类案例中，实体建筑很少表露自己；而且，当未建空间（庭院）所扮演的指导性角色成为主要想法的时候，建筑的边界只是作为对周边环境的一种“自由”呼应。在等式的一边，建筑是主要的和独立的，在等式的另一边，可识别空间的孤立状态降低（或抬高）了用来进行填充的建筑的地位。

但是建筑用于填充？这种想法似乎是令人遗憾的被动和经验主义的——虽然情况不一定是这样。因为尽管博韦府邸和博尔盖塞宫都有着空间方面的限制，但它们最终都不是乏味的。它们两者都通过具有表现性的立面，通过从立面图形（实）到庭院图形（虚）的渐进过程来展现自己，并且在这个意义上，虽然萨沃伊别墅绝非我们在这里所展示的简单建构（虽然它在某种意义上也表现为它的对立面），从当前角度出发，它的观点并不重要。

因为，在博韦府邸和博尔盖塞宫，格式塔的双面性，即它的双重价值和双重意义所带来的趣味性和启发性远比萨沃伊别墅更加清晰。但是，尽管图—底的变换（可能是剧烈的，也可能是缓慢的）可能会引发思考，但任何这种活动的可能性，特别是在城市的尺度上，似乎在很大程度上取决于过去被称为“剖碎”（poché）[40] 的东西的出场。

坦率而言，我们已经忘记了这个词，或将它降格列入过时类别；直到最近，经由罗伯特·文丘里的提醒我们才想起它的用途「11。但是，如果被视为传统承重结构平面标记的“剖碎”，是用来将建筑的主要空间相互隔开，如果它是一个框构了一系列主要空间事件的实体基体，那么就不难认识到，对于“剖碎”的认识也关乎文脉，基于感知领域，一座建筑物本身就可能成为一种“剖碎”，为了某些目的，一个实体可以帮助相邻的虚空呈现出来。举例而言，博尔盖塞宫这样的建筑就可以被看作是一种适合居住的“剖碎”，明确表达了永恒“虚空”的过渡。

1

「11 Robert Venturi, *Complixity and contradiction in Architecture*, The Museum of Modern Art Papers on Architecture I, New York, 1966.

40　这里采用童寯先生的译法。法文 poché 的原义是指口袋，被延伸用来指建筑设计的一种方法，即通过涂黑其他部位，来显示某种规则化空间的设计方法。

4

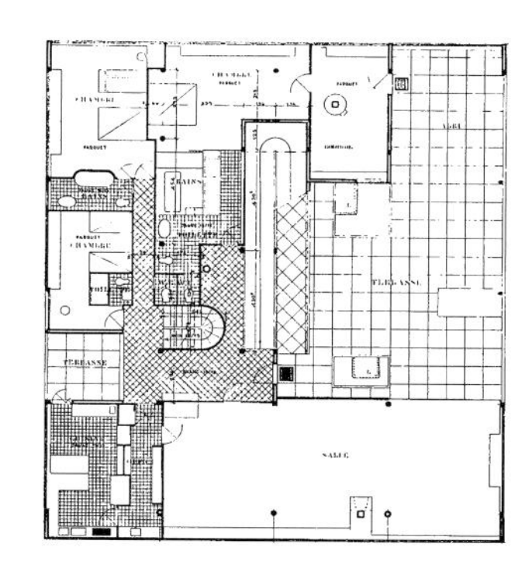

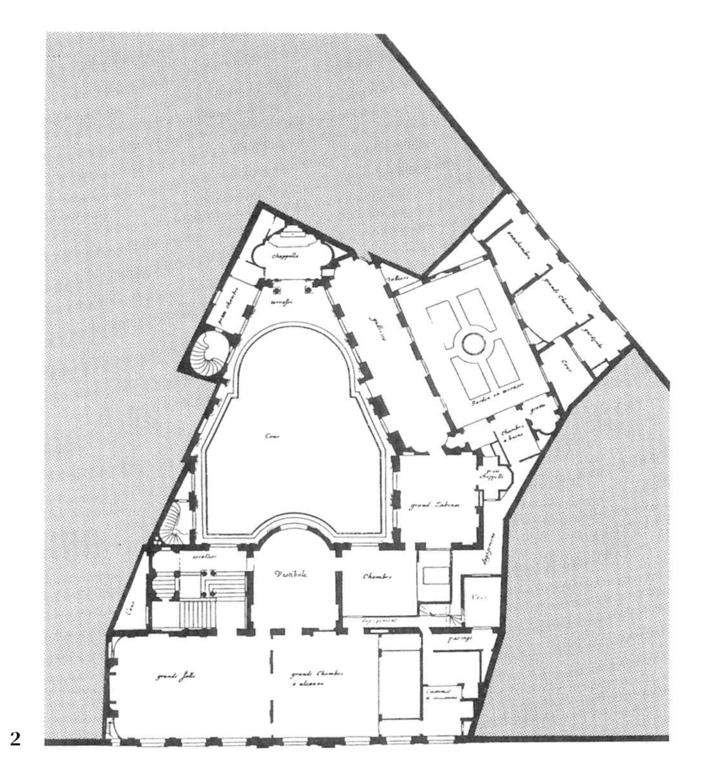

2

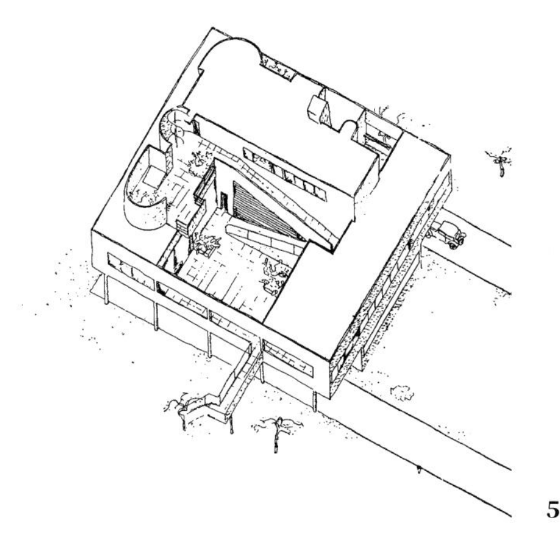

5

3

1 罗马，博尔盖塞宫，如同填充物一般的建筑物

2 建筑师勒·帕特尔（Le Pautre）在 1654 年设计的博韦府邸，该建筑就像对一处城市结构空隙的填充

3 博韦府邸沿街道朝向的立面

4 勒·柯布西耶：普瓦西（Poissy），萨伏伊别墅（Villa Savoye），1929 年。该建筑就像是独立存在的物体

5 勒·柯布西耶，普瓦西的萨沃伊别墅，平面图和轴测图

因此到目前为止，我们暗示了一种对“城市剖碎”（urban poché）的关注，而这一观点主要为感性标准所支撑。但是，如果这一观点也可以得到社会学的支持（而且我们更为倾向于将这两者联系到一起），我们仍然会面临“如何操作”这一简单问题。

回魂返世、重装上阵，在这样一种意思上，“剖碎”的总体用途似乎就在于它作为一种实体，去咬合相邻的虚空或被相邻的虚空所咬合，根据必要性或环境需要而成为图形或者图底。然而在现代建筑的城市中，这种互换当然既不可能，也不被预期。尽管引入这种含糊性的东西会破坏城市使命的纯洁性，但这一次将马赛公寓与奎里纳勒宫（Palazzo del Quirinale）[41] 相比较仍然是适宜的，因为我们无论怎样都在这个过程之中。在平面构图中，在与图底的巧妙关系中，在它两个主要立面的平等关系中，马赛公寓确立了自己明确的独立性。作为一个或多或少需要在采光、通风等方面满足要求的居住体量，我们已经注意到它在公共性和肌理环境方面的局限性；为了探究如何才能弥补这些缺陷，我们需要引入奎里纳勒宫。在它的扩建部分，也就是很难被忽视的玛尼卡·仑加（Manica Lunga）[42]（差不多是几个头尾相接的马赛公寓），奎里纳勒宫在总体格局中采用了 20 世纪所有积极的居住标准（可达性、光线、空气、外观、景观）；但是，马赛公寓强化了它的独立性和实体的性质，而奎里纳勒宫的扩建部分却采取了一种非常不同的方式。

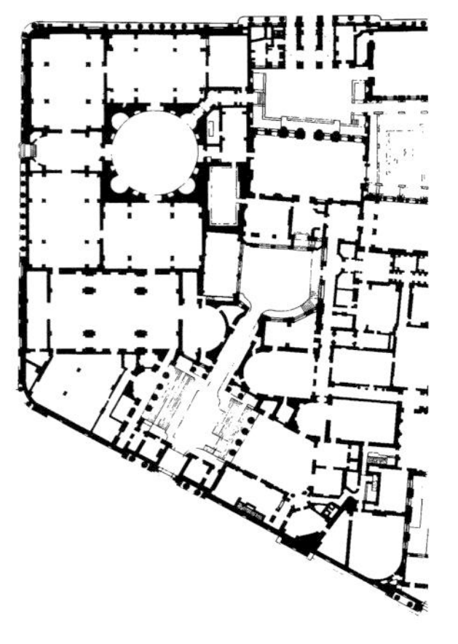

为了顾及一侧的街道和另一侧的花园，玛尼卡·仑加同时作为空间的占有者和空间的限定者，同时作为主动的图形和被动的图底，使得街道与花园都能够展现它们各自不同且独立的性格。面对街道，它

41 奎里纳勒宫位于罗马七座山丘中最高的奎里纳勒山。奎里纳勒宫是几位教皇在 16 世纪下半叶建造。1870 年之前，一直是教皇的夏令行宫。意大利统一后直到二战末期为止，则转变为皇宫，现在是共和国总统府。

42 Manica Lunga 原意为长翼（Long Sleeve），是奎里纳勒宫的一侧南翼，建于 16 世纪下半叶，以安置教皇的卫队居住。

43 诺利地图（Nolli Map），也称“新罗马地图”，由贾巴蒂斯塔·诺利（Giambattista Nolli）于 1748 年绘制，是罗马最重要的历史档案之一。该地图不仅精确而详细地记录了罗马当时的城市和城郊的状况，而且采用“图底关系”的方式来表达城市形态的构成，即黑色表示封闭、私有的建筑实体，白色表示开放、公共的城市环境，同时一些封闭的公共空间（例如圣彼得广场和万神庙的内部）也作为开放的公民空间以白色表示，体现了对罗马城市的传统结构、肌理与公共空间特征的认识，被认为是具有重要历史价值和理论意义的经典城市地图。

1 约翰·索恩（Sir John Soane）：英格兰银行，伦敦，1833 年后，平面局部

2

展示了一个硬质的、“外部”的形象，作为一种用来调节沿街不规则现状和环境（如圣·安德烈教堂，等等）的基准；以这种方式建立公共领域的同时，它在花园的一侧也能够保证一个完全相反的，更柔和、私密的，可能更具适应性的环境。

这一操作是如此巧妙而经济，所有的代价是如此之小，并且如此明确，以至于它可以作为一种对当代工作流程的批评；但是如果这

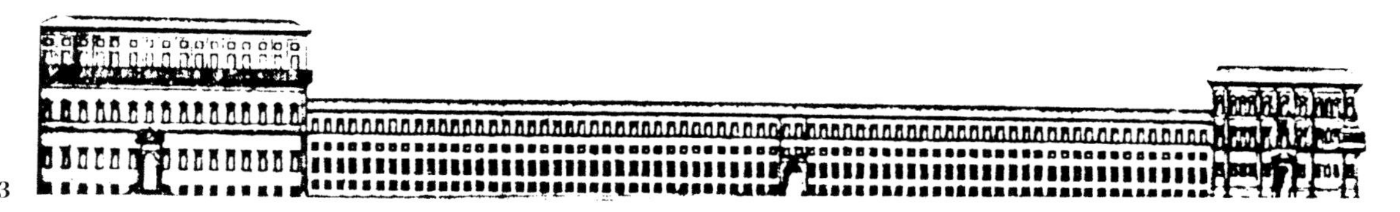

3

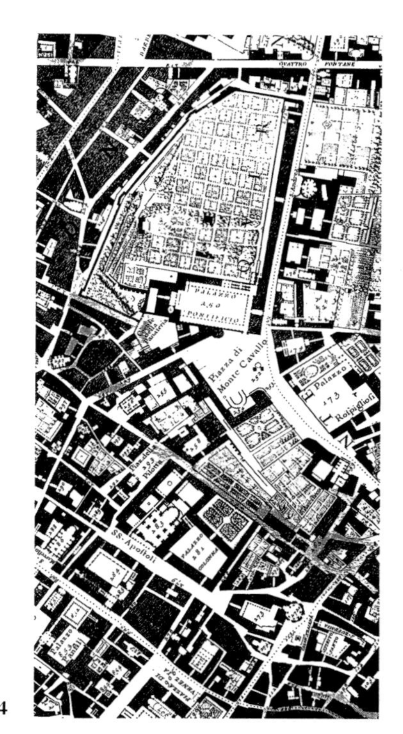

4

5

里暗示了一种关于独幢建筑之外的考虑，那么我们不妨将这种扩展延伸得更远一些。例如，我们可以将勒·柯布西耶所羡慕的，但是未被其“运用”的皇宫（Palais Royal）广场，看成是在一个相对私密的内部环境和一个比较难以掌握的外部环境之间所作出的一种明显区分；将它看成不仅是可居住的剖碎，而且也是一个城市居室，也许是

2 勒·柯布西耶：马赛公寓，1947—1952 年

3 罗马，奎里纳勒宫（Quirinale），沿奎里纳勒大街（Via del Quirinale）的长向立面

4 带有长向立面体量的奎里纳勒宫，引自 1748 年诺利地图[43]的一个局部

5 带有长向立面体量的奎里纳勒宫

1

众多城市居室之一，在这时，它的一些塔楼，无论是光滑的、凹凸不平的、有或者没有细部，皆可被视为城市家具，它们可能有一些是在“房间”里面，而另一些则在“房间”外面。家具摆放的次序是无关紧要的，但是皇宫就此可以成为一种地域性的认知工具，一种可以识别的稳定之源（stablizer）和一种公众导向的手段。这种组合提供了一种相互引征的情况，一种完全可互换的、相对自由的情况。另外，由于在本质上是万无一失的，它几乎可以“使丑恶变得困难，让美善变得容易”。[12]

这一切都无关紧要？建筑与人类的“行为”之间没有关系？这就是所谓的“让我们消解实体，让我们相互作用”学派的持续的偏见；但是，如果目前的政治结构，无论人们期望它是什么样子，似乎并不会立即消解，如果实体似乎同样难以被物理—化学分解所处理，那么对此的回应就是，至少对于这些境况作出一些让步可能是合情合理的。

总结一下：这里所要提出的就是，与其希望或者等待实体的衰退（但是与此同时，生产出数量空前的不同版本），在大多数情况中，容许并促进实体在一种普遍性的肌理或网络中逐渐消融是明智的。进而言之，无论实体迷恋还是空间迷恋，其本身都不是价值观念的体现。人们确实可以把一些标识为“新”城，把另一些标识为旧城；但是，如果这些情况必须被超越而非仿效，那么理想的情形就应当是：建筑与空间在持续的争辩中平等相处。在这一场无坚不摧、战无不胜

12 Le Corbusier, *Oeuvre Complète 1938-46*, Zurich, 1946, p.171.“这是一种恰当的语言，它能使善易而使恶难。”这段话可能是阿尔伯特·爱因斯坦（Albert Einstein）对模度（Modulor）的回应。

1　罗马，奎里纳勒宫，沿着奎里纳勒大街的长向立面

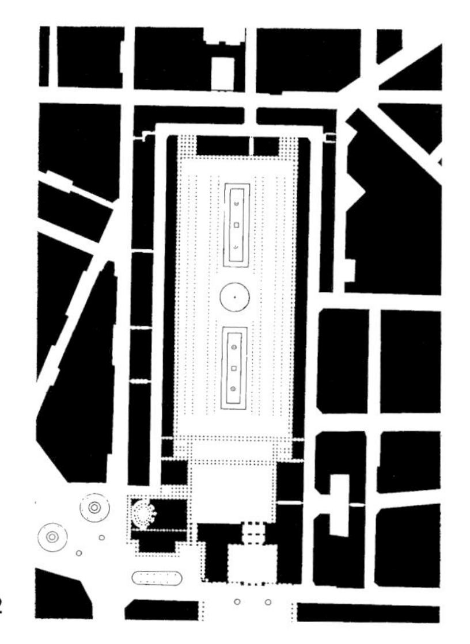

2

3

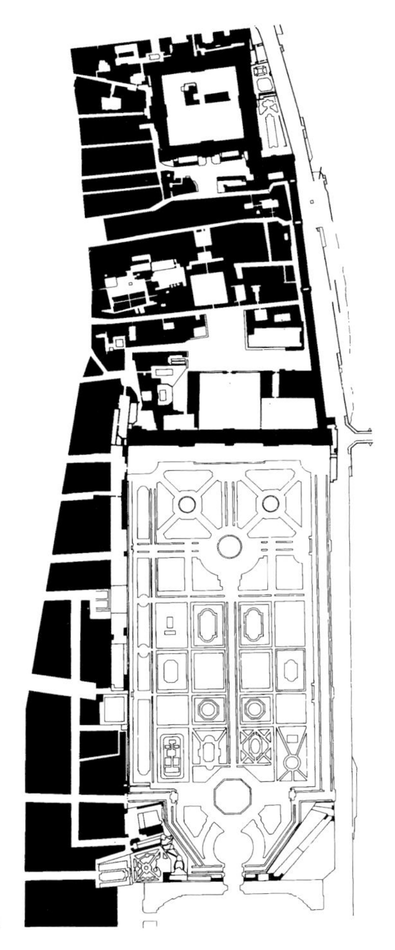

4

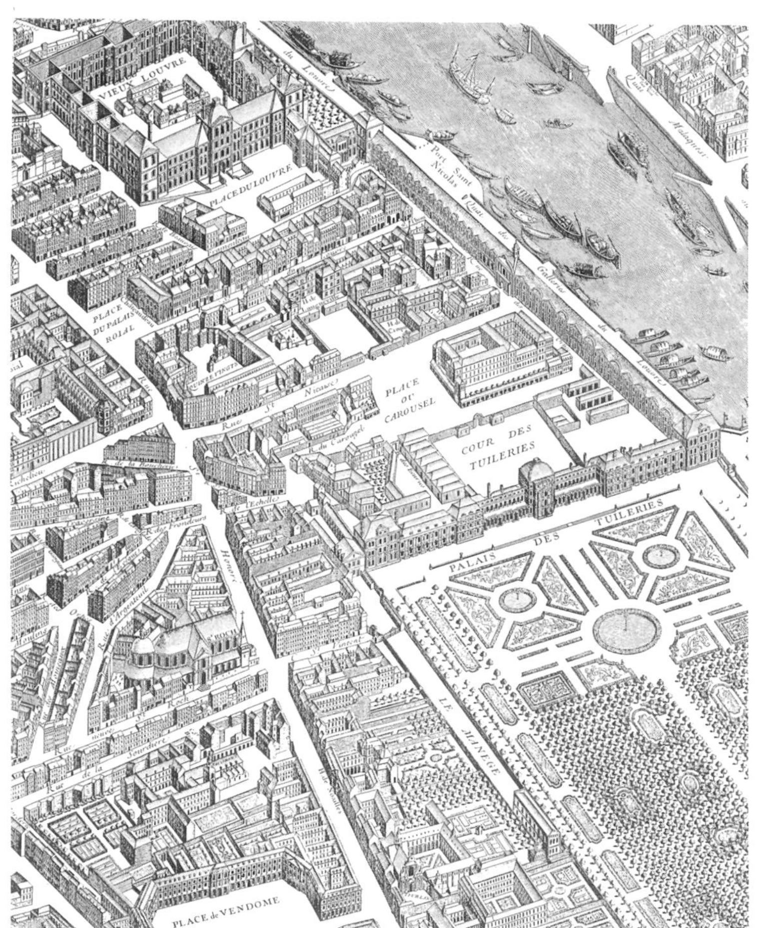

5

2　巴黎，皇宫（Palais Royal），总平面，约 1780 年

3　巴黎，皇宫的内院

4　巴黎，卢浮宫，杜乐丽花园（Jardin des Tuileries），约 1780 年，图—底平面图

5　巴黎，卢浮宫，杜乐丽宫，引自图尔高地图（Plan Turgot），1739 年

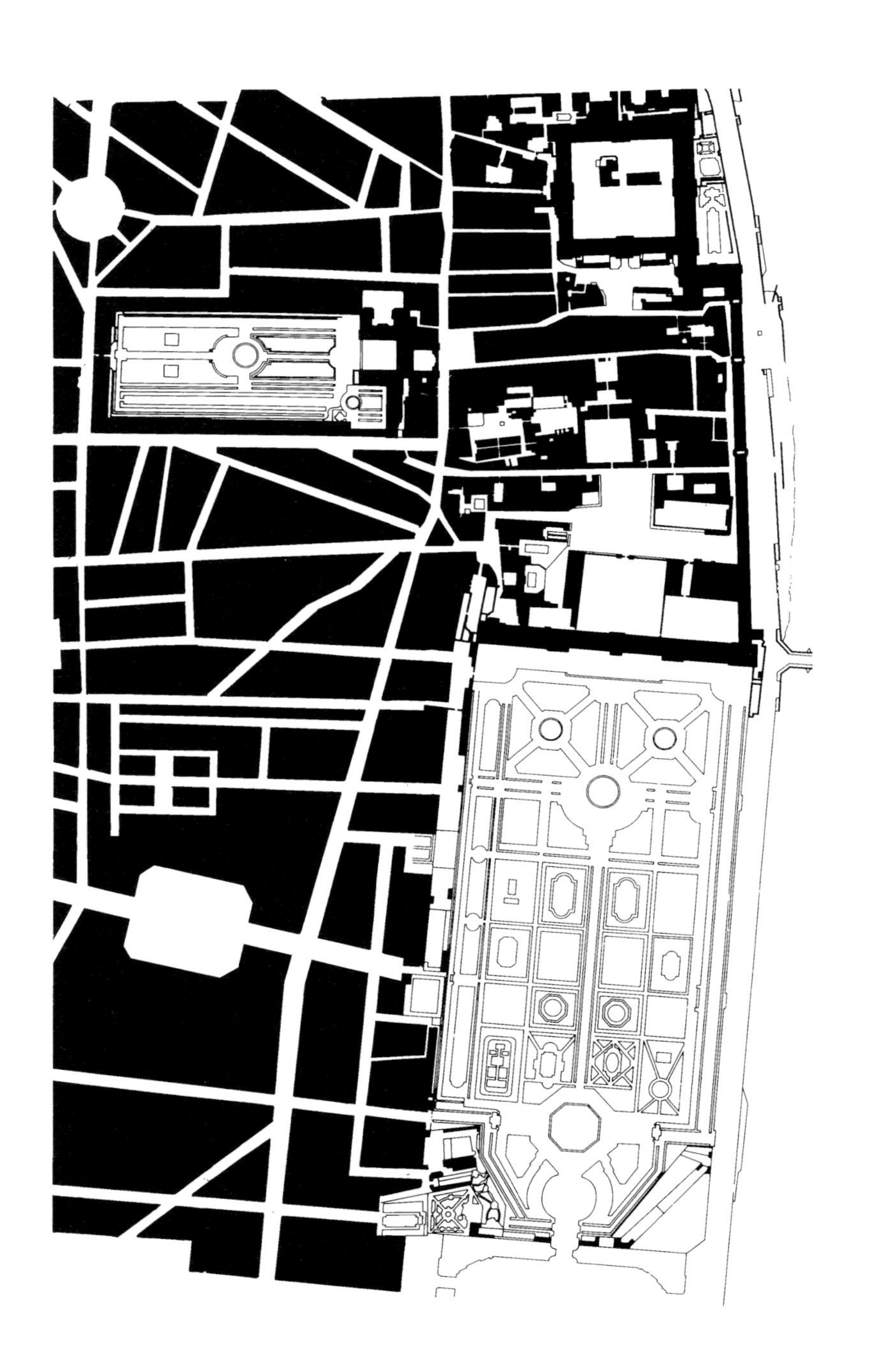

巴黎，卢浮宫，杜乐丽宫，皇宫，
旺多姆广场（Place Vendome），总平面，约 1780 年

的辩论中，理想的局面就是一种实体与虚空之间的辩证关系，可以兼纳这些共存：明确规划过的和真正无规则的、精心设计的与偶发的、公共的与私密的、国家的与个人的。能够设想它是一种微妙的平衡状态，而为了显示这一对抗状态的潜力，我们引入了诸多可能的基本策略。交流、吸纳、扭曲、挑战、反馈、灌输、强加、调和；也许还可以再添加更多的词语，而它们当然不能也不必被过细地辨析；但是如果目前讨论的重点是城市的形态，是有形的、无生命的东西，那么“人民”和“政治”都不应该被排除在外。事实上，“政治”和“人民”在目前都是急需关注的焦点；但是，如果对于它们的审视刻不容缓，那么就仍需再考虑一种形态学方面的规则。

最终，在图—底关系的层面上，此处假设的实体与虚空之间的争论其实就是两种模型之间的争论，简言之，两种模型以卫城和广场（acropolis and forum）为典范。

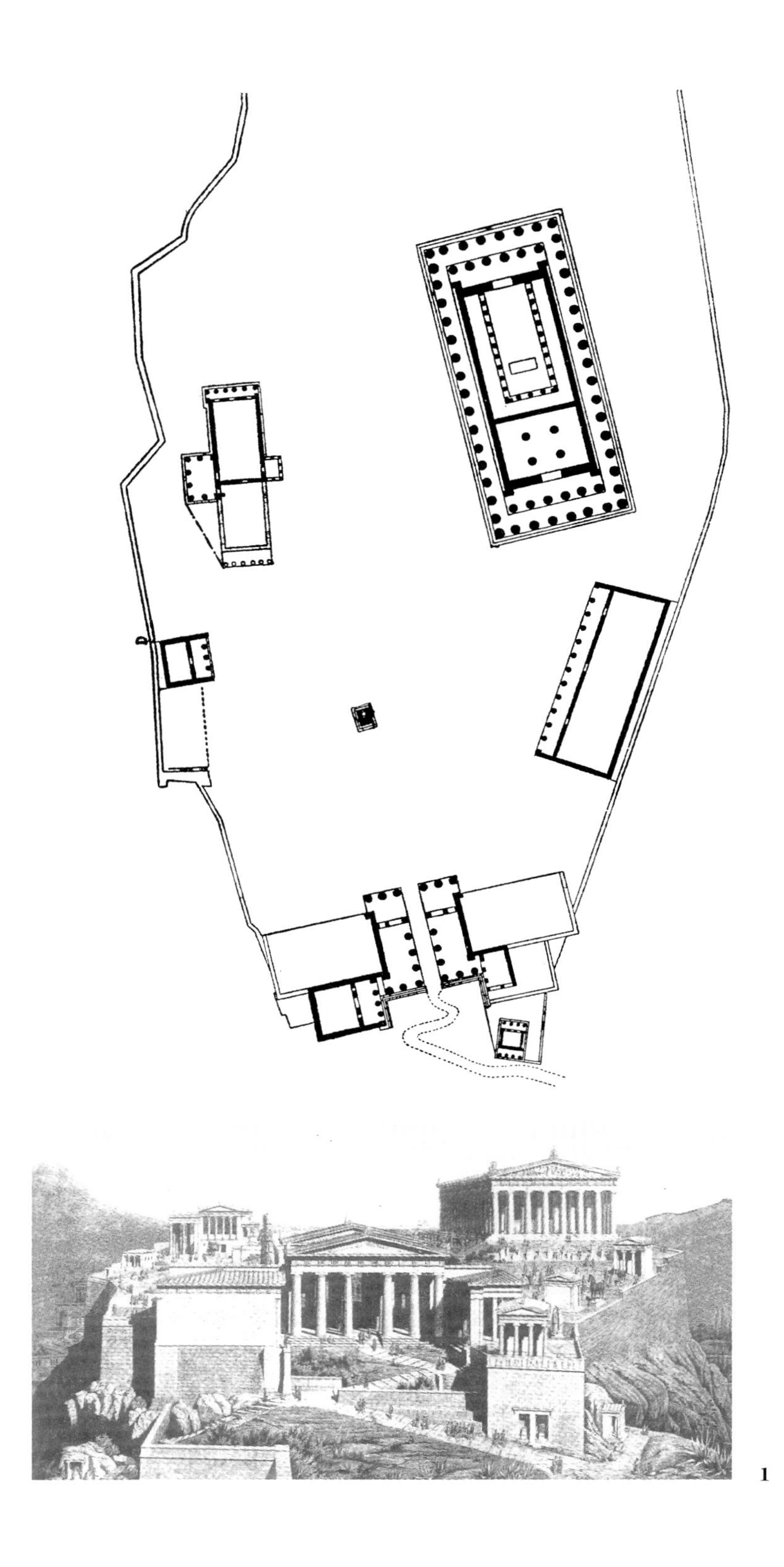

1

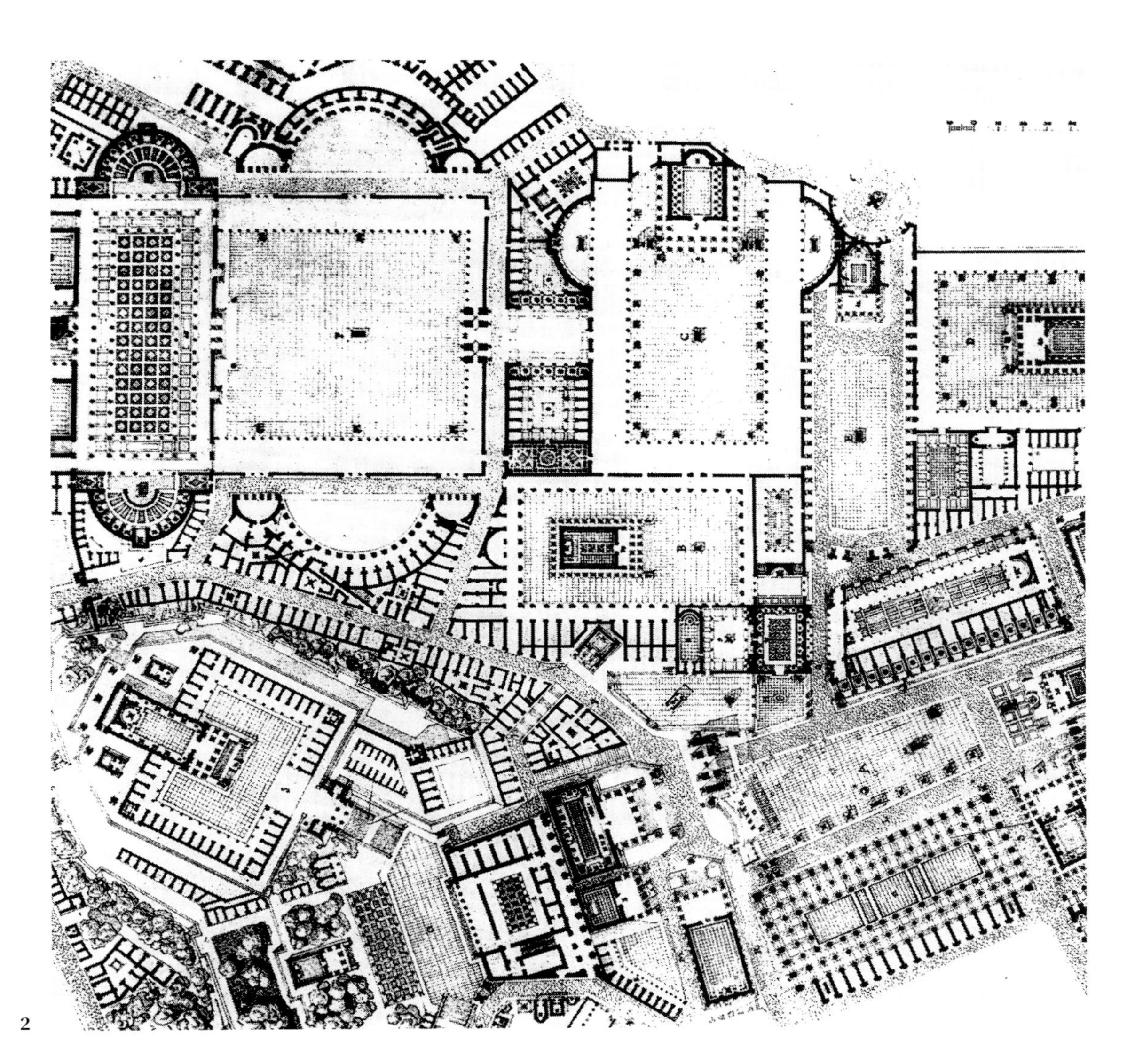

2

3

1 雅典，卫城

2 帝国时代的罗马，广场群

3 罗马，帝国广场（imperial fora）

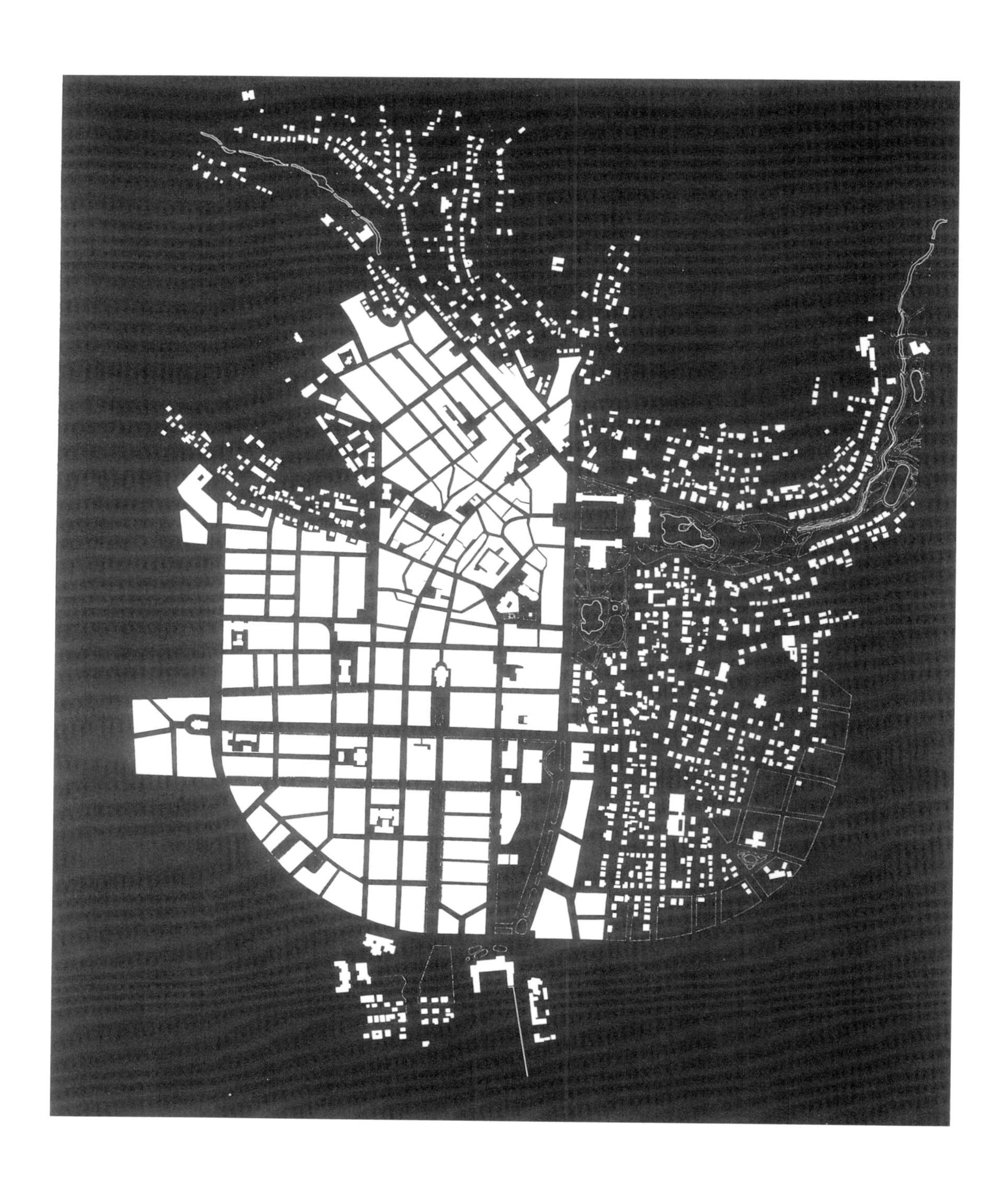

韦斯巴登（Wiesbaden），德国，约1900年，图底关系平面。借助研究韦斯巴登城在1900年左右的平面图，我们在此讨论的问题，能得到最好的探讨。这个平面（甚至在光辉城市被设计出来之前）以近乎完美的方式展示了一种机制。这一机制调和了城市在形象上迥然不同的各种表达方式

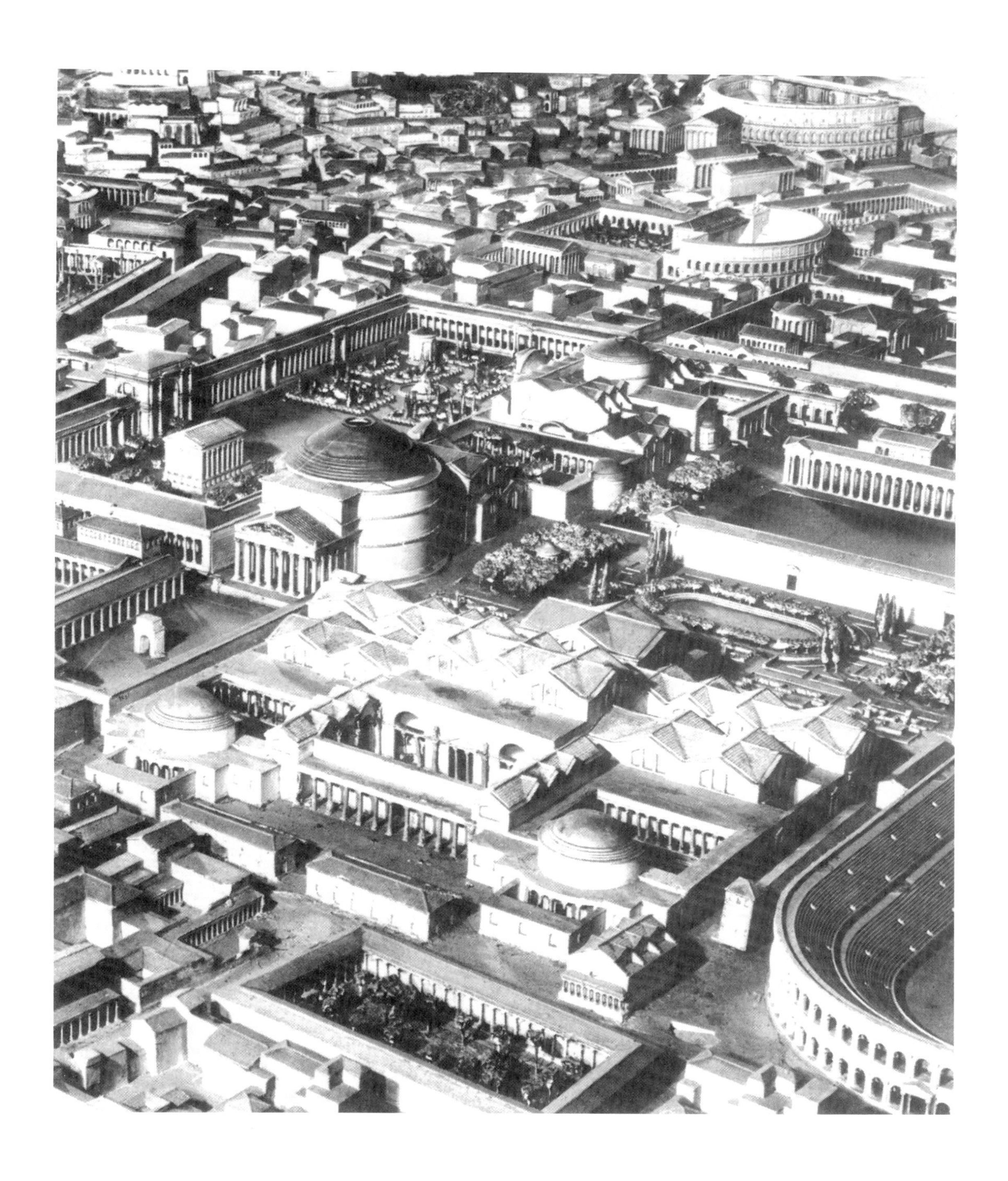

冲突城市与“拼贴”策略

帝国时代的罗马，
罗马文化博物馆中陈列的模型

……如果我成功了……我最后一个愿望就是：在美与真之间，有一条更高、更坚不可摧的纽带已经编织而成，它将我们永远坚定地团结在一起。[1]

格奥尔格·威廉·弗里德里希·黑格尔（Georg Wilhelm Friedrich Hegel）

……两类人之间泾渭分明，一类人把所有事物都与某种单一中心视域（single central vision）联系起来，这是一个或多或少连贯而清晰的系统，他们据此进行理解、思考和感受，通过某种统一的、普遍的、有组织的原则，他们的所是与所言才具有意义。另一类人所追求的往往是南辕北辙，甚至自相矛盾的目标；这些目标仅以某种实际的方式，因种心理或生理原因而联系起来，与道德原则或美学原则无关。这一类人过着一种离心而非向心的生活，采取行动并抱有想法，他们的思想是零散的，游离于各种层面之间，抓住各种各样的经验和对象的本质，因为它们如其所是，而不寻求（自觉或不自觉地）把它们装进或排除于某种恒定不变的……有时是狂热的、单一的内部视域。[2]

以赛亚·伯林[3]

---

1 节选于 Friedrich Hegel, *Aesthetics*. Part 3, Section 3（黑格尔《美学》第三卷第三章），可参见中译：黑格尔．美学：第三卷下卷 [M]．朱光潜，译．北京：商务印书馆，1981：361.

2 节选于 Isaiah Berlin, *The Hedgehog and the Fox*, Weidenfeld & Nicolson New York, 1953. 书名“刺猬与狐狸”来自古希腊诗人阿尔齐洛科斯（Archilochus）的一句话“一只狐狸知道很多事情，但一只刺猬只知道一件重要的事情”。

3 以赛亚·伯林 (1909—1997)，英国历史学家、作家，20 世纪最著名的自由主义知识分子之一。二战期间，先后在纽约、华盛顿和莫斯科担任外交职务。1946 年重回牛津大学教授哲学课程，并转向思想史的研究。1957 年成为牛津大学社会与政治理论教授。1966 年至 1975 年担任沃尔夫森学院院长。以政治哲学研究著称。著有《卡尔·马克思》《刺猬与狐狸》《启蒙时代》等。

《整体建筑学的范畴》（*Scope of Total Architecture*）：这是沃尔特·格罗皮乌斯为一本汇聚了大量缺乏实质、内容混杂的论文集所确定的标题。该书于1955年出版，而且很显然，对于“整体建筑学”的坚持——一种明显的瓦格纳[4]式整体艺术（Gesamtkunstwerk）[5]的版本，有着一切文化整体性的期许——在当时并未显得奇异或者古怪。可能在1955年，“整体建筑学”作为一种全面的控制系统还尚未成型，这是因为它被视为一种生长过程，“一种完全来自本源的新的生长过程”⌜1。它作为一种或许是黑格尔式的自由和黑格尔式的定律的融合，每时每刻都来自本源的释放，它不仅被认为是合理的，并且是值得追求的。毋庸置疑，当该观念在此以一种“担忧的”自由主义的微弱声音表达出来的时候，我们或许还会受到鼓动去分辨一下，这种统一而整体的乌托邦信条在余辉之后还剩下些什么在闪耀。

我们在前文中已经尝试分辨了乌托邦思想的两种版本：作为一种内在的思考对象的乌托邦，和作为一种明确的社会变革工具的乌托邦；正是在这里，我们必须再次证明，“整体建筑学”和“整体设计”（total design）的概念在多大程度上必然出现于各种乌托邦设想。乌托邦从不提供选项。生活于托马斯·莫尔的乌托邦中的公民“不得不幸福，因为他们除了‘善’，别无选择”⌜2。居于“至善”之中而没有其他道德性的选择余地，这种想法很容易符合大多数理想社会的幻想，无论它们是隐喻性的还是实质性的。

当然对于建筑师而言，美好社会的伦理内容或许一直是建筑力图呈现的。事实上，这很可能一直都是它的主要参照；因为，无论已经出现过何种其他控制性的幻想——古迹、传统、技术，它们始终都被

4　瓦格纳（Wilhelm Richard Wagner，1813—1883），德国作曲家，生于莱比锡，著名的古典音乐大师。主要作品有《尼伯龙根的指环》《漂泊的荷兰人》《汤豪舍》《罗恩格林》、《特里斯坦与伊索尔德》等。他在改革中实施了“整体艺术观”“无终旋律”以及“主导动机”的手法，坚持音乐必须服从戏剧内容需要而进行创作的原则，对传统歌剧进行了彻底的改革，认为戏剧与音乐须组成有机的整体，交响乐式的发展是戏剧表现的主要手段。他运用不间断的音乐结构的主导动机手法、半音和声体系和配器效果，丰富了歌剧的艺术表现力，对欧洲专业音乐的发展有深远影响。

5　整体艺术，该词首先由德国作家、哲学家特拉恩霍夫（Karl Friedrich Eusebius Trahndorff）于1827年在一篇论文中使用，歌剧作曲家理查德·瓦格纳于1849年在其论文中使用该词，以阐述在剧院中融合所有艺术形式。格罗皮乌斯通过使用该词认为，艺术家与建筑师也应该是工艺匠人，应当精通不同的艺术材料与介质，包括工业设计、服装设计、戏剧与音乐设计。

⌜1 Walter Gropius, Scope of Total Architecture, New York, 1955, p.91.

⌜2 Thomas More, *Utopia*, 1516.

1

视为有助于或有利于某种程度上仁厚或高雅的社会秩序。

因此，我们不用一直回溯到柏拉图，在 15 世纪就可以找到一个更近的出发点，菲拉雷特（Filarete）的斯福辛达（Sforzinda）[6]，它包含了一种完全易于统治的设想所呈现的情形。这里有一系列等级化的宗教建筑，王侯宫殿（regia）、贵族府邸、商业机构、私人住宅；而且正是通过这样一个与地位和功能相关的层级化体系，井然有序的城市才得以实现。

但是，这依然只是一种想法，而谈不上它实际而直接的应用。中世纪城市深远地象征了一种不可能戛然而止的习俗和趣味的坚固内

---

6 菲拉雷特（Antonio di Pietro Averlino，1400—1469），原名为阿维利诺，文艺复兴时期佛罗伦萨雕塑家、建筑师和作家，曾在罗马遭驱逐，后至威尼斯、米兰。他在米兰担任宫廷工程师，设计了很多建筑和理想城市方案。斯福辛达是菲拉雷特为当时米兰公爵斯福查（Francesco Sforza）设计的一座理想城市，但从未建造。这是文艺复兴时期第一个理想城市方案，总体形状为两个正方形叠加形成的八角形，外接圆形城濠，每个交接点带有城塔，内侧交接点为城门。城市中心为大型矩形广场，同时还有君主广场、教堂广场和集市广场。斯福辛达的设计主要针对中世纪时期城市拥挤无序的状态，采用几何形式为城市提供明确的空间秩序和社会秩序，并且以向心性强调集权统治的重要性。

7 意大利伦巴第大区帕维亚省的一座小城。

8 兰特庄园是意大利一座完美的文艺复兴时期风格的花园。庄园位于罗马西北面风景如画的巴涅亚小镇，地处高爽干燥的丘陵地带，1547 年由著名的建筑家、造园大师维尼奥拉设计，历时近二十年，是一座堪称巴洛克典范的意大利台地花园。

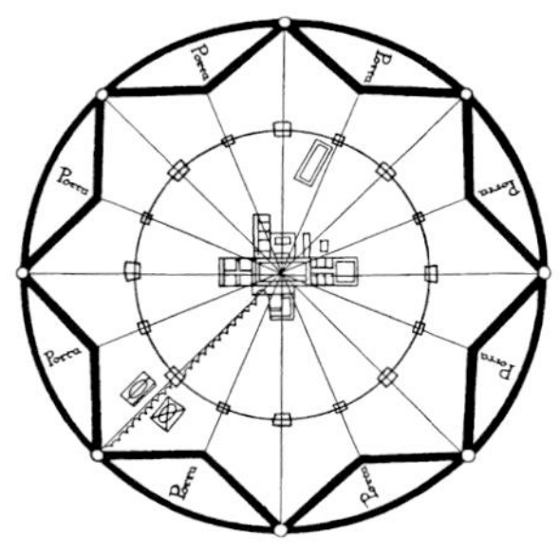

2

3

1 维吉瓦诺 (Vigevano)[7]，公爵广场 (Piazza Ducale)

2 菲拉雷特（Filarete）的斯福辛达（Sforzinda）理想城市平面

3 巴涅亚 (Bagnaia)，兰特庄园（Villa Lante）[8]

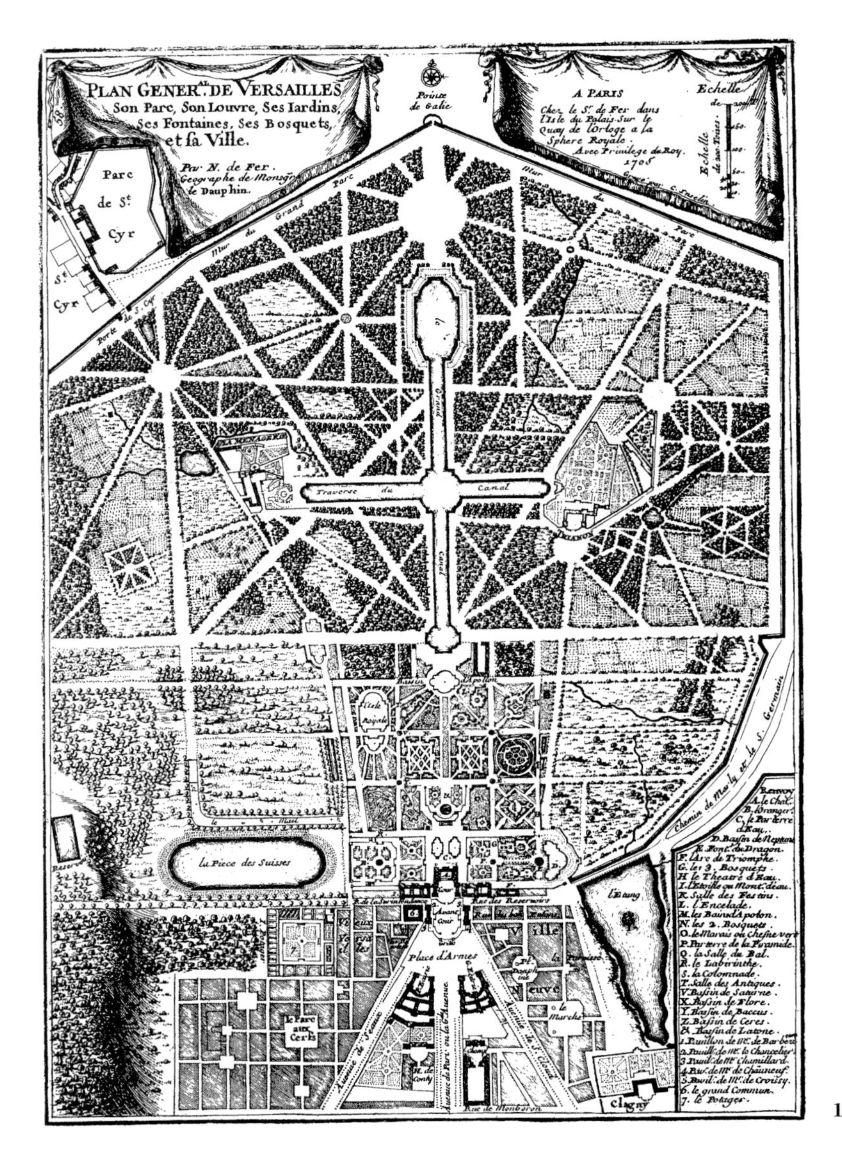

1

核，这一内核毫无直接破裂的可能性；于是，新城市的问题就成了一种颠覆性插入的问题（如马西莫宫 [Palazzo Massimo][9]，卡比托利欧宫 [Palazzo Campidoglio][10] 等），或者是通过在城市之外的有争议的示范，

9　坐落于罗马，位于特米尼火车站前的共和广场，由耶稣会神父马西莫在属于家族的土地上，于 1883 年到 1886 年兴建，建筑师为卡米洛·皮斯特鲁西（Camillo Pistrucci）。

10　老罗马市政厅。17 世纪时，米开朗琪罗在原先的元老宫（Palazzo del Senatore）的基础上，通过在室外增加双向楼梯，并将钟塔移至中央而整合完成，同时整修保守宫（Palazzo dei Conservatori），设计新宫（Palazzo Nuovo），并据此重新设计了整个广场，使广场不再面向古罗马广场（Foro Romano），而是面向圣彼得大教堂。

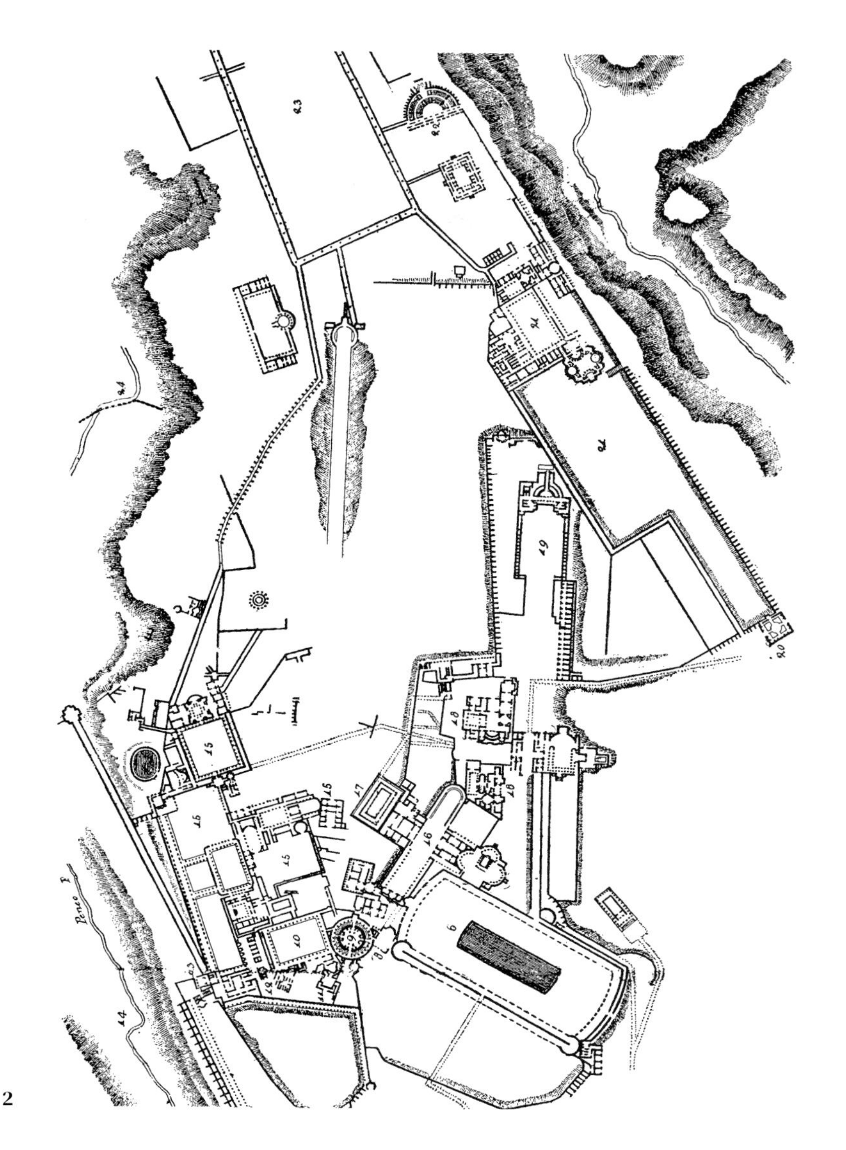

2

即园林，表明城市应当怎样。

园林作为针对城市的一种批判，一种随后被城市完全接受了的批判，这一观点直到现在还没有得到人们的充分认识；但是比如，在佛罗伦萨城外[11]，这一话题如果已经得以充分表达，那么它最为极致的案例则是凡尔赛宫。作为17世纪对于中世纪巴黎的批判，它随后得到

11　指美第奇家族的波波利花园（Giardino Boboli）。

12　路齐·卡尼纳（1795—1856），意大利建筑师和考古学家。

1　凡尔赛宫，平面图

2　阿德良离宫，路齐·卡尼纳（Luigi Canina）[12]绘制的平面图

1

了奥斯曼和拿破仑三世的完全认同。

很显然，尽管凡尔赛宫的园林很可能曾经是一种供贵族使用的迪士尼乐园，它最终定会被诠释为一种用以实现 15 世纪（quattrocento）[13] 理想的巴洛克式的尝试，正是由于它展现出这种静态且偶尔壮丽的景色，我们理应承认菲拉雷特风格的乌托邦的轮廓可以完全由树木来再现。但是，如果凡尔赛宫可以被诠释成一种反动的乌托邦，我们仍然会惊讶地看到在意大利被认为是柏拉图式的、隐喻的乌托邦，在这里可以如此极致地得以实现。

13　指文艺复兴初期阶段。

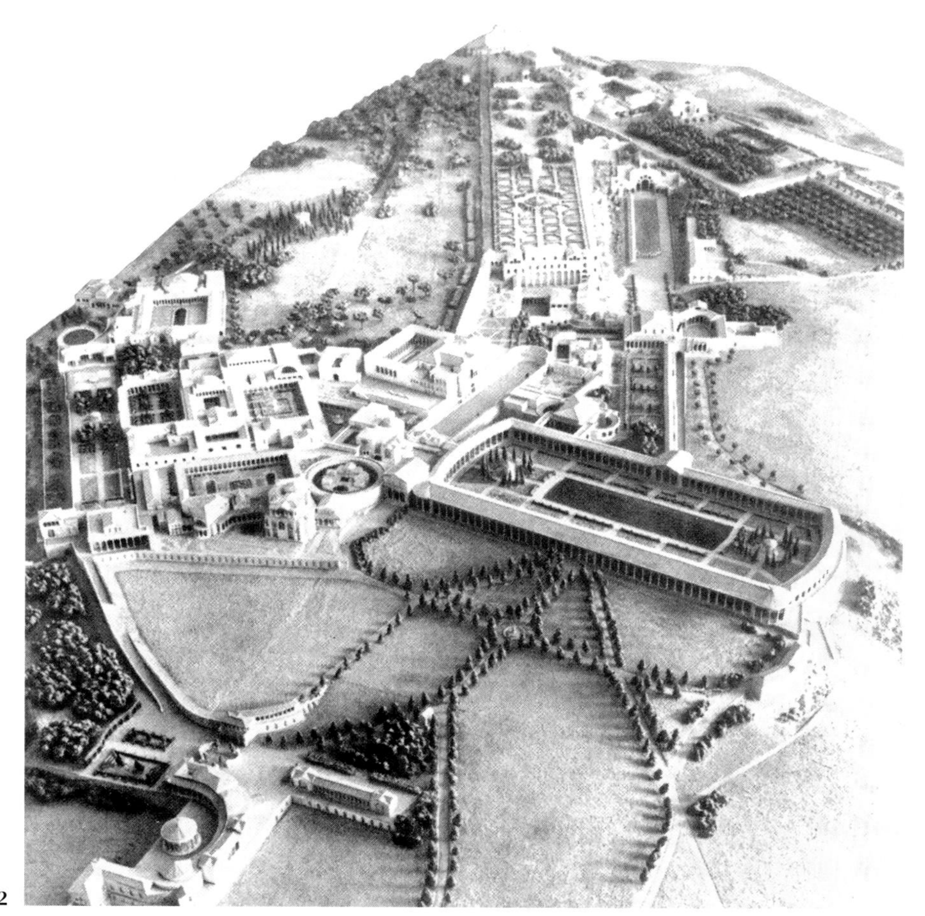

2

出于我们当前的目的，明显堪与凡尔赛宫相比的就是位于蒂沃利（Tivoli）的阿德良离宫（Villa Adriana）[14]。因为，如果一个是整体建筑学和整体设计的展示，另一个则努力消除来自任何控制性思想的影响；而且，如果在两种模型中均存在着绝对权力，那么人们可能不得不暂时偏离这一话题转而追问，哪一种模型对于我们来说更加有用。

凡尔赛宫毫不含糊、毫不愧涩，它向世界宣扬道德，而这种推销

14　蒂沃利为意大利中部城市，位于罗马以东。阿德良离宫建于 2 世纪，是罗马帝国皇帝阿德良（Hadrian）建造的一处古罗马建筑群。占地约 80 公顷（0.8 平方千米），里面有超过 30 栋的建筑物，包括宫殿、温泉、剧院、神庙、图书馆以及御卫队和奴隶的住所。别墅的建筑群综合运用了古埃及、希腊和古罗马建筑中的精华元素，包括一些希腊风格的女像柱、罗马式的圆拱和科林斯柱等。

1　凡尔赛宫，鸟瞰

2　蒂沃利（Tivoli），阿德良离宫模型

如同许多法国事物一样，不会被人们拒绝。这就是一种整体控制及其耀眼光芒，这是普遍性的胜利，是总体控制的普及以及对于特殊性的否决。接下来，与路易十四（Louis XIV）的一心专注的做法相比，我们对于阿德良本人[15]产生了好奇——他显然是如此散漫、随意，他构想了与所有“整体性”相反的事情，似乎只需要对零散的理想片断进行汇集，而他对帝国时期罗马的批判（外形上很像他自己的离宫）更像是认可，而不是抗议。

如果凡尔赛宫是完全整体性的模板，阿德良离宫显然则是各种不相干的热情的明显不协调的混合体；而且，如果凡尔赛宫破碎的理想与蒂沃利的相对主义生产的“小碎块”比较一下，那么对于这种比较应当采取何种恰当的解释？显然毋庸置疑：凡尔赛宫是独裁统治的最高典范，它代表了一种绝对的政治权威，牢牢紧扣自己的目标并始终坚持着；阿德良在本质上与路易十四同样独裁，但也许他并非同样冲动以至于如此这般坚持展示自己的独裁……但是毫无疑问，所有这些或许可以说，如果尚言不达意，那么在这里，我们觉得有必要求助于以赛亚·伯林。

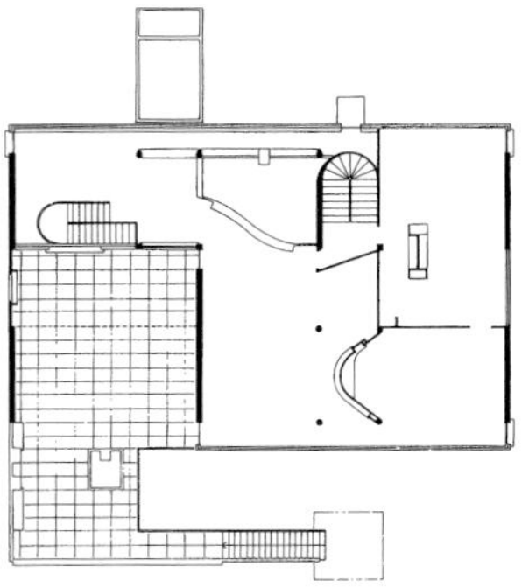

“狐狸知道很多事情，但刺猬只知道一件大事情。”在《刺猬与狐狸》（*The Hedgehog and Fox*）一书中，以赛亚·伯林选择用这两者来进行评注和阐述「3。在我们关心的范围内，这成为一种说法，否则就毫无意义。这一说法是比喻性的，但不必走得太远，人们在这里所看到的是两种心理指向和性格类型：一种是刺猬，关心某种想法的首要性；另一种是狐狸，考虑着大量的活跃因素。世上的伟大人物在这两种类型中均匀分布：柏拉图、但丁（Dante）、陀思妥耶夫斯基（Dostoevsky）、普鲁斯特（Marcel Proust），毋庸置疑是刺猬；亚里士多德、莎士比亚、普希金、乔伊斯（James Joyce）则是狐狸。这是一个粗略的区分；但是，如果这是伯林重点关心的文学和哲学的代表人物，这个游戏也可以在其他方面进行。毕加索，一只狐狸；蒙德里安，一只刺猬，这些人物开始登场了。当我们转向建筑学，答案几乎

1

1　勒·柯布西耶：加歇（Garches的斯特恩别墅（Villa Stein），1927年，平面图

15　阿德良（Hadrian，76—138），罗马帝国五贤帝之一，公元117—138年在位。他最为人所知的事迹是兴建了阿德良长城，划定了罗马帝国在不列颠尼亚的北部国境线。身为罗马皇帝，他倡导人文主义，提倡希腊文化，在罗马城内重建了万神庙，并新建了维纳斯和罗马神庙。

「3 Isaiah Berlin, *The Hedgehog and the Fox*, London, 1953; New York, 1957, p.7.

「4 Berlin, ibid., p.10.

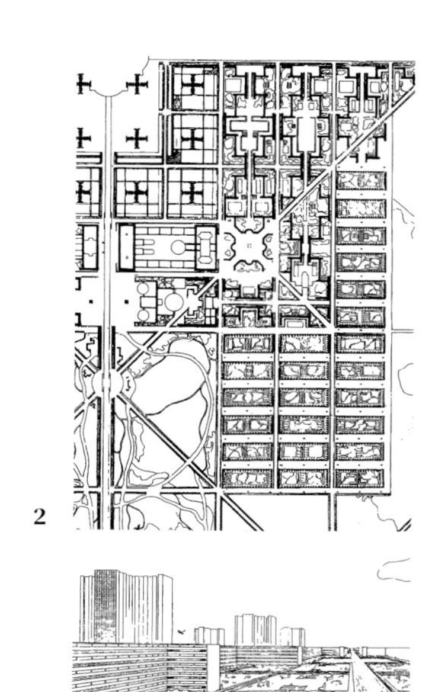

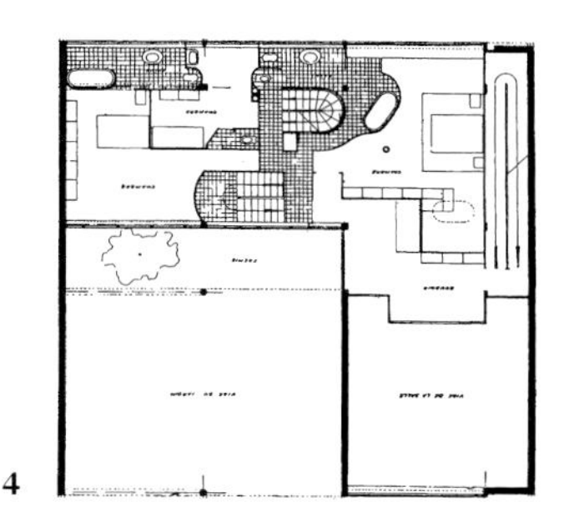

完全处在意料之中。帕拉第奥是一只刺猬，朱利奥·罗马诺（Giulio Romano）[16] 是一只狐狸；豪克斯莫尔 [17]、索恩 [18]、菲利普·韦伯 [19] 也许是刺猬，雷恩 [20]、约翰·纳什 [21]、诺曼·肖 [22] 几乎肯定是狐狸；离现在更近一些，赖特肯定是一只刺猬，而勒琴斯 [23] 则明显是一只狐狸。

但是，让我们暂时反思一下按照这种类别进行思考的结果，当转向现代建筑的领域时，我们开始认识到不可能形成如此对称的平衡格局，因为，如果格罗皮乌斯、密斯、汉斯·迈耶 [24]、巴克敏斯特·富勒 [25] 显然是杰出的刺猬，那么谁是我们可以归类为对应范畴中的狐狸？此时的偏好显然是单向性的。“单一中心视域”占尽优势。我们意识到刺猬们的统治性；但是，如果我们或许有时会意识到狐狸的嗜好有别于道德，因此不能公然论之，自然勒·柯布西耶的特殊地位就仍然有待于去判定，“他是一元论者还是多元论者，他是单一视域的还是多元视域，他是单一主旨的还是多元融合？”「4。

这是伯林在谈论托尔斯泰（Leo Tolstoy）时所提出来的问题，（他所说的）这些问题也许完全是离题的；然后他尝试性地提出了自己的假设：

托尔斯泰本质上是一个狐狸，但是被人们认定为一个刺猬：他

16　朱利奥·罗马诺（1499—1546），意大利文艺复兴时期画家、建筑师，手法主义的代表人物，擅长用富有戏剧性的错觉手法，将绘画艺术与建筑结合起来。

17　约翰·豪克斯莫尔（Nicholas Hawksmoor，约 1661—1736），英国建筑师，是英国 17 世纪末至 18 世纪初巴洛克建筑的代表人物，曾与克里斯托弗·雷恩一起参与过圣保罗大教堂的设计。

18　索恩（Sir John Soane，1753—1837），英国建筑师，新古典主义代表人物，曾设计英格兰银行，并担任皇家学会的建筑学教授。

19　菲利普·韦伯（Philip Webb，1831—1915），英国建筑师，工艺美术运动的代表人物，曾为威廉·莫里斯设计著名的红屋。

20　雷恩（Christopher Wren，1632—1723），英国历史上最著名的建筑师之一，曾负责伦敦 1666 年大火之后的重建，设计了圣保罗大教堂等 52 座教堂。另外还设计了格林威治的皇家海军学院、汉普顿宫殿南立面。雷恩同时还是一位杰出的解剖学家、天文学家、几何学家、数学物理学家，是皇家学会的创始人，1680—1682 年期间担任主席。

21　纳什（1752—1835），英国建筑师，曾于亨利四世时期主持设计伦敦摄政公园，是如画运动（picturesque movement）的代表性人物。

22　诺曼·肖（Norman Shaw，1831—1912），苏格兰建筑师，以设计乡村住宅和商业建筑著名。

23　勒琴斯爵士（Sir Edwin Landseer Lutyens，1869—1944），英国建筑师，曾被誉为“英国最伟大的建筑师”，曾参与规划设计印度首都新德里，擅长将传统风格融入当代设计中。

24　汉斯·迈耶（Hans Emil Meyer，1889—1954），瑞士建筑师，自 1928 年至 1930 年在德国德绍时期的包豪斯建筑学校担任第二任校长。

25　巴克敏斯特·富勒（1895—1983），美国建筑师、工程师、发明家、思想家和诗人，在其一生中探索技术发展与人类生存的思想，曾出版 30 多本著作，造就诸多发明，在 1967 年蒙特利尔世博会采用轻质圆形穹顶设计美国馆，他提倡低碳概念，曾设计一天能造好的“超轻大厦”、能潜水也能飞的汽车、拯救城市的网格穹顶。

2　勒·柯布西耶：300 万人口的城市，1922 年，四分之一范围平面图
3　勒·柯布西耶：当代城市，1922 年
4　迈耶别墅，巴黎，1925 年，主楼层平面图
5　迈耶别墅，居住空间与夹层

1

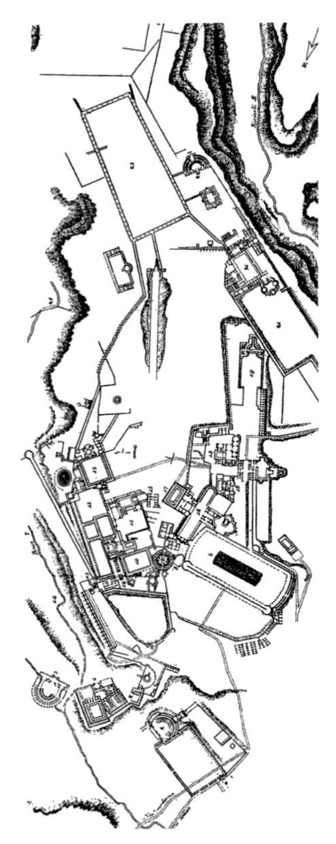

2

的天分和成就是一回事，他的信仰以及由此对于自己成就的解释则是另外一回事。因此，他的理想在引导着他，而那些受他说教才华蛊惑的人们，对于他和别人正在做的，或者该做的事情产生了系统性的误解。「5

就如同许多其他文学批评可以被纳入建筑学领域那样，这种方法似乎也很贴切；而且，如果不会太过火，它就可以提供部分的解释。建筑师勒·柯布西耶有着威廉·约迪（William Jordy）[26] 所谓的“诙谐的、多向度的智慧”「6。他建立起诸多精妙的伪柏拉图式的结构，结果却以同样精妙的、带有经验细节的矫饰来伪装这些结构；随后出现

26　威廉·约迪（1917—1997），美国著名建筑历史学家，曾在耶鲁大学、布朗大学担任教授，出版《美国建筑和美国建筑师》《罗德岛建筑》等著作。

「5 Berlin, ibid., p.11.

「6 William Jordy, “The Symbolic Essence of Modern European Architecture of the Twenties and its Continuing Influence”, *Journal of the Society of Architectural Historians*, Vol. XXII, No.3, 1963.

了作为城市主义者的勒·柯布西耶，一个具有完全不同策略的、表情严肃冷峻的倡导者。在巨大的和公共的尺度上，他极少使用思辩的技巧和空间的变化，他始终认为这些更适宜于个人化的环境装饰。公共世界是简单的，私人世界是精致的；而且，如果私人世界引发了对于偶发事件的关注，那么潜在的公共性格长期以来就保持了一种对于所有特殊色彩都过于大义凛然的蔑视。

但是，如果复杂房子—简单城市的情形令人感到有点怪异（或许人们会觉得情况对调才是有道理的），而且如果想要解释勒·柯布西耶的建筑和他的城市设计之间的差异性，那么人们似乎觉得这又是另外一个狐狸为了公共性外表的目的而乔装打扮成刺猬的案例，这是在一个插入情节中又植入一个插入情节。于是我们发现，在今天狐狸已经够稀有的了；而且，尽管第二个插入情节可能随后如同人们所希望的那样获得利用，整个狐狸—刺猬之间的转换显然是由另外一个目的所引发的——在某种程度上，或多或少将阿德良和路易十四作为自由践行这两种精神类型的代表，他们独裁而具备肆意放纵自己内在倾向的条件；那么试问，他们的两种产品，一个是互相冲突（collision）后残余碎片的堆积[27]，一个是完满和谐的展示，哪一种对于今天而言可以成为更好的范例？

这并非是去探究蒂沃利和凡尔赛宫的病理特征，而仅仅是将这两者的可用价值视为所有日常惯例的放大。因为，如果这些都是实验室的标本——肯定不会更多，正是作为日常惯例的两个放大了的案例，它们才更可能向我们说明自身来引发两个问题：一个是关于品味的，一个是关于策略的。

当然，品味不再是，或许从来也不是一种严谨的或者本质性的东西；但是话虽如此，几乎可以肯定的是，当前不受制约的美学偏好（考虑这两个案例在规模与恒久方面几乎相当）是针对蒂沃利所表现

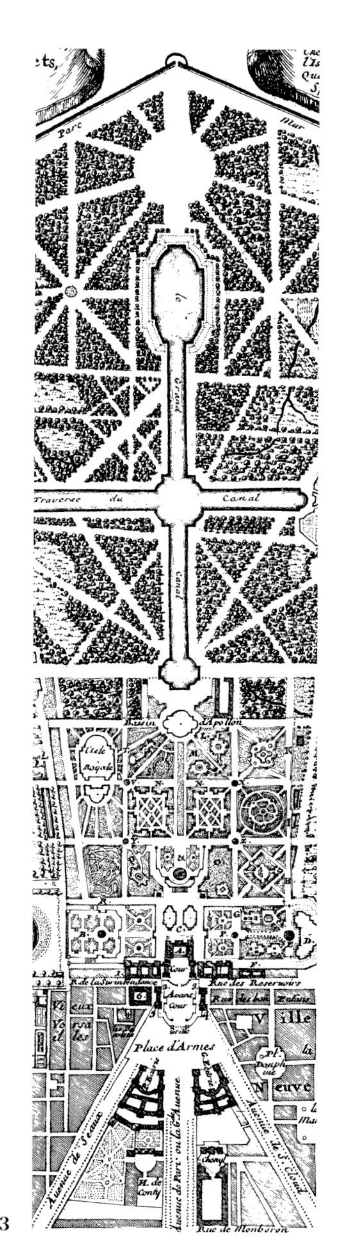

3

27 这里的冲突（collision）指的是，城市在各种时期或不同场合中所形成的独立片断被挤压到一起，就如文中所描述的罗马城或者阿德良离宫那样，它们中的每个片断都能够保持各自的相对完整和独立，但又可以被完美地组织成为一个整体，这样一种情形就如上文所希望描述的“简单房子—复杂城市”，而这与那种单一、完整的城市格局之中的“复杂房子”形成了反差。

1 阿德良离宫

2 阿德良离宫，1827 年发表的皮拉内西复原平面图，主要部分

3 凡尔赛宫，来自 1705 年由 N·德菲尔绘制的平面局部（Plan N. de Fer）

出来的结构不连续性和节奏变化的丰富性。同样，无论人们当前普遍地关注“单一中心视域”可能意味着什么，很显然是阿德良离宫各方面的不连贯性，以及它是由不同的人在不同时期建造的持久推论，它似乎是自相矛盾的、不可避免的事物的结合，这些可能会使它受到政治社会的关注，在这些社会中，政治权力频繁且平和地更替。就阿德良离宫而言，作为不同政权的人造物，所有的一切都“累加了起来”；而且累加起来的方式如此令人信服和有用，人们只能相信它所宣称的。

然而，这就需要一场辩论：阿德良在这里作为一种评价标准以及针对路易十四的一种批判而被引入；最初令我们感到惊讶只是出于这样的事实：在凡尔赛宫，甚至在柏拉图式的或者隐喻式的乌托邦时期，一个真正坚决的刺猬竟然能够做到这样一种彻底的表现。事实上，人们只能对这种决心表示赞赏。起初，路易十四对抗着极其不利的情况，然而一旦传统乌托邦被取代，很明显，对于具有和他自己类似个性的人来说是一个极大的解放。出于对著名建筑和地方的缅怀，阿德良在他微缩的“罗马”[28]中呈现了对于罗马帝国所展现的混合体的一种寻旧而感怀的图景。他是弗朗索瓦·乔伊所谓的一个“文化主义者（culturalists）”；但是对于路易十四这样一位“进步主义者（progressivist）”（由科尔伯特[29]辅佐），正是可合理化的现在与未来使其自身成为一种艰巨的理想，而当科尔伯特的理性解释开始由图尔高[30]传到圣西门和孔德时，人们才开始看到凡尔赛宫的预言的深远影响。

当然，这里预见了所有理性秩序和“科学社会”的神话。而且，如果能够在这里从不只一方面找到1789年大革命的起因，那么我们随后就能想象出一种路易十四的革命之后的版本，而它与黑格尔的言辞强烈地呼应着。因为在专制主义的历史中，如同在乌托邦的历史中

28　指阿德良离宫。

29　科尔伯特（Jean-Baptiste Colbert，1619—1683），法国政治家、国务活动家，曾长期担任法国财政大臣和海军国务大臣，路易十四时期议员，促成了富凯的下台。统管国王的私人事务和国家事务，进行税制改革，促进向加拿大移民并强化法国在艺术领域的力量。

30　图尔高（Michel-Étienne Turgot，1690—1751），1729—1740 年担任巴黎市长。

一样，几乎采用着同样的论点；于是，由于我们在机械理性领域中遭遇失败，所以现在我们转向有机主义的逻辑。

但是机械理性模型与有机模型的结合只能属于19世纪晚期以及现代建筑；当我们再一次发现这两种刺猬式的要求有可能遭遇困境时，就如同在两次世界大战间隔期间所看到的那样，我们又回到了行动派乌托邦的神话。神话的祷文现在已经世人皆知了：一种激荡的、急速的、在人类历史中无法预测的变革形式，导致了一种无法引导的、蒙难的、损伤如此深重的状况，一场规模如此之大的道德与政治危机，以至于它的灾难是显而易见的，甚至或许是无可避免的。因此，为了维护人类事业的有序发展，为了保障普遍的精神与物质健康，为了改变生产社会中的经济掠夺，为了避免即将来临的黑暗，必须引导人类事业与同样无可阻挡的为幸福而战的力量达成紧密的结合。

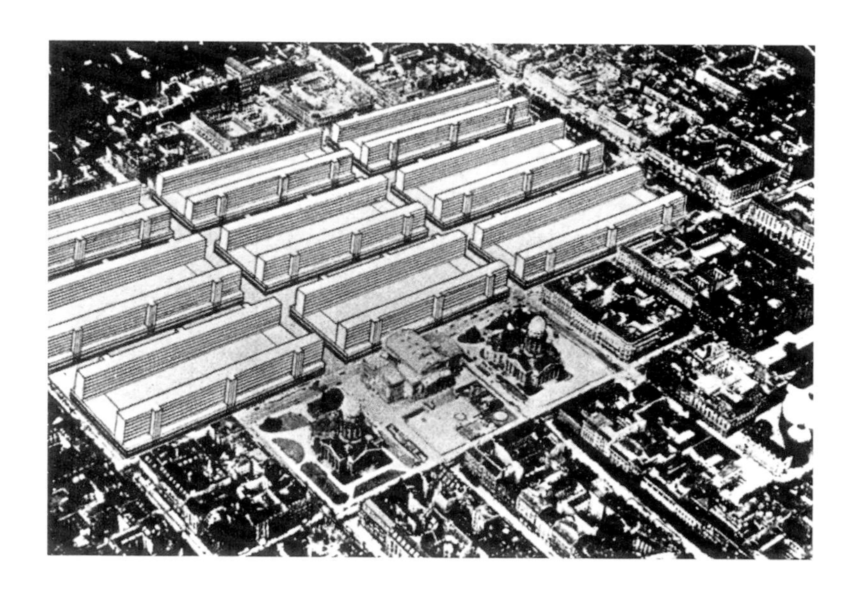

这就是人们在两次世界大战的间隔期间对于危机的膜拜。社会必须及时地把自己从过时的伤感、思绪和技术中引导出来。而且，如果为了迎接即将到来的解放，它必须准备好空白画板（tabula rasa），建筑师在这一变革中成为关键人物，他必须做好准备成为历史领袖，因为人类栖居和冒险建成的世界正是新秩序的摇篮。为了合宜地摇晃它，建筑师

希尔伯塞默（Hilberseimer）：
柏林中心区方案，1927年

必须主动走上前来，排除成见，成为一名为人类而战的前线战士。

也许，在自称科学的同时，建筑师此前从未在如此奇特的精神“政治”环境中操作过。但是再唠叨一下，正是由于这个原因，也就是帕斯卡尔式的心智，城市才会被设想为一种完全整体的、崭新的连续体，一种科学发现的结果与一个完全欢乐的“人类”合作。这就成为行动派乌托邦的整体设计。也许这是一个不可能的愿景（与瓦格纳音乐的情景相匹配的未来？），一个肯定不合宜的看法；但是它的反面，即人性的丧失，显然更加糟糕。而且在这种精神—文化背景下，现代建筑的讯息得以推销并出售。

对于那些在过去五六十年间一直焦急等待这种新城市建成的人们（他们中的许多肯定已经去世），必然越来越清楚的是，这种誓言恰如其所昭示的那样，将无法实现。也许人们可能会想：尽管整体设计的预言含有某种缺陷，而且经常遭到质疑，但它可能迄今仍然作为城市理论及其实践性应用的心理学基础而留存下来。这种科学主义与道德精神的结合当然很早就遭到了卡尔·波普尔（Karl Popper）[31] 的批判，也许大部分内容是在他的《科学发现的逻辑》（*Logic of Scientific Discovery*）和他的《历史决定论的贫困》（*The Poverty of Historicism*）之中。「7 而且在我们自己对于行动派乌托邦的解释中，我们显然受到波普尔立场的影响。但是如果波普尔很早就关注他由于潜在的危险言论可能被认为是什么情况，那么，尽管他很容易获得保留意见，但整体设计的信息是不能被压制的。事实上，它被压制得如此之少，以至于在过去几年中，一个全新激发的、实实在在的要旨版本得以作为“系统”方法和各种其他方法论的发现演绎出现。

现在，在这些早期现代建筑感到十分痛苦的、缺乏“科学”的领域中，毫无疑问，所涉及的方法是耗时费力的，而且经常需要使出浑身解数。人们只要思量一下《论形式的综合》（*Notes on the Synthesis of Form*）「8 等文中的严谨操作，就会明白这一情形。很显然，这是一个

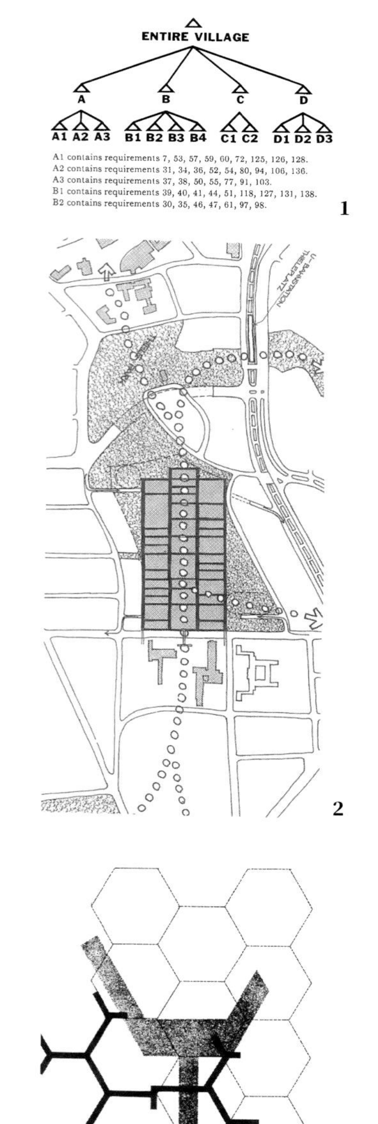

31　卡尔·波普尔（1902—1994），奥地利裔英国自然与社会科学哲学家，著有《猜想与反驳》《历史决定论的贫困》《开放社会及其敌人》等。

1　克里斯托弗·亚力山大（Christopher Alexander）：一个村庄的图解，1964 年

2　坎迪里斯、尤西克和伍兹：柏林自由大学竞赛，1963 年，平面场地关系图

3　有机增长的幻想，坎迪里斯、尤西克和伍兹：图卢兹 - 米哈伊（Toulouse-Le-Mirail）的方案，1961 年

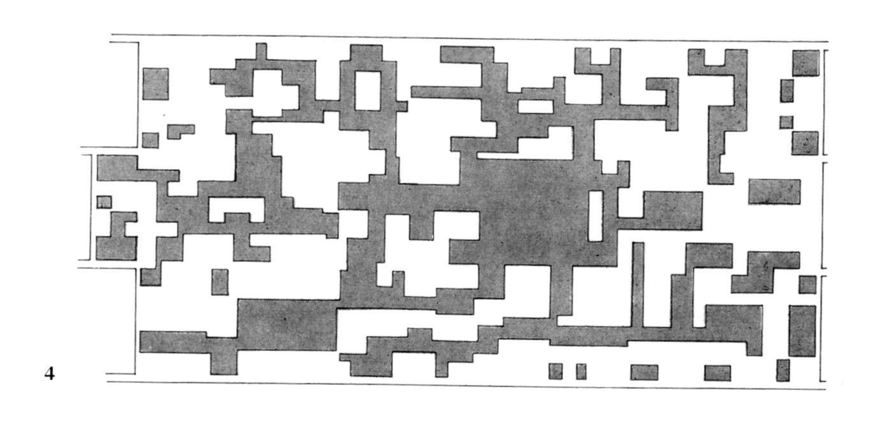

处理“纯净”信息的“纯净化”过程：分析、过滤，然后再过滤，每个要素在表面上都是干净、卫生的；但是由于这种承诺的抑制性特征，尤其是在物质层面上的承诺，它的成果似乎永远没有它的过程那么显著。与此相似的可能是枝干、网络、网格、蜂窝结构等相关产物，它们在20世纪60年代后期成为一项轰轰烈烈的事业，两者都试图避免来自偏见的污染；而且在第一个案例中，如果经验事实被假设为价值中立，而且是完全确凿的，在第二个案例中，网格坐标被认为是同样公平的。因为如同经度与纬度的线条，人们期望它们能够以某种方式，在具体的填充过程中杜绝任何倾向性，甚至包括责任。

但是，如果理想的中立观察者纯粹属于一种批判性的虚构；如果在围绕着我们的众多现象中，我们想要观察自己想看的东西；如果我们的判断由于大量的事实信息最终难以消化，从而在本质上是有选择性的，“中性”网格的实际运用将会遇到类似问题：网格或者是包罗万象的（这在实践中行不通），或者是有限的（这样就不是中性的）；因此，无论从“方法”还是“系统”（与要素和空间的环境有关）中得出的东西只能与本想要的适得其反——在前者，过程被提高到偶像的高度，在后者，相应的则是一种带有倾向性的思想的隐秘陈述。

这并不是否认精心策划的信息的有用性，也不是否认对高度组织化的现实的幻想经常可能提供的启发式效用。但值得注意的是，眼下，在其赞同者和批判者之中，从整体设计向整体管理和整体实施的

7 Karl Popper, *Logik der Forschung*, Vienna, 1934, English translation, *The Logic of Scientific Discovery*, London, 1959; *The Open Society and its Enemies*, London, 1945; *The Poverty of Historicism*, London, 1957.

8 Christopher Alexander, *Notes on the Synthesis of Form*, Cambridge, Mass., 1964. 1960年代，力图复兴的实证主义——在那时它可能已被认为消失了，并且长期没有关于它的讨论——在历史的进程中，必然开始让自己呈现为20世纪一个较为有趣的建筑探索。

4 坎迪里斯、尤西克和伍兹：柏林自由大学竞赛，1963年，体量及空间系统

延伸，已经开始有一阵子被认为是相当可疑的和白费力气的。也许作为一种结果，已经出现了一系列的相反产物，以及一系列出乎意料的反应，这不仅来自对于预期中的体系的集体性反感，而且也来自它对于微妙联系、现时环境和生命活力的迟钝反应。

与这种反应相关的观点可以信手列举几个：因地制宜（Ad Hocism）、去中心化的社会主义（Decentralized Socialism）（以瑞士行政州[Swiss canton][32]为例？）、城镇景观的波普版本（Pop version），以及离建筑师更远一些的，有一整套附属的、所谓的平民主义策略（populist strategy）的倡导性规划（advocacy planning）模式——所有这些可以通过一条使它们看上去串联在一起的共同线索来加以识别。即（与它们将要取代或修正的各种“方法体系”有关），它们都以这样或那样的方式，直接应对人们对难以捉摸的偏好的深深迷恋。而且（又一次与它们认为有缺陷的环境相关）从总体上来看，这些态度是用场合替代空间，用行为替代人造物，用流动性替代固定性意义，用自我选择替代强加要求。

但为了维持这种简单化，虽然通过这些态度做了很多工作，打破了难以驾驭的单一整体（monolith），其结果也引入了一个同样无法解决的困境。因为对于任何完全由民众主导的命令的最终可行性，肯定存在一些问题。无论是以社会学认可的方式还是其他方式，例如给他们想要的，这从未成为一种完全站得住脚的政治原则。鉴于他们对于这个问题如此缺乏深思熟虑，从这些经常是纯正质朴、毫无戒备的修正主义的倾向中，可以顺带发现它们与两种非常令人不快的学说中的一种或两种牵扯在一起：存在即是合理的——一种明显令人厌恶的想法，以及人民之声、上帝之声（Vox populi vox dei）——人们本以为20世纪的历史早已对此假设投下了足够的怀疑。

平民主义（populism）建筑学的支持者们全心全意拥戴民主和自由，但是他们都不愿去思考民主与法律之间的必然冲突，以及自由与公平之间的必然对撞。他们将炮口转向自己所认定的（而且很大程度

32　瑞士、法国和其他一些欧洲国家所实行的行政区划。Canton 来自法语，意思为“边、角”，在这里指行政区划，1490 年起源于瑞士。瑞士总共分为 26 个行政区，半数左右拥有自己的宪法、议会、政府及法院。

上就是）具体的邪恶事物——经济魔鬼、风格魔鬼以及文化和种族的滥用；但是他们如此深切地（而且经常如此恰当地）关注特殊性，以至于通常无法为了想要一个更加美好的世界，而将自由主义者的细枝末节，放入法律法规的抽象的背景中，法律法规必然是美好世界的补充。换言之，平民主义者（populist）（例如一些城镇景观的信徒），由于不愿考虑理想参照物这样的东西而轻易摧毁一个完全值得赞成的观点；并且因为他们很可能全神贯注于当前少数族裔的问题，而对弱势群体的未来困境却不太注意。在过于大手大脚之后，他们屈服于一种所谓的“人民”的抽象实体，而且当谈论起多元主义（pluralism）（另一种通常在没有任何特殊限定的情况下才被接受的抽象实体）的时候，他们不愿去承认“人民”恰恰是多么千姿百态，以及接下来“它”的愿望是什么，它的各种组成个体之间是如何恰好需要相互防护的。迄今为止，“人民之声”（Vox pupoli）并不关心少数人，并且考虑到“存在即合理”（不仅仅是无师自通的选择，而且是精彩的选择），令人有时觉得这只不过是一种社会学的散热器，一个企图熄灭所有可能迸发出来的革命潮流的完全丑恶并极度保守的阴谋。

这样，虽然我们并不想提倡反复出现的二元对立，科学神话与城镇景观的各种对抗版本，但我们发现自己再次面临着两种立场的极端情形。这里是一种抽象的、可能科学的理想主义，以及另一种现实的、可能大众的经验主义。人们发现无论怎样表白前者的思想态度，都无法应对特殊性；而且发现，后者的思想态度就是，无论怎样，都极其不情愿地面对普遍性。尽管人们不得不去思考为什么人性会被这样区分，但仍然很难意识到，那些平民信念的修正主义者，那些正在攻击某一种刺猬信条的狐狸们，正是因为他们正在攻击这一信条，他们本身正在成为一群刺猬。很不幸的是，为了宣称“人民”的首要性，似乎就会产生出与坚持某种方法和理念可能导致的那种单一整体论同样令人难以忍受的整体论。

但是，如果到目前为止，我们似乎已经辨识出两种不同类型的囚禁人类精神的樊笼，如果其中之一是带有电子控制的堡垒，而另一则是基于同情原则的开放式监狱（open gaol）（而且如果我们显然宁愿在后者中被拘留），那么两种情况中都仍然存在着装扮成自由的樊笼的某些细节问题。而且重要的是，这些细节可在两派都基本赞同的对未来的预想中找到。

很显然，并且没有过多的意见分歧，人们一般都将未来视作正在子宫中孕育着的特别娇弱的胚胎。而且很显然，除非我们特别当心，否则将会发生比可能到来的流产更为糟糕的事情。事实上，为了保证未来的顺利降临，现在必须清除所有心理和精神方面的障碍；如果我们可以无聊地将之称为“有关未来的斯波克医生理论”（The Doctor Spock Theory）[33]，也许按照这种理论所开出的处方，建筑师赋予社会学家以文化产科医生的角色。

这个普遍性神话显然是充满危机的。但是，如果这是对相同思想的强硬条款（譬如汉斯·迈耶和雷纳·班纳姆[34]所热衷的“建筑师是与时间和技术赛跑的运动员”）的一种柔性化的描述，在两种情况中，无论是微弱的可能性还是艰难的成长，未来作为催促着当下的一种要素开始登场。换言之，未来以一种绝对价值进行着统治；并且由于它的降临势在必行，无可阻挡，一个严肃而“审慎”的行为开始加诸我们之上。

毋庸赘言，这种畅想是历史决定论的一种粗糙成果，一种在本世纪初被建筑师和规划师所普遍接受的“读者文摘”式的黑格尔版本。因为肯定不会在其他任何时候，有这么多建筑学的伪学术人士能够将如此之多的固见（Sitzfleisch）投入到这一完全反常的问题之中：为了防止未来不降临，我们可以做些什么？

但是，如果在早先的时代很少有人提及这个问题（未来被看作是一种会自己照顾自己的东西），今天，它显然与更加根深蒂固的预设紧密地联系在一起，与这些概念联系在一起：社会是一种不会中断的植物整体，一种生物学或植物学的实体，一种需要最大的关爱和最

33 本杰明·斯波克（Benjamin Mc. Lane Spock，1903—1998），美国儿科学家、教育家，反对美国政府卷入越战的代言人。

34 雷纳·班纳姆（1922—1988），英国著名建筑评论家，曾著有《第一机械时代的理论与设计》《新粗野主义：伦理还是美学》《洛杉矶：四种生态形式的建筑》，1952 年起曾为英国著名建筑期刊《建筑评论》工作。班纳姆曾任教于伦敦大学、布法罗纽约州立大学、加州大学圣克鲁兹分校、纽约大学等高校。

细致呵护的动物或植物。而且，如果社会作为有机体的想法最终是由古典思想派生出来的，如果它在19世纪的复兴已经被我们研究过了，如果它可能有时形成了一种顺带的隐喻，它在文字上的解释仍然明显涉及“我们”和“它们”。因为动物应当得到饲养，植物应当得到灌溉（否则为什么需要担心？）；这样，作为一种自然有机体，社会在实践中形成了某种被驯化的、家长管制式的情形。建筑将孕育出发展的前景（颇像是某些异国植物园中的标本）；而“人民”，仅因为是“人民”，就通过行动来表达自己，不用头脑发热，就会有助于凸显一种枝繁叶茂的壮景；但这是一个精心建造的植物园（或动物园），而这毫无新奇之处。

有时候，黑格尔关于发展辩证法的概念竟会把自己贬低成为如此灾难性的枯燥乏味之物，在其中，发展就形同一种简单的增长，仅仅只是大小方面的变化就被视为真正的、本质的变化，这实在是有点令人吃惊。增长与变化，经常被混为一谈，它们实则代表着截然迥异的动态过程；而把社会和文化看作是简单增长（也就是变化）的概念，扭曲了其作为习惯与争论的产物的本质。因为各种观念以及那些使未来不同于现在（而且因此将要导致变化）的未来观念不会“增长”。它们的存在模式既不是生物的，也不是植物的。它们存在的状况是冲突的、争论的和清醒意识的状况。但是，如果它们是通过论战的热度或者冷度，通过思想的冲突而产生，那么，我们所继承的历史决定论的残余不愿意坦承如此明显的事实。

当然这也是对的。因为，如果假设所有的观念从一开始就是命中注定的（就像花蕾静静等待着盛开的那一刹那），如果同时假设所有的知识都是可以获得的（“方法论”的一种公开定理），那么未来观念的麻烦和问题从逻辑上讲将会自然消失。很简单，既然我们目前可以不仅仅凭直觉来了解它们，那将不存在任何问题；而且，由于我们掌握社会和文化运行的“法则”，我们应该能够顺利地从现状进行推断。或许这只是故事的一半。但是，虽然“历史”与未来是专横的，但矛盾的是，正如已经注意到的那样，它们通常被设想为需要关注的：因此显然，对于自然培育的需求和对一种整体设计的需求，就被和缓而

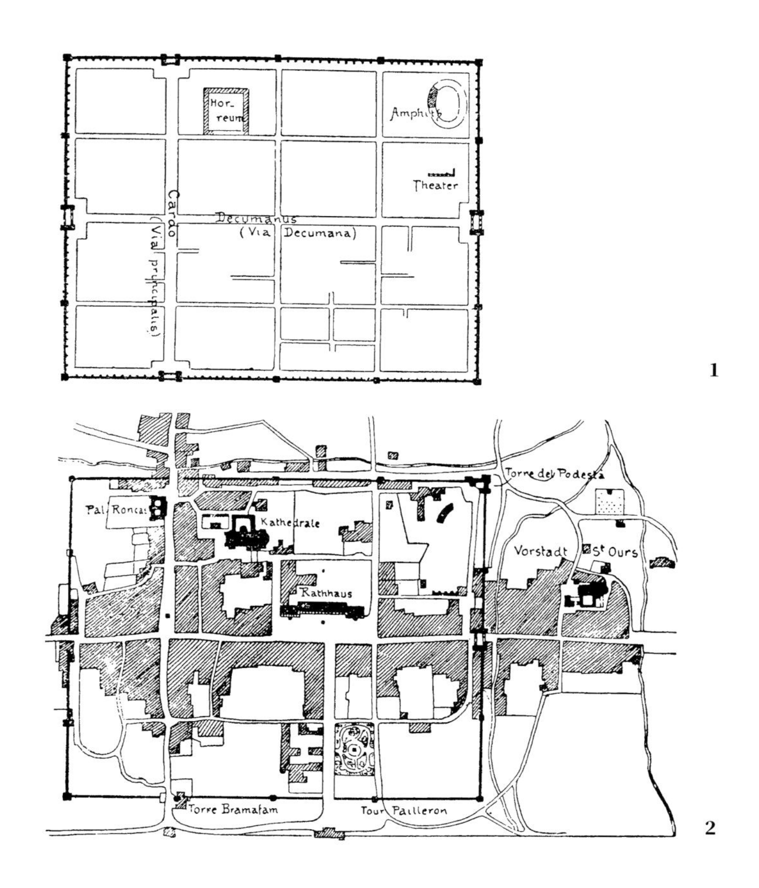

1

2

持续地提出来了。

或许正是在这个层面上，我们看到了乌托邦和千禧盛世的教条最终的、在逻辑上的堕落。新秩序得以被悄然而和缓地引入；技术被培育出来而不是强行实施；通向终极完美的道路已经得以揭示，而且由于所有文化标识越来越被视为沉闷和陈旧的，当我们放弃那些也许我们仍然持有的自由的幻象时，我们仍然会被这样的信条所慰藉：这是通向自由的合理而严密的完美之路。

这确实是夸张，但并不太出格。因为当代建筑学和城市设计相当容易就提供了种种推论，对于致力于细察这些推论的人而言，几乎没法不去渲染我们在这里已经绘制的图景。“增长”被假定为没有受到“政治”的干扰；整体设计和整体无设计，同样都是“整体的”。自由网格被认为是中性的和自然的；“人民”不加约束的自发性被认为

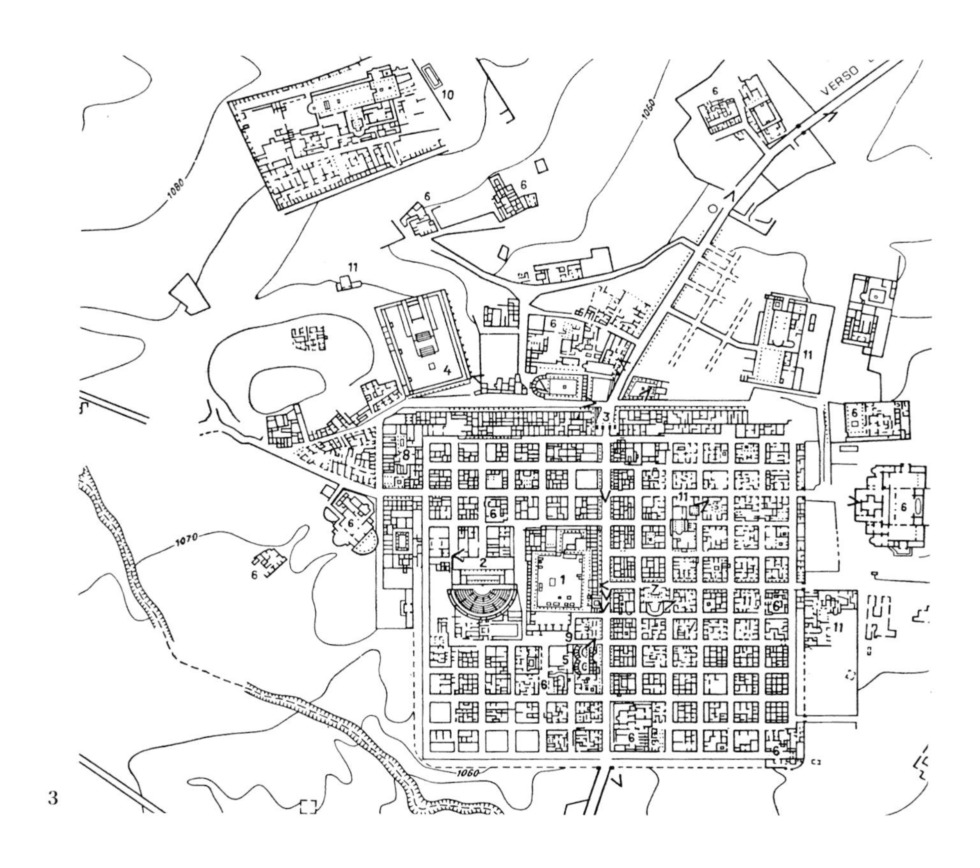

3

既是有益的也是独立的；“科学”和“宿命”之间奇怪的结合，权力的幻象和自主的幻象之间奇怪的结合；选择在笛卡尔的坐标系中完全裸露地蹦来跳去，还是从贫民窟中获得本能反应：总体而言，这些推论数量不多，而且十分奇特。

但是冒着重复的危险，我们需要再一次从诊断走到预后。接下来的论点涉及：妥协或至少是暂时中止流行的单一视域；愿意认识到某些关于历史和科学的方法的幻想是为了它们成为图腾；承认政治进程既不可能非常顺利，也不可能非常可测；并且，也许最重要的是，要消除怀有的偏见，即所有建筑都可以而且必须成为建筑作品——当这种成见的结论性命题被有力地内外反转之后，亦即所有的建筑作品都应当消亡的时候，它无论如何都要进行修正了。消失的时候，这种成见绝不改变。

因为，除了专业化的帝国建筑之外，对于所有建筑都必须是建筑

发展是冲突和争论的结果：

1　奥斯塔（Aosta）的罗马居民点

2　19 世纪初的奥斯塔

3　阿尔及利亚，蒂姆加德（Timgad）的罗马居民点，含后续发展部分

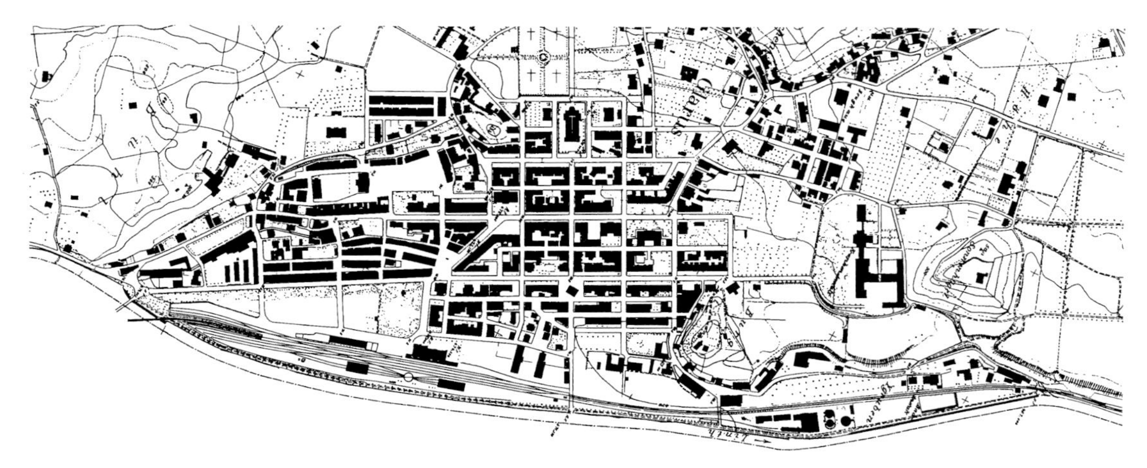

1

作品的要求（或者相反）与一般性常识是十分对立的。如果可以限定一下建筑艺术或建筑其他什么的生存困境（而且没有一个简单的公式可以将自行车棚与林肯大教堂 [Lincoln Cathedral][35] 联系起来），人们可能认为建筑学是一种与建造过程相关的社会机制，就如同文学与演讲之间的关系那样。它的技术媒介是公共资产，而且如果所有的言语都必须成为文学，这一想法本身是荒谬的，而且实际上是无法忍受的，

35 林肯大教堂是英国哥特式教堂的代表之作，与威斯敏斯特教堂齐名，在 1549 年之前的 200 多年时间里，它是世界上最高的建筑。

1 格拉鲁斯（Glarus），格拉鲁斯州，瑞士。格拉鲁斯的平面辨证地显示了一种与奥斯塔城历史发展截然不同的演化过程。在奥斯塔城的例子里，古罗马时代居民点的正交系统在后来的城市演变里被侵蚀了；而在格拉鲁斯城的例子里，由中世纪晚期的城市肌理组成的市中心在 1861 年的大火里被焚，在此之后新的正交体系秩序被嵌入

那么关于房屋和建筑也可以同样认为：没有必要也没有意图来坚持它们完全一样。如同文学一样，建筑是一种具有特定含义的概念，它可以但不必与其方言之间进行一种活跃的往来；如果这表明没有人因其优雅的、热情洋溢的话语模式而被真的认定为失败者，那么类似行为的珍视也无需见谅。

但是，驿动于自己至善感觉的“单一中心视域”，它的紧迫性将不容许任何如此显然的决断；而且，由于建筑师既要成为弥赛亚（Messiah）[36] 又要成为科学家，既要成为摩西（Moses）[37] 又要成为牛顿，这种角色扮演的后果将是无可回避的。合理性的证明在山顶上与“历史”相遇并被击落下来，并且相应地，也由于对不多不少的“事实”的准确观察而被削弱。

不管怎样，由 18 世纪自然哲学家所赋形的建筑师就呈现为带着全套小小的测量棒、天平仪和蒸馏器的模样，关于他的神话（一个被建筑师那缺乏光彩、缺乏门第出身的表弟，也就是规划师，兼并之后而变得更加荒谬的神话）现在就必须与《野性的思维》（*The Savage Mind*）和“拼贴”（bricolage）[38] 所表现出来的各种事物一起考虑。

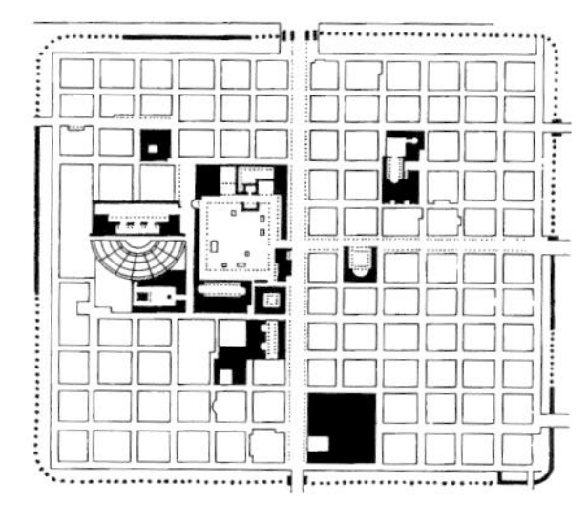

2

克劳德·列维-斯特劳斯[39] 认为，“在我们中间仍然存在着一种活动，它使我们从技术层面上很好地理解了我们更愿意称之为“先验的”而不是“原本的”科学在推测层面上可能是什么。这就是法语中通常称为‘拼贴’的东西”「9。然后他对“拼贴”的目标和科学的目标，以及“拼贴匠”（bricoleur）和工程师的各自角色进行了广泛的分析。

在它旧有的含义中，动词“拼贴”（bricoler）适用于球类和弹子

36 Messiah，古犹太语，希伯莱文“救世主”的意思。

37 摩西是公元前 13 世纪时犹太人的民族领袖，被认为是犹太教中最伟大的先知，犹太教（Judaism）的创始者，也被基督教、伊斯兰教和巴哈伊信仰等宗教认为是极为重要的先知。他同时也是战士、政治家、诗人、道德家、史家、希伯来人的立法者。据《圣经》记载，他曾亲自和上帝交谈，受他的启示，领导希伯来民族从埃及迁徙到上帝的应许之地——巴勒斯坦（Palestine）（古称迦南），将他们从奴隶生活中解救出来。

38 在李幼蒸翻译的中译本《野性的思维》中，bricoler 被译为修补，bricoleur 被译为修补匠。本译本为了保持与“拼贴”（Collage）主题的一致性，将它们分别翻译为“拼贴”与“拼贴匠”。

39 克劳德·列维-斯特劳斯（1908—2009），法国当代著名的思想家和文化人类学家，法兰西学院教授，著有《忧郁的热带》《结构人类学》《野性的思维》《神话学》等。

「9 Claude Lévi-Strauss, *The Savage Mind*, London, 1966; New York, 1969, p.16.

戏、狩猎、射击和骑术。但是它一直也被用来指称一些不相干的运动：一只球的反弹，一条狗的偏离，或一匹马为避开障碍物而从其直线路线上转向。而在我们的时代里，“拼贴匠”仍然是指一个用他的双手，用与工匠相比有些狡黠的方式工作的人。[10]

现在我们并不是要强调列维 - 斯特劳斯的论点的重要性，而是想要促成一种认识，它可以在某种程度上被证明是有用的。这样的话，如果有人想要把勒·柯布西耶看作是伪装成刺猬的狐狸，那么他也会愿意设想相应的伪装企图：“拼贴匠”装扮成工程师。“工程师制造属于他们时代的工具……我们的工程师在工作中是健康的、有阳刚之气的，是活跃的并大有作为的，是安定的、欢乐的……我们的工程师制造建筑，因为他们采用了一种来自自然法则的数学计算”。[11]

这几乎完全是早期现代建筑最明显成见的代表性陈述，但是接下

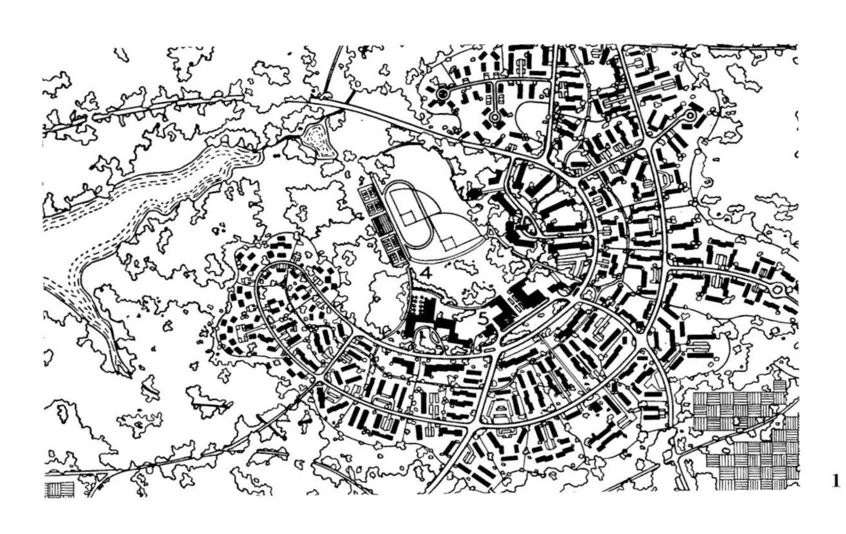

1

来我们将它与列维 - 斯特劳斯的陈述比较一下：

“拼贴匠”擅长完成大量的、各式各样的工作；但是与工程师不同，他不会局限于仅为该项目目标而准备的原料和工具。他所有的工具是有限的，而且他的操作规则总是采用“手头上已有的东西”，也

[10] Lévi-Strauss, ibid, p.16.

[11] Le Corbusier, *Towards a New Architecture*, London, 1927, pp.18-19.

[12] Lévi-Strauss, op. cit., p.17.

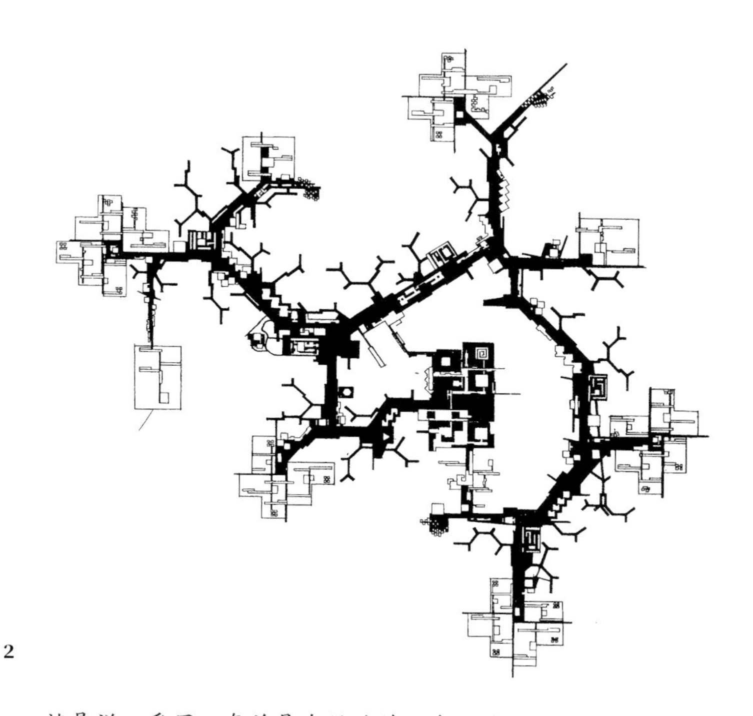

2

就是说，采用一套总是有限的并且多元的工具和材料，因为它所包含的内容与现时的计划没有关系，或者与任何特定的计划都没有关系。但它是以往出现的一切情况的偶然结果，连同先前的建构或分解过程的剩余物，更新或丰富着储备。这样，“拼贴匠”的这套工具就不能按照一种计划来确定（然而在例如工程师的案例中，至少在理论上，有多少不同种类的计划，就有多少套不同的工具和材料），它只能根据潜在的用途来确定……因为这些要素是以这样的原则来收集或储存的：“它们或许总能派上用场”。这些零件在一定程度上是专业化的，足以使“拼贴匠“不需要所有行业和职业的设备和知识，但对于每一种专用目的而言，零件却不齐全。它们都展现了一套实际的和可能的关系；它们是“算子”（operators），但是它们却可以应用于同一类型的各种运算。」[12]

对我们而言不幸的是，列维-斯特劳斯并没有采取一种适当简练的引证。例如“拼贴匠”，他当然代表了一种“特殊工作的人”，但其意义也远不止于此。“众所周知，艺术家既有点儿是科学家，又有

伪增长：

1 美国马里兰州（Maryland）的格林贝尔特（Greenbelt）

2 坎迪里斯、尤西克和伍兹：图卢兹-米哈伊的竞赛方案，路径系统方案，1961 年

1

1　安卡拉城堡（Ankara）：内部环形城墙上的两座烽火台，西立面。关于它的建城时间，有两种看法：一种认为它始建于公元 620 年，也就是拜占庭皇帝希拉克略（Heraklius）战胜了霍斯劳二世（Chosroes II）的时候；另一种认为它始建于公元 7 世纪中叶，也就是君士坦斯二世（Constantius II，641—668）统治时期。米海尔二世（Michael II，820—829）在位期间，它扩建了外部的环形城墙。从 931 年瑟德苏肯人（Seldschuken）兴起一直到凯考斯二世（Keikavus II，1249—1250）在位期间，它经历过修复和加固

2

2　阿尔勒（Arles），位于古代圆形露天剧场围墙内部的中世纪城市平面

1

2

点儿是‘拼贴匠’”[13]，但是，如果艺术创作处在科学与“拼贴”的中间地段，这并不意味“拼贴匠”是“退步的”，“可以认为工程师是向宇宙提问，而‘拼贴匠’则是与人类尝试后留下的残余物打交道”[14]，但同时必须肯定的是，在这里不存在首要性的问题。很简单，可以这样来区分科学家和“拼贴匠”：“他们赋予事件和结构不同的功能——手段和目的功能，科学家通过结构创造事件，而‘拼贴匠’借助事件来创造结构”。[15]

但是在这里，我们与以指数级增长的精密的“科学”的单一概念（一艘快艇，其后牵引着像拙手笨脚的滑水者的建筑学和城市设计）相距甚远；相反，我们不仅面对的是“拼贴匠”的“野性思维”与工程师“被驯服”的思维之间的一种冲突，而且还认识到这两种思维方式并不代表一种进步的序列（例如工程师代表了“拼贴匠”的一种完美境界，等等），而在事实上，两者是必要的共存和互补的思想状态。换言之，我们可能即将到达列维 - 斯特劳斯的“感觉性的逻辑思维”（pensée logique au niveau du sensible）的类似观点。

[13] Lévi-Strauss, ibid., p.22.
[14] Lévi-Strauss, ibid., p.19.
[15] Lévi-Strauss. ibid., p.22.

3

当然也可能存在其他的途径。卡尔·波普尔或许已经非常近似地将我们置于相同的地方。尤尔根·哈贝马斯（Jurgen Habermas）[40] 也许帮助我们得到了同样的结论；但是我们更倾向于列维－斯特劳斯，因为他的议题带着对制作的强调，更可能使建筑师认识到他自己的一些东西。因为如果我们可以使自己摆脱职业情趣和公认的学术理论的欺骗，那么对“拼贴匠”的描述远比从“方法论”和“系统论”中产生的任何幻想更能说明建筑师—城市设计师是什么，做什么。

确实，有人可能担心作为“拼贴匠”的建筑师如今几乎成了一种过于诱人的程式——一种可能导致形式主义、特征主义（ad hocery）、城镇景观拼杂、平民主义以及任何其他人们可以选择去命名的程式。但是……“拼贴匠”的野性思维！工程师／科学家被驯化了的思维！这两种情况的相互作用！有点是“拼贴匠”又有点是科学家的艺术家（建筑师）！这些明显的必然结果应该能够缓解一下这种担心。但

4

40　尤尔根·哈贝马斯（1929— ），当代德国著名哲学家，法兰克福学派主要成员，侧重于批判的社会理论研究，著有《社会政治学的特征》《社会科学的逻辑》《交往行动理论》等。

1　拼贴：罗马，多里亚·帕姆皮利别墅（Villa Doria Pamphilj），花园建筑
2　罗马，多里亚·帕姆皮利别墅，花园建筑，窗户细部
3　类似的拼贴，路易吉·莫雷蒂（Luigi Moretti），罗马，向日葵公寓（Casa del Girasole），细部
4　德克萨斯州卡尔威特（Calvert）的住宅

是，如果我们不应该指望“拼贴匠”的思维能促成一种广泛适用的特征主义，那也一定要强调，工程师的思维也不需要被看作是支持这一观点，即建筑学作为整体综合科学的一部分（最好像物理学那样）。而且如果列维-斯特劳斯的“拼贴匠”概念显然也包含了科学，那么它现在可以与波普尔的显然排除了“方法体系”的科学概念相关联。在这里，需要针对当前论断中包含的一些更加具体的意图进行说明。由于建筑学总是以各种方式，通过无论多么模糊地感受得到的标准，关注使事物变得更美好的改良，关注事物应该成为什么，总是绝望地涉及价值判断，因此，建筑学的困境永远不可能科学地解决，更不用说从某种简单的、基于事实的经验的角度去解决。而且，如果这是关于建筑学的情况，那么，在面对城市设计时（它甚至不关心将事物建造起来这件事），有关如何科学制定方案的问题只能变得更加尖锐。因为，如果通过对所有数据最完整可靠的收集而得出“最终”解决方法这一概念明显是一种认识论的妄想，如果信息的某些方面将始终保持着含糊或混沌，如果“事实”的清单仅仅因为变化和过时的速度而不可能变得完整，那么此时此地，我们必然可以认为，在现实中，科学城市规划的前景应被视为等同于科学政治的前景。

因为，如果城市规划几乎不可能比形成了一个专门机构的政治社会更科学，那么无论在政治的还是在规划的情形中，在行动成为必要之前都不可能收集到充足的信息。在两种情况中，具体措施无论如何都不可能等待一种可以最终解决问题的理想的未来构想。而且，如果因为这种构想所制造的确切未来可能是建立在目前不完善的行为之上，那么这只能再一次透露“拼贴“的作用，政治与之如此相似，而城市规划也应当如此。

事实上，如果我们愿意承认科学的方法和“拼贴”的方法有如影随形的习性，如果我们愿意承认它们两者都是处理问题的一种模式，如果我们愿意（但这也许有点困难）同意“文明”思维（带着它的逻辑连贯性的前提）和“野性”思维（带着它的非逻辑性的跳跃）是平等的，那么在重建”拼贴”与科学并存地位的过程中，我们甚至可以认为一种真正实用的未来辩证法已经出现了。

一种真正实用的辩证法？「16 这种想法只不过是争吵不休的权力之间的斗争，是严格约定的利益之间固有的冲突，是对他人利益的合理性的质疑，民主进程正因如此才能持续向前。因此这种思想的必然结果不过是老套的；假如确实如此，假如民主是自由主义者的热情和墨守陈规者的怀疑之间的结合，假如它本质上是各种观点之间的撞击，并且被如此接受，那么为什么不能允许一种争夺权力（它们全部都是可见的）的理论，从而可能建立一个比任何目前已经创造出来的更加理想、综合的理念之城。

而且没有什么比这更重要的了。在以科学确定性为基础的普遍适用的管理理想中，还有一种个人和公共的解放的考虑（顺便提一句，也包括从管理中解放出来）；而且如果是这样，如果唯一的结果应当在利益冲突中去寻求，在双方永久持续的争论中去寻求，那么为什么这种辩证的困境不能如同在实践中那样，在理论上得到承认？我们再次引证一下波普尔以及维持游戏公平性的理想；因为从这样一种批判性的角度来看，利益冲突是受欢迎的，但不是以过多过滥的廉价的普世主义方式，而是以辨析性的方式（因为在相互质疑的战场上，人们现在已经能够普遍接受，自由之花只可能通过战斗的鲜血来获得），如果这样的冲突性动机可以获得接受，而且应当是值得赞同的，我们很自然地就会问：为什么不去试一试？

这种设想使我们（就如巴甫洛夫的狗那样）自然地想起 17 世纪罗马的情形：宫殿、广场和别墅之间互相冲突，专制与宽容形成密不可分的融合，各种意图之间极其成功、富有弹性的交汇碰撞，一个只限于少数人的作品合集以及穿插其中的特别要素，这既是一种理想类型的辩证法，也是一种带着经验环境的理想类型的辩证法；而且对 17 世纪罗马的思考（由个性鲜明的局部区域所构成的完整城市：特拉斯提弗列 [Trastevere][41]、圣尤斯塔基奥 [Sant' Eustachio][42]、博尔戈

「16 在这里，渐进的、稳步发展的辩证法——无论是马克思的还是黑格尔的——的可能性，都被看作是无用的。

41 罗马的第十三行政区，位于台伯河的西岸，梵蒂冈南侧，意思为“台伯河上方”。

42 罗马的第八行政区，靠近罗马万神庙西侧。

1

[Borgo][43]、战神广场 [Campo Marzo][44]、坎皮特利 [Campitelli][45]……）导向了对于其先辈的同样阐释，在那里[46]，各种各样的广场和温泉浴室以一种相互依存的、独立的和多重解释的方式环绕于周边。而罗马帝国当然是一种更加戏剧化的宣言。正是由于它更加生硬的冲突，更加激烈的断裂，它更加四散的定式段落，它更加彻底区分开来的网络，以及普遍缺乏对于“感性”的顾忌，相比盛期巴洛克（High Baroque）的城市，罗马帝国以更加奢华的方式表达了“拼贴”精神——这里

43 罗马的第十四行政区，紧邻梵蒂冈。由于在台伯河西侧，经常用来称呼在旧城之外的城市的一个新区。

44 罗马的第四行政区，在 17 世纪前采用 Campo Marzo，后来在拿破仑占领时期改名为 Campo Marzio。该区域中有较多历史名胜，其中有波波利广场、西班牙大台阶等。这里更多指的是皮拉内西的一幅以《战神广场》（*Campo Marzio*）为名的画作。

45 罗马的第十行政区，位于罗马市中心，是最为重要的历史地区。该区围绕着卡皮托山与帕拉丁两座山丘，包扩古罗马广场、帕拉蒂诺山、罗马市政厅、罗马竞技场、维托里亚诺纪念堂等诸多重要的历史场所。

46 指帝国时期的罗马。

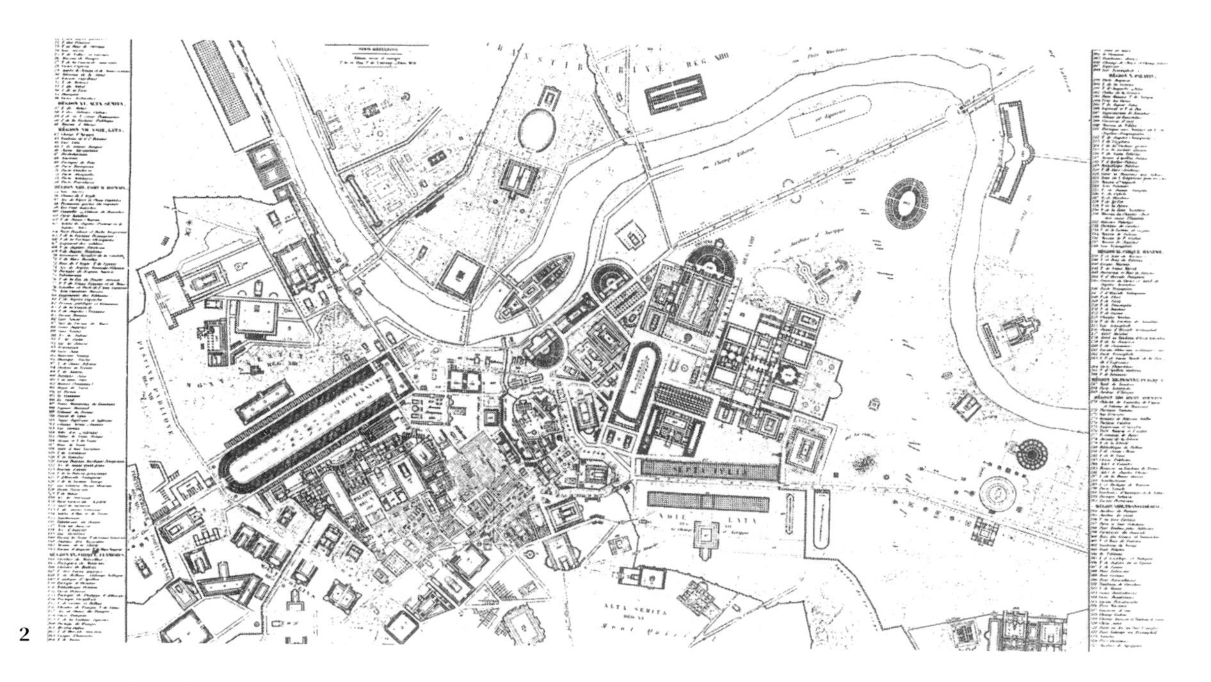

2

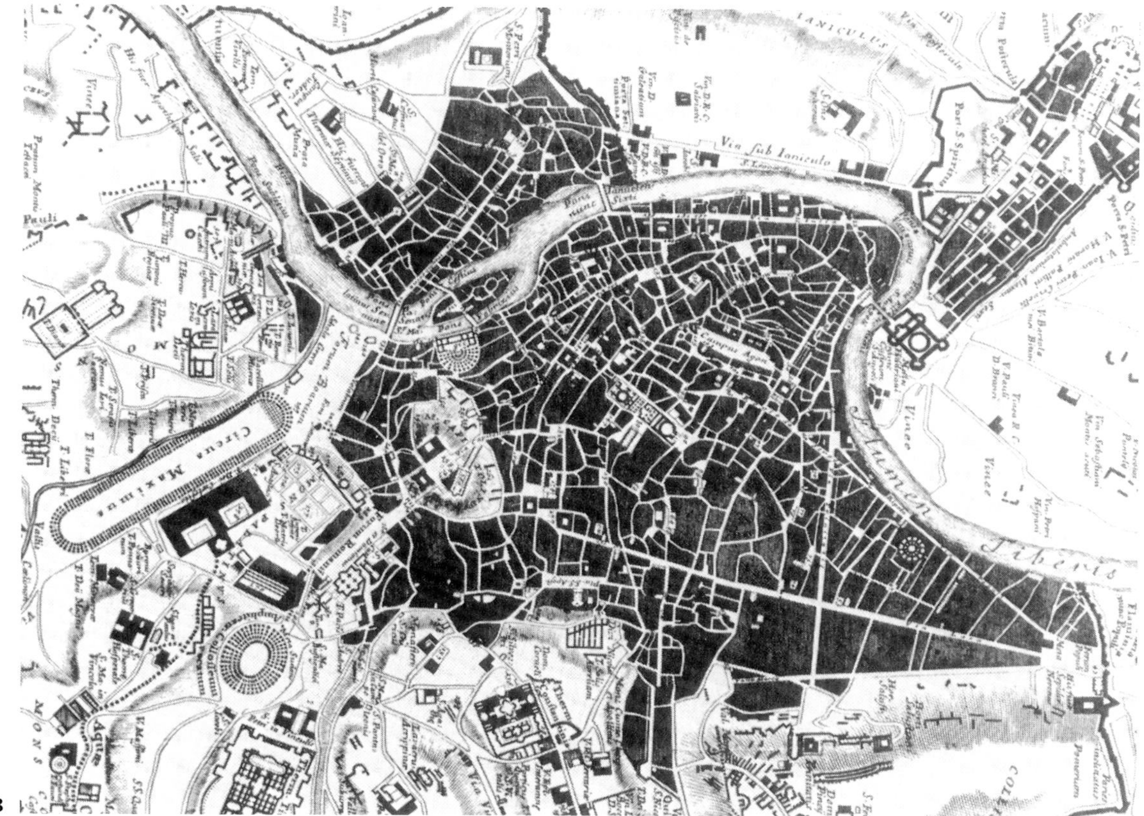

3

1 帝国时期的古罗马城

2 帝国时期的古罗马城，由勒维尔（J. A. Léveil）于 1847 年在前人卡尼纳（Luigi Canina）基础上绘制的平面

3 罗马，17 世纪的城市基底，在布法里尼（Leonardo Bufalini）1551 年的罗马地图基础上绘制

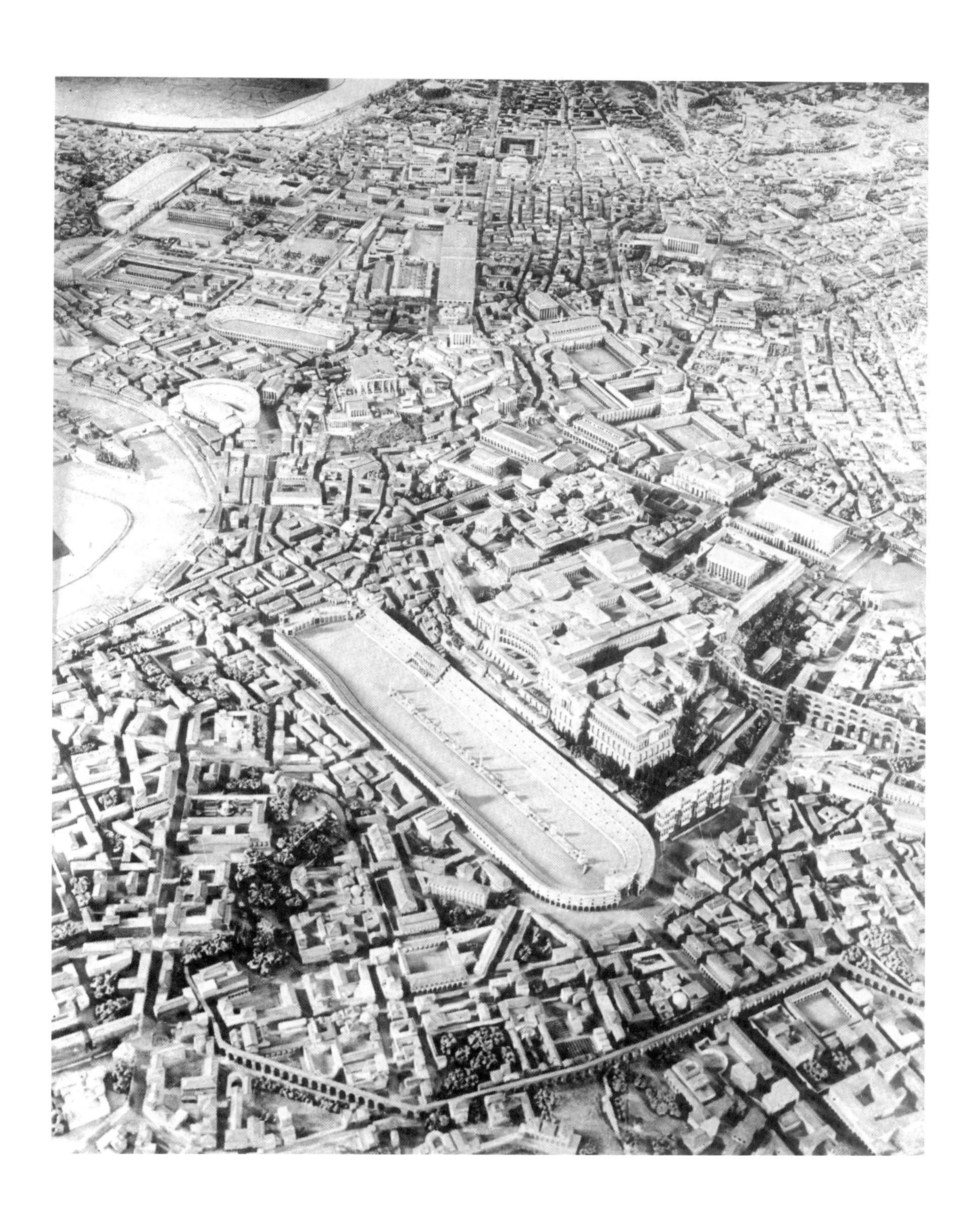

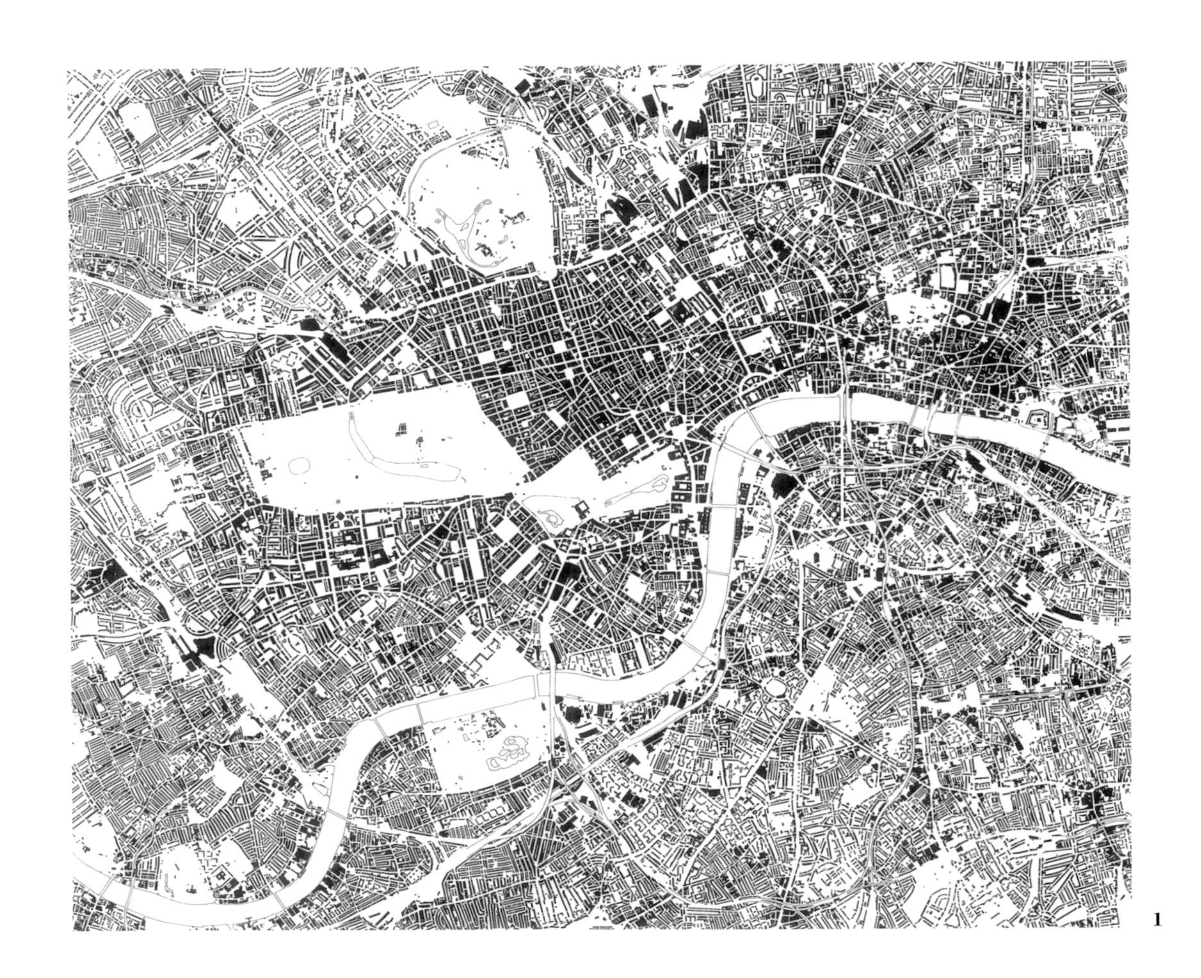

1

是一个方尖碑，那里是一个柱式，某个地方又是一圈雕塑，即使在细部，这种心态也被完全表达出来。在这种意义上，回想一群历史学家（毫无疑问是实证主义者）所带来的影响是十分有趣的。他们曾一度竭力将古罗马人说成是19世纪的工程师，古斯塔夫·埃菲尔（Gustave Eiffel）的先驱。很不幸，他们已经有点迷失了方向。

因此罗马（无论是帝王的还是教皇的，坚硬的还是柔和的）在这里可以被视为某种模型，以代替社会机制和整体设计所带来的灾难性的城市设计的模型。因为，尽管人们认识到，我们这里看到的是一种特定的地形和两种特殊的、虽然不是完全可以分开的文化的产物，仍然可以认为这是一个并不缺乏普遍意义的论点。那就是：当罗马的格局和政治提供了也许是连续场地和间隙残片（interstitial debris）最为形象化的案例

1 伦敦1968年的平面图

2 格雷厄姆·肖恩（Grahame Shane）：伦敦内城的分析图，1971年

2

时，仍然存在着同样有价值的、更加平和的版本，而找到它们并不难。

如果人们愿意这样认为，罗马就好比伦敦的一个内爆式的版本。伦敦有着更为平缓的地形，套路化的建筑被放大，其影响力却有所削弱（图拉真广场 [Trajan] 对应着贝尔格拉维亚广场 [Belgravia]，卡拉卡拉浴场 [Caracalla] 对应着皮姆利柯 [Pimlico]，布罗姆斯伯里 [Bloomsbury] 对应着阿尔巴尼别墅 [Villa Albani]，韦斯特伯恩住区 [Westbournel Terrace] 对应着古里亚大街 [Via Giulia]）[47]。而这样，帝国和教皇的“拼贴”作品将开始接受 19 世纪，以及多少带有些布尔乔

47 图拉真广场、卡拉卡拉浴场、阿尔巴尼别墅、古里亚大街为古罗马时期罗马城市的广场、街道、浴场、住宅等。贝尔格拉维亚广场、皮姆利柯、布罗姆斯伯里、韦斯特伯恩住区为伦敦大约于 19 世纪发展起来的地区。

亚[48]色彩的类似物——一个理性的网格化场域的集合，通常对应于地产结构，中间穿插着混乱的和如画式的景象，大部分对应于河床、牛道等，这些最初作为一系列不经意的缓冲区（D.M.Z.）[49]，其混乱的价值在于有助于反衬秩序的优点。

我们当然完全可以将罗马—伦敦模型扩展应用，为休斯敦或者洛杉矶提供一种相应的解释。这只关乎人们在参观一个地方时所带有的思维框架，也就是说：如果一个人希望找到稀奇之处，那么就会关注

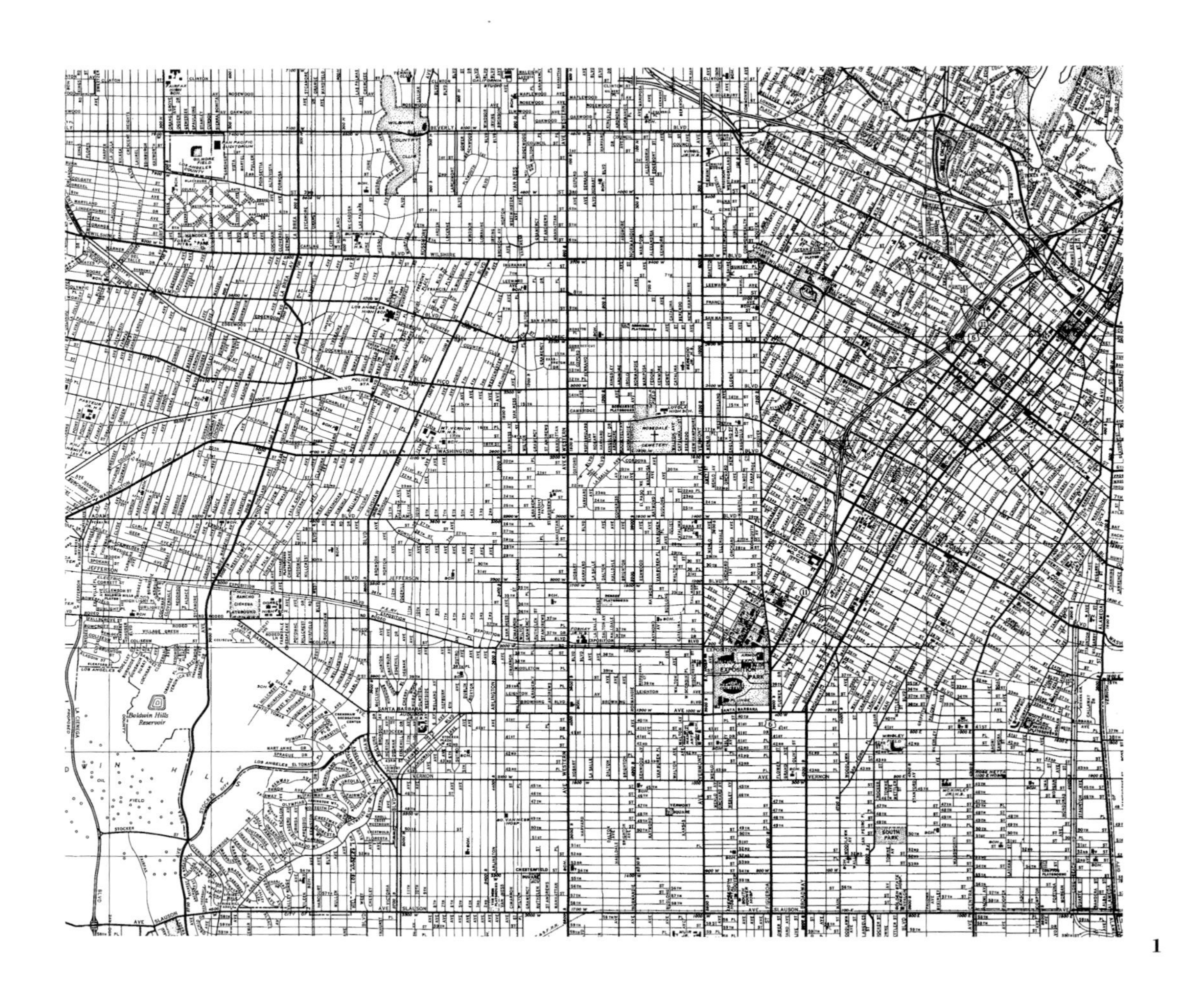

1

48　布尔乔亚（bourgeois），指一种中产阶级或资产阶级的生活方式，追求名利但实质上平庸的世俗。

49　原指非军事化区（Demilitarized Zone），一般指处在交界部位的一种地区，其中不得存在军事设施。这里指放松戒备，不受关注的区域。

1　洛杉矶，1952 年南加州汽车俱乐部的城市平面图，局部

2　纽约，1879 年

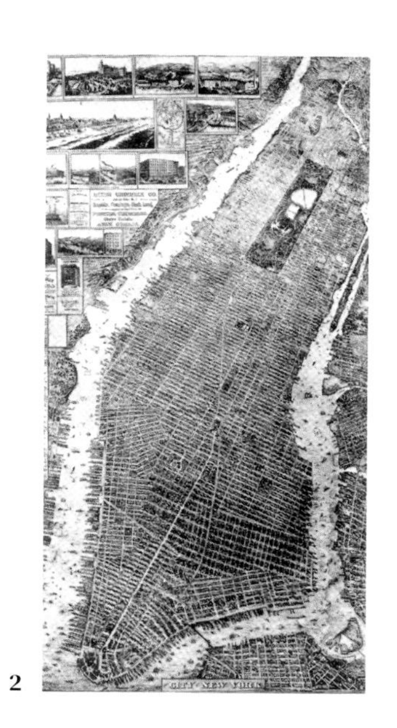
2

这种稀奇之处，如果一个人希望找到通往未来的道路，他就会努力去发现它；而同样，如果一个人正在寻找一种模型所带来的影响，那么在合理的范围内，他就可能辨识出它的痕迹。例如在休斯敦或者洛杉矶，如果内部连贯性的场域和间隙碎片的区域，无疑更加难以采用确切的名称来识别，如果只能通过亲身经历来知晓它们的存在，也许更加重要的是，两座城市的发展趋势几乎就是返回了类似于罗马的“拼贴”状况。然而这不是说仅仅因为某件事物是罗马的，那它就是好的——我们没有如此愚昧的迷恋；这也不是说仅仅因为事物是通俗版“罗马”的，它就一定是有价值的——我们再一次否认这种意图。而是说，在休斯敦，我们指的是格林威广场（Greenway Plaza）、波斯特橡树城（City Post Oak）、德拉广场（Plaza del' Ora）（西班牙化的蒂沃利！）、布鲁克山谷（Brook Hollow）[50]，在洛杉矶，我们注意到罗马的对应物：当地的购物中心。如果它们不是在本质上过分相似（更加“现代”，更加新殖民化，比科尔多瓦 [Cordoba][51] 之梦更多），它们或许已经可以被认为能够与伟大的古代遗迹相媲美。

不可否认，从我们的角度来看，由于扩散，由于汽车所引发的爆炸性扩张模式，某些东西可能消失了——冲突并不像人们所希望的那么明确；但是如果我们不相信快速交通（汽油已经消耗完了之后？）的叠加将会显著改善这种情景，但却仍然愿意将它作为一种持续进行着的“拼贴”案例来加以致敬，那么我们也愿意想象许多最近加入进来的平民主义鉴定家（后马克思主义者、后技术派班纳姆，后精英主义者文丘里）中的许多人在不自觉地经历着同样的紧迫。

然而这是在引入猜测；与其纠缠于罗马、伦敦、休斯敦和洛杉矶，认为它们是同一范式的不同版本，可能不如再次回到幸福的笛卡尔坐标系，回到平等而自由的中性网格，而它的参照物则必然是曼哈顿。

曼哈顿大约有 2000 个街区，理论上每一个恰好 200 英尺

50 休斯敦的一些地名。

51 西班牙南部的城市，原为腓尼基人和迦太基人古城，公元前 2 世纪为罗马人殖民地，公元 6 世纪西哥特人侵入，破坏甚烈。公元 8—11 世纪曾为科尔多瓦哈里发的都城，城市繁荣。12 世纪起是西班牙王国的重要军事基地。城内有 8 世纪时建造的清真寺（现为天主教堂），还有横跨瓜达尔基维尔河的摩尔桥。

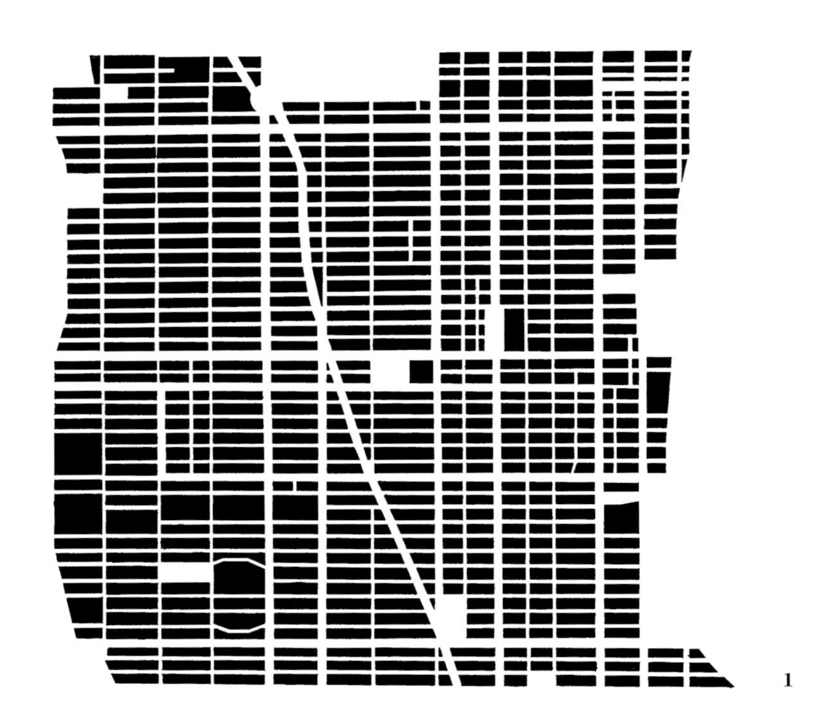

1

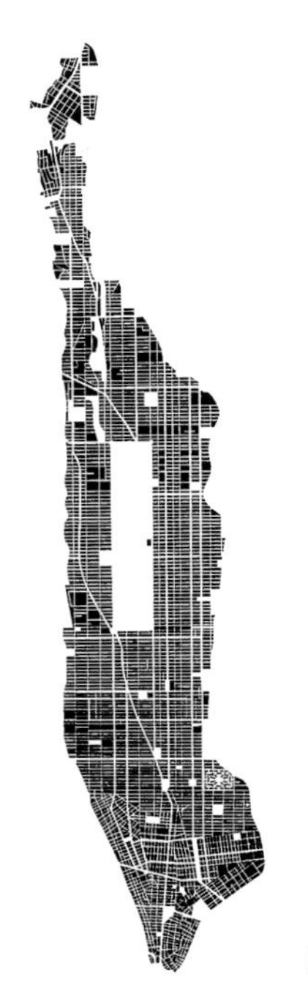

2

3

（60.96 米）宽；而且如果想要获得一块建筑场地，无论这一场地看过去的是一座教堂还是一座锅炉房，是一所剧院还是一家玩具店，从意图上来说，这些街区中不存在一处比另一处更好的情况。」[17]

但是如同所有绝望的观察，弗雷德里克·劳·奥姆斯台德（Frederick Law Olmsted）[52] 的观察永远不是完全真实的。因为如果在曼哈顿，毯式网格的蔓延同时消灭了地方性的细节，并且在进行中展示了地产商的技能，这一操作却永远都不可能完成。因为，当网格保持着挑衅性的“中性”，而且当它主要的限定效果只能在最总体、最粗略的层面中看到（连续的滨水区、中央公园、下曼哈顿、西村、百老汇，等等），除了环境因素的考虑，异质性聚集物呈现出来，并

52　弗雷德里克·劳·奥姆斯台德（1822—1903），美国著名景观设计师、规划师、现代城市景观学的创始者，规划设计纽约中央公园，参与 1898 年芝加哥的哥伦比亚世界博览会的主持工作，参与美国首都华盛顿规划。

1　纽约曼哈顿局部

2　纽约曼哈顿

3　“一个民主的曼哈顿会是什么样的？”1973 年

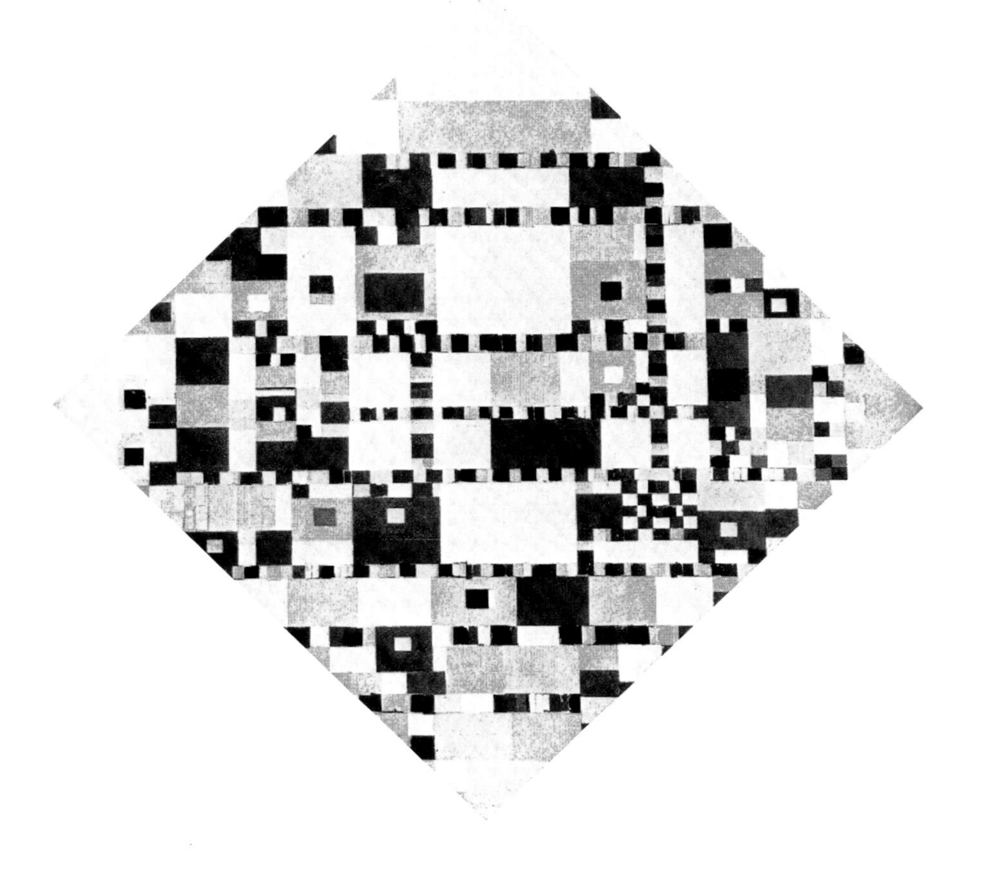

要求被加以利用；这种情况——可以在蒙德里安的绘画中清楚地看到[53]——也不是完全失败的。但是如果由于为变动的和偶然的事件提供了一种极具活力的平台，纽约也许为普遍性的方格网提供了一份最好的辩白，它的方格网所提供的最令人满意之处，也许主要在于一种概念上的无限延展的理性秩序。很明显，无限延伸的区域，就如同它往往会击败政治一样，也有助于击败感性认知；而且它很可能会尽量去规范那些只能感觉得到的东西和必要存在的东西，在这样的努力下

17 Frederick Law Olmsted and James R.Croes, *Preliminary Report of the Landscape Architect and the Civil and Topographical Engineer, Upon the Laying Out of the Twenty-third and Twenty-fourth Wards*, City of New York, Doc.No.72, Board of Public Parks, 1877. Extracted from S.B.Sutton (ed.), *Civilizing American Cities*, Cambridge, Mass., 1971.

18 这张图片感谢 Charles Jencks, *Modern Movements in Architecture*, New York and London, 1973.

53 指蒙德里安作于 1943 年的《胜利之舞》(*Victory Boogie Woogie*)。布基伍基（Boogie Woogie）是一种钢琴演奏手法的专称，常用于爵士乐演奏，以低音的不断重复为其旋律变奏的特色。

皮特·蒙德里安（Piet Mondrian）：
《胜利之舞》，1943—1944 年

才出现了“一个民主的纽约会是什么样子”「18 这样的命题——要求对不切实际的集权政府进行行政分区，有趣的是，这些要求与更纯粹的形态学分析的结果越来越趋于一致。

有点不合理的是，现代建筑的现行传统目前倾向于赞成这样的建议。有些不合理是因为，无论多么民主，这样的分区化（cantonization）只能体现出建筑师从长期沉迷于整体设计的幻想中所继承而来的偏见，这种偏见使他无法跟随其他不同观点所指引的方向。因为，虽然我们已经认识到整体政治是站不住脚的，但对这种结论的任何现实对应物的类似前景仍然缺乏兴趣，也毫无信心。换言之，虽然在政治上，有限区域的存在（互相影响，但都受到保护，不被最终侵害）再次被认为是有益的、可取的，但这一信息似乎还没有完全被转化为具有观点的语言。因而，有限区域的任何空间或时间上的相等之物的产生，从特点上说，都可能得不到信任——同样是对未来的一种屏蔽，是对开放性自由的危险阻碍。

我们目前所讨论出来的东西对于某些人来说是微不足道且不可信服的，因为他们仍然不得不去构想一个完全融合的世界的社会，以及一种内在的善和科学手段的结合，在这种构想中，任何主要或是次要的政治结构都将被消解。我们赞同这种信念的价值；但是我们也必须指出，理想中的开放、获得解放的社会不太可能按照这种方式构建。开放社会依赖于它各部分的复杂性，依赖于以各小团体为中心的竞争性利益，这些利益不必是具有逻辑的，但是总体而言，它们不仅可以相互监督，而且有时可能在个人与集体权力之间作为一层保护膜。因为问题在于半统一的整体和半独立的各部分之间保持某种张力。如果缺失了独立的各部分，人们只能想象一种“开放社会”，除了它的自由和平等的原则，所有博爱精神的冲动——培植亲信、拉帮结派、群体动力、结成欢乐联盟的革命公社、耶稣会、拉姆达·凯（Lambda chi）[54]、年度会议、团队晚宴等，将再次爆发。

但是毫不夸张地说，这一问题可以进行更为直观的说明。融合与

54　在北美高校中的一种大学生联谊会，成立于 1909 年。

分隔这种字眼（与政治和感知都有关）只能让我们想到美国黑人社会的困境。在那里，无论过去还是现在都存在着团结的理想，也存在着分裂的理想；但是如果这两种理想都可以得到很多得当或者不得当的观点的支持，仍然有迹象表明，当总体上的不公平被废除之后，原先从外部维持着的界线，在内部也可以被重建。因为，无论对理想中的开放社会抱有怎样的幻想，都是可以维持的（并且波普尔的“开放社会”与他所遣责的“封闭社会”同样是一种空想），不考虑自由主义理论所要求的抽象的普遍性目标，仍然存在着特性问题以及与之相关的同化和消灭特殊类型的问题，而这些问题是否应该被考虑为只是暂时性的，仍然有待证明。因为真正的经验秩序永远不是自由的、公平的、博爱的，而是恰恰相反的：一个友爱的秩序的问题，一个平等的、志同道合的群体，它集体获得了达成其自由的权力。这就是基督教的历史，大陆的共济会、学术机构、贸易联盟、妇女选举权、资产阶级特权等的历史。这是一部作为思想的开放领域的历史，作为事实的封闭领域的历史；而且在那些为真正解放作出巨大贡献的封闭领域的持续爆发中，美国近代黑人自由运动的历史是如此具有启发性（而且其激进或是防守的态度都是如此地“正确”），以至于我们觉得，不得不将其列为描述一种普遍困境的经典案例，或许也是唯一的经典案例。

尽管如此，目前这一论点需要进行简化。它必然牵涉宿命和自由意志的神学极端，而且同样必然的是，它的驱动力既保守，又无政府主义。当超越某种限度之后，恒久的政治延续性既不应当要求，也不应当奢望，而与之相应，无限扩展的“设计”的连续性同样也应当受到质疑。但这并不意味着没有整体设计，只有随机过程就能够期望获得成功。相反，无论什么是经验性的东西，无论什么是理想化的东西（而且两者都可以被智慧激情和自我利益所歪曲，从而成为它们各自的对立面），接下来的论点假设了在这些极端之间进行双向论证的可能性与必要性。在某种意义上，这是一种形式主义的争论；在它包含的形式主义特征的程度上，这并非是没有倾向性的。

“生活在民主时代的人们并不真正理解形式的作用。”这是 18 世纪30年代初期的论调，出自阿列克西斯·德·托克维尔[55]。他继续说道：

然而，民主国家的人们对形式提出的这一反对意见，正是使形式对自由如此有用的原因；因为它们主要的价值是在强者和弱者、统治者与人民之间作为一道屏障，拖延其中一方，而给予另一方时间来思考审视。当政府变得更加活跃、更有权力，个人变得更加软弱和无力的时候，形式就变得更加有必要了……这值得最为密切的关注。「19

而且，如果它至少还值得关注，那么，正是有了这样一种说法，一种奇特的实用主义的形式理论基础，我们再次提出了政治与感知之间的类比。

结语：我们倾向考虑意识（consciousness）与升华了的冲突（sublimated conflict）之间互补的可能性，而不是黑格尔的"真与美的不灭纽带"，或者恒久的、未来的统一的思想。而且如果在这里，狐狸和"拼贴匠"都是急需的，或许只能补充说，应该把今后的工作设想为无关乎使世界安全以得民主的问题。这一工作并非完全不同于此，但肯定不是这样。因为这项工作必然要通过大量隐喻、类比思维、模糊性的注入使城市变得安全（从而获得民主）；而且在科学主义和明显的放任主义盛行的情况下，这些活动或许恰有可能提供那种真正的"通过设计来生存"[56]。

55　阿列克西斯·德·托克维尔（1805—1859），法国历史学家、政治家，政治社会学的奠基人。托克维尔出身贵族世家，热心于政治，1838年出任众议院议员，1848年二月革命后参与制订第二共和国宪法，1849年一度出任外交部长。1851年路易·拿破仑·波拿巴建立第二帝国，托克维尔因反对他称帝而被捕，获释后对政治日益失望，逐渐淡出政治舞台，之后主要从事历史研究，直至1859年病逝。主要代表作有《论美国的民主》《旧制度与大革命》。

56　理查德·纽特拉（Richard Neutra）语。

「19 Alexis de Tocqueville, *Democracy in America*, translation. Henry Reeve, London, 1835-40; New York, 1848, part 2, p.347.

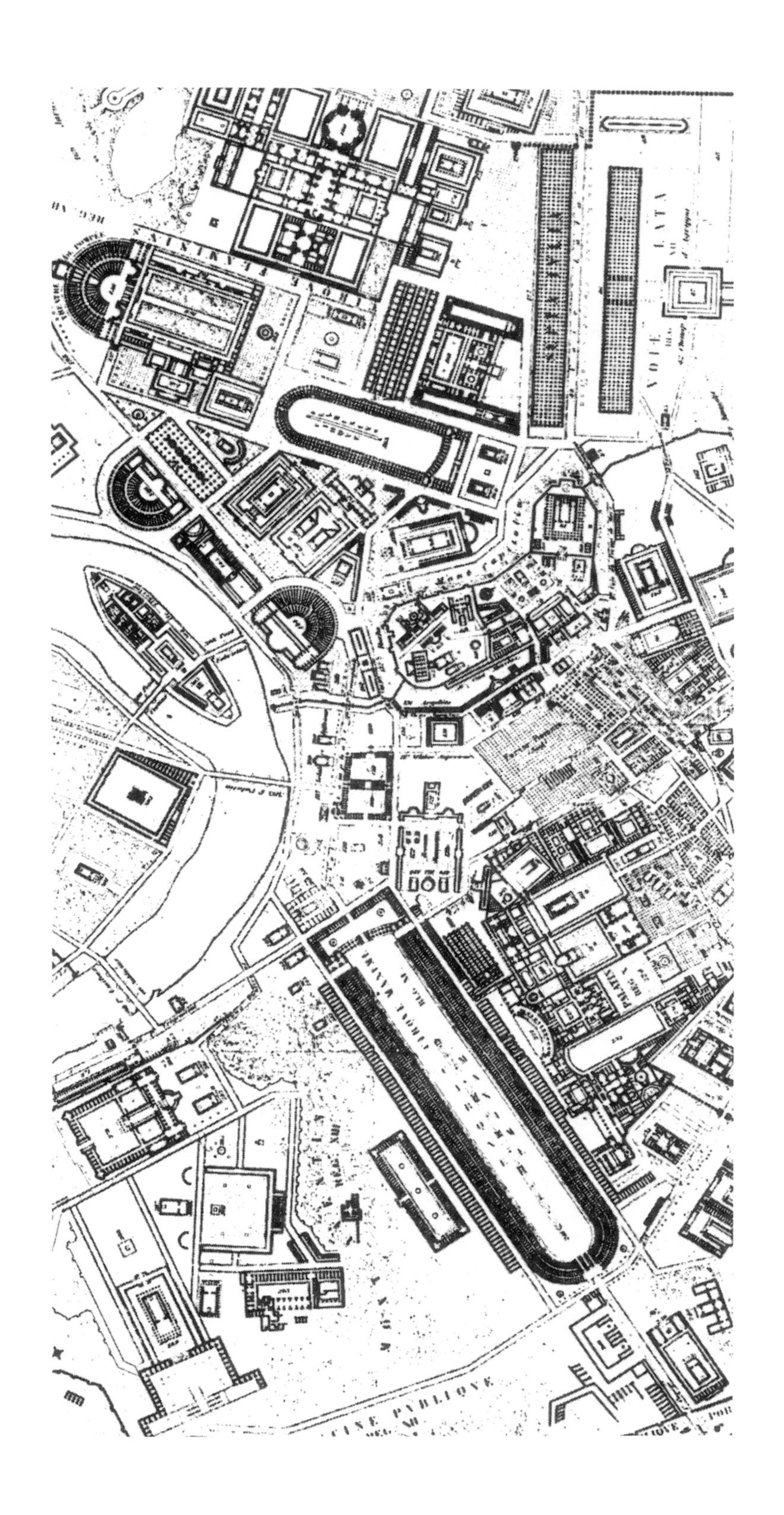

帝国时期的古罗马城，由勒维尔（J. A. Léveil）于 1847 年在前人卡尼纳（Luigi Canina）基础上绘制的平面，局部

拼贴城市与时间回返

罗马，万神庙的天眼

总之，人，没有本性；他有的只是……历史。换言之：如果本质对应的是事物，那么历史、丰功伟绩对应的则是人。

人的历史与“自然”的历史的唯一根本区别就在于，前者绝对不可能从头再来一遍……黑猩猩、大猩猩与人的区别并不在于所谓严格意义上的智力，而是因为它们的记性实在太差。每天清晨，这些可怜的动物不得不面对这样的窘境，前一天的生活内容差不多被忘得一干二净，只有极少经验可供它们的智力使用。同样，今天的老虎与六千年前的老虎一样，它们每一只都犹如没有先辈那样开始自己的生活……打断与以往的延续，是人类的堕落，也是对猩猩的剽窃。[1]

何塞·奥特加·伊·加塞特

这意味着你捡起并试图延续一条以先前科学发展的整个背景为基础的探究线索，你落入到科学的传统之中。这很简单，也很关键，理性主义者却通常不能充分认识到——我们不可能从头开始，我们必须利用前辈们在科学领域所做的事情。如果我们重新开始，那么当我们死时，就会像亚当、夏娃死时那样（或者如果你喜欢，甚至可以如同尼安德特人 [Neanderthal][2] 那样）。我们希望在科学中进步，意味着我们必须站在前辈的肩膀上，我们必须继承某种传统……[3]

卡尔·波普尔

---

1 节选于 José Ortega y Gasset, *Toward a Philosophy of History*, University of Illinois Press, 1962.

2 旧石器时代中期的古人化石，分布在欧洲、北非、西亚和中亚，最初发现于德国杜塞尔多夫附近尼安德特河流域的洞穴中。

3 节选于 Karl Popper, *Conjectures and Refutations: The Growth of Scientific Knowledge*. 可参见中译版：卡尔·波普尔. 猜想与反驳：科学知识的增长 [M]. 上海译文出版社，2015.

为了从对于物理建构的冲突的反思，转向对于冲突本身的更为深层的反思，我们现在就需要从一种心理学的角度，或者在某种程度上也是从时间的角度去思考。带有冲突意向的城市，无论在语用学方面显得如何形式多样，但它显然也是一种符号，而且是一种政治符号，体现了与历史进程和社会变革有关的一系列态度。这是显而易见的。但是，如果在迄今为止的讨论中，冲突性城市只是偶尔背离了一种符号性的意向，那么有关符号的意向或者功能的各种问题，现在就会逐渐显露出来。

对于某种思想模式而言，出于一种心理需求，事物即其本身；对于另一种模式而言，它的反面才是真实的：事物从未如其显示的那样，而且现象永远遮蔽着本质。对于某种思想状态而言，事实必然是确定的、具体的，并且永远可以一语中的。然而对于另一种思想状态来说，事实从本质上就是短暂易变的，永远不会屈服于具体的规范。一种知识派别所要求的是如何证明其精确，另一种所要求的则是如何阐释其含义；但是，如果这两种派别都无法在经验性理解或者理想主义幻想中形成垄断，对它们的界定就不必无限扩大。这两种心理状态人们再熟悉不过了。如果把一种态度说成是反圣像崇拜（iconoclast）的，把另一种说成是圣像崇拜（iconophile）的，那就太简单了（并且不完全准确），这里提出的正是这样一种基本的辨分。

曼荼罗（mandala）

反圣像崇拜是一种责任，而且应当是一种责任。这是一种驱除神话、厘清令人难以容忍的意义团块的职责；但是，如果人们可以完全赞同哥特人（Goth）和汪达尔人（Vandal）[4]的方式，将世界从令人窒息的过度参照中解救出来，那么他也必须认识到，所有这种努力，就其初衷而言，最终都是白费力气的。它们可以暂时引发洋洋自得、自大妄为和甲状腺机能亢奋的完全释放，但是长久而言，就如我们所知，这种努力只能有助于另外一种圣像崇拜。因为，如果人们能够赞同恩斯特·卡西尔及其众多追随者「」所认为的，没有任何人类举动可以完全脱离于符号性内容，那么只能承认，当我们经历了那些将神话从前门扫出去的大众运动时，即使正当（而且因为）我们这么做时，神话仍在通过厨房悄悄地潜渡回来。我们可以呼唤理性。我们可以坚信理性永远是合理的，不多也不少，但是某种顽固的图腾性事物仍然拒绝离开。因为，重述卡西尔的主要直觉，无论我们如何期望逻辑化，却仍然面临这样的境况：作为思想的基本工具，语言必然先于所有简单逻辑程序的基本过程，并对其投下一片阴云。

革命传统的辉煌和悲剧性的局限使得这一困境遭到忽视（或影响到忽视）。革命之光将驱散迷雾。随着革命的实现，人类事务必将完全处在启蒙的照耀之下。这一次又一次地成为革命的假设；而且从这一假设中，一次又一次地随之产生了几乎可以预见的觉醒。因为，无论理性事业可以达到何种抽象的高度，图腾事物就是挥之不去。只是它给自己罩上了一层新的伪装。正因如此，将自己隐藏于新发明的复杂伪装之下，它才能够一如既往地有效运作。

这就是 20 世纪建筑学和城市设计的历史：坚决将所有过时的文化幻想驱逐出去，同时虚无缥缈的幻想又泛滥成灾。一方面，建筑和城市只不过是在宣传一种由性能和效率决定的科学化模式；但是另一方面，作为主题和内容完全融合的证据，它们必定会被赋予一种象征性的角色。它们的隐秘目的是说教式的：它们进行训导。而且确实也

4 哥特人与汪达尔人都原属西欧日耳曼部族，哥特人曾于公元 3—5 世纪侵略并瓦解罗马帝国，汪达尔人于公元 5 世纪侵入高卢和西班牙，后在非洲定居，445 年曾经大肆掠夺罗马。

是如此，如果人们一定要将城市视为一种本质上的训导工具，那么作为一种势不可挡的教化倾向的典型例证，现代建筑的城市必将长久存在于城市设计的批判性文献之中。

城市被视为训导工具。这样，问题与其说是城市是否应该如此，倒不如说它不可能是别的。既然如此，问题就在于可提供的训导性信息的本质，在于如何编制想要听到的话语，在于用什么标准来确定城市想要的道德导向内容。

现在，这个问题涉及习俗与变革、稳定与动态，以及最终的强制与解放等等这些极为晦暗不明的角色，而逃避这些角色将是幸福的。但是无论是“让科学建设城市”还是“让人民建设城市”，我们已经描述并驳回了这些已经被尝试过的逃避路线。因为，如果一种有关“事实”和数字的所谓的严肃理论可以解释一个充满疑虑的道德问题，可以为解放了的城市进行辩解，也可以为某一奥斯维辛集中营或者某一越南的道德危机进行辩解，并且如果近来兴起的“赋予人民权力”只能成为首选，那么这也需要大量的先决条件。在示范性城市或者构想性城市的背景下，也不能让对于简单功能或简单形式的关注去压制有关话语的风格及其实质的问题。

这即是指出，在接下来的论证中，我们认为，归根结底，只有两个道德内容的库藏可供我们使用。它们是：传统与乌托邦，或者我们关于传统与乌托邦概念仍然提供的任何含义的暗示。无论是单独的还是共同的，积极的还是消极的，这些都是已经注意到的“科学”和“人民”、“自然”和“历史”的所有各种城市的最终服务代理：毋庸置疑，由于它们实际上作为行动和反应的非常一致的试金石（也许是最一致的），它们在这里被引用为最终的，虽然远非绝对的参考。

这并不完全是要去彰显悖论。我们已经陈述了对于乌托邦的保留意见。我们应当进而明确要求对于传统的保留意见；但是如果不首先将部分注意力转向仍然没有得到足够重视的卡尔·波普尔[2]，却进一步在这一方面沉迷于猜测，那将是故弄玄虚的。波普尔是一位科学方法理论家，他坚信不可能存在客观的真理，他提出了猜想的必要性，

[1] Ernest Cassirer, *Philosophy of Symbolic Forms*, trans Ralph Manheim, New Haven and London 1953, and, for instance, Suzanne Langer, *Philosophy in a New Key*, Cambridge, Mass., 1942. 但是——并非如此偶然——整个瓦尔堡（Warburg）的传统在这里也当然应该被提及。

[2] 尤其是 Karl Popper, “Utopia and Violence”, 1947; 以及“Towards a Rational Theory of Tradition”, 1948, Published in Conjectures and Refutations, London and New York, 1962.

以及随后的进行各种程度的证伪的义务。他也是一位长期定居于英国的维也纳自由主义者，运用一种看似辉格党[5]的国家理论来批判柏拉图、黑格尔以及绝非偶然的第三帝国（the Third Reich）。涉世哲学家（philosophe engagé）通过实践进行推断，驳斥所有历史决定论的教条以及所有关于固步自封的社会的设想。基于这种背景，科学严谨性的倡导者波普尔进一步使自己成为乌托邦的批判者和传统有用性的倡导者；在这些背景下，我们也可以认为，他是现代建筑和城市设计的伟大批判家（虽然不能确定他在实践中是否也具有技术能力或有兴趣针对它们进行批判）。

波普尔关于传统价值的理论在逻辑上似乎无懈可击，而它在感情上却似乎有些令人难以接受。传统是无可替代的，交流依赖于传统。传统体现了人们对一种结构化的社会环境的需求；传统是社会改良的批判工具；任何既定的社会“氛围”都与传统相关；而且在某种程度上，传统与神话相关，换言之，特定的传统无论多么不完善，却在某种程度上是可以用来帮助诠释社会的初始理论。

但是这些论断也需要与那些派生出它们的科学概念作一番比较；大多数反经验的科学概念并非由事实堆砌，而是一种自身不参与的、猜想之中的批判。正是通过这些猜想来发现事实，而不是相反。从这一角度来看，因而我们也这样认为，各种传统在社会中扮演的角色几乎可以等同于科学中的假想。也就是：正如假设或理论的提出源于对神话的批判。

同样，传统也拥有重要的双重功能，它不仅产生了某种秩序或某种社会结构的东西，而且也为我们提供了可以在其中进行操作的东西，某些我们可以批判、改变的东西。（而且）……正如自然科学领域中的神话或理论的发明具有一种功能——帮助我们为自然事件赋予秩序——社会领域中所创造出来的传统也是如此。「3

也许就是由于这个原因，波普尔对待传统的理性方法与那种试图

5　英国辉格党产生于 17 世纪末，19 世纪中叶演变为英国自由党。辉格党标榜实行“自由的、开明的原则”，反对君主制，拥护议会制度，辉格党人在宗教观点上多属各种教派的新教徒。19 世纪中叶，辉格党与其他资产阶级政党合并，改称自由党。

通过抽象的和乌托邦的构想来改造社会的理性主义的尝试形成了对比。这种尝试是“危险而有害的”，而且，如果乌托邦是“一种诱人的……一种过度诱人的想法”，对于波普尔来说，它也是“自相矛盾的，会导致暴力”。再一次提炼一下结论：

1. 我们不可能科学地决定目标。在两个目标之间进行选择不存在科学的方法……

2.（因此）构建一幅乌托邦蓝图的问题仅靠科学是不可能解决的。

3. 因为我们不可能科学地决定政治行为的最终目标……这些目标至少部分地具有信仰差异的特征，在不同乌托邦信仰之间不存在灰色地带……乌托邦主义者必须战胜或击垮他的对手……但是他必须做得更多……（因为）他的政治行动的合理性要求在未来一个相当长的时间内保持一个稳定的目标。

4. 如果我们考虑到乌托邦的创建时期往往成为一个社会变革时期，那么，对竞争目标的压制就会变得更加紧迫。（因为）这个时候思想也容易发生变化。（而且）因此，在决定乌托邦蓝图时对许多人来说似乎是可取的东西，在以后可能会显得不那么可取……

5. 如果是这样，整个方法体系就面临着崩溃的危险，因为如果我们在走向最终政治目标的时候去改变它，不久就会发现我们正在兜圈子……（而且）很容易就会发现，到目前为止，所采取的步骤实际上已经如此远离了新的目标……

6. 避免我们的目标发生这种变化的唯一方法似乎就是使用暴力，它包括宣传、压制批评，以及消灭所有的对手……在这种意义上，乌托邦的工程师必须无所不知，而且无所不能。[4]

也许不幸之处就在于，波普尔并没有对作为隐喻的乌托邦（utopia as metaphor）和作为处方的乌托邦（utopia as prescription）作出区分；但是，如果波普尔显然是基于它们可能产生的结果，而关注那些几乎未经思索的程序和态度的审查，那么他一直感到不得不反思的知识状况是比较容易展示的。

白宫于 1969 年 7 月 13 日发布的关于成立“国家目标研究小组”

[3] Popper, ibid., pp.120-35.

[4] Popper, ibid., pp.355-63.

（National Goals Research Staff）的公告如下所示：

在公共机构与私人机构中，预测性工作越来越多，这将提供更为广泛的信息资源，人们将据此针对未来发展趋向和可选事项进行判断。

在目前正在进行的日益复杂的预测行为和决策过程之间，亟待建立更为直接的联系。建立这种联系的实际重要性突出表现在，今天几乎所有严重的国家问题都可以在达到临界规模之前早早地预测到。

大量工具与技术已经研发出来，这使得预测未来趋势变得越来越可行——因此，如果我们想要掌控变化过程，就必须在知情的基础上进行选择。

这些工具与技术在社会科学与自然科学领域中得到了广泛的应用，但是它们尚未在执政的科学中得到系统性、综合性的利用，现在正是应当而且必须对它们加以利用的时候了。[5]

执政的科学、"必须加以利用的工具和技术"、"复杂的预测"、"为了掌控变化过程而必需以知情为基础的选择"：这是圣西门和黑格尔建立在遥不可及之处的、潜在的理性社会和内在逻辑的历史的神话。在它天真保守但同时又是新未来主义的腔调中，作为今日民间传说的流行化演绎，它或许几乎已经被设计成为波普尔的批判性策略所针对的目标。因为，如果"掌控变化过程"确实具有英雄气概，那么必须强调的是，这一概念完全缺乏理智。而且如果通过"掌控变化过程"可以必然消除哪怕最细小、最繁琐的变化，那么这就是波普尔立场的真正负担。简单地说，就未来的形式取决于未来的想法而言，这种形式是不可预测的；因此，许多未来指向的乌托邦主义和历史决定论的融合（历史的持续进程要受到理性的管理），只能用来抑制任何发展性的进化，以及任何真正意义的解放。

或许正是在这一点上，人们可以辨识出典型的波普尔，一位针对历史决定论和严格的归纳主义科学方法观的自由主义批判者，他肯定比其他人都更加深入地探究和辨析了历史幻想与科学畅想之间的重要复合体。这一复合体，无论好坏，已经成为 20 世纪推动力的一个活跃组成部分。

虽然人们已经将波普尔视为一位对于20世纪城市所明确表达出来的几乎所有事物最具彻底破坏性的批判者，但我们此处探讨波普尔，是渴望从他的分析结果中至少挽回一些东西。我们带着曾经被称为现代主义运动的留存下来的成见（或者说从传统角度来看）来理解波普尔；同时我们对于他的立场的异议也比较容易说明。简言之：他对乌托邦和传统的评价似乎呈现出他在这些重要论述过程中所采用的矛盾方式：一个是热的，另一个却是冷的，并且当他对乌托邦明确的断然否定，与对传统认可的复杂心态联系到一起时，有点儿不那么令人愉快。很显然，对于传统，很多是情有可原的。但是，至于乌托邦如果什么都不可原谅，人们仍然会因为这个特殊的辩护而深感不安。因为对于传统的滥用肯定一点也不比乌托邦少；而且如果人们觉得波普尔对于作为处方的乌托邦的谴责正中要害而不得不赞同，那么他们可能也会问：如果说开明的传统主义可以和盲目的传统主义信仰区分开来，那么乌托邦的概念怎么就不能做类似的阐述呢？

因为，如果波普尔能够赋予传统一种原生理论的地位，如果他能够将社会进步看作是对传统不断进行批判的结果，那么他对乌托邦另眼相待只能被认为是令人遗憾的。

由于在所有人那里获得了极大的理解和共鸣，乌托邦得到了广泛普及。如同悲剧一样，它面对着善与恶、德与邪、公平与自制，以及即将来临的终极审判。所有这些都来源于人类全部感情中最脆弱的两个部分：失望与希望。[6]

波普尔，其对政治上过激行为的谴责令人钦佩，他发现文字性的乌托邦只不过是提出了一种社会学的噩梦，他似乎故意木然地面对那些，尤其是在艺术界，由绝对美好社会的神话所引发的众多宣言的敦促声。他谴责乌托邦政治，而且似乎不准备接受任何乌托邦的诗意。开放的社会是好的，封闭的社会是坏的；由此乌托邦是不好的，让我们不要去考虑它的副产品。这似乎是对他立场的一个粗略的解读，我们希望用以下方式来具体说明：乌托邦植根于一种带有模糊不清政治内涵的乱麻中，而这是意料之中的。但是，由于乌托邦到现在已经是

5 *Public Papers of the Presidents of the United States, Richard Nixon,1969*. No. 265，设立国家目标研究机构的声明。

6 Edward Surtz, S.J., *St. Thomas More: Utopia*, New Haven and London, 1964, pp.vii-viii.

一种根深蒂固的东西（当然扎根于希伯莱—基督教的传统中），它不能，也不应该被完全清除。尽管在政治上是荒谬的，但它可能仍然是精神上的必需品。将这翻译到建筑学领域，即是关于理想城市的说明——通常在现实中是难以接受的，但往往是有价值的，因为它可能涉及某种朦胧的概念上的必要性。

但是，如果波普尔对乌托邦的拒绝（而他似乎暗中设立了一种不言而喻的乌托邦，其中所有的公民都可以进行理性对话，其中所接受的社会理想是康德式的，通过知识来实现自我解放）可能会显得很奇怪，那么20世纪建筑师对传统的类似的拒绝（不是那么偷偷地，他与现在明显的传统态度和做法保持着心照不宣的联系）肯定是更可以解释的。如果正如波普尔所明确指出的“传统是不可避免的”，那么，在“传统”这个词的定义中，有一个传统主义者并不经常提及的定义。传统就是“放弃、投降、背叛”。尤其是，它是“在宗教迫害时期交出圣书”：而这种传统与背叛的关系很可能是语言起源时被给予的某种根深蒂固的东西。traduttore—traditore，translator—traitor，traiteur—traité，traitor—treaty，在这个意义上，传统主义的背叛者永远是那个为了谈判意义和原则而放弃了纯洁的意图的人，也许最终是为了应付不利状况或者与之进行交易的人。这一词源学足以雄辩地表明了社会成见。从寡头政治、军事独裁或者仅仅知识理性主义的标准来看，传统主义者在这些意义上的位次是很低的。他堕落并且包容；他倾向于苟且偷生甚于坚定不移；倾向于肉体的绿洲甚于精神的荒漠；而且，如果没有负罪感，他大部分的才能处在商业或者外交的层面上。

这些都是传统的一些方面，它们解释了20世纪的建筑师对于传统极其强烈的厌恶；但是如果对于乌托邦也可以感受到同样的厌恶（虽然建筑师很少意识到这些），那么必须以某种方式去克服这种几乎不加辨别、大包大揽式的反应。最终（或者在这里假设一下），人们仍然不得不为传统和乌托邦这两者的合法与不合法、主动和被动的全方位解放而努力奋斗。

但是需要给问题（不完全如同今天的问题）提供一份明确的解

「7 至少这种观点，或者我们所深信的那种观点就已见诸早期的《建筑与公共工程综述》（*La Revue Generale de L' Architecture*）一书——尽管写这个注释的时候，我们还未找到它的真正出处。无论如何，阅读伊曼纽尔·拉斯加斯伯爵（Emmanuel de Las Cases，拿破仑侍从）的《圣赫勒拿岛回忆录》（*Mémorial de Sainte Hélène*）这样的文献，至少可以提供对这种深思熟虑的策略的暗示。拿破仑在朗伍德（Longwood，拿破仑在圣赫勒拿岛上的囚禁地）的谈话主要是出于一种军事或政治上的目的，但建筑和城市问题也不时地出现，而思想的转变也是明显的。拿破仑关心的是实际的运作（港口、运河、供水），但他同样也关注了“表现性”的姿态。因此从拉斯加斯伯爵（Las Cases）主编的1956年于巴黎出版的书里，下面的引用可能是有用的。

关于巴黎（On Paris），Vol I，p.403

“如果接下来数年中的事态都如我所料，我想我肯定会使巴黎成为美好世界的中心，而法国将会成为一部真实的小说。”

关于罗马（On Rome），Vol I，p.431

“皇帝曾说，如果罗马继续保持在他的统治之下，罗马会开始走上毁灭之路；他还指出，如果能清除所有这些衰败之处，要整修这个国家还是可能的，等等。但是他仍然怀疑在他的邻国中，是否存在着同样的改革想法。他认为罗马很可能已走向和庞培一样被毁灭的道路了。”

关于凡尔赛宫（On Versailles），Vol I，p.970

“这些美丽的小树林中，我驱逐出所有那些坏品味的仙女们……并将它们改造为这样的一些景貌：在那些我们曾取得各项胜利的地方建造首府，在每一个曾让我们浴血奋战的著名战场上建造纪念地。这同样也成为那些象征我们的凯旋之战和国家光荣的永恒纪念碑，同时我们将它们置于这座欧洲首府的大门处，它对于全世界而言都是不能错过的访问之地。”

最后，Vol Ⅱ，p.154

“他们仍然后悔没有让人们在巴黎建造一个埃及的庙宇：他曾说，这应该是一个纪念碑，而且是一个可以给巴黎带来更丰富内涵的纪念碑。”

但是，城市作为博物馆，作为国家的纪念物并用来展现它的文化，作为教育的一种表征或工具，这种概念在新古典的理想中似乎是不言而喻的，更微观的反映就是将住房作为博物馆。在此，我们想到托马斯·霍普（Thomas

Hope)、约翰·索恩爵士、卡尔·弗里德里希·申克尔（Karl Friedrich Schinkel），还有约翰·纳什。例如埃及的金字塔，拿破仑就希望能在巴黎建造，这難能为首都增色，而取代塞提一世（Seti I）的石棺（索恩就利用它成功地巩固了他在国内的基础，类似的做法开始成形）。将索恩具有乔瓦尼神父（Padre Giovanni）风格的客厅和他的莎士比亚休息厅（Shakespeare Recess）添加到霍普的印第安卧室和弗拉克斯曼（Flaxman）展室（参见 David Watkin, *Thomas Hope and the Ne-Classical Idea*, London 1968），以及申克尔将在柏林和波茨坦（*Potsdam*）的尝试的轨迹，大量存在。确实，我们对此种类别——城市作为博物馆，及其次级的“博物馆街道”（在天南地北的雅典和华盛顿均可看到）没有得到确认感到惊讶。

答，这个问题是由人们已经不再完全相信的乌托邦，以及人们批判性地脱离了的传统所提出来的。拿破仑一世（Napoleon I）沉迷于将巴黎改造成博物馆的工程。这座城市在某种程度上逐渐演变成为一种可居的展览馆，一大堆永久性的纪念物，用来教诲居住者和参观者。人们马上就能猜到，教导的内容就是某种历史的全景图，它不仅是关于法兰西民族的伟大和延续，而且也是关于基本上驯服了的欧洲的类似贡献（虽然肯定是略少的）。「7

所以，人们本能地从这种想法中退缩回来；但是，如果今天必须要去统领一些缺少了热情的东西（这很容易令人联想到阿尔伯特·施佩尔 [Albert Speer] [6] 和他不幸的资助人 [7]），在拿破仑的思想下，人们仍然看到了一个伟大解放者的幻想，仍然得到了在当时可被视为真正的激进姿态的方案的雏形。这就是那些将要循环往复出现的，但不是强迫性的 19 世纪主题——博物馆之城（City as Museum）的第一次出现

城市作为博物馆，作为文化和教育目的的积极协调者，作为随机而又精挑细选的信息的源头，它可能在路德维希一世（Ludwig I）和莱奥·冯·克伦策（Leo von Klenze）[8] 的慕尼黑得到了最大程度的实现，这是因为毕德迈耶（Biedermayer）的慕尼黑拥有数目众多的榜样——佛罗伦萨、中世纪、拜占庭、罗马、希腊，它们全都如同迪朗的《建筑学简明教程》（*Précis des Lesons*）[9] 中的许多图版。但是，如果这个城市的理念似乎在 19 世纪 30 年代的十年间找到了自己的时代，那么它肯定隐含在 19 世纪初的文化政治中，但它的意义却一直没有得到评估。

人们看到了冯·克伦策的慕尼黑的景象，人们添加了申克尔风格在波茨坦和柏林的痕迹，也许人们通过研究诸如诺瓦拉（Novara）[10]（其

6　阿尔伯特·施佩尔（1905—1981），德国建筑师，由于设计纽伦堡党代会会场第佩林机场的大型舞台布景而引起政府注意，成为纳粹政府的建筑代言人和御用建筑师，在纳粹德国时期成为装备部长以及帝国经济领导人。

7　指希特勒。

8　莱奥·冯·克伦策（1784—1864），德国 19 世纪著名建筑大师，设计过许多文艺复兴风格建筑和新古典传统的纪念建筑。

9　迪朗（Jean-Nicolas-Louis Durand，1760—1834），法国建筑教育家，是新传统主义中非常重要的人物。他采用基本模数元素，以及简化的建筑分类方式对建筑设计进行改革，对后来的建筑教育产生了深远的影响。

10　意大利西部城市，位于阿尔卑斯山南麓，临阿戈尼亚河，在米兰以西约 45 千米。

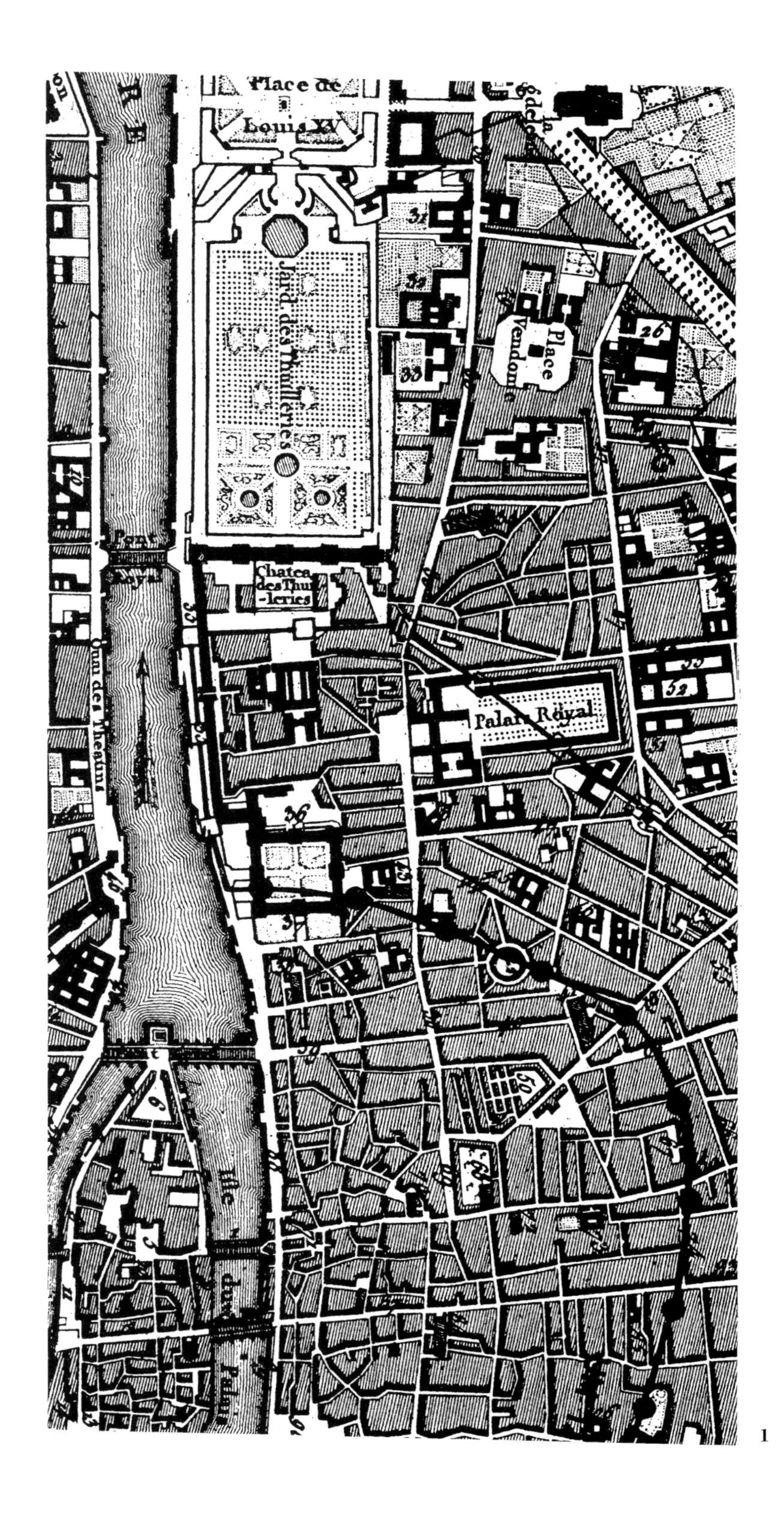
Place de
Louis XV
Jard. des Thuilleries
Place
Vendome
Chatea
des Thui
-leries
Palais Royal

1

周边散布的类似城市可能有好几个）这样一种皮埃蒙特（piedmontese）[11]风格的小镇来使景观地方化，然后继续在稍晚的时候引用法国最好的案例圣热内维也夫图书馆（Bibliothèque Ste.-Geneviève）等，拿破仑之梦的迟钝的方面逐渐开始有了实质内容。毋庸置疑，博物馆之城因其多变性（multi-fortuity）而有别于新古典主义的城市；而且，它几乎没有以最清晰的形式存活到1860年以后。奥斯曼的巴黎和环形大道（Ringstrasse）的维也纳只不过是这种图景的一种败落。因为在那时，尤其是在巴黎，由独立部分组成的联合体的理想已经再次被绝对连续性的更"整体"的愿景所取代。

但是，如果这是把城市作为博物馆的某种尝试，而城市恰恰在展现着分离的实体与间隔（objects/episodes），那么如何去理解这一点？或许在调和古典礼仪的残余片段与早期乐观主义的自由冲动的过程

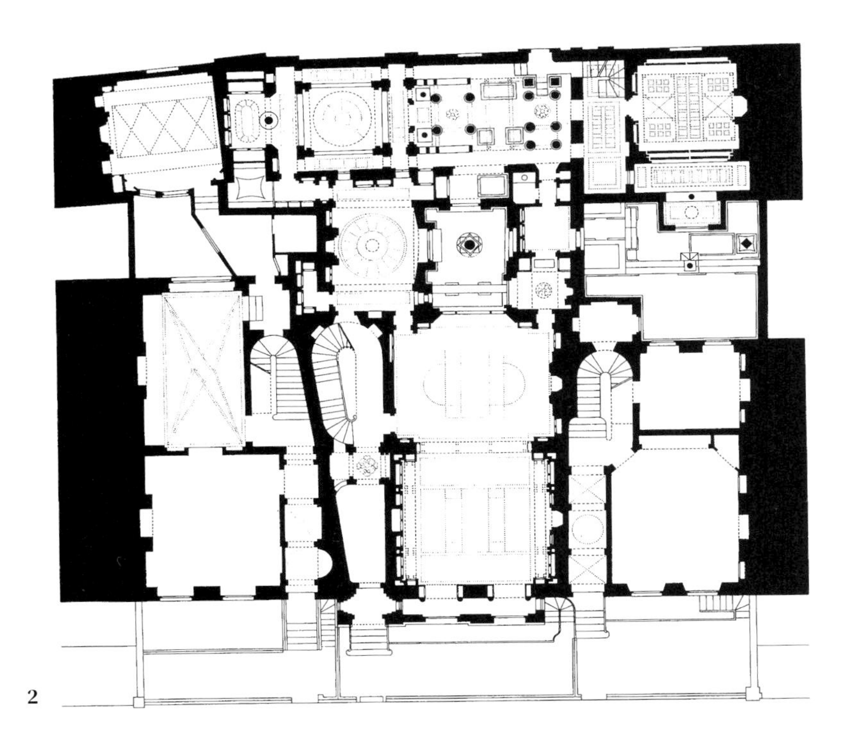

2

11　意大利西北部的一个行政区。

1　巴黎，1785年城市平面局部

2　约翰·索恩1832年自宅兼博物馆的平面，由建筑师史蒂芬·卢切科（Stephan Lucek）在1982年测绘所得

1

中，它是作为一种过渡性的策略？或许虽然它启示性的使命是首要的，但它却致力于使自己冠以“文化”而不是“技术”之名？它仍然包含了伯鲁乃列斯基（Brunelleschi）和水晶宫（Crystal Palace）？

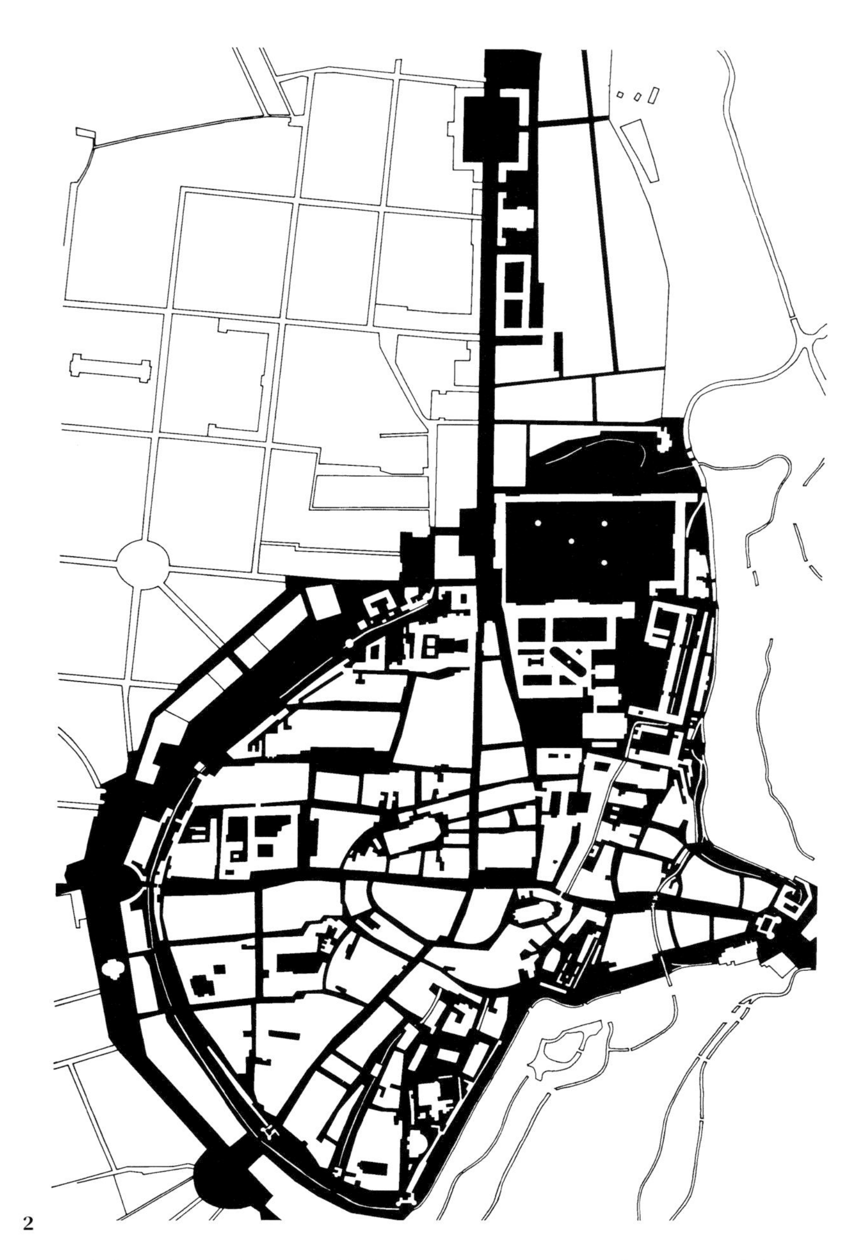

2

或许无论黑格尔、阿尔伯特亲王（Prince Albert）[12]，还是奥古斯都·孔德，都不是这个城市中的陌生人？

这些都是从博物馆之城（对于资产阶级统治的城市的第一次描

12　阿尔伯特亲王（1819—1861），维多利亚女王的表弟和丈夫，他吸取诸多民众诉求，实行教育改革，在全球范围内推行废奴运动，管理宗室事务和女王办公室等。积极参与1851年世界博览会的筹办。

1　路德维希一世和莱奥·冯·克伦策的慕尼黑，慕尼黑国家艺术馆，L. 塞茨所制的模型

2　慕尼黑，1840年，图—底平面图

1

2

3

1　慕尼黑皇宫区，众圣宫廷教堂（Allerheiligen-Hofkirche），1826—1837 年，阿坡泰肯侧翼（Apothekenflügel），1832—1842 年，水彩画，亚当（Adam）绘制

2　慕尼黑，众圣宫廷教堂，内部空间，钢雕画，波珀尔（Poppel）绘制

3　莱奥 · 冯 · 克伦策：慕尼黑，剧院广场，纪念巴伐利亚（Bavarian）军队的方案，1818 年，右侧是洛伊希滕贝格宫（Leuchtenberg），1816—1821 年，左侧是剧院。一个这种式样的方尖碑后来竖立在加洛林广场（Karolinenplatz），1833 年

4

5

4 慕尼黑剧院广场（Odeonsplatz），其中坐落着弗里德里希·冯·盖特纳（Friedrich von Gärnter）设计的统帅大厅（Feldherrn-Halle），1841—1844 年
5 莱奥·冯·克伦策：慕尼黑，路德维希大街，1842 年

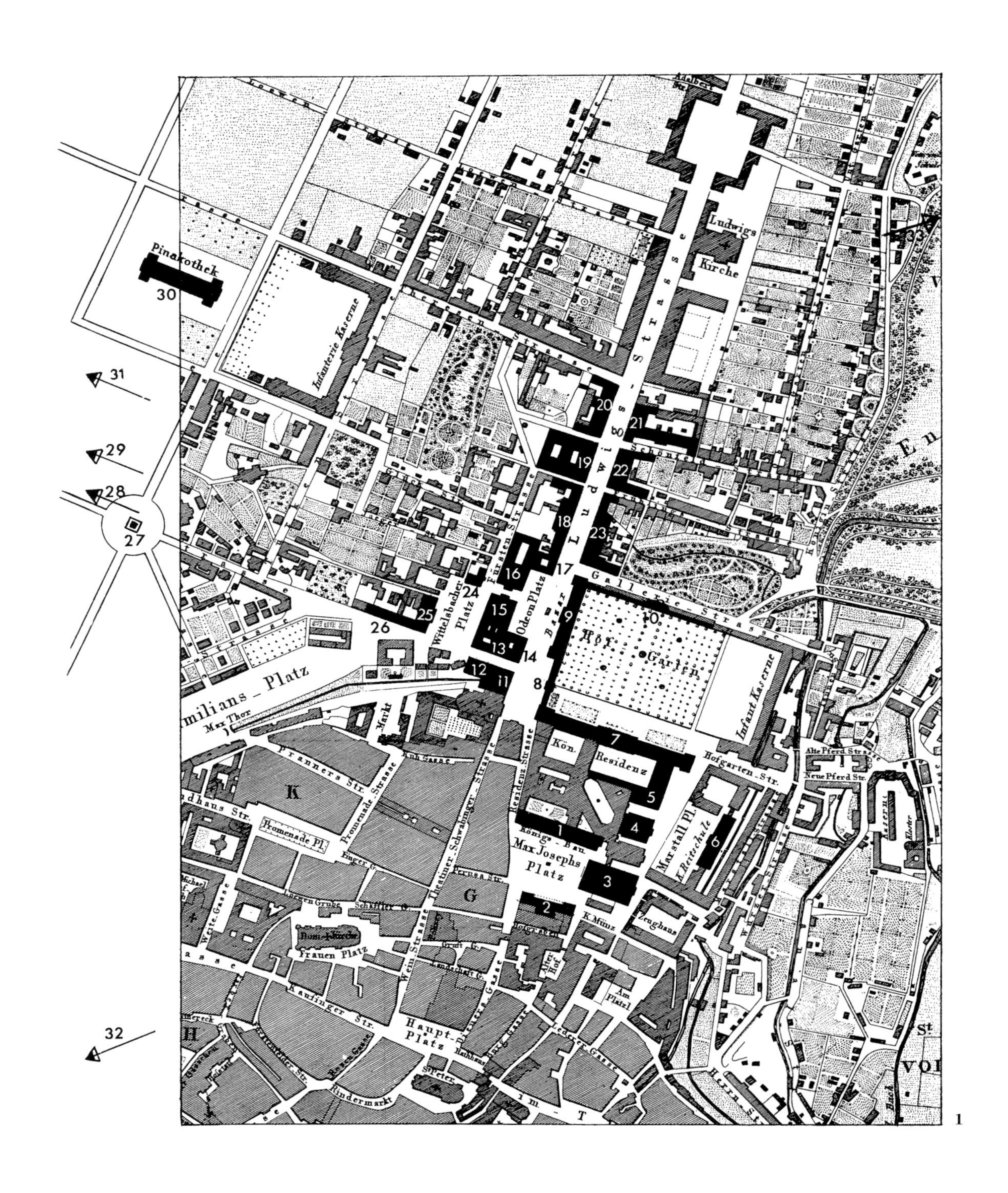

1　莱奥·冯·克伦策 1816—1848 年在慕尼黑建造的建筑

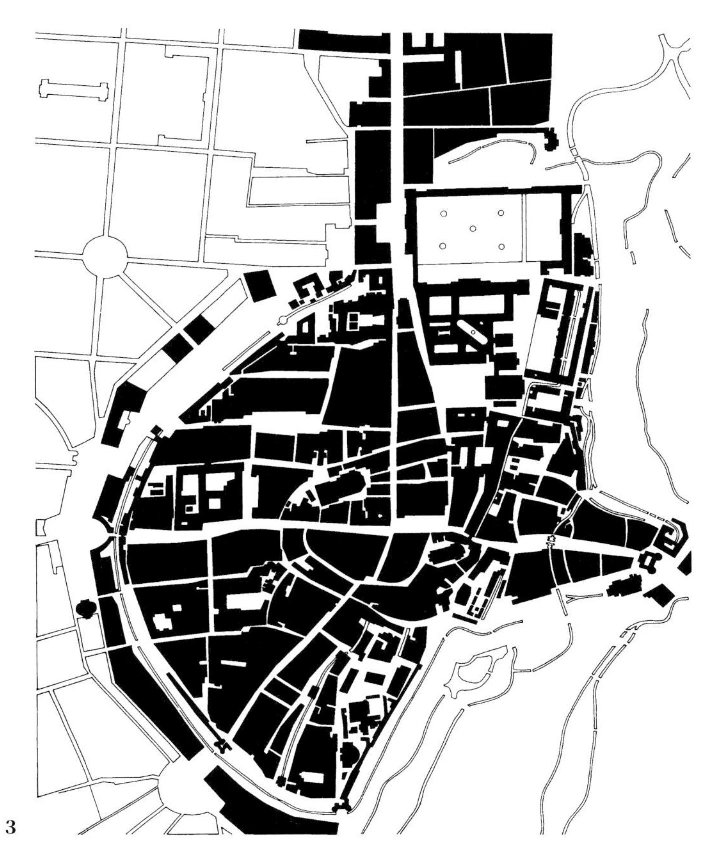
3

2　路德维希一世和莱奥·冯·克伦策的
慕尼黑，L. 塞茨（L.Seitz）所制模型

3　慕尼黑 1840 年的总平面，局部

绘？）含糊、折衷的概念可能引起的问题，而且它们都有可能得到肯定的回答。因为，无论我们的保留意见是什么（这个城市是亡者的一种呻吟，仅仅是历史和图景的一种合集），我们很难否认它的宜人性与友好性。一座开放的城市在某种程度上是一座批判性的城市，至少在理论上能接受最不同的东西，无论对于乌托邦还是对于传统都没有敌意，虽然绝不是价值中立，但作为博物馆的城市没有表现出对任何完全验证的原则之价值的虔诚信仰。禁锢的反面意味着款待而不是排斥多样性：按照那个时代的标准，它不采用贸易壁垒、禁令和交易条例来封闭自己。因此，博物馆之城的想法巧妙地避开了许多有效的反对，可能在今天，并不像人们最初想象的那样容易被抛弃。因为如果现代建筑的城市，尽管它一直宣称是开放的，却表现出对它而言是外来陌生事物的毫不容忍（开放的领域，但封闭的思想）的态度，如果

申克尔：波茨坦（Potsdam），尼古莱教堂（Nicolaikirche），由奥古斯特·汉恩（August Hann）制作的石版画

1

2

3

4

1 彼得·施皮茨（Peter Speeth）：维尔兹堡（Würzburg）的女子监狱，1800 年

2 G.A. 魏格曼（G.A.Wegmann）：苏黎世的女子学校，1853 年

3 佚名：佛罗伦萨，“庄园”府邸，1850 年

4 弗里德里希·冯·盖特纳：慕尼黑，国家图书馆的楼梯，1832 年

它的基本姿态是保护主义的或者是制约性的（严格控制导致了更多相似的东西），而且如果这导致了一场内部的经济危机（加剧意义贫乏，减少发明创造），那么以前不容置疑的政策假设就不能再为排斥提供任何可信的框架。

这并不是认为拿破仑式的博物馆之城为解决世界上的所有问题提供了可以进行便捷操作的模型，但却暗示着这个 19 世纪的特定城市期待着实现一种希腊和意大利纪念物的混合体，带有一些北欧风格的片断，一些零星的重技热情，或许是对西西里的撒拉逊遗迹的一阵兴趣。虽然对我们而言，它或许就是一些幽闭和过时的事物，但可以被视为一个微型的预期问题，与我们自己的问题并非完全不同：绝对信条的解体，随机和“随意”操作的敏感性，参照物以及其他所有事物的必然的多元性。作为预期和并非完全不充分的回应：因为博物馆之城，就如博物馆本身那样，是一个根植于启蒙文化、18 世纪后期信息爆炸的概念。如果这种信息爆炸迄今为止只在范围和影响力上剧增，那么我们就不能判定，20 世纪对于争论的解决方法会比一百多年前的更为成功。

柏林的马克思—恩格斯广场（Marx-Engels Platz），芝加哥的艾森豪威尔大道（Eisenhower Expressway），巴黎的勒克莱尔元帅林荫大道（Avenue Général Leclerc），以及伦敦城外的布鲁奈尔大学（Brunel University），

1 莱奥·冯·克伦策：路德维希一世的皇家宫殿群，慕尼黑，1826—1837 年

2

3

它们都带有炫耀性的、无可匹敌的纪念性意向；但是，如果所有这些——通过激发一些日常记忆的主题——属于一种拿破仑式博物馆的模式，在一个更加高深的层次上，人们会进一步发现建筑师自己的作品：米克诺斯（Mykonos）、卡纳维拉尔角（Cape Canaveral）、洛杉矶、勒·柯布西耶、东京格柜（Tokyo Cabinet）、构成主义房间（Constructivist Room），以及赶时髦的西非艺术馆（最终被我们替换成“自然的”历史博物馆），它们以自己的方式表达了另一种纪念性的姿态。

2　莱奥·冯·克伦策：慕尼黑，水晶宫，1854 年

3　申克尔：波茨坦旁的夏洛滕霍夫宫（Charlottenhof），罗马式疗养院，选自《建筑设计作品集，已完成的与待修建的》（*Sammlung architektonischer Entwürfe, enthaltend theils Werke, welche ausgeführt sind, theils Gegenstände, deren Ausführung beabsichtigt wurde*），1820—1840 年

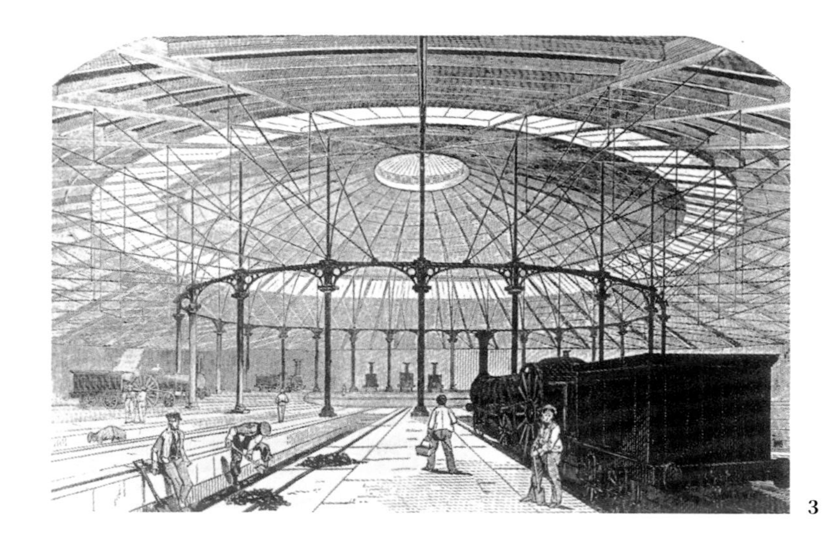

1　莱奥·冯·克伦策：慕尼黑，柱廊入口（Propylaen）,1846—1860 年

2　巴黎，皇宫（Palais Royal），奥尔良展厅（Galérie d' Orléans）

3　伦敦，西北铁路，卡姆敦城（Camden Town）站场的圆形机车房，1847 年

4

现在我们很难判定，这类压迫性的公共纪念物中的哪一个，或者这类个人建筑幻想中的哪一个，更加具有压迫性，或者说更加具有代表性。但是如果说所有这些倾向都给制度化的中立理想，无论在空间上还是时间上带来了一个持久的问题，那么我们所关心的则是：关于中立的问题，关于那些已经被长期去除了传统本质的终极传统理想的问题，以及关于它不可避免地被多样化，被时间与空间上的、偏好与传统中的无可控制和快速变化的偶然事件所融合的问题。城市作为一种中立的、综合性的宣言，作为一种文化相对主义特征的展示，人们已经开始尝试去辨分这两种或多或少具有排他性立场的拥护者，去为拿破仑风格的幻想城市赋予实质内容，人们已经勾勒出所做尝试的轮廓，一种似乎是 19 世纪在调解类似的、但相对缓和的状况时的尝试。

4 路齐·卡尼纳（Luigi Canina）：罗马，博尔盖塞庄园（Villa Borghese），面向弗拉米尼奥广场（Piazzale Flaminio）的大门，1825—1828 年

作为一种公共机构，博物馆在传统的整体性愿景（visions of totality）覆灭之后出现，并且与以 1789 年政治事件为标志的文化革命[13]有所关联。它的出现，是为了保护并展示代表多种精神状态的物质表现形式，所有这些东西在某种程度上是有意义的。而且，如果它外在的功能和意图是自由的，如果博物馆的概念因此暗示着某种道德稳定因素，很难具体说明但又内在于习俗自身之中（再次通过自我教育而达到社会的解放？），如果，再重复一遍，它是一种调解性的概念，那么我们可以用类似于博物馆的概念，为当代城市中更加急迫的问题提出一种可行的解决方法。

这意味着博物馆的困境是一种文化困境，不能轻易得到解决；这进一步意味着它的公开存在比它的潜移默化影响更加能够得到人们的接受。而且很显然，“作为博物馆的城市”的称呼只能被当代意识所拒斥。“城市作为展览展示的展台”（city as scaffold for exhibition demonstration）几乎肯定是一种更易被接受的术语。但是无论哪一种称呼更加有用，它们两者最终必将面临博物馆—展台（museum-scaffold），还是展品—展示（exhibits-demonstrations）的问题；而且，根据展示内容，这首先就会导致两个主要问题：是展台控制了展品？还是展品影响了展台？

这是一种列维 - 斯特劳斯式的欠稳平衡，也就是：“结构与事件、必然与偶然、内在与外在之间的平衡——不断受到各种力量的威胁，这些力量根据时尚、风格和总体社会状况的变化而朝一个方向或另一个方向变动。”[8] 总体而言，现代建筑解决了它对这些问题的理解，采用一个无所不在的展台，它在很大程度上展示了自己，并且预先控制了任何偶发性的东西。如果是这样，人们也知道，或者可以想象相反的情形：展品接替占优，甚至到了展台被赶到地下，被扫地出门的地步（如迪士尼乐园、美国近郊住区等）。但是除了这两种排除了竞争可能性的极端状态，如果展台要去模拟必需品以及展品的自由，如果它们中的一个可以模拟乌托邦，而另一个能够模拟传统，对于那

13　这里指 1789 年发生的法国大革命及其所引发的文化变革。

些倾向将建筑学看作是辩证法的人来说，仍然有责任在展台与展品、“结构”和“事件”之间，在博物馆的架构和它的内容之间，进一步去构想一种双向交易。在这个交易中，两个部分由于相互往来而丰富了各自的可识别性，它们各自的角色不停地转换着，幻象的焦点始终围绕着现实的轴线而不停地变化。

“我从来没有做过试验和实验”，“我不能理解‘研究’这件事情有什么重要性”，“艺术是一个谎言，谎言让我们认识到了真理，至少是它让我们去认识的真理”，“艺术家肯定知道如何使别人相信他的谎言是真实的”，从毕加索的这些话语中「9，人们也许会想到柯尔律治[14]关于一件成功艺术品的定义，那就是它能激发起“甘愿悬置怀疑（a willing suspension of disbelief）[15]（这或许也可以作为一种成功的政治业绩的定义）。柯尔律治的心态也许更加英国，更加乐观，更少受到西班牙式讥讽的侵染；但思想的转变——远非可驾驭的对现实的理解的产物——是很相似的；而且，一旦人们开始以这种方式去思考事物，除了最极端的实用主义者之外，每个人会越来越远离所宣传的思想状态和有时被称作现代建筑“主流”的快乐的确定性。因为人们现在进入了一种建筑师和城市规划师已经基本上将自己从中排除出去的领域。主要的心态现在已经完全转变：虽然我们仍处于 20 世纪，但是一元论信条的盲目的孤芳自赏，最终得出一个更具悲剧性的认知，那就是令人眼花缭乱、难以解决的经验的多重性。

可以看到，长期以来存在着关于现代性的两种模式，二者截然不同而又相互联系，但它们由于不为人注意，所以很大程度上被建筑师忽略了。由建筑师占据主导的一种模式可以通过以下人名进行描述：爱弥尔·左拉（Emile Zola）、H.G. 威尔士、马里内蒂、沃尔特·格罗皮乌斯、汉斯·梅耶；而另一种模式则可通过以下这些名字来确定：毕加索，斯特拉文斯基（Stravinsky）、艾略特（Eliot）、乔伊斯，或许还有普鲁斯特。到目前为止，我们认识到人们从未对这两种传统作出

「8 Caude lévi-Strauss, *The Savage Mind*, London, 1966; New York, 1969. p.30. 另请参考 Claude lévi-Strauss, *The Raw and the Cooked*, New York, 1969, London, 1970.

「9 Alfred Barr, *Picasso: Fifty Years of His Art*, New York, 1946, pp.270-1.

14 柯尔律治（Samuel Taylor Coleridge，1792—1834），英国浪漫主义诗人、文艺批评家，湖畔派代表。曾在剑桥大学求学，早年同情法国大革命，后转向保守立场，开创了英国文学史上浪漫主义新时期。

15 该句出自柯尔律治于 1817 年撰写的《文学自传》（*Biographia Literaria*）第 23 章。

过非常明确的比较，并且在作出比较之后，我们被一方面的贫匮和另一方面的丰富的不平衡所吸引。我们期望这种比较至少在某种程度上具有一定的对称性。我们希望这两种模式具有同样的深度；因此我们带着焦虑问道：是否确实有必要认为，朴实的匿名者（建筑师传统中的一个理想）的严肃奋斗比起感性直觉的启发性成果更加重要？我们会问，它是否可能，是否可以更加公平，并且用叶芝[16]的话来说，我们还会质疑这是否可能是真的："最好的人已丧失了全部的信念，最坏的人则充满着狂热的激情。"[17]。无论怎样，我们都感到不安。这是因为虽然这种比较可能是有意的，但其中一个部分中揭示了一种偏狭主义，而这即使在最宽容的观察者的眼中，都可能引发沮丧。

进行自我表述的两种现代性模式现在或多或少已经浮出水面，但是在这种情况中，我们必然再次考虑到将黑格尔的精神本源转换成物质本源的马克思主义式的改造——一种对于现代建筑同时既是灾难性的，又是创造性的转换。正是这样以及一些类似的作用（达尔文加马克思、瓦格纳和整体艺术）导致了对于历史、科学、社会和生产的单一性概念，它是一种经常将自己设想为价值中立的概念，并且通常将其价值视为不言而喻——它如此容易地与事实经验主义的常识（和陈词滥调）价值结成联盟，当被千禧盛世的热情激发之后，就构成了建筑师的现代性传统。正是对这种非常局限且迷信的问题解决方法的反对，我们现在提出一种不太带有偏见的方法，归根结底，一种高度透明的核心态度。

现代建筑的传统总是宣扬对艺术的厌恶，却以极其常规的艺术方式——整体、持续、系统来构想城市与社会；但是正如大家所见，另外一种显然更加偏"艺术"的操作方法，从未被认为有必要切实地向"基本"原则看齐。现代性的另一种显著的传统总是充分利用反讽、迂回和多重引用，我们只需想到毕加索于1944年的自行车坐垫（公牛头）。

16　叶芝（William Butler Yeats，1865—1939），爱尔兰诗人、剧作家和散文家，著名的神秘主义者，是"爱尔兰文艺复兴运动"的领袖，20世纪最为杰出的文学家之一，1923年获诺贝尔文学奖。

17　引自叶芝的诗篇《再度降临》（The Second Coming）。

毕加索：公牛头，1944 年

> 你记得我最近展出的公牛头吗？我用自行车的坐垫和把手制作了一个任何人都能一眼看出是公牛头的公牛头。这就完成了一个变型；现在我想看看在相反方向上发生的另外一种变型。假设我的公牛头被扔进了垃圾堆，或许某天有个家伙走过来说："嗨！怎么正好有适合做自行车车把的东西……"于是，一种双重变型就达成了。[10]

对以前的功能和价值（自行车和米诺陶 [minotaurs][18]）的记忆；变换语境；鼓励混合的态度；对意义的利用和再循环（有足够的意义来流转吗？）；功能的脱胎换骨与相应参照物的聚集；记忆；预期；记忆和机智的联系；机智的完整性；这是对毕加索命题的一连串反应。由于这一构想显然是说给人们听的，它以如此方式，以回忆和期望中的愉悦，以一种处在过去与未来之间的辩证法，以一种图示内容所产生的影响，以一种时间与空间的冲突，不禁令人想起前面的论

18　希腊神话中半人半牛怪物，饲养在克里特岛的迷宫中，后被忒修斯杀死。

述，我们或许需要讨论一下头脑中的那个理想城市。

面对毕加索的图像，人们会问：什么是假的，什么是真的？什么是古代的，什么是今天的？正是由于无法也不能回答这个令人愉快的艰巨问题，人们最终不得不从拼贴的角度来认知复合共存的问题。

拼贴与建筑师的良知，作为技术的拼贴，作为思维状态的拼贴：列维 - 斯特劳斯告诉我们，“‘拼贴’在手工艺消亡之际就已经开始兴起，它间歇式的流行不可能……是别的，只不过是‘拼贴’被移入到思想领域”。「11 如果 20 世纪的建筑师极不情愿地将自己视作为一名“拼贴匠”，那么正是在这一背景下，我们必须把他的冷淡与 20 世纪的重大发现联系起来。拼贴看上去缺乏真诚，表现出一种道德原则上的堕落，一种掺假。想想毕加索于 1911—1912 年创作的《有藤椅的静物》(*Still life with chair canning*)（他的第一个拼贴作品），我们就开始明白这是为什么。

阿尔弗雷德·巴尔（Alfred Barr）[19] 在分析这幅作品时谈到：

「10 Alfred, ibid., p.241.

「11 Lévi-Strauss, op. cit., p.11.

19 阿尔弗雷德·巴尔（1902—1981），美国艺术史学家，第一任纽约现代艺术博物馆馆长，著有《立体主义与抽象艺术》《毕加索》《马蒂斯》等。

勒·柯布西耶：巴黎，奥赞方工作室（Ozenfant studio），1922 年

1

2

……藤椅的编制片断既非真实，又非画作，它实际上就是一块贴在画布上的印花油布，然后在上面进行局部涂抹。毕加索于此在一张画作上采用两种介质，在四种层次或比例上玩弄现实与抽象……（而且）如果我们不去纠结哪一个更加“真实”，我们发现自己已经从审美沉思进入到隐喻沉思。因为看上去最真的东西实际上是最假的，而那些似乎离日常现实最遥远的东西，由于它至少是一件模仿品，或许才是最真实的。「12

带有藤椅残片的油布是一件从下里巴人的“低俗”文化中捡来的拾获之物，又被弹射到阳春白雪的“高雅”艺术之中，这或许说明了建筑师的两难困境。拼贴既是质朴的，又是狡黠的。

确实，在建筑师当中，只有伟大的骑墙者，时而狐狸时而刺猬的勒·柯布西耶，表达出对此类事物的接受。他的建筑，而不是他的城市规划，或多或少可以被视为一种拼贴过程的产物。实体和事件被高调置入，它们既保持了各自原有的腔调，也从改变了的语境中获得了一种全新的效果。例如在奥赞方工作室，人们可以看到一大堆这样的

「12 Barr, op. cit., p.79.

3

4

5

1 巴黎大学城瑞士学生公寓的碎石墙面，1930—1932 年："巴黎式的防火墙"

2 马赛公寓的屋顶，1947—1952 年："邮轮的甲板"

3 巴黎，德·比斯特盖顶层豪宅（De Beistegui penthouse）露台

4 勒·柯布西耶：波尔多的佩萨克住宅室内，1925 年

5 勒·柯布西耶：雀巢公司展示馆，1928 年

隐喻和暗示，它们几乎全部都是通过拼贴手段组合而来的。

截然迥异的实体通过各种“物理的、视觉的、心理的”方式被组合在一起，“油布上的印花细部刻画得非常清晰，它的表面看上去如此粗糙，实际上却是如此光滑……通过将绘画表面和画上的图形叠加在油布上，油布则部分地被并入了两者”。「13 只用极少的修改（将藤片油布替换成虚假的工业化饰面，将绘画表面替换成墙体，诸如此类），阿尔弗雷德·巴尔的观察就可以直接用来解读奥赞方工作室。不难发现更多的勒·柯布西耶作为拼贴匠的案例：最明显不过的德·比斯特盖顶层豪宅（De Beistegui penthouse）[20] 的屋顶景观，普瓦西（Poissy）[21] 和马赛公寓（船形和山形）的屋顶形式，莫里特住宅（Porte Molitor）和瑞士学生公寓（Pavillon Suisse）的毛石墙面，波尔多的佩萨克住宅（Bordeaux-Pessac）室内，特别是 1928 年的雀巢公司展示馆（Nestlé Pavilion）。

但是除了勒·柯布西耶以外，有这种思想状态的人是十分稀少的，而且也甚少被人接受。人们可以想到卢贝特金和他在高点 2 号住宅群（Highpoint Ⅱ）[22] 项目中的伊瑞比先（Erectheion）人像柱 [23]，以及模拟木纹的房屋粉刷；人们可以想到设计了向日葵公寓（Casa del Girasole）的莫雷蒂 [24]，他在那里采用乡村化表皮（piano rustico）模仿了古迹片断；人们会想到设计了罗索府邸（Palazzo Rosso）的阿尔比尼 [25]，人们也会想到查尔斯·摩尔（Charles Moore）。这个名单不长，但是它的简短形成了一个令人尊敬的证言。它是针对排他性的一种评议。因为拼贴，经常是作为一种关注世界上那些剩余之物的方法，一种保持它们的完整性并赋予其尊严的一种方法，一种融合真实状态和理性思考、习俗和对习俗的破坏的方法，必然会有意想不到的操作。一种粗略的方法，“一种冲突之和谐（discordia concors）；一种对陌生图

20 比斯特盖顶层公寓是一套位于巴黎香榭丽舍大街 136 号 8 层公寓楼的顶层住宅，1930 年为查尔斯·比斯特盖（Charles de Beistegui）设计，屋顶花园采用很多巴洛克装饰，使人产生一种超现实的感觉。

21 指萨伏伊别墅。

22 卢贝特金（Berthold Lubetkin，1901—1990），英国现代建筑师，高点 2 号住宅群为其于 1938 年在伦敦高门区完成的住宅项目，曾受到勒·柯布西耶的高度赞赏，所采用的人像柱使住宅呈现出一种超现实的特点。

23 位于希腊雅典卫城的伊瑞克先神庙，其外侧有六个女人像柱。

24 路易吉·莫雷蒂（1907—1973），意大利现代建筑师。向日葵公寓位于罗马，于 1949 年设计，是当时最为知名的建筑之一。

25 弗朗科·阿尔比尼（Franco Albini，1905—1977），意大利新理性主义建筑师，罗索府邸设计于 1936 年。

「13 Barr, ibid, p.79.

「14 Abraham Cowley, *Lives of English Poets, Works of Samuel Johnson*, Ll.D, London, 1823, Vol9, p.20.

1

2

景的融合，或者对看起来不同的事物中所隐含的共性的发现”，萨缪尔·约翰逊（Samuel Johnson）[26]对约翰·多恩（John Donne）[27]诗句「14的评价，也可以作为对斯特拉文斯基、艾略特、乔伊斯的评价，对众多综合立体主义画派创作的评价，它们表达了拼贴对于有效组织规范

26　萨缪尔·约翰逊(1709—1784)，英国辞典学家、文学评论家、诗人。于1755年编成《英语大辞典》，1764年协助雷诺兹成立文学俱乐部，参加者有鲍斯韦尔、哥尔德斯密斯、伯克等人，对当时的文化发展起了推动作用。重要作品有长诗《伦敦》《人类欲望的虚幻》《阿比西尼亚王子》等，还编注了《莎士比亚集》。

27　约翰·多恩(1573—1631)，英国诗人、教士，17世纪英国玄学派诗人，为T. S. 艾略特特别推崇。曾在欧洲大陆游历。1598年，他被任命为伊丽莎白宫廷中最重要的一位爵士的私人秘书。

1　卢贝特金与特克顿（Lubetkin and Tecton）：伦敦，高点2号住宅群，门廊，1938年

2　路易吉·莫雷蒂：罗马，向日葵公寓（Casa del Girasole）

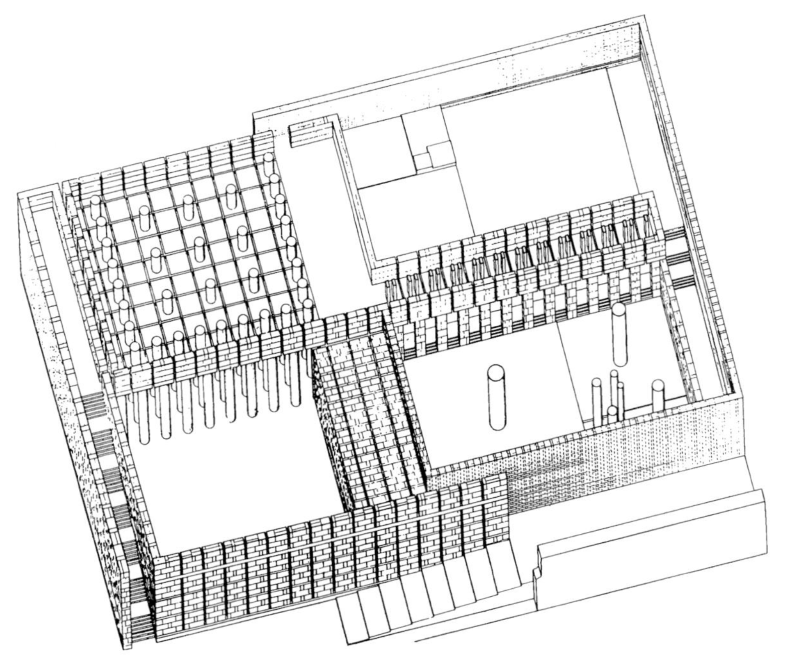

1

2

1　朱赛普·特拉尼（Guiseppe Terragui），罗马，但丁纪念堂方案，1938 年。特拉尼的但丁纪念堂，也可以认为是一种受到影响的拼贴。室内的水晶柱大概与特拉尼早期在帕尔马的吉亚迪诺府邸（Palazzo del Giardino）的服役地点有关。在这个建筑中，贝托亚的巴西奥堂（Sala del Bacio）（1566—1571）的湿壁画似乎促成了特拉尼的想法

2　贝托亚（Bertoia），位于吉亚迪诺府邸巴西奥堂里的湿壁画，1566—1571 年

和记忆（a juggling of norms and recollections）的绝对依赖，对于一种回头看的依赖，这对于那些将历史和未来看成是指数级的进步，向着更完美的简单性发展的人来说，只会引出这样的判断，拼贴因其所有的心智技巧（安娜·利维亚 [Anna Livia] [28]，所有的沉积），对于严格的进化路线来说，是蓄意插入的障碍。

这就是人们所知的对于建筑师的现代性传统的评判：时代如此严肃而不容许游戏，通衢已经绘制完毕，命运的激励无法回绝。「15 人们尽可以对此大加笔伐，但仍然必须建构相应的构思严谨、力图改良的反面论断，同时也与社会解放的宏伟蓝图保持一定的审慎距离。这一论断显然介于两种时间概念之间。一方面，时间就是进步的节拍器，它的序列性被赋予了累积性和动态性的特征；另一方面，虽然次序和年代顺序是公认的事实，但被去除了某种线性化的必要性的时间，被允许按照实验意图重新编排。从第一种论断来看，不合时宜的事务是一切潜在罪恶的最终根源；从第二种论断来看，日期概念无关紧要。马里内蒂说道：

当不得不牺牲生命时，如果在我们脑海中闪烁着伟大的收获：高尚的生命从死亡中升华而来，那么我们就不会感到悲伤……我们正站在世纪的最前沿。回头看有什么用……我们已经生活在绝对之中，因为我们已经创造出最终无所不在的永恒速度。我们歌颂被工作所激发起来的伟大人民：多么色彩斑斓而五音俱鸣的革命浪潮。

他接着说道：

维托里奥·威尼托战役（Vittorio Veneto）[29] 的胜利和即将降临的法西斯主义政权可算作最低限度的未来主义方案的实现……严格说来，未来主义是艺术的和意识形态的……作为今日伟大意大利的预言家和先驱者，我们未来主义者向不满四十岁的总理致以崇高的未来主

「15 这时，人们想到布兰迪斯大法官（Mr. Justice Brandeis）的观察：“不可抗拒的情形通常是在不抗拒的时候才会出现。”

28 一座青铜纪念碑，位于爱尔兰都柏林市，用来纪念流经城市的利费河。

29 意大利东北部特雷维索省的一座小镇，1918 年第一次世界大战期间，意大利军队曾经在此击败奥地利军队。

义式的敬礼。[16]

这或许是同一个论断的反证（reductio ad absurdum），毕加索说：

于我看来，在艺术中没有过去和未来……我在我的艺术中所运用的几种方法不应当被视为一种进化，或是走向某种未知绘画理想的步伐……我所做的一切就是为了当下，并且希望它永远停留在当下。[17]

这可以作为第二种论断中的极端言论。从神学观点来看，一种论断是末世论的，另一种论断则是肉身论的；但是，虽然它们可能都是必要的，但更为冷静、更为综合的第二种论断也许仍然值得注意。第二种论断可能包含着第一种，反之则不行；讨论到这里，我们现在可能再次考虑将拼贴视为一种严肃的工具。

看到马里蒂内的历时性（chronolatry）和毕加索的非时性（a-temporality），看到波普尔针对历史决定论的批判（这也是针对未来主义的），看到乌托邦和传统的困境，看到暴力和畏缩的问题，看到所谓的自由主义冲动和所谓的对秩序的保障的需求，看到建筑师道德紧身衣的宗教严酷性和更加理性的宽容目光，看到收缩和扩张，我们问：拼贴的确存在缺陷，但在此之外，还有什么可行的解决社会问题的方法？缺陷应该是很明显的，但是缺陷也指向并肯定了一个开放的领域。

这意味着拼贴方法，一种实体脱离它们的环境而被征用或引出的方法，在今天是应对乌托邦与传统（无论是单个还是两者）的最终问题的唯一方法；并且，介入社会拼贴的建筑实体的来源无关紧要。它与品味和信仰有关。实体可以是贵族式的，也可以是“世俗化的”，可以是学术的或者大众的。无论它们来源于帕加马（Pergamum）[30]或者达荷梅（Dahomey）[31]，底特律（Detroit）或杜布罗夫尼克（Dubrovnik）[32]，无论它

30 帕加马城为希腊化时期古国帕加马王国的首都，位于小亚细亚的西北部，现为土耳其伊兹密尔省贝尔加马镇。

31 达荷美王国是西非埃维族的一支阿贾人于17世纪建立的封建国家，国家全名为“达恩·荷美·胡埃贝格”，简称“达荷美”，1899年为法国所灭。

32 杜布罗夫尼克位于克罗地亚，是一座中世纪时期遗留下来的城市，在亚得里亚海边，目前为欧洲最著

[16] F.T.Marinetti, from the *Futurist Manifesto*, 1909 and from appendix to A.Beltramelli, *L' Uomo nuvo*, Milan, 1923. 两段引文均摘自 James Joll, *Intellectuals in Politics*, London and New York, 1960.

[17] Barr, op. cit., p.271.

们所展示的是 20 世纪的还是 15 世纪的，这无关紧要。社会与个人按照他们各自对绝对参照物和传统价值的理解来进行自我组合；并且在某种程度上，拼贴既能容纳混合演示，又能满足自我决策的要求。

但是这只能在某种程度上发生：因为如果拼贴城市可能比现代建筑的城市更为友善，那么它不能比任何人类机构更自诩为完全友善。理想的开放城市就如同理想的开放社会，如同它的对立面那样，是虚构想象出来的。开放社会和封闭社会，它们每一个都被设想为具有实践的可能性，都是相反理想的夸张描绘；而且人们应当选择将解放和控制的所有极端幻想归入夸张描绘的范畴。波普尔和哈贝马斯的论断是值得赞同的；针对开放社会和自由意愿的需求显然是存在的；在经历了长时期的科学主义、历史决定论、心理学派的否定之后，同样也需要建构一个可操作的批判性理论；但是人们在这个波普尔领域里，也要注意到一种与他对传统和乌托邦的批判类似的不平衡性。这可以看作是对具体恶行的过分关注，以及相应的不情愿去建立任何一种抽象的善。具体的恶行是可以识别的（人人对此都有共同的感受），但是绝对的善（除了高度抽象的自由旨趣）仍是一种无法获得共识的、困难的东西；因此，当批判家对恶行的追踪和根除成了自由论的，所有寻求绝对善的努力——由于它们不可避免地建立在教条的基础上——开始被视为是强制性的。

教条（热教条、冷教条、单纯的教条）的问题也是如此，所有这些问题都被波普尔大量地隔离，理想类型的问题又出现了。波普尔的社会哲学是一种攻击与缓和（détente）的事——攻击不利于缓和的条件和思想：而且在某种程度上，它是值得同情的。但是，这种知识分子立场同时既展望了重工业和华尔街的存在（作为需要进行批判的传统），又假定了一个理想的争论舞台的存在（配有有机性的联邦制 [Tagesatzung] [33] 的卢梭版本的瑞士行政州？），它也可能激起怀疑的态度。

名的旅游景点之一。

33　指瑞士联邦的立法和执行委员会，从 1848 年开始直到瑞士联邦政府成立。这是各州代表的会议。它的力量非常有限，因为各州基本上都是主权国家。原文中写为 Tage satzung，疑为笔误。

卢梭版本的瑞士行政州（对于卢梭而言几乎无用），类似的新英格兰市镇集会（白色粉刷和政治迫害？），18世纪的下议院，理想中的学院教员会议（对此可以说些什么），毫无疑问，这些——以及混杂的苏维埃、集体农庄以及其他一些部落社会的东西——属于迄今为止已然设想或树立起来的为数不多的逻辑和平等论述的舞台。但是，如果显然不止于此，那么当人们思考他们的建筑时，也禁不住要去问，这些是否就是简单的传统建构？这意味着首先要闯入这些不同剧场的理想范畴，并随后追问（等待批判的），如果没有人类学传统中涉及巫术、仪式和理想类型的向心性的那一大堆东西，并假定乌托邦式的曼荼罗是最初的存在，具体的传统（有待批评）是否可以以任何方式进行想象。

换言之，我们赞同批判主义者的观点，赞同解放的绝对紧迫性，我们又回到了展台和展品的问题，也就是展品/展示/批判行为的问题。这一问题若得不到诸如隔断、构架和灯光这些远非辅助设施的支持，就不会显身（或未被激发起来）。正因为传统上乌托邦是一种曼荼罗（mandala）[34]，一种用来汇聚并维护思想的手段，因此——而且同样地——传统从未缺失过它的乌托邦内容。“这是一个法制的而不是人的政府”，一个重要的、教条的，并且完全美国化的宣言，它既是荒谬的，又是完全可理解的。荒谬之处在于它的乌托邦的主张和传统的主张；可理解的是（尽管有“人”的存在），它对一种神奇的功效的呼吁，而这种功效有时甚至可以达到实用的目的。

这就是关于法律的概念，它是一种中性化背景，用来显现并激发特殊性（“律法的出现，使过犯增多”⌈18）。法律，从概念而言本质上也是一种遵循先例的事物，同时也将自身视为一种理想的表述。要么是自然赋予的，要么是神的意志强加给它的——无论如何都神奇地被认可，而不是人为的。它是一种有时令人难以置信，但又不可或缺的虚构物。它使自己同时具有经验和理想、传统和乌托邦的色彩；它

34 曼荼罗意识是“坛”“坛场”“坛城”“轮圆具足”“聚集”等，主要特点是以几何图形为中心构思编排，每个几何图形都包含了一个菩萨的形象或标志，是系统化的、有关宇宙的艺术作品。

以双重伦理的方式运作，它在历史中进化，同时也坚持柏拉图式的参照。正是这样一种高度公共性的机制，现在必须用来针对展台—展品之间的关系进行富有成效的评价。

雷纳托·波奇奥利（Renato Poggioli）[35] 谈到“尝试实现一种现代奇迹（内容几乎完全是科学的，氛围几乎完全是城市的）的失败”「19；在“现代奇迹”的概念中，我们可以很容易识别那些关于永恒、澄澈的社会秩序的景象，有了它们，现代城市才富有生气并得以持续；那些社会秩序的愿景，其价值的获取和维护将通过对事实的完全准确和自动自我更新的认识来实现。这种认识既科学又富有诗意，它只能赋予事实以奇迹的作用。这是一种可度量的奇迹的展台，它使自己表现为良性的（既非法律的，也非人的政府），表现为科学畅想中大众信仰的大教堂（排除了对于幻想和信念的需求），表现为一个所有偶然性都被考虑进来的巨厦（在那里不会再有问题）。但是它也是令人惊异的奇迹的类型，一种现身为自己说话的圣像。这假设了它的合法性，根除了审判和辩护的必要性，它既不能容纳，也不能被容纳于任何具有合理程度的怀疑主义之中，并且远比任何合法建构更加可怕。这当然既非法律的又非人的政府：在这个舞台上，只有汉娜·阿伦特[36] 的“最专制的政府……不属于任何人的政府——技术极权主义”「20 才能进入其中。

公开宣扬自由，并暗中坚持自由（建立在事实之上）必须脱离人的意愿而存在，决心不考虑显然是人为的调解结构（“我不喜欢政府”）「21，植根于被误解、误读了的丰富的虚无主义姿态：正是在所有这些方面，我们提议对法律的基本的和生动的两面性、“自然”与“传统”的双重性进行思考，思考一种伦理与一种“科学”理想之间的冲突。只要这一冲突存在，那么它至少会促进阐释。

但是所有这些，通过乌托邦和传统的媒介，通过博物馆之城，通

「18 St.Paul, *Epistle to the Romans*, 5: 20.

「19 Renato Poggioli, *The Theory of the Avant-Garde*, Cambridge, Mass., and London, 1968, p.219.

「20 感谢肯尼斯·弗兰姆普敦（Kenneth Frampton）提供这个来自汉娜·阿伦特的引用，但他无法确定具体出处。

「20 O. M. Ungers, a much repeated remark addressed to students at Cornell University, c. 1969-70.

35 雷纳托·波奇奥利（1907—1963），意大利当代研究先锋艺术的理论家，曾执教于哈佛大学，是一位多产的作家与翻译家，著有《先锋艺术理论》。

36 汉娜·阿伦特（1906—1975），德裔美籍政治学家，曾师从海德格尔，女权主义者，原籍德国，20 世纪最伟大、最具原创性的思想家、政治理论家之一。以极权主义研究著称，著有《人的状况》《极权主义的起源》等。

过既是展品又是展台的拼贴，通过法则的可疑性和双面性，通过事实的不确定性和意义的鳗鱼般的油滑，通过简单确定性的完全消失，提议一种放手的秩序，也是提议一种状态（它看似是乌托邦的）：在其中，行动派乌托邦的要求已经消退，历史决定论的时间炸弹终于被拆除，复合时间的要求最终确立，而永恒的现在（eternal present），这一奇异的思想与它同样奇异的对手一起，被有效地复原。

开放领域和封闭领域：我们已经假设了其一方面作为政治需要的价值，另一方面作为一种谈判、辨识、感知工具的价值；但是，如果它们两者在概念上的功能无须更多强调，也许仍然值得注意的是，开放的空间领域和封闭的时间领域的困境必然和它的对立面一样荒谬。正是广阔的文化时间维度，欧洲（或其他被认为是有文化的地方）的历史深度和丰富性，与“其他地方”的异国情调的微不足道形成鲜明对比，它们极大地丰富了过往时代的建筑；而我们今天建筑的特征恰好与之相反——自愿废除几乎所有关于物理距离、空间界限的禁忌，与之并行的，是建立最顽固的时间边界的决心。在虔信者看来，这一时间顺序的铁幕使现代建筑与所有随心所欲的、与时间关联的感染隔离开来；但是，当我们看清以往对其正当性的论证（辨别、孵化、温室）之后，人为地保持这种热情似乎越来越缺乏理由了。

因为当人们认识到限制自由贸易，无论是在空间上还是在时间上，都不可能永远有利可图，认识到没有自由交易，饮食就会变得单调和贫乏，幻想的空间就会极大萎缩；认识到某种感觉上的紊乱必然接踵而至，这只是指出了我们可以想到的情况的一个方面。就像开放社会是一个事实一样，无约制的自由交易的理想必然成为一种喀迈拉（chimera）[37]。我们不难相信，世界村只会培养出世界村的白痴；而正是基于这种假设，我们再一次开始考虑我们头脑中的瑞士行政州，它既可通行，又相隔离，以及明信片上出现的新英格兰村落，它虽封闭，却又向所有进来的商业投机开放。因为对自由交易的接受并不需要完全依赖于它，而自由交易的收益也不会必然导致利比多（libido）

37　希腊神话中的一个狮头、羊身、蛇尾的喷火怪物。

的躁动。

对于我们头脑中的理想的瑞士行政州和明信片上的新英格社区这类问题，它们被誉为始终保持着同一性和优点的执拗的、着意的平衡，那就是：为了生存，它们只能保持两副面孔；如果面对世界，它们成为了展品，那么对于其自身而言，它们只能保持为展台。由于这是自由贸易理念必须具备的条件，在下结论之前，让我们回想一下列维·斯特劳斯欠稳定的“结构与事件，必然与偶然，内在与外在……之间的平衡”。

现在，一种不是根据定义而是根据其意图的拼贴术，坚持这样一种平衡行为的中心地位。一种平衡的行为？但是：

> 你知道，智慧，是各种思想无可预料的融合，是对表面上远不相通的思想之间所存在的一些隐秘联系的发现；因此，智慧的流露是以知识的积累为前提的，是以储存着概念的记忆为前提的，想象力可以将这些概念挑出来组成新的组合。无论头脑中的原生活力如何，她永远无法从很少的想法中形成许多组合，就像永远无法在几个钟上敲出许多变化一样。意外事件有时可能确实会产生一种幸运的类似，或者一种惊人的反差；但是这些机遇的恩赐不是常有的，而且它没有属于自己的东西，却要让自己承担不必要的开支，必须依靠借贷或偷窃来生存。「22

又一次，萨缪尔·约翰逊为类似拼贴的东西提供了一个远比我们所能作出的更好的定义，而且这种思想状况当然应该贯穿于乌托邦与传统的所有方法。

我们再次想到阿德良，想到了在蒂沃利的“个体性”与多样性的景象。同时，我们也想到了在罗马都城中的阿德良陵墓（圣天使城堡[Castel Sant' Angelo]）[38] 以及万神庙。我们尤其想到了万神庙，想到它的天眼（oculus）。这引发我们去思考那种必然是单一意图（帝国守护者）的公共性和精心设计的个人趣味的私密性——这完全不像光辉城市与加歇的斯特恩别墅（Villa Stein at Garches）的情况。

「22 Samuel Johnson, *The Rambler*, no.194 (Saturday, 25 January 1752).

38 阿德良陵墓位于罗马台伯河边，为一圆柱形建筑，又被称为天使城堡。

乌托邦，无论是柏拉图式的还是马克思式的，都通常被视作寰宇之轴（axis mundi）[39] 或历史之轴（axis istoriae）；但是，如果它以这种方式运行，如同完全图腾化的、传统主义的和未经批判的思想混合体，如果它的存在在诗意方面是不可或缺的，在政治上是可悲的，那么我们只能主张这种想法：一种包容所有世界之轴的拼贴术（它们全是袖珍型的乌托邦——瑞士行政州，新英格兰村庄，金顶清真寺 [40]，旺多姆广场 [Place Vendome]，卡比托利欧 [Capidoglio][41]，等等），可能会成为一种能够让我们既享受到乌托邦的诗意，又免于遭受乌托邦政治困境的方法。也就是说，由于拼贴的优点来源于它的反讽，因为它似乎是一种运用事物，但同时又对它们保持怀疑的技术，它因此也是一种可以将乌托邦作为一种图景，以碎片的方式来处理的策略，而不需要我们全盘接受它；甚而言之，拼贴可以成为一种策略，它通过支持永恒和终极的乌托邦图景，甚至可以去推动一种变化、运动、行动与历史的现实。

我知道：你所说的城市，我们就是它的奠基人，而它只存在于思想之中，因为我认为，在世界上任何地方，都不存在这样一座城市。我回应道，在天堂，存在这样一种城市典范，而期待它的人则可以看到它，注视它，并且相应地约制自己。但是否真的存在这样一座城市，或者将来是否会有，对他而言并不重要；因为他的行为将遵循这个城市而非其他城市的规则。

柏拉图，《理想国》（四）（乔维特译）

39　在一些信仰和哲学思想中，人们认为世界或者宇宙存在着一个中心，在人间与上天之间存在着一条连接之轴，就如地球的两极或天体之极，所有事物都围绕着它进行转动，并且形成了高层世界与低层世界之间的联系。

40　金顶清真寺（Dome of the Rock），伊斯兰教著名清真寺，伊斯兰教的圣地，坐落于耶路撒冷老城东部的伊斯兰教圣地内。穆斯林称之为高贵圣殿，犹太人和基督徒称之为圣殿山，有时也称奥马尔清真寺，是耶路撒冷最著名的标志之一，687—691 年，由第 9 任哈里发阿布杜勒 · 马里克建造。

41　指米开朗琪罗设计的罗马市政厅。

米开朗琪罗，罗马，建成于 1940 年的
卡比托利欧广场（Piazza del Campidoglio）的铺地

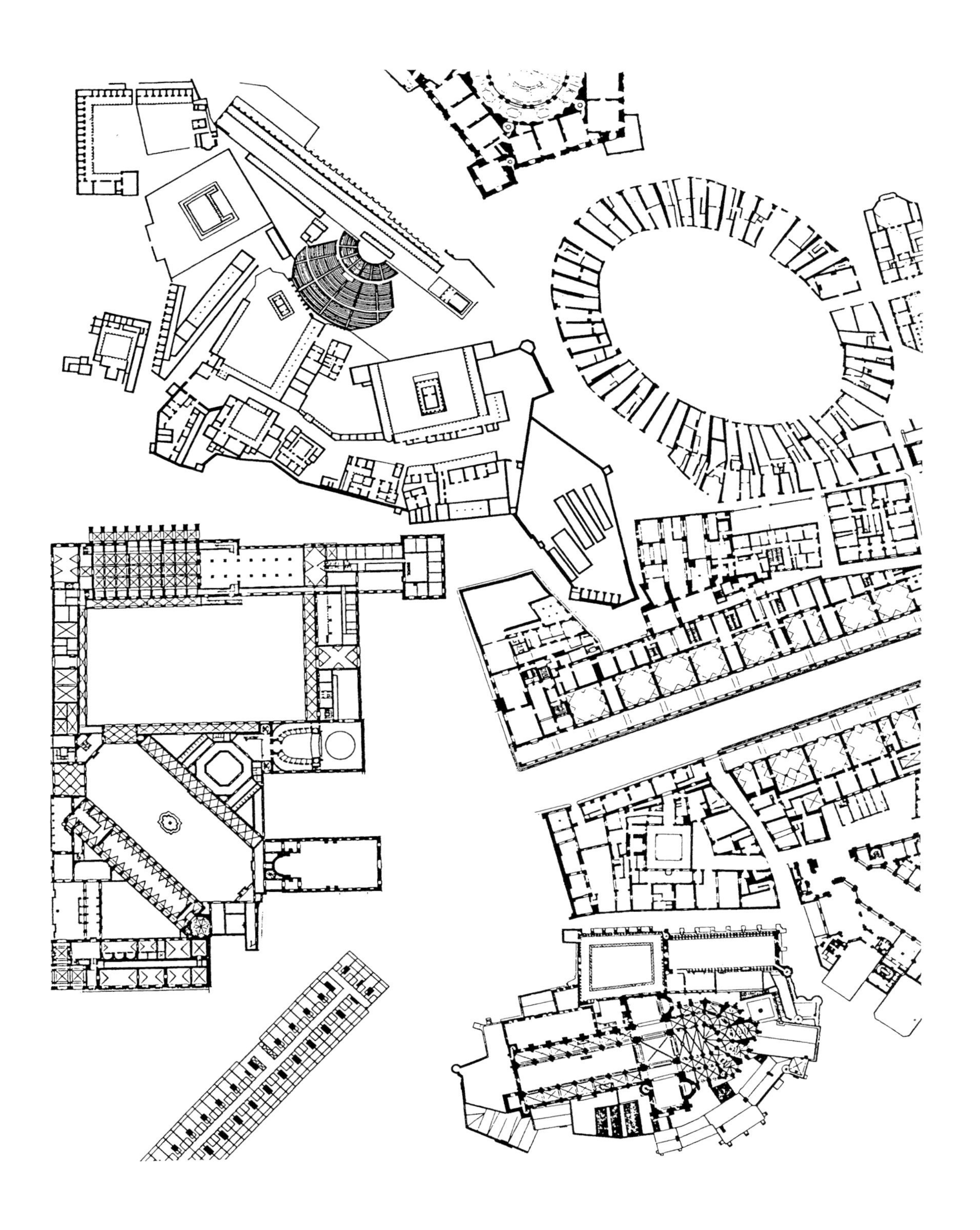

附录

我们附上一份简略的激发性案例清单。它们是非时间性的，而且必然是跨文化的，它们是城市拼贴中潜在的“拾获之物”。

大卫·格里芬（David Griffin）与汉斯·科尔霍夫（Hans Kollhoff）
“复合构成的城市”（City of composite presence）

1

纪念性街道

首先是某些纪念性街道：爱丁堡单侧的王子大街；与之相对应，纽约沿中央公园的第五大道（Fifth Avenue）的“大墙”，同时北方不列颠酒店[1]变成了广场饭店；作为一种简化了的乌菲齐模式的巴黎的柱廊街（Rue des Colonnes）；弗里德里希·韦恩布仑纳（Friedrich Weinbrenner）[2]在卡尔斯鲁厄（Karlsruhe）为朗根大街（Langen Strasse）所作的方案。菩提树下大街（Unter den Linden）和拉斯特园（Lustgarten）所汇聚的老柏林的壮丽景观；还有由凡·埃斯特伦[3]于1925年为柏林所设计的，但未能实施的、带有部分相同序列的方案；热那亚（Genoa）的诺瓦大街（Strada Nuova）。

2

1 北方不列颠酒店（North British hotel），位于爱丁堡王子大街，1902年开业，目前已更名为 Balmoral Hotel，其外观与纽约第五大道沿中央公园一侧的建筑很类似。

2 弗里德里希·韦恩布仑纳（1766—1826），卡尔斯鲁厄的建筑师、规划师，精于古典风格。

3 凡·埃斯特伦（1897—1988），荷兰建筑师与规划师，曾经在阿姆斯特丹城市规划局工作，担任过CIAM主席（1930—1947），是荷兰风格派运动的重要成员。1925年曾为柏林菩提树下大街设计竞赛提交过方案。

3

4

1 爱丁堡，王子大街

2 纽约，沿着中央公园的第五大道

3 弗雷德里希·韦恩布仑纳：卡尔斯鲁厄，朗根大街

4 巴黎，柱廊大街，1791

1

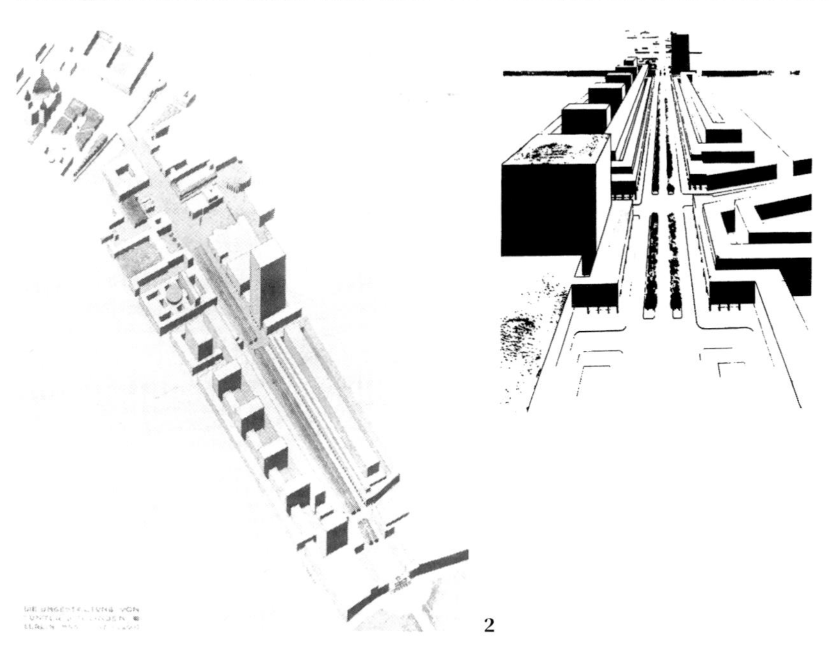
DIE UMGESTALTUNG VON

2

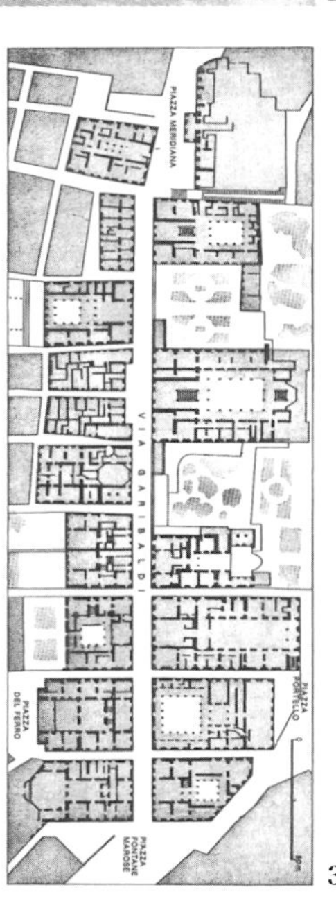
PIAZZA MERIDIANA
VIA GARIBALDI
PIAZZA DEL FERRO
PIAZZA PORTELLO
PIAZZA FONTANE MAROSE

3

4

5

1 柏林，菩提树下大街，1842 年

2 凡·埃斯特伦：柏林，菩提树下大街方案，1925 年

3 热那亚，诺瓦大街，平面图

4 普罗旺斯前首府艾克斯（Aix-en-Provence），米拉波大道（Cours Mirabeau）

5 热那亚，诺瓦大街

1

稳定源

接下来，从线性序列转到中心焦点，它们是许多无实用性的稳定源、结点或者聚点，本质上呈现出一种严谨的几何性。连带周边建筑物，这个名单可以包含：维吉瓦诺（Vigevano）[4]的广场，巴黎的孚日广场（Place des Vosges），维多利亚（Vittoria）[5]的马约尔广场（Plaza Mayor）[6]。与所有相邻周边环境完全分离的有：罗马在17世纪时的奥古斯都陵墓（Mausoleum of Augustus），帕多瓦（Padua）的河谷广场（Prato della Valle）[7]，瓦桑其比奥（Valsanzibio）[8]的兔子岛（Rabbit Island）。

4 意大利伦巴第大区帕维亚省的一座小镇。

5 西班牙巴斯克自治区的首府。

6 意思是主广场或者中央广场。

7 河谷广场位于帕多瓦，完成于18世纪末，由古罗马圆形剧场改建而成，是一个面积达90 000平方米的椭圆形广场，为意大利最大的广场。广场周围被运河环绕，运河两侧竖立着两排雕塑，都是帕多瓦的著名人物。

8 意大利帕多瓦附近的一个小镇，其中的巴巴里戈别墅是意大利最重要的园林之一，由巴巴里戈家族于1631年黑死病流行期间兴建。

2

3

4

1　维吉瓦诺（Vigevano），公爵广场（Piazza Ducale）

2　维吉瓦诺，公爵广场

3　巴黎，孚日广场（皇宫广场）

4　维多利亚，马约尔广场

1

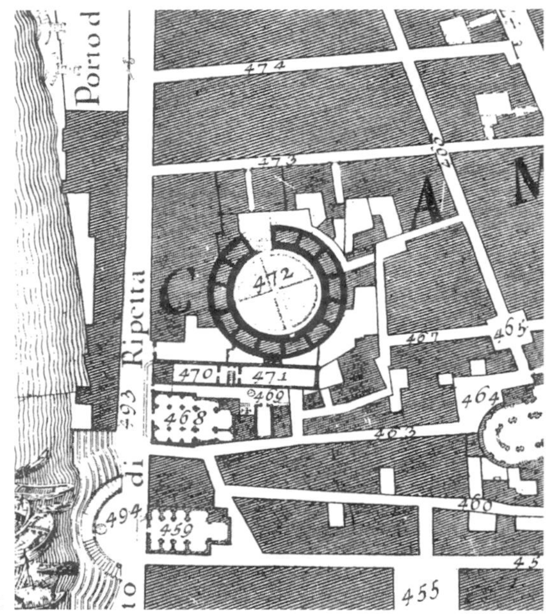

Porto d
Ripetta
di
474
472
C
A
M
470
471
469
468
493
464
465
463
460
494
459
455

2

3

4

5

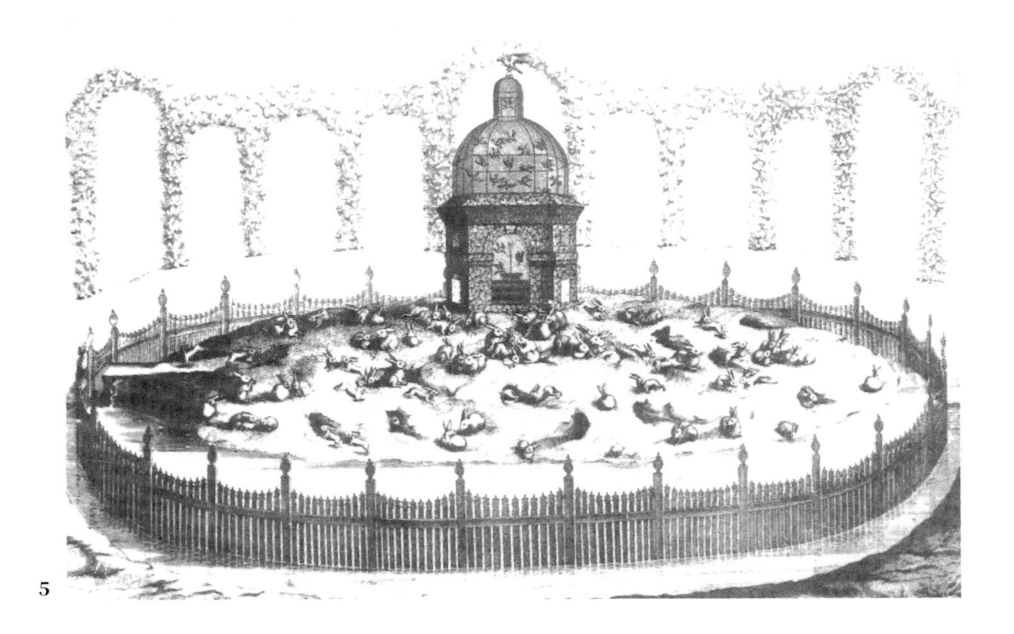

1 帕多瓦，河谷广场
2 帕多瓦，河谷广场
3 罗马，奥古斯都陵
4 罗马，奥古斯都陵
5 瓦桑其比奥，巴巴里戈别墅（Villa Barbarigo），兔子岛

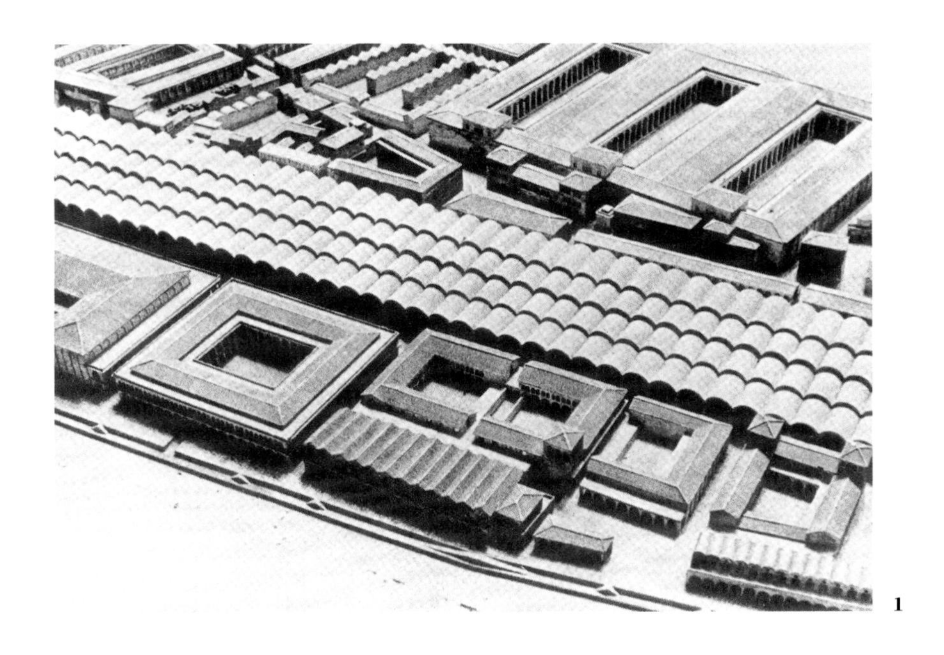

1

延绵不绝的定式段落

下面是一组延绵不绝的定式段落，其中，来自古罗马的无限延伸的阿米利亚柱廊（Porticus Aemilia）可以被引用。但是，如果这个特定场景带来了一种过于刻板的、会使眼睛酸胀的重复，那么人们可以由此联想到：雅典的阿塔罗斯柱廊（Stoa of Attalos），在维琴察（Vicenza）与之相对应的切里卡蒂宫（Palazzo Chiericati），威尼斯的行政旧宫（Procuratie Vecchie）[9]，带有稍显不同的转折的巴黎卢浮宫的大画廊（Grand Galerie），海因里希·德·弗利兹（Heinrich De Fries）[10]为汉堡的出口展览馆所设计的未实施方案，伦敦的摄政公园（Regent's Park）如舞台背景般的切斯特联排住区（Chester Terrace）。

9　威尼斯圣马可广场周边建筑之一，建于 1512 年。

10　海因里希·德·弗利兹（1887—1938），德国建筑师，曾在杜塞尔多夫艺术学院和国家艺术学院任教。

11　阿米利亚柱廊是古罗马的棚廊，是当时最大的商业建筑之一，其功能是作为从台伯河进入城市的货物仓库和配送中心。

12　阿塔罗斯柱廊位于雅典古市集中，由帕加马国王阿塔罗斯二世兴建。这座柱廊是典型的希腊化时期的建筑，相比古典时期的建筑，尺度更大，也更细致。它长 115 米，宽 20 米，采用大理石和石灰石建造。该建筑物巧妙地使用了不同的柱式，多立克柱式用于底层的外廊，爱奥尼柱式用于内部。

13　切里卡蒂府邸是一座典型的文艺复兴建筑，位于维琴察，由帕拉第奥设计。

2

3

1 罗马，阿米利亚柱廊 [11]

2 雅典，阿塔罗斯柱廊 [12]

3 维琴察，切里卡蒂宫（Palazzo Chiericati） [13]

1

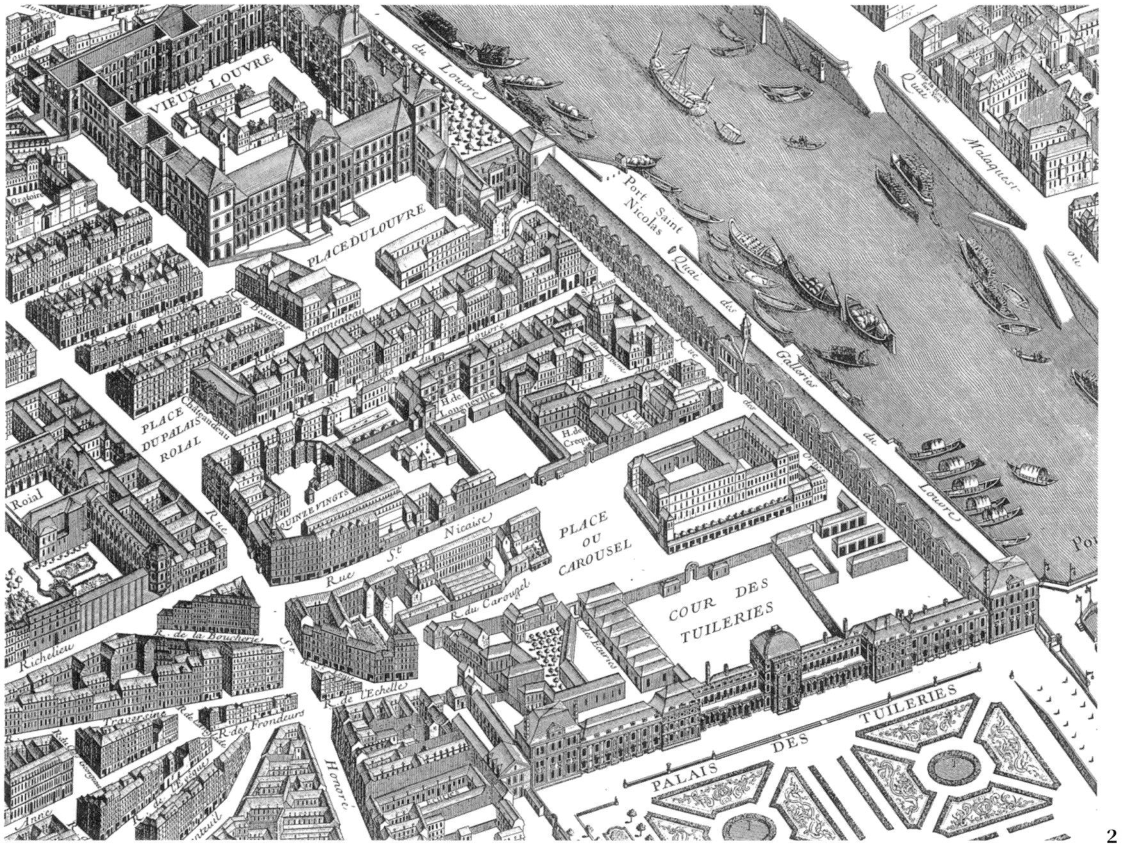
VIEUX LOUVRE
PLACE DU LOUVRE
Port Saint Nicolas
Quai des Galleries du Louvre
Quai Malaquest
PLACE DU PALAIS ROIAL
QUINZE VINGTS
Rue St Nicaise
COUR DES TUILERIES
PALAIS DES TUILERIES
R. du Carousel
R. de la Boucherie
Richelieu
Honoré
R. de l'Echelle
R. des Frondeurs
H. de Longueville
H. de Crequi

2

3

4

5

6

* 位于圣马可广场。

1 威尼斯，行政旧宫（Procuratie Vecchie）*
2 巴黎，卢浮宫大画廊
3 里沃利大街（Rue de Rivoli）沿街立面
4 里沃利大街沿街立面
5 海因里希·德·弗利兹，汉堡，
出口展览馆方案，1925
6 伦敦，切斯特联排住区

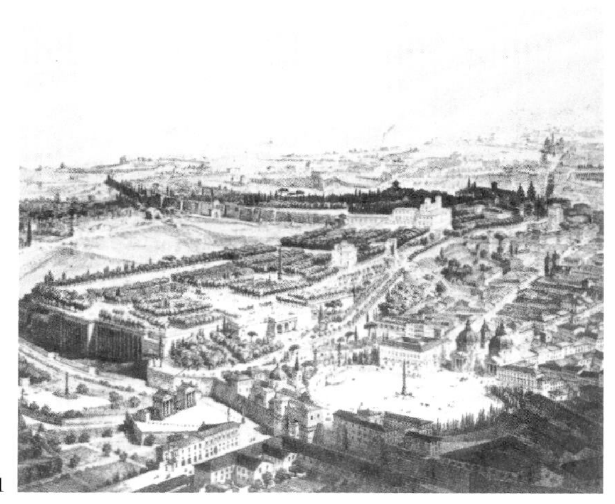
1

2

壮丽的公共台地

接下来是一些壮丽的公共台地，它们有的俯临着地景，有的俯临着水景：罗马的宾丘（Pincio）[14]，佛罗伦萨的米开朗琪罗广场（Piazzale Michelangelo），维琴察的贝利科山（Monte Berico）的平台——它们全部都是目的地，可与以下的散步台地相比较：伦敦城中已消逝的、由罗伯特·亚当（Robert Adam）设计的阿德菲（Adelphi）；阿尔及尔（Algiers）令人惊叹的奇景（extravaganza），部分是迪朗式的、部分是皮拉内西式的滨水景观；从未建造的巴登巴登（Baden-Baden），可以成为马克斯·劳格（Max Laeuger）[15]为弗里德里希园（Friedrichspark）所做方案中带有坡地和台地的郊外住区的开端。

---

14 罗马西北部的一个山地，山麓附近有波波洛广场和西班牙广场。

15 马克斯·劳格（Max Laeuger，1864—1952），德国陶艺家、手工艺人和建筑师，曾在卡尔斯鲁厄技术大学任教。

16 宾丘台地坐落在博尔盖塞公园西端的山丘上，即波波洛广场东侧，被誉为罗马市区最佳观看夕阳的地点。

3

1 罗马，宾丘[16]

2 维琴察，贝利科山广场（Piazzale Monte Berico）

3 佛罗伦萨，米开朗琪罗广场

1

2

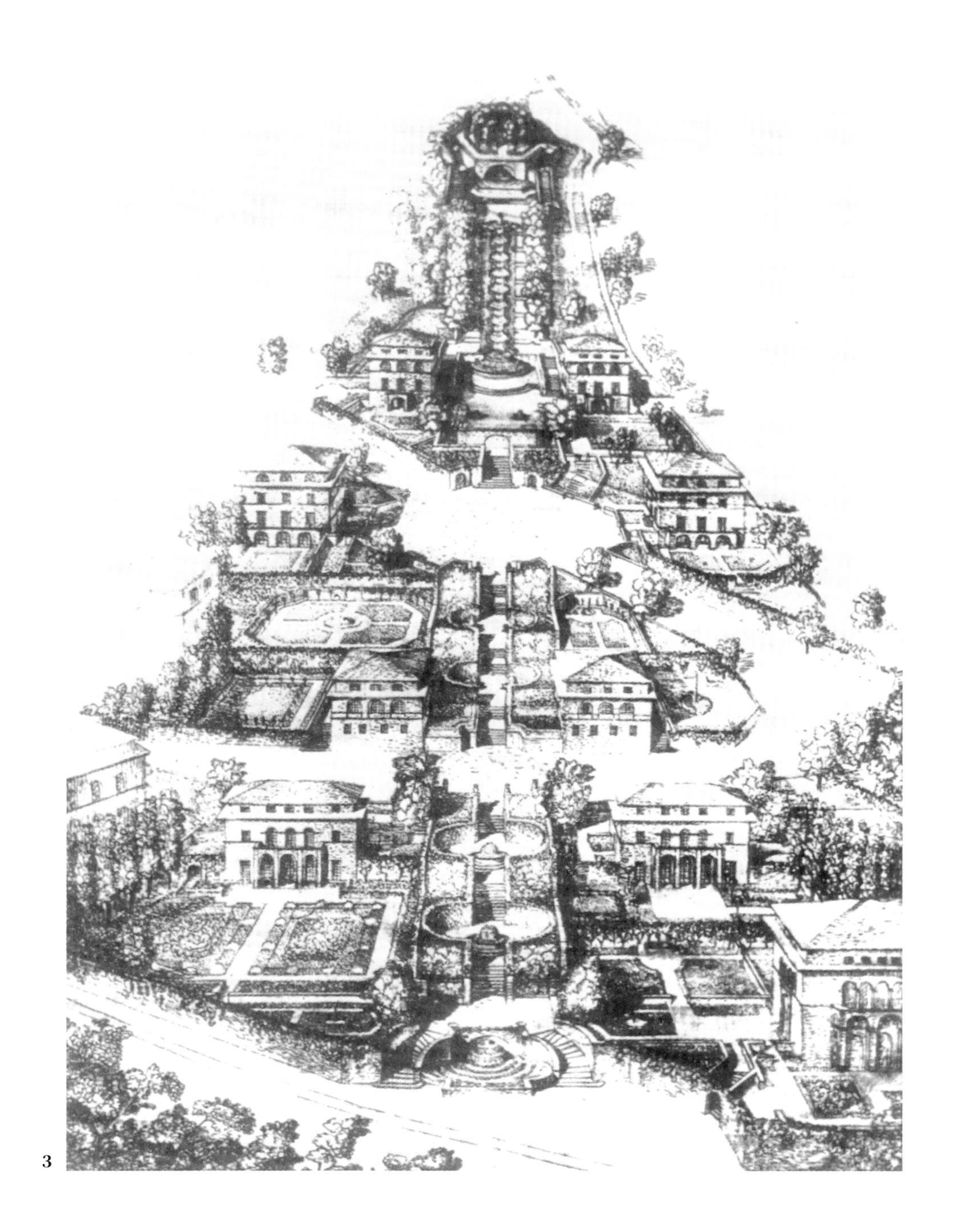

3

* 阿德菲是伦敦的第一座新古典主义建筑街区，建于 1768—1772 年，由 11 个统一的新古典联排别墅组成，临泰晤士河前方是拱形露台，下面是码头。建筑师罗伯特·亚当受到位于克罗地亚的斯普利特（Split）的戴克里先宫（Diocletian's Palace）的影响，并将其中一部分应用于这座新古典主义建筑的设计中。

1 伦敦，阿德菲台（Adelphi Terrace）*

2 阿尔及尔，滨水区

3 马克斯·劳格：巴登巴登，弗里德里希园的行列式方案，1926 年

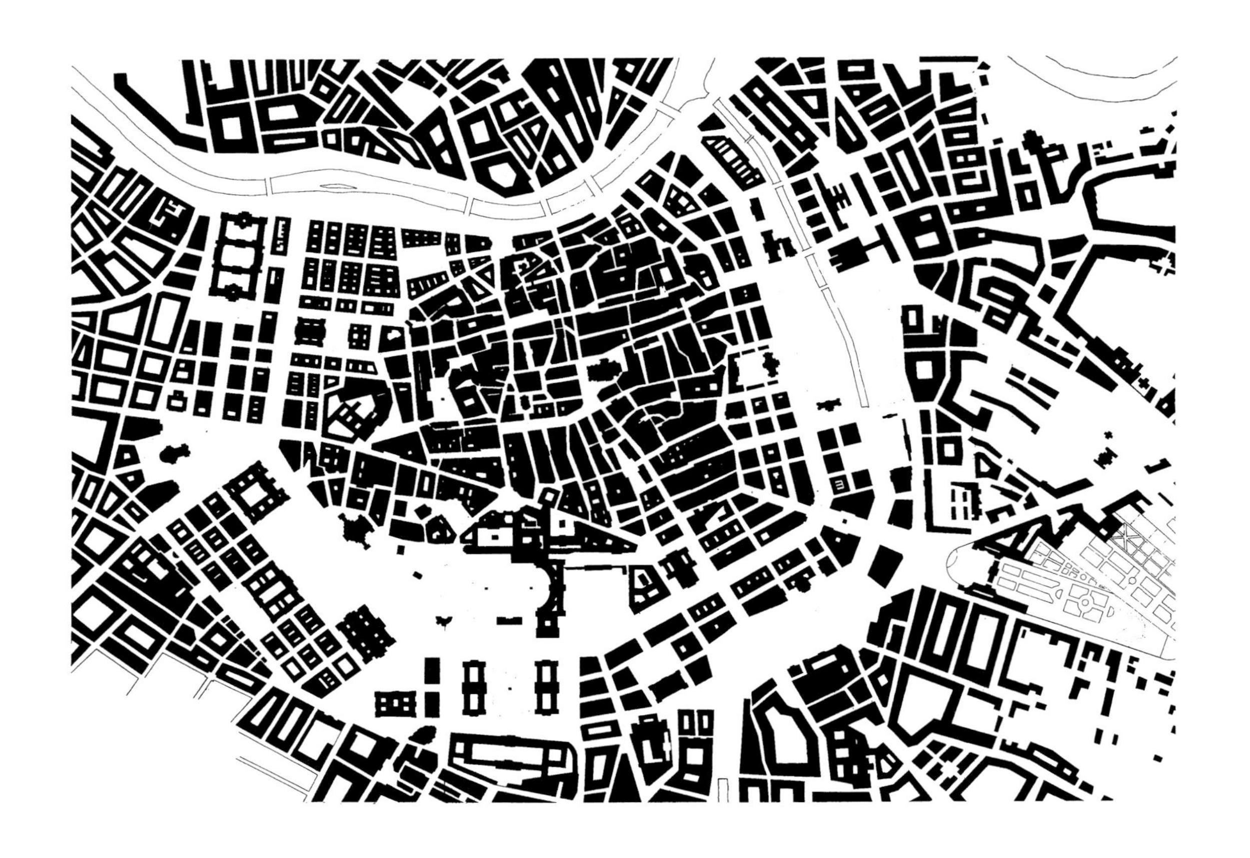

混沌而聚合的建筑群

以下是一系列混沌而聚合的建筑群，城市的巨构建筑（如果必要），它们全都不是“现代”的，但是都与环境发生着联系，并从中建立起来。其中有来自维也纳的霍夫堡宫（Hofburg）；来自慕尼黑的王宫（Residenz）；来自德累斯顿（Dresden）的一组桥梁、布吕尔平台（Bruhlsche Terrasse）[17]、王宫（Schloss）和茨温格宫（Zwinger）。另外还可以加上：贡比涅城堡（Chateau of Compiegne）[18]在它与城镇和公园关系中所形成的三角形，弗朗茨巴德（Franzensbad）[19]的城镇和公园

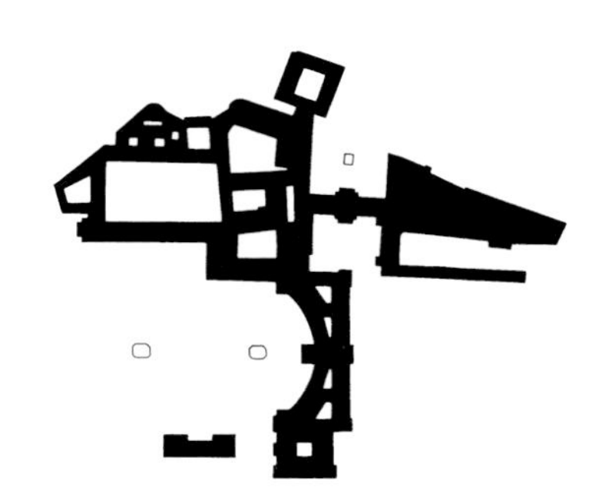

维也纳，霍夫堡宫（Hofburg），图—底平面

17　布吕尔平台，18 世纪时，由康特·布吕尔在易北河边废弃的防御工事上修建起来的散步场所，原先是他私家花园的一部分，具有防洪和防御功能。歌德称之为“欧洲的阳台”。

18　法国城市，位于法国上法兰西大区瓦兹河（Oise）畔，首都巴黎北 80 千米，著名的贡比涅森林西北边缘处，是瓦兹省的首府。

19　捷克西部的一座小镇，以温泉著称。原名 Kaiser Franzensdorf，意为“德国皇帝弗朗兹二世的村庄”。

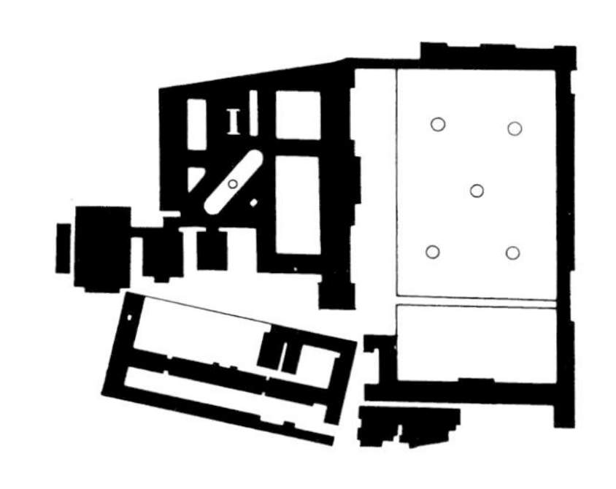

的关系，斋浦尔（Jaipur）[20]的宫殿—城市关系，伊斯法罕（Ispahan）[21]类似的地方。法塔赫布尔·西格里古城（Fatephur Sikri）[22]令人惊叹的布局，或许可以作为阿德良离宫的印度版本。这些都是规则/不规则的，而且带有一点野性；它们全都在被动与主动的行为之间（在不同部分）摇摆不定；它们全都是既悄然地合作，又强烈地自我宣扬；它们全都是偶尔地符合理想状况。但是，总而言之，这个系列很容易被当前的认知所接受，并且它们在本质上可以适用于几乎所有的地方。

20　斋浦尔是印度北部的一座古城，拉贾斯坦邦（Rajasthan）首府，位于新德里西南 250 千米处。

21　伊朗中部城市，伊斯法罕省省会。

22　法塔赫布尔·西格里古城，位于印度北方邦阿格拉市西南面 40 千米处的阿格拉县，曾是莫卧儿帝国的首都所在地。

慕尼黑，王宫（Residenz），图—底平面

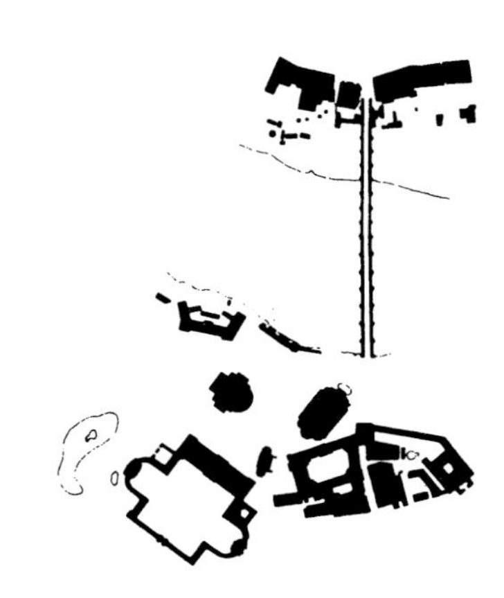

德累斯顿，茨温格宫，图—底平面

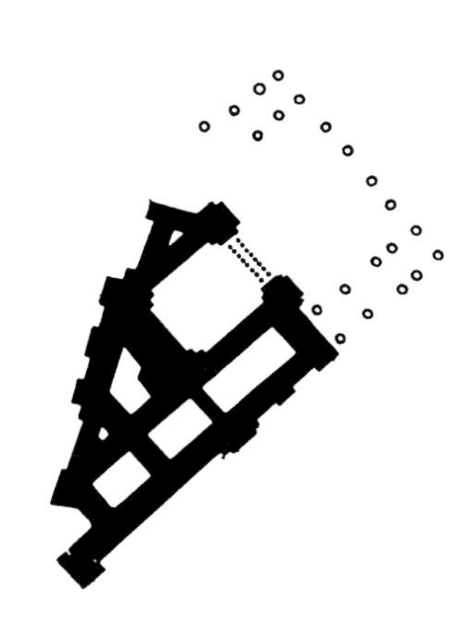

贡比涅（Compiègne），城市与住宅，
图—底平面

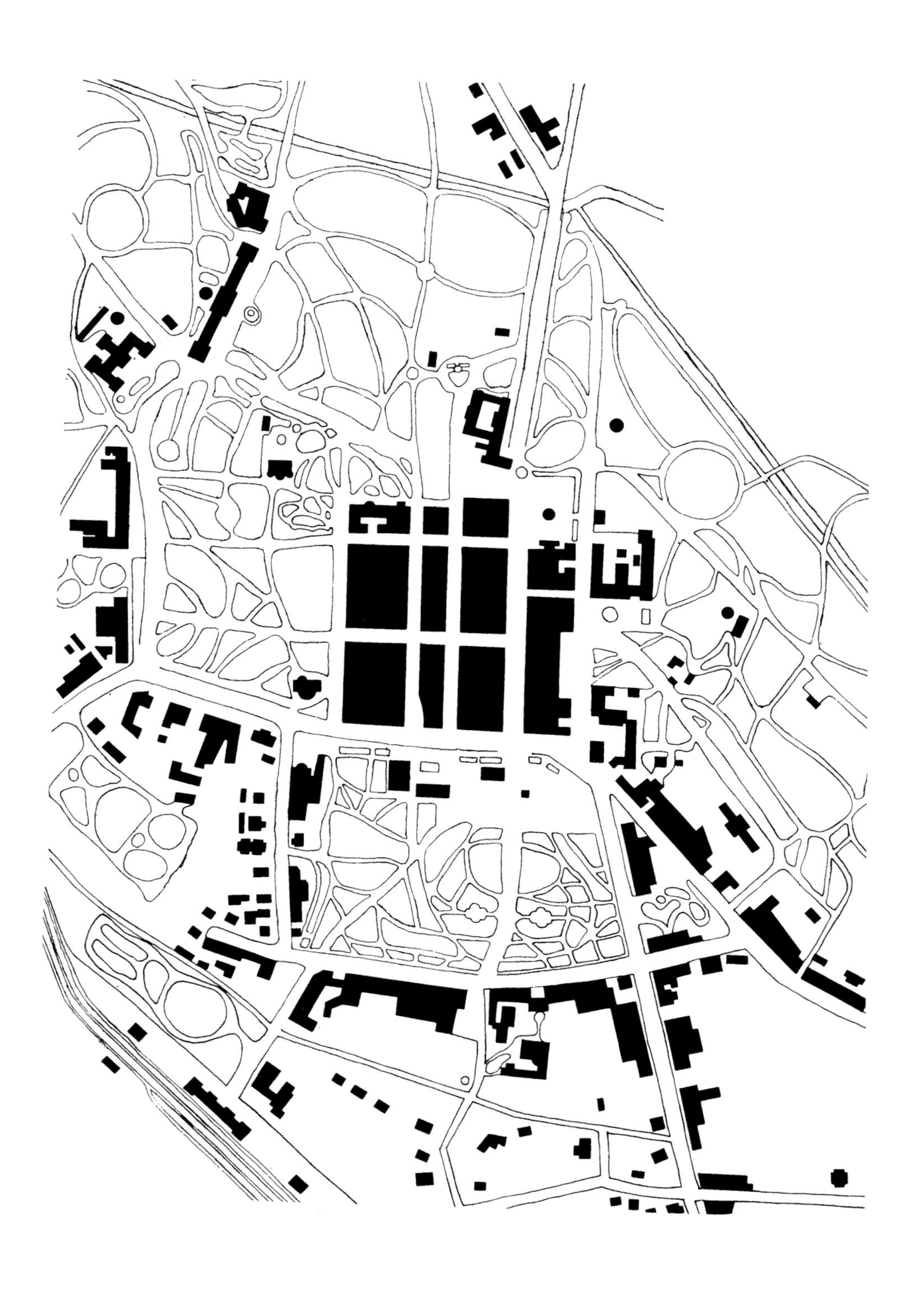

弗朗茨巴德，
城市与公园的关系

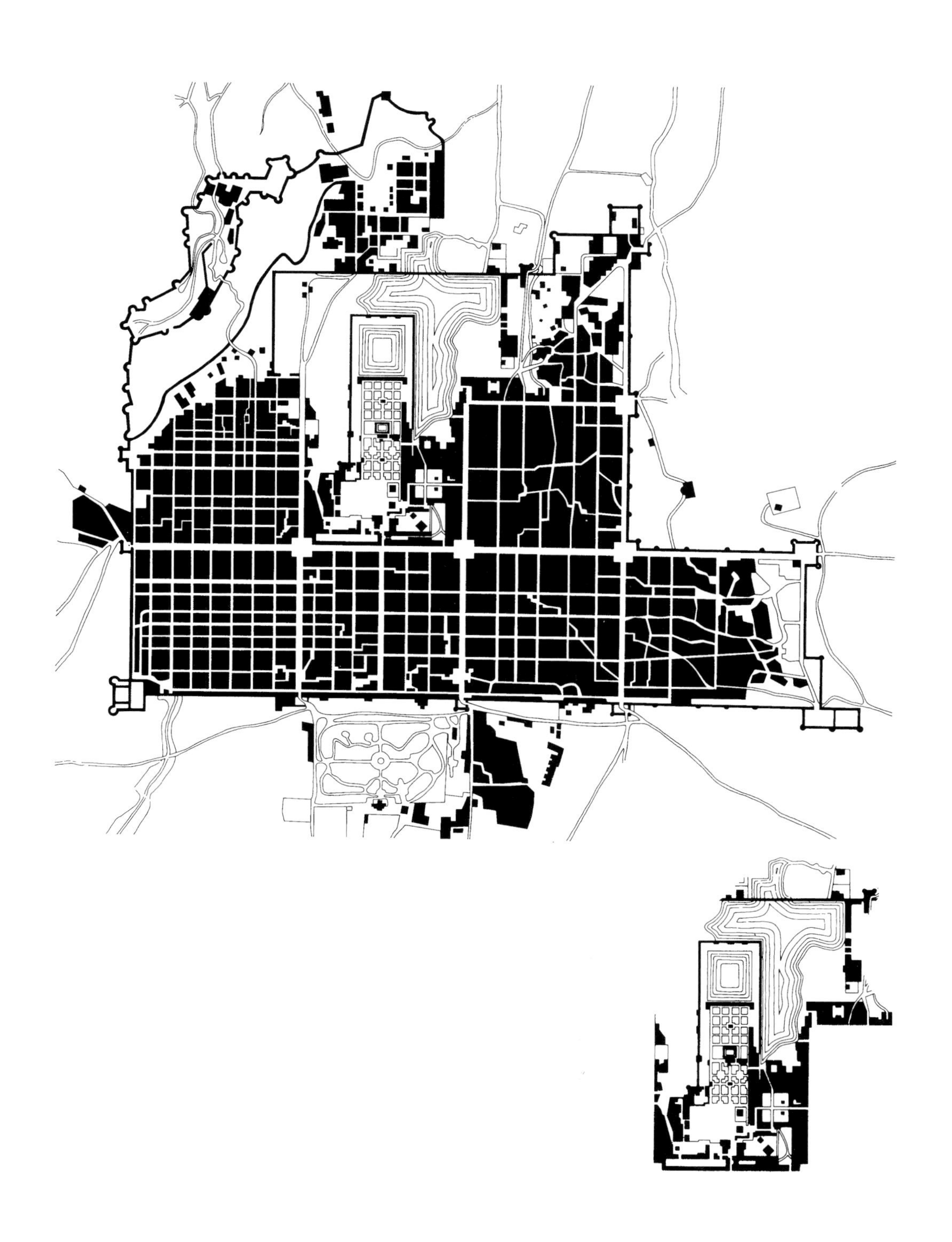

斋浦尔，宫殿，
图—底平面图

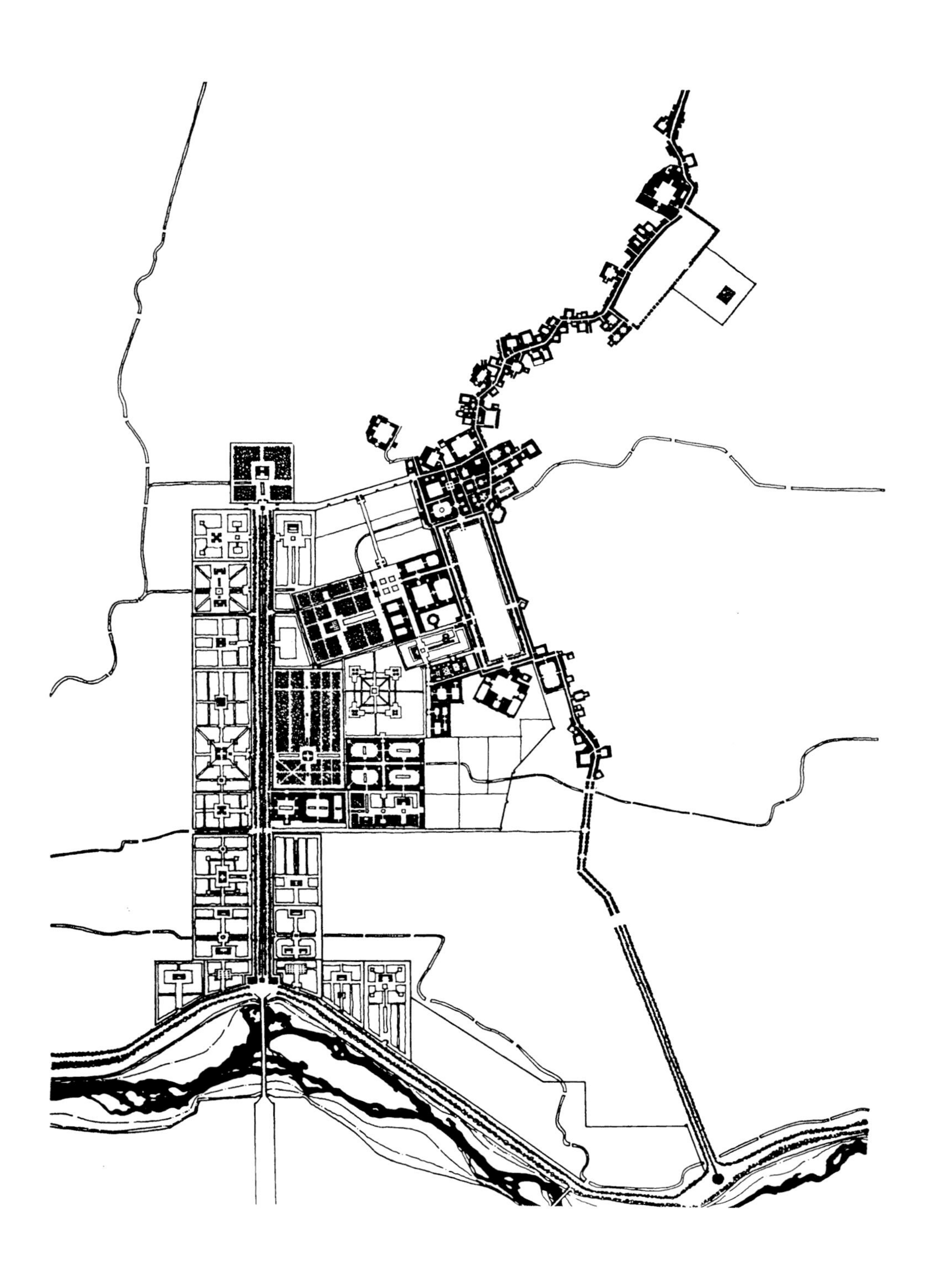

伊斯法罕，
平面图

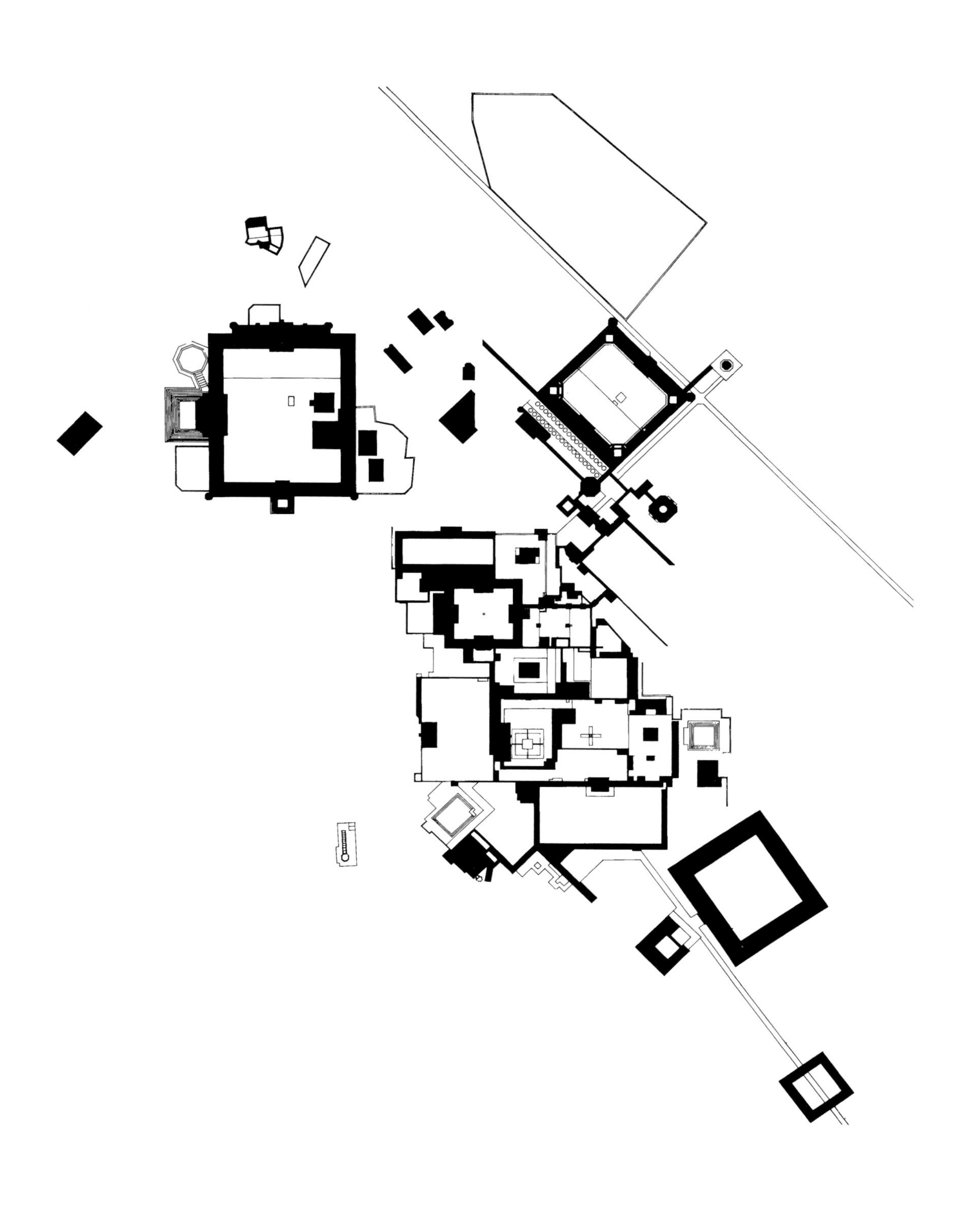

法塔赫布尔·西格里古城，
图—底平面图

1

怀旧发生器

最后是一定数量的怀旧发生器，它们可以是科学的或是未来的，也可以是“浪漫”的或过去的，或者以不同的方式，也许是优美的乡土化的或是“波普”的 。在这个意义上，我们可以想到海上石油平台（Off-shore oil rigs），凯乌斯·塞斯提乌斯金字塔（pyramid of Caius Cestius）[23]，在卡纳维拉尔角（Cape Canaveral）[24]的火箭发射平台和室内环境，维尼奥拉[25]在波玛佐（Bomarzo）[26]设计的坦比哀多（Tempietto），古罗马陵墓，美国小镇，沃邦要塞（Vaubanfort），以及文丘里及其拥趸们所神往的拉斯维加斯大街，或者其他城市的大街 。

23　塞斯提乌斯金字塔是位于意大利罗马的一座古代金字塔，建于大约公元前 18—前 12 年，该金字塔为罗马官员塞斯提乌斯的陵墓，靠近圣保禄门和新教公墓。塞斯提乌斯金字塔与罗马城墙结合在一起，是当今保存最完好的罗马古建筑之一。

24　位于美国佛罗里达州布里瓦德郡大西洋沿岸的一条狭长的陆地，附近有肯尼迪航天中心和卡纳维拉尔空军基地，美国的航天飞机都是从这两个地方发射升空。所以卡纳维拉尔角成了它们的代名词。

25　贾科莫·巴罗齐·达·维尼奥拉（Giacomo Barozzi da Vignola，1507—1573），意大利建筑师、建筑理论家，16 世纪风格主义建筑的代表人物，也是当时罗马建筑师的领袖。

26　波玛佐是意大利维泰博省（Viterbo）的一座小镇。波玛佐花园俗称怪物公园（意大利语为 Parco dei Mostri，或 Sacro Bosco[Sacred Grove]），始建于 16 世纪，坐落于奥尔西尼（Orsini）城堡下方的一个树木繁茂的山谷底部，其中有怪异的雕塑和位于自然植被中的小型建筑，是典型的手法主义作品。

1　海上油井

2　罗马，凯乌斯·塞斯提乌斯金字塔

3　伊利诺州，加利纳（Galena）

4　德克萨斯州，加尔维斯敦（Galveston），邮局大街

2

3

4

1

2

3

4

5

1 塔兰托港（Hafen von Taranto）

2 位于德克萨斯州圣安东尼奥的阿拉莫要塞（Alamo）

3 英国利兹（Leeds）的桑顿拱廊（Thornton’s Arcade），1878 年

4 佛罗里达州，卡纳维拉尔角

5 卡纳维拉尔角

1

2

3

4

5

6

7

* 位于罗马城外阿皮亚大道上的一座陵墓，建于公元前1世纪，以纪念切契利亚·梅特拉（意大利语中为 Cecilia Metella）。她被认为是罗马共和国末期的军事家、政治家、罗马首富马库斯·李锡尼·克拉苏（Marcus Licinius Crassus）的妻子，克拉苏曾与庞培、凯撒合作，组成三头政治同盟。

** 法国安德尔-卢瓦尔省（Indre-et-Loire）的一座小镇，卢瓦河的左岸。

1 罗马的切契利亚·梅特拉（Caecilia Metella）陵 *
2 德克萨斯州，布伦汉姆市（Brenham），主街第515号
3 提契诺大门（Porta Ticinese），米兰
4 波玛佐，园林神庙
5 巴洛克的堡垒
6 蒙特路易（Montlouis） 的堡垒**
7 拉斯维加斯，主街（Strip）

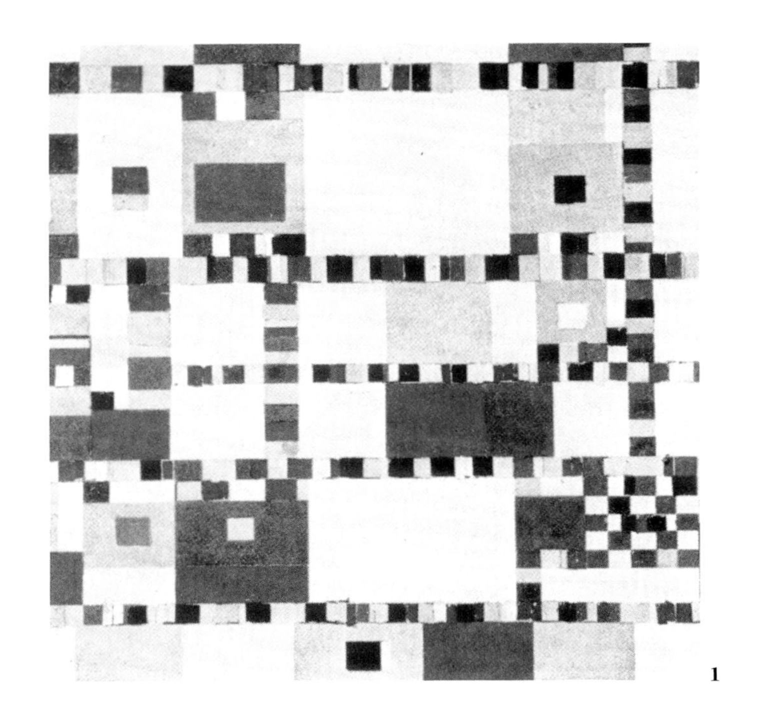

1

园林

但是应当认为，所有这些主要用来记录“事件”的观察和描述，被部分地吸收到一些普遍的“结构”、网络或脉络之中。这些“结构”、脉络可能是规则的或不规则的，沿水平或垂直方向蔓延。水平网络中的规则和不规则的案例无须被大量提及：曼哈顿的肌理和波士顿的肌理，都灵（Turin）的模式以及锡耶纳（Siena）更加随机的模式；在半实体结构的领域里，萨凡纳（Savannah）的“打孔”网格[27]以及牛津—剑桥（Oxford-Cambridge）更为随意的聚集群。盛行的垂直网络的案例则同样显著：威尼斯[28]、里沃利大街（Rue de Rivoli）[29]和摄政公

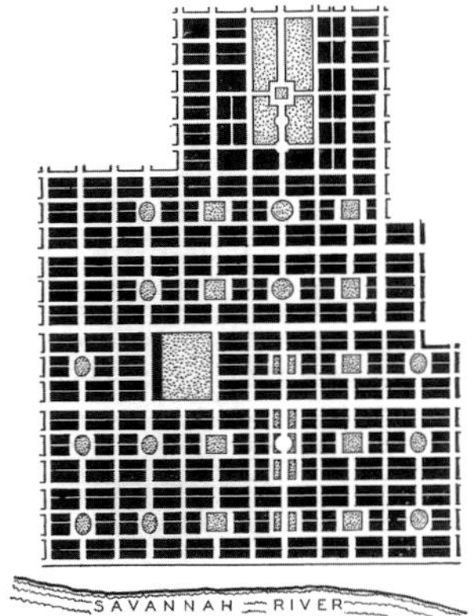

2

3

27 萨凡纳是美国佐治亚州大西洋岸港口及旅游城市，始建于 1733 年。这里所谓的“打孔”网络是指其独特的、由该城创始人奥格莱索普（Oglethorpe）所制定的城市规划方式。该规划采用一系列标准化的模块单元，每个单元由一个小型中央公园和周边住宅街区构成，随着城市的发展而不断增加，最终形成一种非常独特的“打孔”网格城市。

28 可能指威尼斯圣马可广场的周边建筑。

29 巴黎卢浮宫北侧的一条大街，以极其规整的街道界面而闻名。

4

园的城市墙面；阿姆斯特丹的三跨山墙立面；热那亚的巨型、矫揉造作的四坡屋顶；在曼哈顿的上东区，大道上宏伟的热那亚风格，与横街上本土化的阿姆斯特丹风格之间的奇妙组合；最后是19世纪的美国街道，有着白色粉刷住宅的统一格调，以及在小块草坪和巨大榆树的斑驳树荫中的连续性结构 。

美国19世纪的街道，有点像在一个遍布的绿网中漂浮着的错综复杂的白色形体，一种在浪漫古典主义的纲领中所暗含的看似不可能的成就，一条有时几乎令人不堪忍受的田园诗歌或阿卡狄亚式的街道，一种绝对不属于花园城市的花园。这条如此朴实无华、鲜有记录的街道，现在可以作为一个支点，用来进一步插入激发性要素。

园林，是对城市的一种批判，因而也是一种模范城市，这是一个我们已经涉及并应当加以关注的议题。于是，华盛顿特区的某些部分表达了对于凡尔赛宫花园和公园的忠实模仿，第二帝国时期的巴黎是

1　蒙德里安的《胜利之舞》，1943—1944年，局部
2　佐治亚州萨凡纳的城市网格
3　威尼斯的城市壁纸（Tapeten）
4　19世纪的美国大街

一系列勒·诺特尔式样园林的建筑化版本。美国浪漫风格的近郊住宅区（龟溪 [Turtle Creek] [30]、格罗塞角庄园 [Grosse Pointe Farms] [31]），显然与诸如斯托海德（Stourhead）[32] 和后来的斯托（Stowe）[33] 之类的英国园林有密切关系。但是，除了这种过于明确的转换，园林的潜能，即它对于城市“规划师”和“设计师”的应有的启示，仍然几乎无人关注。

因此，简略观察一下，如果园林可以提供一种不需要借助任何建

30　匹兹堡东郊的一个小住区。

31　密歇根州底特律郊区的一座小镇。

32　位于英格兰西南部威尔特郡，是英国最负盛名的园林之一。

33　位于英国白金汉郡（Buckinghamshire），英国著名园林。

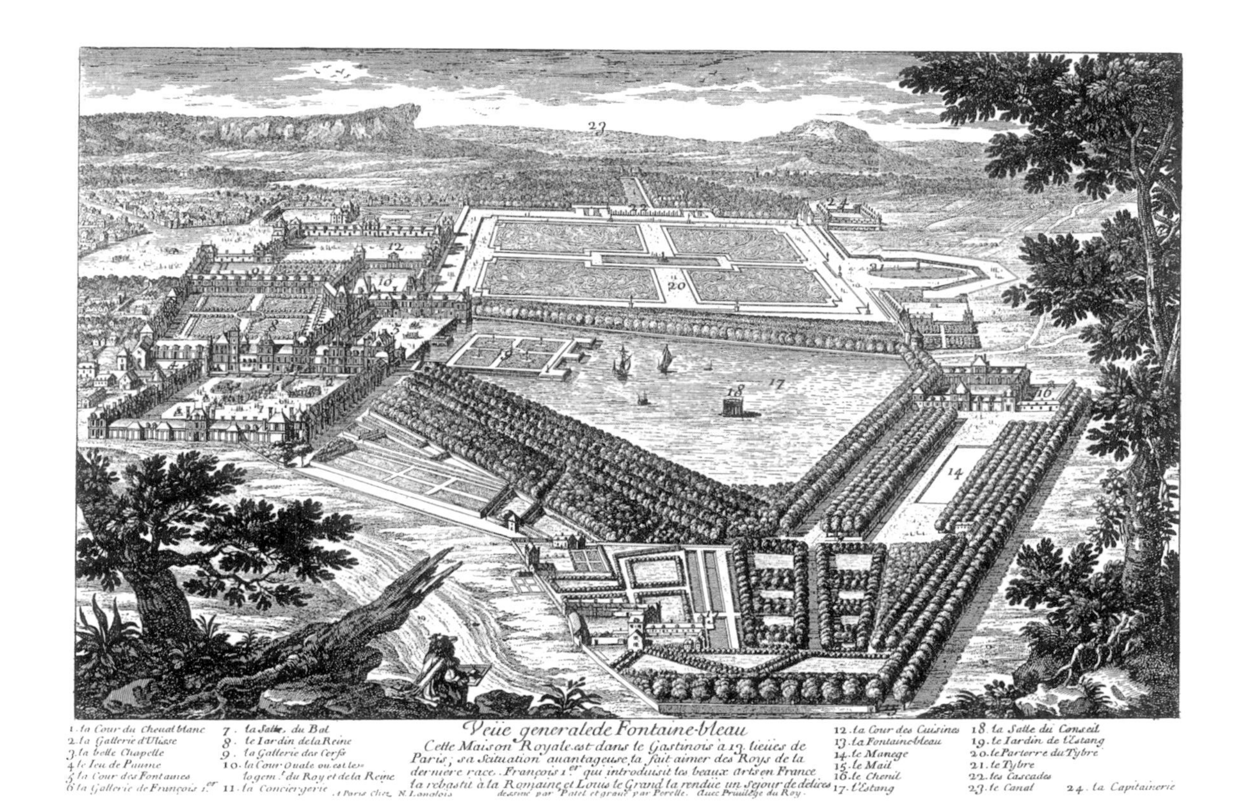

筑物的建成环境，那么园林可能是有用的，而且我们不太会想到那些已经熟悉的定式段落，我们想到的不是维孔特城堡（Vaux-le-Vicomte），而是尚蒂伊（Chantilly），不是凡尔赛宫，而是查尔斯·布里奇曼（Charles Bridgeman）[34]设计的斯托（Stowe）所表现出来的拥塞的、阿德良式的紊乱。到目前为止，太过柏拉图式的、太过笛卡尔式的和太过田园牧歌式的园林的影响占据了主导地位；而针对这些，我们更倾向于欣赏某种随机而有秩序的做法——这多半是法兰西的。

因此，尚蒂伊建成后，以其高台的辉煌气概、轴线的随意傲慢，

34　查尔斯·布里奇曼（1690—1738），英国园林设计师，他帮助开拓了自然景观风格，英国园林设计过渡中的关键人物，在他之后出现的继任者中，有威廉·肯特（William Kent，1685—1748）和"能干的"兰斯洛特·布朗（Lancelot Brown，1716—1783）。

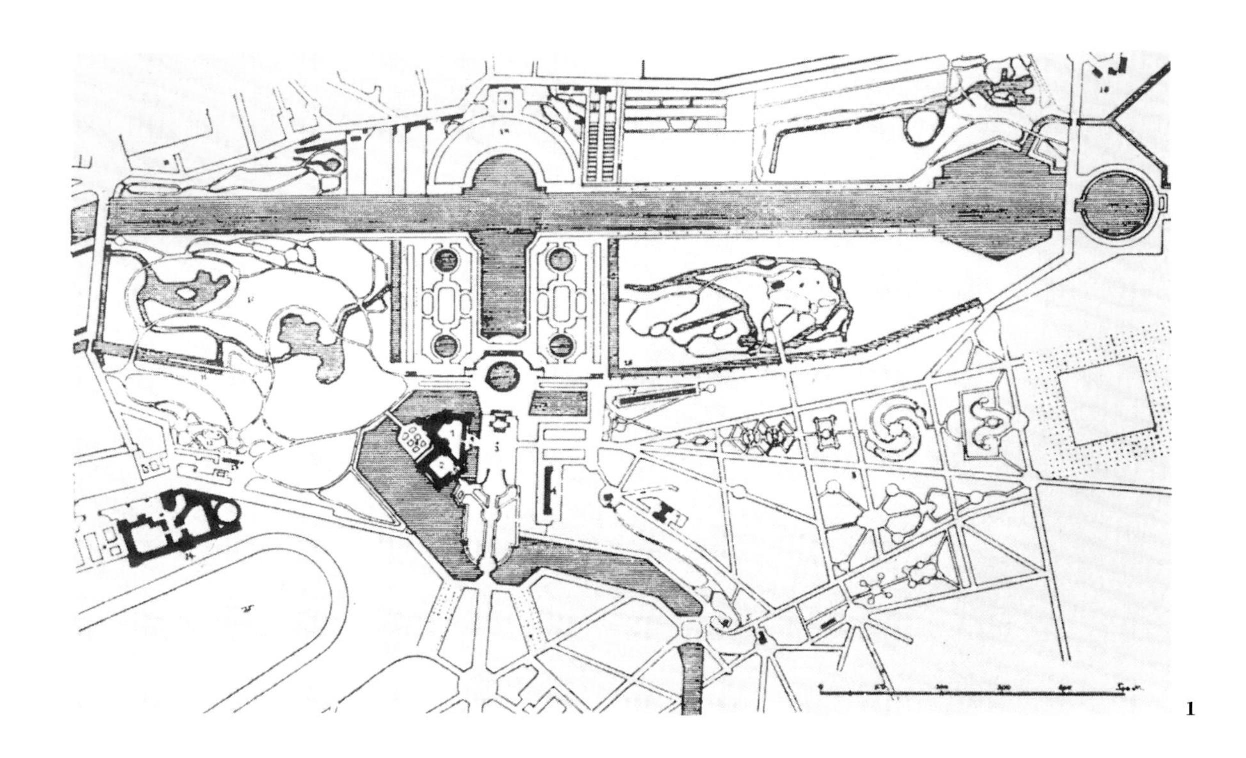

1

2

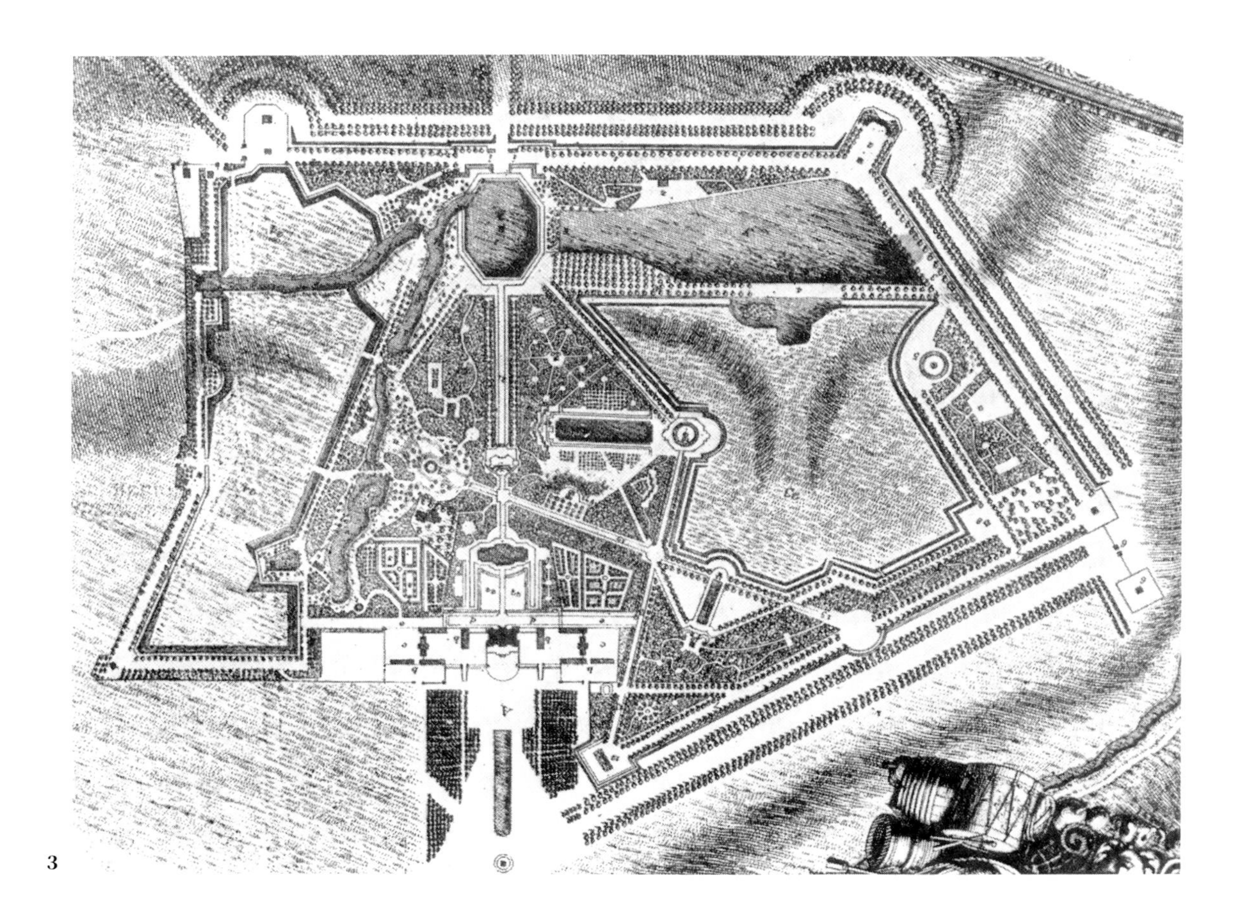

3

4

以其笛卡儿式的意味和沙夫茨伯里（Shaftesbury）的阴影，以其在砖石技术方面过度的精确性以及不经意的丢弃，它必然是最为详尽的园林（也是最有希望的城市）。在布里奇曼设计的盎格鲁—法兰西式的斯托（你可以在多大程度上为一个乏味地区进行提神？）之后，我们将会援引韦尔讷伊（Verneuil）（它由迪塞尔索[35]设计，曾经激发了勒·柯布西耶）以及一系列鲜为人知、有些冷僻的案例。

35 迪塞尔索（Jacques Androuet du Cerceau，1510—1584），文艺复兴时期法国建筑设计师与装潢师。他曾于公元 16 世纪前后的巴黎设计并制作了多个建筑以及家具装饰作品。在当时的法国甚至欧洲产生了极为重大的影响力。

1 尚蒂伊，庄园与公园平面图
2 位于德国美因茨（Mainz）的挚爱公园酒店（La Favorite）
3 斯托，查尔斯·布里奇曼的花园平面图
4 查尔斯·布里奇曼在斯托的设计

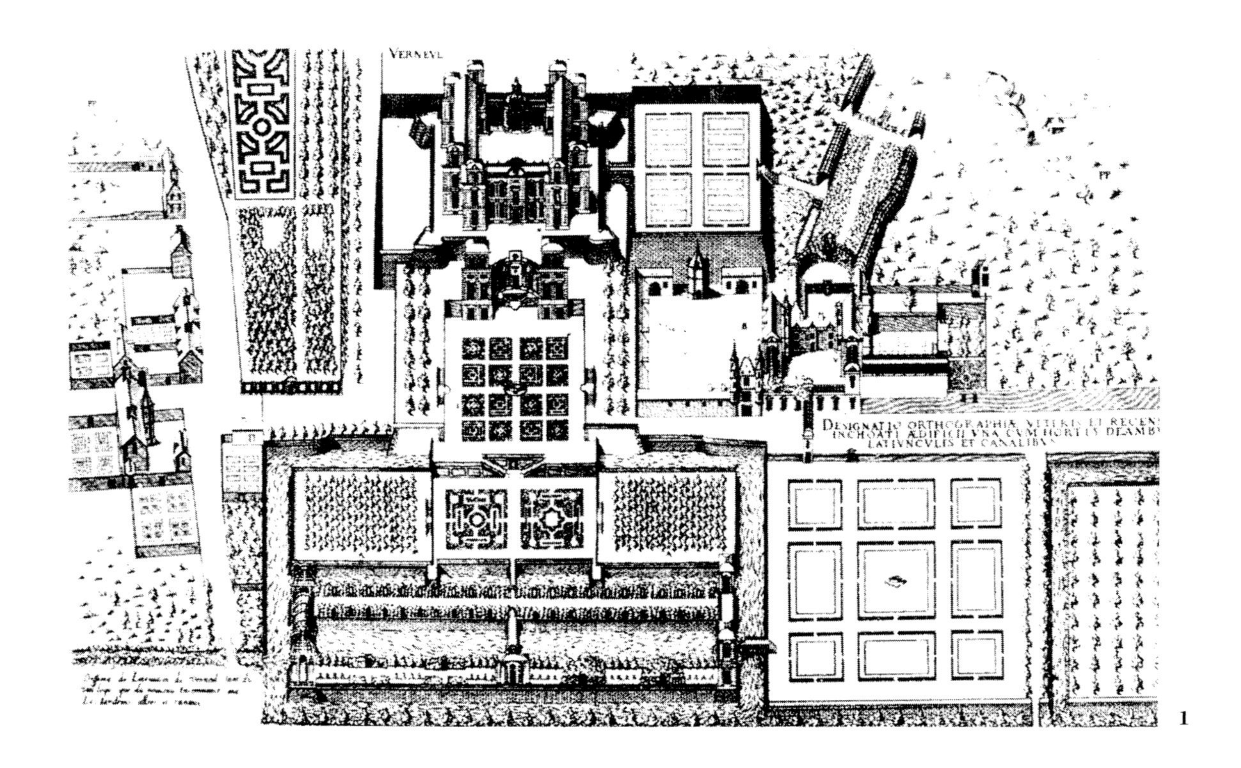

1

相应地，我们从斯特恩（Stein）[36]的《法兰西园林》（*Jardins de France*）中选取两个较为早期的实例：维拉塞夫的科尔伯特府邸（chateau of Colbert de Villacerf）[37]，以及并不与之完全对等的朗格勒主教府邸（chateau of the Bishops of Langres）[38]。朗格勒主教府邸的景观展现了一个明显老旧、也许经过重新粉刷的房子，但配备了恰如其分的园林和姿态；而维拉塞夫的科尔伯特府邸以它近似中国式的河网和对岸水景，也可能是最重要的参考之一。对此，我们只想加上极为精致的蒙梭公园（Parc Monceau），它有着受到热情冲动所激发的勒·诺特尔风格的布局，其本身不言而喻。最后的案例是迪塞尔索在加永（Gaillon）[39]发现的一座被人们认为特点鲜明、略显杂乱的园林。

36 斯特恩（Henri Stein，1862—1940），法国考古学家，国家档案馆现代部分馆长和巴黎文献学院（École des Chartes）讲师，曾任法国历史学会和法国藏书家学会主席。

37 科尔伯特（Édouard Colbert，1628—1699），维拉塞夫侯爵（Marquis de Villacerf），路易十四时期的高级官员。科尔伯特府邸最早是修道院，1667 年开始归属于科尔伯特，后来通过弗朗索瓦·吉拉丹（François Girardon）的设计，逐渐成为一座内涵丰富的城堡。

38 朗格勒是法国东北部的市镇，隶属大东部大区上马恩省，位于该省的东南部。

39 法国厄尔省的一个市镇，位于该省东北部，属于莱桑德利区。

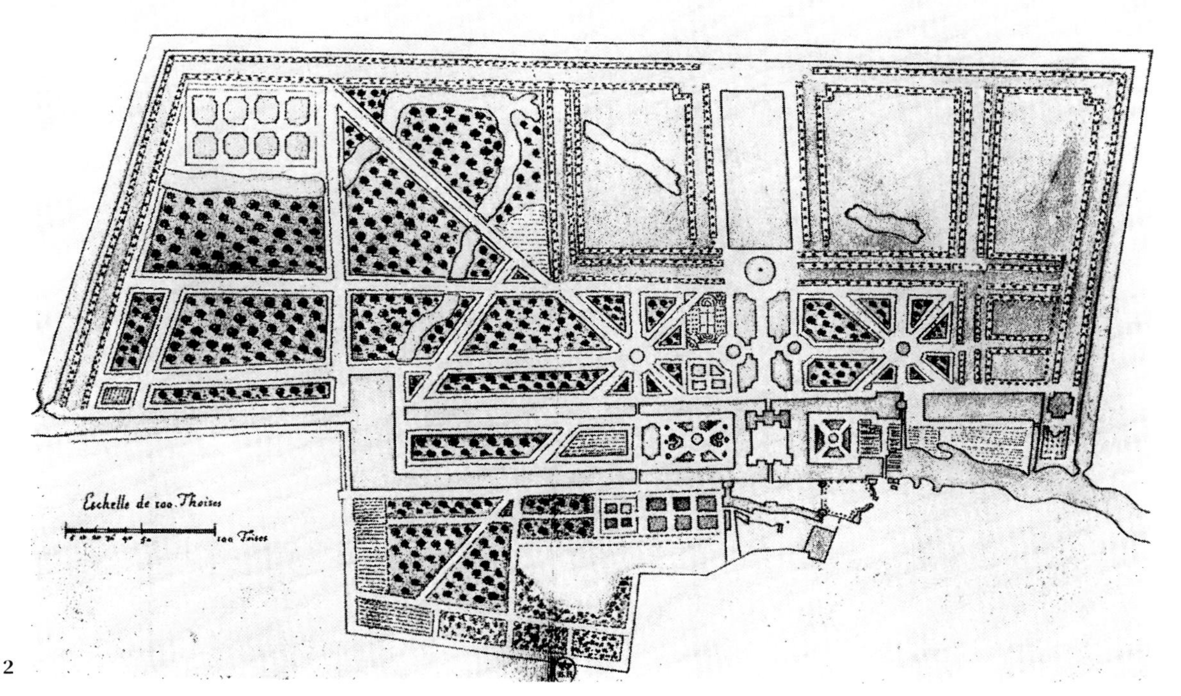

2

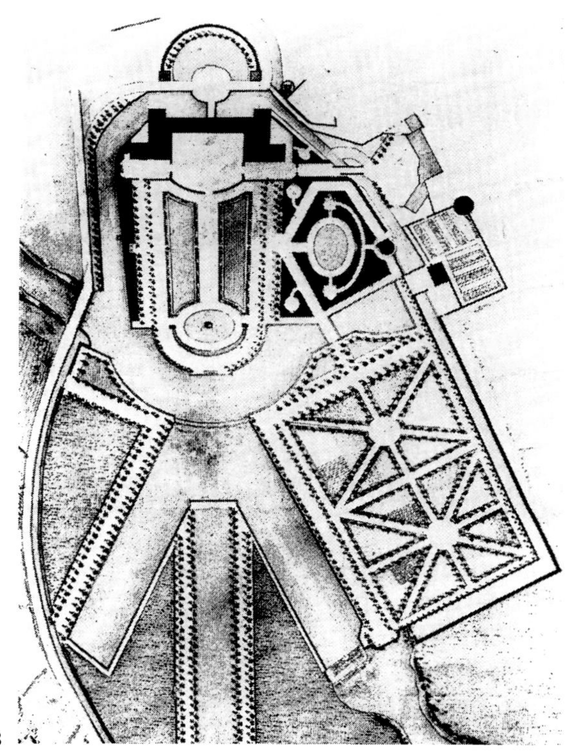

3

1　韦尔讷伊府邸（Château de Verneuil）

2　维拉塞夫的科尔伯特府邸

3　朗格勒主教府邸的花园平面图

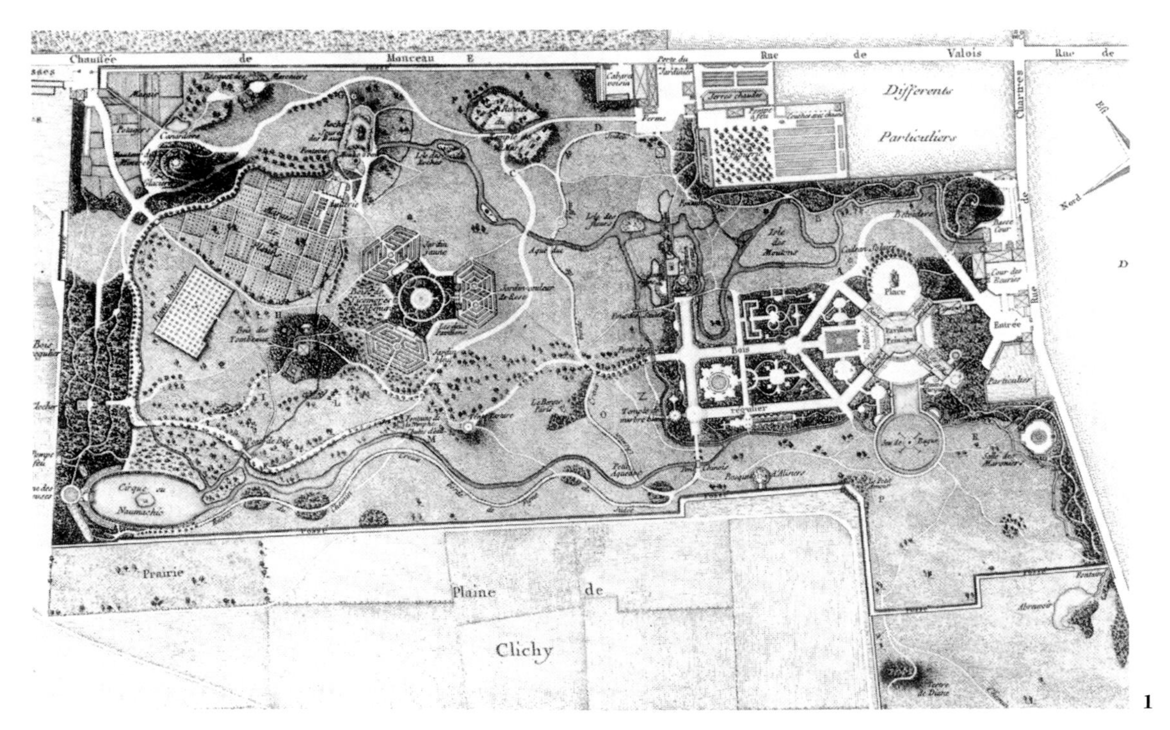
Chaussée de Monceau
Rue de Valois
Differents Particuliers
Prairie
Plaine de Clichy

1

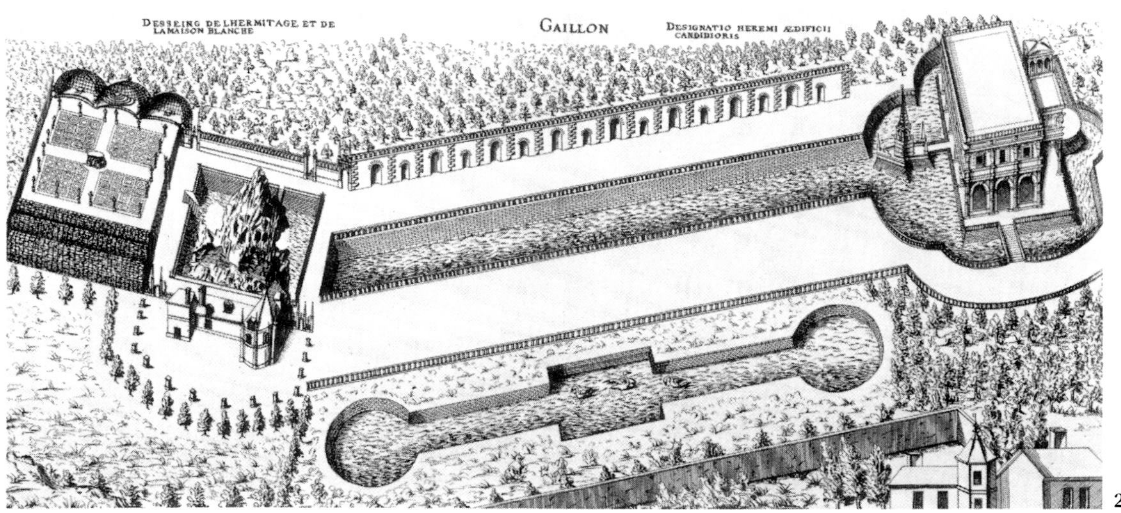
DESSEING DE LHERMITAGE ET DE LA MAISON BLANCHE
GAILLON
DESIGNATIO HEREMI ÆDIFICII CANDIDIORIS

2

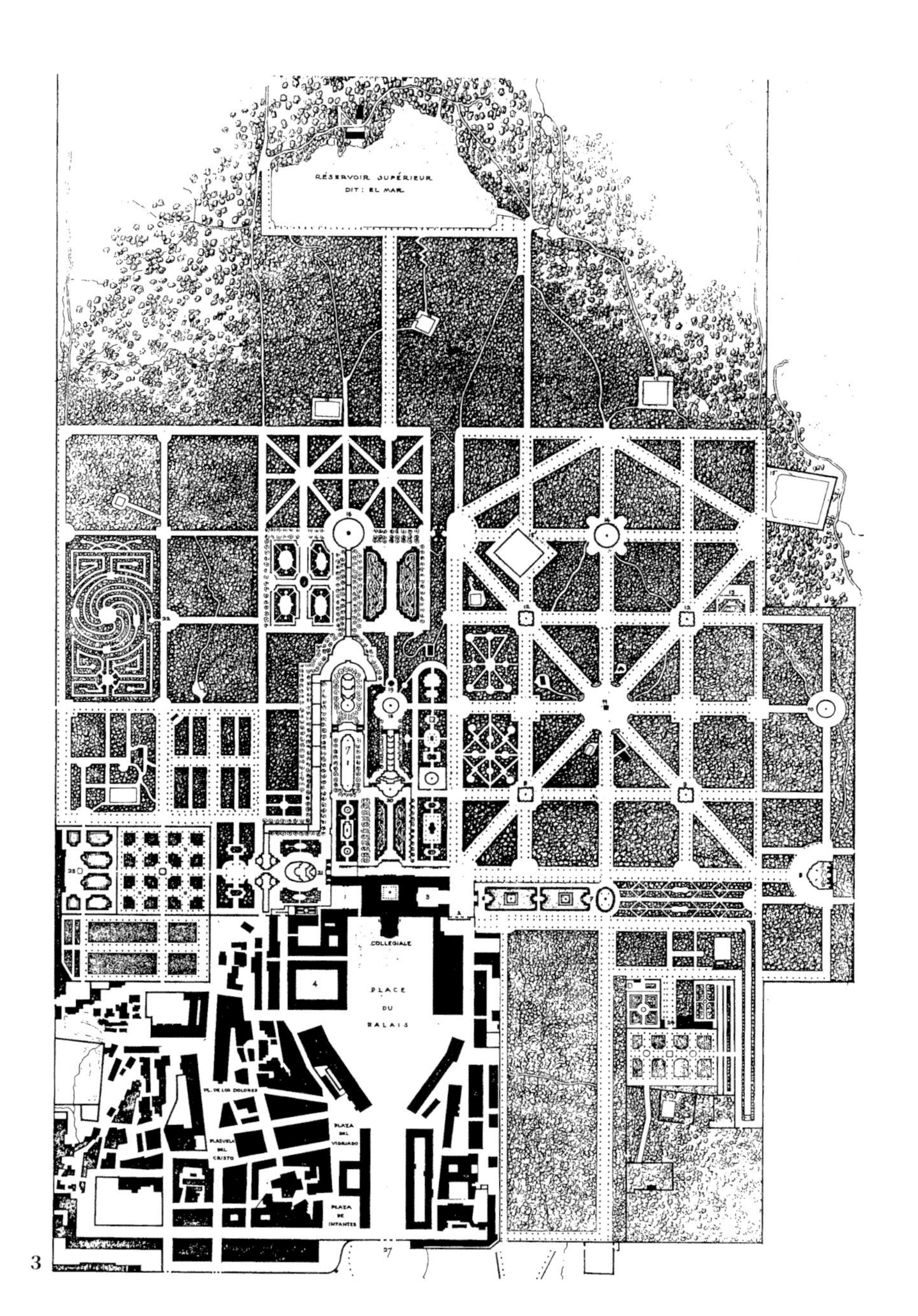

3

* 蒙梭公园是一座位于巴黎第八区的公园，是巴黎著名的旅游景点之一，面积 8.2 公顷（8.2 万平方米）。蒙梭公园内有一座圆形的洗礼堂。

** 位于法国诺曼底地区加永，是一座文艺复兴时期的花园。

*** 西班牙古城，在马德里附近。

1　巴黎蒙梭公园 *

2　加永庄园（Le château de Gaillon） **

3　塞戈维亚（Segovia）的拉各拉尼亚花园（Garten de La Granja） ***

1

2

3

4

评述

“我用来支撑废墟的这些碎料”：头脑中闪现的是T.S. 艾略特（T.S.Eliot）[40]在《荒原》（*The Waste Land*）一书中对于“拾获之物”（objects trouvés）[41]的应用 。但是当我们把卡纳莱托（Canaletto）[42] 绘制的那幅风景画——画面是想象中的里亚托桥（Rialto），配有一系列帕拉第奥建筑——与现实的场地相比较时，可以进一步暗示拼贴城市中的一些论述：巴西利卡取代了卡美伦奇府邸（Palazzo dei Camerlenghi），芳达

40 T.S. 艾略特（1888—1965），英国诗人、批评家、剧作家，获 1948 年诺贝尔文学奖。艾略特生于美国，曾在哈佛大学学习哲学和比较文学，接触过梵文和东方文化，对黑格尔派的哲学家颇感兴趣，也曾受到法国象征主义文学的影响。第一次世界大战爆发后，艾略特来到英国，并定居伦敦，先后做过教师和银行职员等。1922 年创办文学评论季刊《标准》，任主编至 1939 年。艾略特认为自己在政治上是保皇党，宗教上是英国天主教徒，文学上是古典主义者。

41 可以理解为顺手之物，或现成之物，特别用于描述针对日常物品或废物进行调整创作而来的艺术品。也就是艺术家针对发现的对象进行很少处理或者不进行处理，仅展示该对象并将其声明为艺术品，就称为“拾获之物”。这些对象或产品通常不被视为制作艺术品的材料，通常是因为它们已经具有非艺术品的功能。

42 卡纳莱托（1697—1768），意大利风景画家，尤以准确描绘威尼斯风光而闻名。

43 威廉 · 马洛（1740—1813），英国风景画家、蚀刻师。

1 卡纳莱托：威尼斯，大运河的想象画

2 卡纳莱托：大运河，南望里亚托桥

3 真实场景中的威尼斯

4 威廉 · 马洛[43]，圣保罗大教堂和威尼斯运河想象画，1795 年

科大厦（Fondaco dei Tedeschi）[44]被切里卡蒂宫（Palazzo Chiericati）替代，而西维那府（Casa Civena）的形象又闪现在背景之中，观察者感受到认识的双重冲击。这是一个理想化的威尼斯，还是一个可能的维琴察？这一问题必然永远存在下去。而威廉·马洛（William Marlow）[45]以威尼斯为背景的圣保罗大教堂必然也为想象性剧场增添了案例。但是在建筑可转换的例证中，在一个不太乏味的层面上，尼古拉斯·普桑（Nicolas Poussin）[46]的建筑背景提供了类似的组合型构成的城市。普桑对于建筑实体的诗意反应（object à réaction poétique）的运用，相比起卡纳莱托和马洛所能做的，自然是更加完美，更具感召力。知情的游览者立刻就得到了激发，随后就被彻底感化；在普桑所想象的城市中，所有事物都依据经典而被浓缩到一起。例如，在诺斯利（Knowsley）的福西永（Phocion）所描述的麦加拉（Magara）城，一个品质超凡的意大利村庄，一座特雷维（Travi）[47]神庙的精确复制品（又一次来源于帕拉第奥）占据了画面的主导；而在卢浮宫的《基督治愈盲者》的绘画中，拿撒勒（Nazareth）村展示了罗马—威尼斯的集合，其中包括帕拉第奥未建成的加查多别墅（Villa Garzador）的类似版本，一座与任何房屋有别的早期基督教巴西利卡，以及另一座住宅，其外观表明它似乎应该由维岑佐·斯卡莫奇（Vincenzo Scamozzi）[48]建造。

如果继续深挖，还可以有更多的这种集成性的案例（例如，凡·艾克[51]所作的根特的《羔羊之爱》[*the Ghent Adoration of the Lamb*]，

44 也称作德国商馆。

45 威廉·马洛（1740—1813），英国风景画家和海洋画家。

46 尼古拉斯·普桑（1594—1655），17 世纪法国巴洛克时期重要画家，也是 17 世纪法国古典主义绘画的奠基人。他崇尚文艺复兴大师拉斐尔、提香，醉心于希腊、罗马文化遗产的研究。普桑的作品大多取材于神话、历史和宗教故事。

47 罗马市中心的一个街区。

48 维岑佐·斯卡莫奇（1548—1616），意大利建筑师与建筑理论家，主要活跃于威尼斯。

49 福基翁（Phocion，公元前 402—公元前 318 年），古希腊雅典政治家和军事将领。公元前 322—公元前 318 年雅典的实际领导人。早年曾在柏拉图门下学习。公元前 323 年亚历山大大帝死后，他在马其顿与希腊城邦之间相周旋。公元前 319 年他由于民主制的倡导而被处决，后又被恢复名誉并给予补行国葬的待遇。普桑的画面描绘的是他在被处决后，其遗孀为其收集骨灰的场景，但其背景的建筑来自帕拉第奥的设计。

50 该故事情节来自《圣经》约翰福音第 9 章第 1—12 节，基督治愈了一位出生即失明的人。普桑在这张画面的背景中，采用了帕拉第奥设计的建筑形象。

51 扬·凡·艾克（Jan Van Eyck，1385—1441），尼德兰画家，是早期尼德兰画派最伟大的画家之一，也是 15 世纪北欧后哥德式绘画的创始人，尼德兰文艺复兴美术的奠基者，油画形成时期的关键性人物，因其对油画艺术技巧的纵深发展做出了独特的贡献而被誉为“油画之父”。

1

2

1　普桑：《风景画：遗孀收集福基翁[45]的骨灰》
（*Landscape with the ashes of Phocion collected by his widow*）
2　普桑：《基督治愈盲者》（*Christ healing the blind man*）[46]

画中既带有罗马风又带有高直哥特风的背景）[52]。但是这一问题不必深究。因为从根本上而言，城市的拼合状态是一个如此普遍的想法以至于它永远不会过时；因此，人们一定仍会追问，为什么这种构成城市特征的主观的、综合的过程，长期以来被视为是应该受到批判的。由此，由于其所蕴含的强制力，抽象思维中的乌托邦城市仍然广受尊敬；而松散组织起来的、由情感和热情所构成的更加美好的城市，似乎仍然不符合逻辑。但是，如果乌托邦是一种必要的理想，那么我们头脑中的其他城市，亦即卡纳莱托的浪漫风景（vedute fantastiche）以及普桑的拼贴背景所表现和描绘的，也应当同样重要。以乌托邦为隐喻，以拼贴城市为处方：这两个对立着的情形保证着法则和自由，必然将构成未来的辩证法，而不是完全屈从于科学的“确定性”或简单的变幻莫测的临时性。现代建筑的不一致性似乎正要求这样一种策略：一种开明的多元主义似乎正等在前方，而且甚至还可能是一种共识。

52　也称为《对神秘羔羊的崇拜》（*Adoration of the Mystic Lamb*），此画约创作于 1432 年，是一组木板祭坛画，由内外共 20 个画面构成一种折叠式画障。其题材取自《圣经启示录》第七章第九、十两节，描绘了大量的长老、圣职人员、天使与男女信徒的形象，并采用细密画的方式将他们一个个仔细地描绘出来，甚至风景中的每一片树叶，都精细到清晰可辨。该画并不符合科学或者透视原理，感觉与审美惯性将人们拉向了满足感觉需要的艺术而不是严格的科学。

拼贴城市

1975

The Architectural Review 版

拼贴城市

不久前，哈佛大学设计研究生学院（Graduate School of Design，GSD）发行了一本题为《危机》(*Crisis*）的小册子。该文本制作精良，白色基底上印刻着血红色字母，所传达的信息却是明确无误。环境危机已然降临，但是设计研究生学院最知道如何提出解决方案；因此，为了能够完成这一使命，就请将它托付给设计研究生学院吧。

诚然，这一伎俩自古有之，但它依然经久不衰，显然不可抗拒；即将来临的灭顶之灾，这一念头现在似乎已经深深植根于现代建筑的心理之中。世界末日的绝世浩劫，即将来临的千禧盛世；咒语的威胁，获救的希望。不可抗拒的变革仍然需要人类合作。新的建筑学和新的城市设计就是新耶路撒冷的标志。高雅文化的腐坏，自大虚荣的篝火。超越自我，走向共同解放的一种形式。如果蜕去文化性装扮，并由类似于宗教经验的东西所强化，建筑师现在就可以恢复他原初状态中的美德。

这一夸张描述，尽管并非有意要去歪曲，但就是要描绘一下那种可以称为萨沃纳罗拉综合征（Savonarola syndrome）[1]的一系列复杂情绪，这种情绪往往就潜伏在意识的门槛之下；因此毫不奇怪，英国皇家建筑师学会最近出版的一期《英国皇家建筑师学会志》(*The RIBA Journal*）也以“危机”为题（这次是黑底红字），这一次不是为了金钱，而是为了敦促大家进行公开自责。

现在注意到最为粗鄙的复兴主义的手段是如何被曾经所谓的现代运动所采纳的，既不是要去谴责这种粗鄙的复兴主义（例如最近的阿

1　萨沃纳罗拉（Girolamo Savonarola，1452—1498），15世纪后期意大利宗教改革家，1481年被派到佛罗伦萨圣马可修道院任牧职。他在讲道时抨击教皇和教会的腐败，反对富人骄奢淫逸，主张重整社会道德，提倡虔诚修行的生活，他的言行颇得平民的拥护。1494年，法王查理八世入侵意大利，美第奇家族投降，萨沃纳罗拉成为城市平民起义的精神领袖。他宣布佛罗伦萨城的黄金时代已经来临，领导平民赶走美第奇家族，恢复佛罗伦萨共和国。他提倡在佛罗伦萨建成一个神权统治的、倡导虔敬俭朴生活的社会。1497年，他领导宗教改革，在广场焚毁珠宝、奢侈品、华丽衣物和所谓伤风败俗的书籍等，禁止世俗音乐，推行圣歌，并改革城市行政管理与税收制度。同年，教皇革除萨沃纳罗拉的教籍。1498年4月，教皇和美第奇家族利用饥荒，煽动群众攻打圣马可修道院。共和国失败，萨沃纳罗拉被加以裂教及异端狂想分子的罪名，在佛罗伦萨闹市中被火刑处死。

乌托邦，无论柏拉图的还是马克思的，永远被看做是某种寰宇之轴，但是拼贴城市的视角以缩微的方式包容了所有的乌托邦。拼贴允许我们以碎片的方式接纳乌托邦，正如在西班牙的维多利亚小城这个案例中，它容纳了若干不完整的乌托邦构想

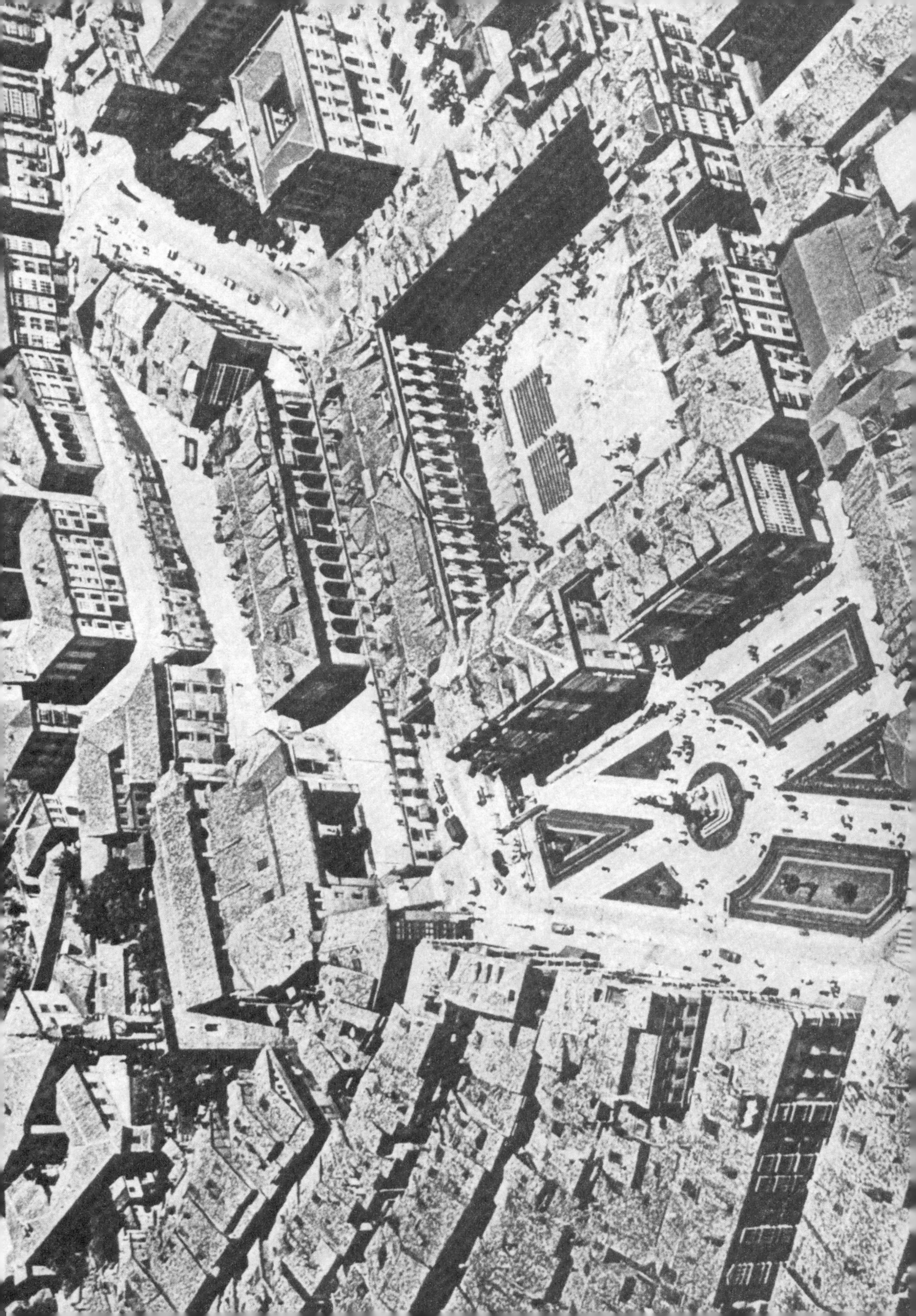

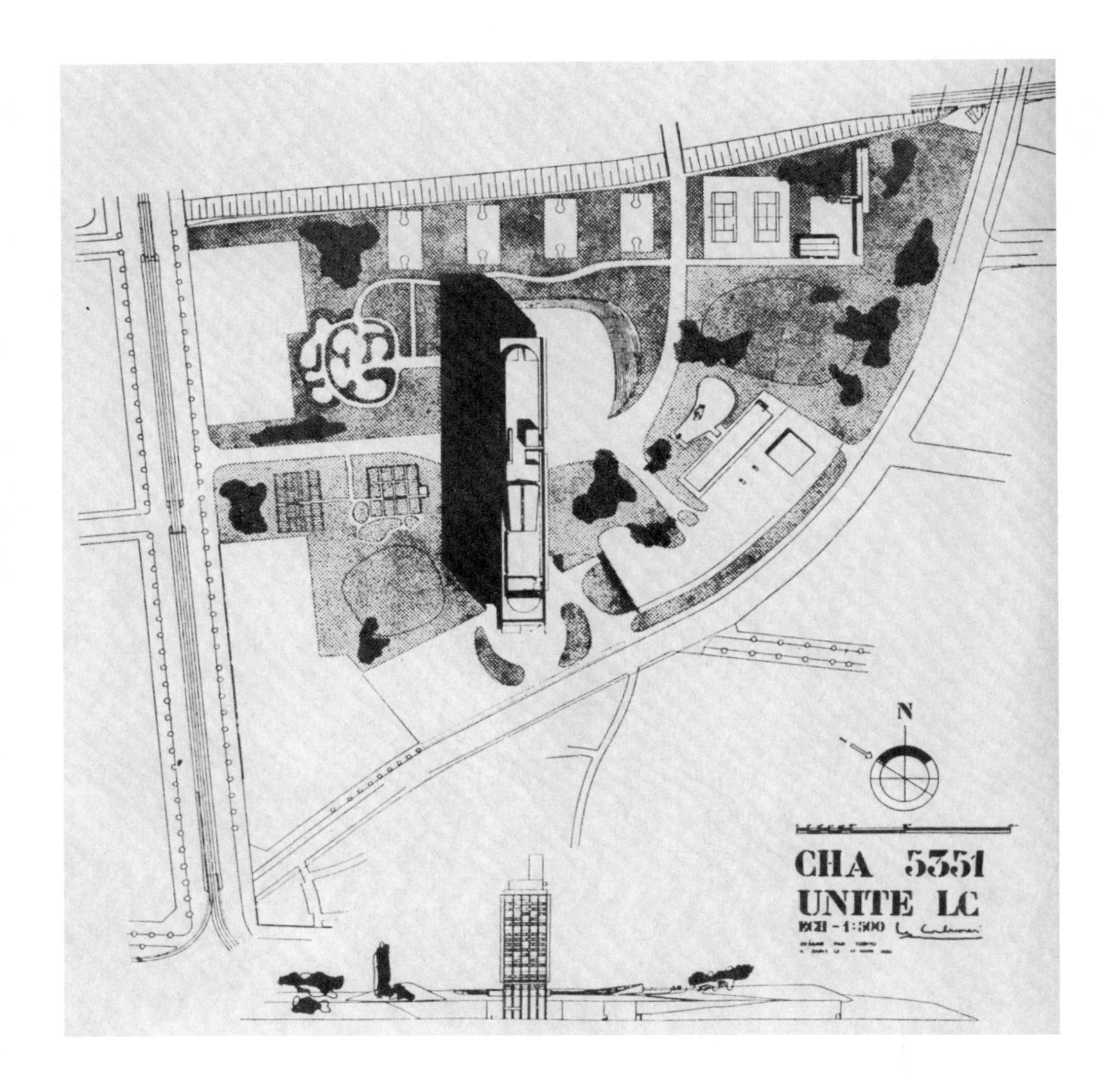

建于柏林（1952—1957）的集合单元住宅（Unite d' habitation），勒·柯布西耶设计。这是为一个被认为即将到来的理想世界所做的设计。无论是什么，其诗性都已被渲染成最粗野拙劣的文字

巴拉契亚 [Appalachian] 皈依者[2]的狂喜和内疚），也不是要去彻底驳斥现代建筑；当然，它也不应被理解为是在谴责传教士的热情，或者暗示有关危机的信念全都是虚幻的。可以认为，危机确实存在，但也必须坚持认为，建筑师对于危机概念的兜售开始成为一种令人反感的陈词滥调，它现在已经成为一种迟钝麻木的批评伎俩，任何有责任感的人都应当尽力去避免。

2　可能指美国国会于 1965 年创建阿巴拉契亚地区委员会（ARC），旨在将阿巴拉契亚南部范围内的 13 个美国州的贫困地区融入到美国主流经济活动中，促进该地区的经济增长和生活质量的改善。该委员会的职能主要是规划、研究、倡导和资助，它没有任何管辖权。

乌托邦：衰落并消亡？

在《罗马帝国的衰亡》(*Decline and Fall of the Roman Empire*）一书中，吉本[3]提到了“古老而流行的千禧年之说”：

“对于信徒而言，这一愿景如此令人欣悦：新耶路撒冷，幸福王国之所在，很快就被各种最为五彩斑斓的想象装饰起来。对于其中那些仍然保持人格本性和情感的居民而言，只由纯粹的、精神性的愉悦所构成的幸福，似乎显得有些过于清高。一座充满田园生活、意趣盎然的伊甸园，已经不再适合罗马帝国中普遍曾经存在的先进的社会。于是，一座由黄金和宝石筑成的城市建造起来，其周边的领地也超乎想象地布满了各种谷物与美酒；幸福而善良的人民，自由地享受着自天而降的物产，永远不会受到任何精心守护的专属财产法的限制。这样一种千禧盛世必将来临的说法，被先辈们代代相传，反复灌输……（而且）……尽管它不太可能被普遍接受，但它似乎一直是正统的基督教信徒占据主导的思想。它似乎正好与人类的希望与恐惧心理一拍即合，因此必定在很大程度上促进了基督教信仰的发展。”「1

无数与之类似的希望与信仰，虽然并不那么为人所识，但确实就是我们现在非常了解、熟悉的现代建筑运动的重要推手。曾经有一种城市景象，一半是伊甸园，一半是新耶路撒冷。诚然，它并非用黄金与宝石筑造而成，但依然熠熠生辉，光彩耀人，灿烂夺目；这是一座用玻璃与混凝土建造的城市，一座超越时间侵蚀的城市，它完美纯净，是一座富裕充足而仁慈永驻的城市。

同时，这座城市的见证者由于过于雄辩（往往也变得过于无聊）而不容忽视。布鲁诺·陶特所著《阿尔卑斯建筑学》一书中的几乎所有插图，都显示出表现主义的影子，而《光辉城市》则几乎逐段逐句地验证着同一主题在随后发展出来的更为规范的各种版本。他们所有

3　爱德华·吉本（Edward Gibbon，1737—1794）是近代英国杰出的历史学家，18世纪欧洲启蒙时代史学的卓越代表。吉本所著的《罗马帝国衰亡史》是一部卷帙浩繁的巨著，全书大体分成两部分，共6卷，71章，120多万字。第一部分主要记述从公元180至641年，约近500年间的史事；第二部分记述公元641至1453年土耳其人攻占君士坦丁堡，拜占廷帝国灭亡的800多年间的史事。该著作称得上是一部体大思精的通史之作，体现出了作者反对暴君专制、宣扬自由平等、建立新的社会秩序等思想。

「1 Edward Gibbon, *Decline and Fall of the Rome Empire*, Chapter XV, II.

1

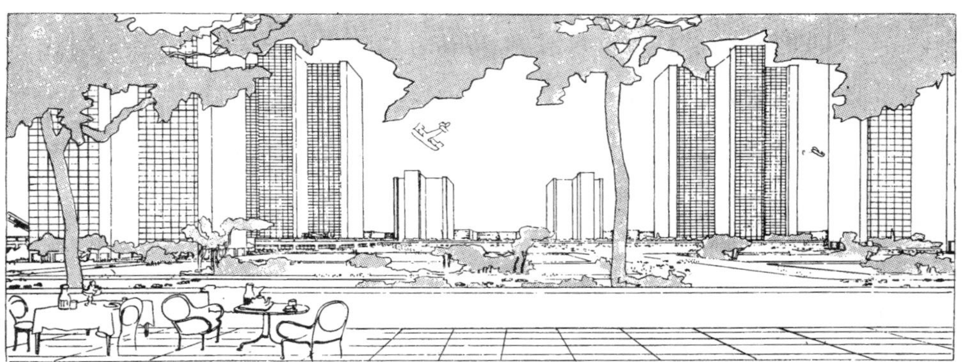

2

1　空想主义者们将城市视为对时间伤痕的最终胜利。布鲁诺·陶特在 1918 年出版的《阿尔卑斯建筑学》中采用的表现主义图示

2　勒·柯布西耶为当代城市（Ville Contemporatine）中心所做的图景，其中“剧院公共场所等，在摩天楼群及成片的林木之间”，这一图景发表于 1910—1929 年的全集中

人都在证明，一场全面的设计革命将会创造出一种清晰的、关于社会与生态关系的逻辑结构。「2 因为这是一座所有一切都将尽情开放、置于台面的城市，这是一个所有阴谋诡计都将消失的城市，所有行动都不必掩饰，因为它们都已经表里一致；也不再存有公共领域与私人领域之间的区别——因为很显然，监狱、司法以及政府机构都将与宗教机构一起消失。这是一座艺术与自然融合一体的城市，它代表了光明的胜利，其本身就是用于庆祝生理欢愉和理智健全的一座包容万象的圣堂。

但是，如果物质形式就如同许多有待释意的象形文字，等待并邀请人们进行解释，如果关于现代建筑城市的信息并不难以破译，那么仍然值得质疑：我们是否真的想要将这些图像转译成如此之多的、关于未来的特定处方。当然，那种官僚体制也是如此看待它们越发式微的后代的。但是这些乌托邦图景是作为美好社会的隐喻而开出的处方，是一种不可实现但仍然可以作为行动指南的图景？它们应当按照如实的方式，还是按照反讽的方式来理解？随着人们对于现代建筑的热情开始逐渐淡化，这些问题必须暂时搁置，直到我们更加关注乌托邦的早期构想。

人文主义想象中的乌托邦，文艺复兴时期的乌托邦，我们可以从其中引用托马斯·莫尔爵士（Sir Thomas More）的原话：市民们不能不幸福，因为他们不能选择，只能从善，因此在形态上就需要小而圆。情况必然就是如此，因为这个乌托邦被设想为是圣贤创造的球形结构的一种呈现，就像寰宇之轴（axis mundi）那样。圆形是一种自然形式，它受到柏拉图神学的青睐；因此人们可以看到，来自人文主义的新耶路撒冷的循环往复（代表规律性），是如何能够将自己表现为对通常是随机的中世纪城市在伦理和科学层面上的批判。模拟了自然[4]的理想城市呈现了真善美。大概正是在这样的情况下，理想城市的形象才具备了巨大的说服力。在这里所呈现的是一种类似于古典悲剧的东西，一种明确的时间与空间的统一，这是一个统一行动的综合

「2 Sybil Moholy-Nagy, *Moholy-Nagy: Experiment in Totality*, New York, 1950. pp. 3-4.

4 这里所谓的自然应该是指克里斯托弗·雷恩（Christopher Wren）采用的概念，即作为世界本源的几何特征，自然美则来自构成统一、比例均衡的几何性关系。

I

性剧场，它将引发宣泄和共鸣。

但是，如果这里所引用的确实是传统乌托邦（classical Utopia），是由普遍的理性道德和正义观念所激发的批判性的乌托邦，是斯巴达式的和禁欲式的乌托邦，那么，人们只能同意这里所引用的托马斯·莫尔爵士的意见，即在法国革命之前，它肯定已经死亡了。[3] 因为，回视一下传统乌托邦，人们只会认为它缺乏具有冲击力的内容。传统乌托邦在很大程度上是作为一种沉思的对象而存在的。它的曼荼罗形式并非无足轻重。它很少将自己表现为一种政治性的处方。它的存在方式较为安静。它往往表现为一种客观的参照，一种告知的能力，更多的是作为一种启示性的手段，而不是某种可以直接应用的政治性工具。它是一种构想世界的图景和方式，自 18 世纪中期以来，就几乎无法以任何方式有效地留存下来。而且，当人们不得不在被认为是无懈可击和合乎逻辑的科学基础上重建社会时，文艺复兴时期的乌托邦就不可避免地呈现出过度的形而上学和过度的幽闭恐惧特征。

17 世纪自然科学的兴起，以及随后牛顿物理学的声誉鹊起，它在启蒙运动中引导了一种广泛的信念：社会可以，而且应该在类似的科学原理上进行重建。它随后将会导致诸如亨利·圣西门（Henri de Saint-Simon）这样的人，将自己视为政治秩序中的牛顿。但如果现在开始出现的是一种更为实质性的乌托邦主义，那么这一发展目前只占

[3] Judith Shklaar, "The Political Theory of Utopia: From Melancholy to Nostalgia", *Daedalus*, spring, 1965, p. 369.

2

5 帕马诺瓦（Palmanova）是位于意大利东北部的一座小镇，由威尼斯共和国按照防卫性要求于 1593 年建造，以纪念威尼斯在勒班陀海战（Battle of Lepanto）中出色地抵御了奥斯曼土耳其帝国的猛烈攻击，获得了巨大胜利。

6 Palais 是宫殿（Palace）的意思。

1 鸟瞰视角的帕马诺瓦（Palmanova）[5]：它采用了文艺复兴时期的乌托邦概念，用几何来呈现对有序世界的隐喻，批判中世纪城市的随机性。这张照片所显示的维琴佐·斯卡莫奇（Vicenzo Scamozzi）的城市建于 1593 年。他设计的平面一开始是基于网格，而不是车轮形状

2 理性静态的乌托邦，弗朗索瓦·查尔斯-玛丽·傅立叶从凡尔赛宫移植的有限制的法伦斯泰尔（finite phalanstery at Versailles），使其成为一个理想的社会主义社区——一个“共居社会”（Palais social）[6]

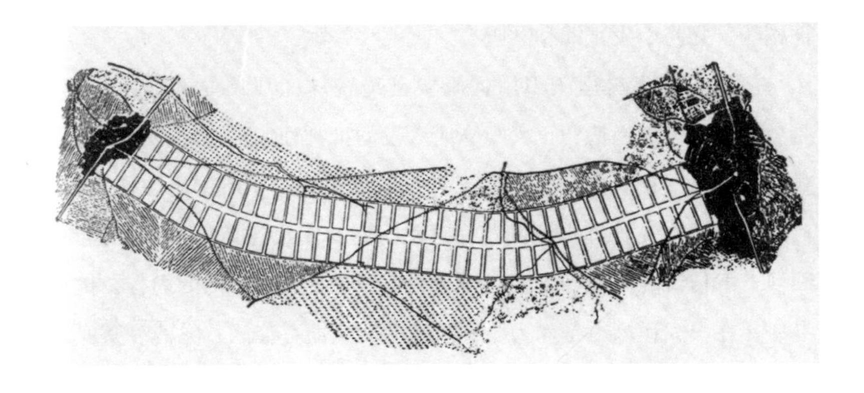

到整个形势的一半。因为，在科学兴起的同时，还有一种不那么壮观的历史意识的迸发。或许大家都能接受这种观点：启蒙运动发展到后期，在依然大致被认为是静态的、机械性的“科学视角”之外，一种以“历史视角”看待事物的观点开始出现；这种观点关注预测事物的发展变化，因此更倾向于认为社会是有机的，而非机械的。因为大多数思想史和批判史都会告诉我们一些这样的内容，并且，它们中的大多数可能会接着暗示，提倡机械主义的大多是法国人，而提倡有机主义的大多是德国人——这些当然都是粗糙荒谬的概括。但是如果稍许粗略一些，可以认为，奥古斯都·孔德（Auguste Comte）可能代表了机械主义观点的高潮，格奥尔格·弗里德里希·黑格尔（Georg Friedrich Hegel）则代表了有机主义的必然结果。

世界与社会属于机械主义，世界与社会属于有机主义：显而易见，再加上查尔斯·达尔文（Charles Darwin）的观点，人们得到了一些组合后的东西。并且，如果没有迹象表明达尔文曾经对孔德或黑格尔的理论感兴趣，如果他似乎是在文化方面不够老练的、最重要的英国经验主义者，他仍然是那些于无意间融合了两派观点的人之一。毕竟，《物种起源》（*Origins of Species*）是一个将科学作为历史来进行描述的文本。它的结论是，地质学和生物学已经与历史进行合作，呈现出对于事物的进化论观点，这种观点是双重有效的——既是科学的，也是历史的。

7　索里亚·马塔（1844—1920），著名的西班牙城市规划师，1882 年提出线型城市（Ciudad Lineal）的设想，将城市沿着公路、铁路、燃气、供水等基础设施廊道进行布局，并且可以无限延长。

轴向发展的乌托邦，索里亚·伊·马塔（Soria Y Mata）[7]
1882 年为连接两座旧城提出的设想

达尔文的成果至关重要。但更为重要并且更加深思熟虑的，是卡尔·马克思的相应成果。因为，无论它被设想成什么，马克思的事业都不仅仅是科学事业，毋庸置疑它首先是一种文化建设。人们接受法国实证主义（在或多或少静态世界中的科学和理性政治的观念），人们将它与德国的历史决定论（在或多或少历史必然性模式中的运动、变革、流变和流动概念）放在一起。随后，出于这种辩证法，人们获得了一种似乎将精确性与动态性相结合的东西，在其中，黑格尔关于不断发展的世界精神（World Spirit）的看法，与关于世界精神已经成为事实的这样一种显然固执的幻想，非常欢乐地融合起来，由于它已经成为一种可确定的、可衡量的原则，通过启蒙后的导向，现在可以通过认知客观价值而进行操作。

乌托邦也乐于在垂直方向上延展，圣埃利亚为新城市做的图景，1914 年新米兰的理想化图景

为了实现当前目的，达尔文和马克思被拉到舞台上，并进行相当草率的处理，以表明对于传统乌托邦的传承。圆形和有限的乌托邦依然活着。它仍然受到圣西门、孔德和傅立叶等法国门徒们的喜爱，它也同样受到罗伯特·欧文等美国与英国后辈们的钟爱。但是，如果马克思把所有这些设想都蔑称为乌托邦的简化版，那么在19世纪末之前，微风中就已经弥散着一种截然不同的气息。而且，如果乌托邦不再是诗歌，那么它肯定会成为政治。寂静的修道院、堕落的公社，以及欧文和傅立叶式的想象中的法伦斯泰尔，突然间就被一扫而空。

长久以来，乌托邦已不再只是一个隐喻性城市，它现在已经不再是一种城堡城市。它变得开放、扩张和前瞻，而且，由于它的形式不再与球体的幻想性音乐存有关联，乌托邦现在变成了一种脉冲或者发展轴心。圆形、有限和柏拉图式的乌托邦向那种压型式乌托邦（Utopia as extrusion）[8]进行妥协，这种压型式乌托邦大致相当于索里亚·依·马塔（Soria Y Mata）于1882年提出的线性城市。人们也可能会认为，圣埃利亚（Antonio Sant' Elia）所构想的理想米兰也涉及同样的欣然妥协（这次是竖向的）。尽管试图让视觉图像代表明确的思想从来都不完全令人满意，但是这些特殊的图像可能表明，它们最

8　压型式乌托邦的概念强调来自外界的影响，与理想的、内向性的柏拉图式乌托邦的概念相反，它不是一种从原点出发、自内而外的发展，而是在接受了各种外来因素挤压之后所形成的一种协调性产物，与后面提到的“冲撞城市”概念相对应。

乌托邦成为自己的反面。
勒·柯布西耶：瓦赞规划，1920年末构想并发表。瓦赞规划在巴黎没实现，实际上却在纽约的公共住房项目里成了某种廉价的官僚制产物

终来自一个包括孔德和黑格尔、达尔文和马克思在内的思想体系。

这并不是说，这里存有明确的达尔文主义或者马克思主义，但这意味着，如果没有达尔文主义和马克思主义之间的综合，这些设想很可能难以成立。人们注意到这两者都在寻求向前的进化，它们提出力量和发展。五十年前，它们每一个都是不可能的。因为这两幅图景所提出的情形都毫无限制，这种情形在以前要么不被认可，要么不为人知。特别是第二个，未来主义的图景，它似乎在颂扬力量的不可阻挡的迫切要求，很容易被解释为机器或活塞的象征，它现在已经成为历史的索引。

在这一层面，人们已经到达争论的焦点。关于未来主义“辩言”中所提到的慷慨、宽厚、博大，我们该说些什么呢？我们是否可以这样说，受启于尼采（Friedrich Wilhelm Nietzsche）和索雷尔（Georges Eugène Sorel）[9]，这是一种广为人知的意大利人对于美好图景（bella figura）[10]的憧憬？或者我们用伊戈尔·斯特拉文斯基[11]的话来说，未来主义者们并不是他们所自认为的巨型飞机，但是尽管如此，他们还是一群漂亮的、嘈杂的小黄蜂（Vespas）[12]。「4 或者，继肯尼斯·伯克（Kenneth Burke）之后，我们是否观察到，未来主义者将滥用作为一种美德，对于“街道是嘈杂”这一疾呼，他们回应说：我们就喜欢这样，就是喜欢喧嚣；对于排水管的气味，他们会这样回应：我们难道不就是喜欢臭味？「5 无论如何，如果这可能体现了19世纪末颓废时期所特有的用来回应争论的一种风格，这里仍然存有未来主义乌托邦的奇观，它远不如马克思主义乌托邦那样令人尊敬，而且只能使人注意到，未来主义的使徒马里内蒂成为了墨索里尼敬重（或容忍）的文化部长。

但是我们应当注意到，这样的事情就是未来主义“衰旧”（degringolade）的一部分。这场运动具有丰富的预言性，也许，在

9　索雷尔（1847—1922），法国哲学家，工团主义革命派理论家。提出神话和暴力在历史过程中创造性作用的独特理论。

10　美好图景，指如何饮食、如何恋爱、如何生活的意大利精致生活方式。

11　伊戈尔·斯特拉文斯基（Igor Stravinsky，1882—1971），美籍俄国作曲家、指挥家和钢琴家，西方现代派音乐的重要人物。斯特拉文斯基由于政治上的原因，长期脱离祖国，生活在国外，这使得他生活经历复杂，创作作品众多，风格多变。他在加入美国国籍之后，曾经运用整体序列主义的方式进行创作，其特征是将音乐的一些参数（一个或几个高音、力度、时值）按照一定的数学排列组合，称为一种序列，然后这些编排序列或编排序列的变化形式在全曲中重复。

12　用来指一种小型摩托车。

「4 Igor Stravinsky and Robert Crafte, *Conversations with Igor Stravinsky*, London, 1959, p. 94.

「5 这句话是近似的，其来源现在看来完全无法准确回忆。

任何地方都没有像在它的腐烂中那样，未来主义论及“必然性”（inevitabilities），被解放的、大胆的和自由的人必须自动地附和这些必然性；而且，它在对暴力行动的崇拜中，使自己极易被专制主义接管。力量之治而非法治，未来主义—法西斯主义的序列也可能迫使人们将其与魏玛共和国（Weimar Republic）（充满爱的统治）将自己（通过斯宾格勒式的安乐死？）转变为第三帝国（the Third Reich）的方式进行比较。然后，这种比较也就有理由让人怀疑，当积极的仁爱成为社会目标时，可能是时候要小心了。因为，如果说理想的社会必须而且应该是一场爱的盛宴，那么，我们就有理由怀疑，任何现存的社会都将同样是由敌意和怀疑构成的。

在这一阶段，当我们不可避免地需要面对公共领域和私有领域的问题，面对公共社会主义角色和私有资本主义的驱动力时，人们可能会再次回到20世纪20年代的预言性想象，及其在当前套路化的席卷重来：掉了价的光辉城市。面对这种不干净的转变，人们可能会继续问，这是否确实是必然的结果，50年前的预言性想象是否确实将自己视作为实际性的处方。但是答案几乎可以是肯定的：勒·柯布西耶和其他人可能已经构建了一种理想世界，但他们同样也在构建一个他们认为即将到来的世界。在构建这一世界的过程中，无论其理想曾经是什么，都已沦为陈词滥调，无论其诗意曾经如何，都已被渲染成最冷酷的篇章。

因此，我们就剩下了文艺复兴时期的隐喻性的乌托邦，它不至于突然迅速地退化，而20世纪初的实质性的乌托邦——后马克思主义，后达尔文主义，后黑格尔主义，后孔德和圣西蒙主义——几乎无一例外地把自己变成了它的反面。在圣路易斯市，普鲁特-伊戈住区是作为这一乌托邦的习惯性演绎而建成的，随后（可能有些过度戏剧性的），普鲁特-伊戈住区被炸毁了。这是对20世纪20年代留给我们的范型的一种确凿无误的评论。这种范型，尽管有很多优点，却很大程度上带有政治和社会的暧昧；然后是它的衍生品，它既鼓舞人心，又应该被摧毁。

当山崎实设计的圣路易斯市普鲁特-伊戈住区在1970年代初期被炸毁时，源于1920年代（现代主义）范型的现实轰然倒塌了

千禧盛世之后

现代建筑的城市目前似乎已然成为一个不可抗拒的现实，但也已经开始招致如此之多的批评，当然，也引发了两种截然不同的反应，这两种反应都不是最近才有。也许在它起源之处，现代建筑的城市就是第一次世界大战和俄国革命所带来的社会和心理的紊乱的一种姿态。而人们对此的反应一种方式是断言最初姿态的不足。现代建筑没有走得更远。也许紊乱本身就是一种价值，也许我们应该从中获得更多的东西。也许，我们应该在拥抱技术的同时，为某种计算机化的踏浪骑行做好准备，在黑格尔时代的浪尖上奋勇向前，直达获得解放的最终彼岸。

这似乎大致就是阿基格拉姆图景的近似推论，但是我们希望将它与另一个图景放在一起，这个图景的推论是完全相反的。作为城镇景观的一种展示，哈罗新城广场有意识地进行着安抚和慰藉。第一幅图景显然是前瞻性的，第二幅图景则是刻意怀旧的。并且，如果两者都显得非常随机，那么其中一个的随机性试图去描述一种无偏见的未来景象中的所有活力，而另一个的随机性则旨在暗示可能由于时间的偶或性而产生的所有偶然性差异。第二幅图景所指的是某个英国市场[13]（也可以将它想象成是斯堪的纳维亚式的市场），虽然它绝对是当下的（也就是1950年代），但它也是历史中所有积累和变迁的产物。

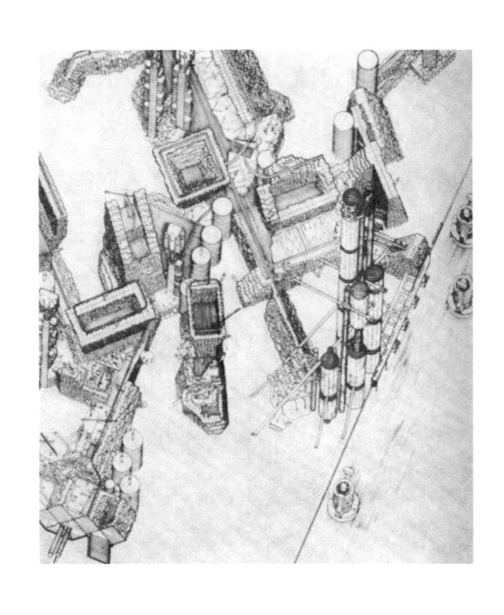

这不是去评论这些图景各自的品质，也不是要提出这一问题：它们中哪

13　指英国哈罗新城的中心广场。

计算机描绘的可扩张的城市，阿基格拉姆发明了插入式城市，这可以最终取代以往的所有城市。这被认为是一种面向未来的梦想

一个更为必要？但可以用来引出某种类似的对比。相对的两个，一个案例是意大利的，另一个则是美国的，勇敢的新世界（在沙漠中展现出令人印象深刻的、由山地背景所凸显的解放和爱情的主题），以及勇敢的旧世界（一种甜言蜜语，坚持认为事物的当下性绝对比以往更加接近它先前所是）。这是超级工作室的出品，最近在现代艺术博物馆（Museum of Modern Art）展出，另一个则是迪士尼乐园大街上的范型。

这个论点可以说是非常简单。超级工作室宣称，物体、建筑和所有人工的物理形式都是强制的、专制的，都是用来限制可能是马尔库塞式的选择的自由。物体、建筑、物理形式是无足轻重的，并且必须被认为是可有可无的；而生活的理想必须被看作是无限制的、游牧的。我们所需要的只是一套笛卡尔坐标（代表一种通用的电子结构），然后，插入这个自由的网格（或在其中跳来跳去），一个平衡的、幸福的生活将随之而来。

现在，如果这可能是对超级工作室图景的诗性的诋毁，那么并不是真的要去歪曲它的想法。自由是摆脱对象所获得的自由—— 是逃离威尼斯，逃离佛罗伦萨，逃离罗马的所有混乱的自由，是在无

哈罗新城，试图将所有熟悉的图景都包含进来，它的中央是一个传统的集市广场，这显示出现代建筑与城市规划非常具有怀旧情结

1

2

3

4

1 迪士尼大街，在这里，勇敢的旧世界的所有联想都变得新奇起来。这是城镇景观（townscape）的反证吗？

2 超级工作室发展了一种对美国勇敢新世界的意大利视角，在那里，人类在沙漠里挣扎，与其他没有关系。但其背景却是群山

3 超级工作室希望回到赤裸而自由的原始世界，可是，镜头之外是不是有一辆兰博基尼在等着他们？

4 物体是强制的、专横的，没有它们，幸福会自动接踵而来吗？

边无垠的心灵的亚利桑那（Arizona）[14]中自由地遨游，偶尔会得到极少的仙人掌的援助——这种终极的简单想法只能是诱人的。勒·柯布西耶所有有趣的建筑都已经消失，阿基格拉姆的所有技术狂欢都被宣布为过时的。相反，在这里，我们就是我们自己，赤裸，自然，没有任何蹩脚货，没有人会受到伤害——当然，除了，我们可以十分肯定在拐角处就有高级餐厅，以及等着将我们带往那里的兰博基尼（Lamborghini）[15]。

一旦了解到它的缘起初设，人们就可以读懂意大利图景的逻辑关系。但是，作为科学畅想的最终升级版本，它可能仍然允许将迪士尼乐园视为城镇景观的反证（reductio ad absurdum）。因为这里不是某个心灵的亚利桑那，尽管是悲剧，但更是一条音乐喜剧的大街。

显然，消解（形式）意味着可以采用任何形式。而且，不论抽象的自由是什么（不要把我围起来，或者就围这么一小点），可以想象，佛罗伦萨的自由与迪比克（Dubuque）的自由并不完全相同。但这只是直觉上而言，就像在意大利人们会感到富足，在爱荷华州人们会感到匮乏。因为，城市、乡村道路或田地中的那种绝对笛卡尔网格，长期以来就是普遍现实，而且在那些只有极少插件的地方，网格和插件呈现的结果都与其他地方可能有的不同。网格不再是那么理想，插件也不再是一种令人不愉快的现实。网格成为生活中稍显疲惫的现实，插件则是人们期盼已久的出轨。而且，如果这种论点可以以某种方式获得接受的话，那么，我们就可能会得出两个结论：

1. 沃尔特·迪士尼企业的成功，在于它在无所不包的、平等的网格中所提供的重要而特殊的插件；

2. 诸如超级工作室这样的机构所提出的乌托邦世界，只能得到未来迪士尼式的企业家的某种许可而得以运用。

换言之，最终的自由网格——就像内布拉斯加州（Nebraska）或者堪萨斯州的终极网格——无论是作为想法还是作为一种权宜，都

---

14 位于美国西南部，气候干燥，人口稀疏，缺乏历史感，用来指世外之地。

15 兰博基尼是一家意大利汽车生产商，位于意大利博洛尼亚的圣亚加塔（Sant' Agata），由费鲁吉欧·兰博基尼于 1963 年创立，是全球顶级跑车制造商及欧洲奢侈品标志之一。

会形成或多或少可预测的反应，而对局部细节的刻意消除——无论是空间的还是心理的——则可能会被其模拟所抵消。这是因为这两幅图景在一系列因果关系中被依次绑定在一起（例如柏林自由大学或格里摩港 [Port Grimaud]）[16]。

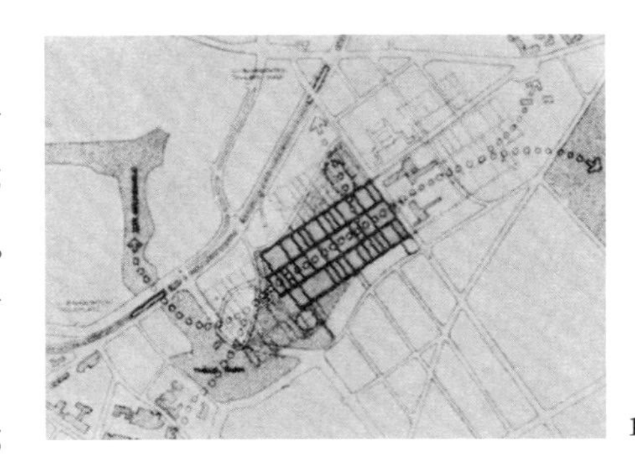

1

然而，有一个重要的问题，这个重要问题仍然是这两类图景的独特性，一个提出了预言性的假设，另一个提出了怀旧性的假设。就像之前所观察到的两幅英国图景那样，其中一幅几乎都是期望，另外一幅则几乎都是回忆。而且，在这个阶段提出这种特殊分裂的深刻荒谬性肯定是有意义的，这似乎更像是一种英雄姿态而不是别的什么东西。

当然，它是一种更为严重的分裂，因为每一方都有一种完全错误的心理假设——一种几乎毫无助益的分裂。因为，考虑到全面拯救城市的幻想导致了一种可恶的情况，问题仍然在于：该做些什么。还原型的乌托邦模型肯定会在文化相对主义中得以创立，而这种文化相对主义，无论更好还是更坏，都会让我们沉浸其中，以最谨慎的态度对待这种模型似乎才是合理的。任何制度化现实的内在性衰弱（更多的莱维顿 [Levittown]，更多的温布尔顿 [Wimbledon]，甚至更多的乌尔比诺 [Urbino) 和奇平卡姆登 [Chipping Camden]）似乎也表明，无论是就这样“给他们想要的东西”，还是未经修饰的城镇景观，都有足够的信心比局部答案提供更多的内容。并且，如果这些就是所有那些著名模型中可以提炼的内容，那么就有必要提出一种策略，这种策略可以有益无害地去适应理想，而且可以有增无损地针对有可能出现的现实世界做出反应。

在最近的一本名为《记忆之术》（*The Art of Memory*）┌6 的书中，弗朗西斯·耶茨（Frances Yates）将哥特大教堂称作助忆装置。对于识字的和不识字的人而言，这些建筑就是圣经和百科全书，它们旨在通过帮助回忆来清晰地表达思想，并且，鉴于它们充当了学术教室的

16　法国南部的一个小型港口城市。20 世纪 60 年代，由著名建筑设计师弗朗索瓦·斯坡里（Francois Spoerry）按照“普罗旺斯的威尼斯”的构想建造而成。

┌6 Frances Yates, *The Art of Memory*, London and Chicago, 1966, p. 79.

2

辅助工具，我们可以将这些建筑称作“记忆剧场”。这个名称是有用的，因为如果今天我们只想把建筑视为关于必然性的预言，那么这种另类的思维方式可能有助于纠正我们带有偏见的过分天真。建筑作为预言剧场（theatre of prophecy），建筑作为记忆剧场（theatre of memory）——如果我们能够设想建筑就是其中之一，我们就必然本能地会去设想另外一种。而且，虽然认识到这在学术理论方面没有什么价值，但这些都是我们习以为常用于解释建筑的方式，这种记忆剧场—预言剧场的区分可以用于城市设计领域。

谈了这么多，几乎无需赘言，赞同城市作为预言剧场的人很可能会被认为是激进分子，而赞同城市作为记忆剧场的人，则几乎肯定会被视为保守分子。但是，如果说这种假设可能有某种程度的真实性，那么还必须确定，此类概念的区分其实并不是很有用。在任何时候，芸芸大众都可能既保守又激进，既衷情于熟悉事物又期待邂逅意外事情，而且，如果我们所有人都既生活在过去并期待着未来（现在只不过是时间中的一个插曲），似乎我们接受这种状况也是合情合理的。因为，如果没有预言就没有希望，那么没有记忆也就无法沟通。

尽管这可能是显而易见、老生常谈并且句句在理，但它是（幸运又不幸）人类心灵的一个方面，而现代建筑的早期支持者却能忽略——这对于他们而言是愉快的，对我们来说则是不幸的。但是，如

17　位于法国南部的一个滨海小镇，该镇由建筑师弗朗索瓦·斯波利（François Spoerry）于 1960 年代按照威尼斯风格进行结构设计，其建筑又是遵循当地圣·特洛佩斯（Saint-Tropez.）的渔村风格。

1　终极网格：在柏林自由大学的平面中

2　网格扮演了预言者的角色；在格里摩港（Port Grimaud）[17]，所有的都充满了怀旧感。

这两个例子都只是部分解决方案，记忆和预言在城市中同样重要

果没有这种明显敷衍了事的心理，“新的建筑方式”就永远不会产生，再也没有任何借口忽略对于预言和回忆过程来说至关重要的互补关系。相互依存的活动如果不同时进行，我们就无法完成。而且，为了一方的利益而去压制另外一方的任何企图，都不可能长久成功。我们可以从新奇的预言中获得力量，这种预言必定严格地与已知的、也许是平凡的、必然是充满记忆的背景相关联，它就是从这种背景中产生的。

对于现代建筑来说，记忆—预言的二分法是如此重要，它可能被视为完全是虚幻的，同时在某种程度上又是实用的，但是如果受到压制，它在学术上则是荒谬的。如果可以这样，似乎就有理由认为，我们心中所认为的理想城市应当适应于我们已知的心理结构，并且似乎可以认为，现在可以设想的理想城市应该同时既表现为预言剧场，也表现为记忆剧场。

实体的危机：肌理的困境

到目前为止，我们尝试着辩分乌托邦思想的两个版本：作为一种隐性的思考对象的乌托邦，以及作为一种明确的社会变革工具的乌托邦。随后，我们通过引入作为期盼的建筑幻象和作为回忆的建筑幻象，从而故意混淆了这一区别，但暂且忽略这些次要问题。如果不先事对卡尔·波普尔（Karl Popper）的评价给予一定的关注，就进一步沉溺于对乌托邦所关注领域的猜测，那就太可笑了。就目前而言，他于 1940 年代末发表了两篇文章，《乌托邦与暴力》（Utopia and Violence）以及《走向关于传统的合理性理论》（Towards a Rational Theory of Tradition）[7]，然而令人感到惊讶的是，这两篇文章似乎都没有因为其关于当今建筑和城市问题的合理评论而被引用过。[8]

不出人们所料，波普尔对于乌托邦很严厉，相应地，他对于传统则很温柔。但是，这些文章也应该被放置在某些背景下来看待，也就是他对于简单的归纳主义科学观、对于历史决定论的所有学说，以及

[7] Karl Poper, *Conjectures and Refutations*, New York, 1962.

[8] Stanford Anderson, “Architecture and Tradition that Isn’t Trad Dad”, *Architectural Association Journal*, Vol80, No 892, 1965 constitutes a significant exception.

针对封闭社会的所有原则所不断进行的广泛批判的背景，而且这些批判逐渐开始成为20世纪的一个最为重要的成就。这位维也纳自由主义者长期定居在英格兰，运用一种看似辉格党的国家理论，成为攻击柏拉图、黑格尔以及并非偶然的第三帝国的急先锋，正是在这种背景下，我们必须将波普尔理解为乌托邦的批判者和传统效用的执行者。

对于波普尔而言，传统是无可替代的，交流依赖于传统。传统体现了人们对一种结构化的社会环境的需求；传统是社会改良的一种批判媒介；任何既定的社会"氛围"都与传统相关，而且在某种程度上，传统与神话相关，或者换言之，特定的传统是一种无论多么不完善，却在某种程度上可以用来帮助诠释社会的初始理论。

但是这些论断也需要与从中派生出来的科学概念作一番比较；科学概念与其说是事实的累积，不如说是对假说的严格批判。人们正是通过这些猜想来发现事实，而不是相反。从这一角度来看——因而我们也这样认为——传统在社会中的角色大致相当于猜想在科学中的作用，正如假说或理论的提出源自对神话的批判。

"传统同样拥有重要的双重功能，它不仅产生了某种秩序或者某种社会结构，而且也为我们提供了可以在其中进行操作的东西，我们可以批判、改变的东西。（而且）正如自然科学领域中所发明的神话或理论具有一种功能——它帮助我们为自然事件赋予秩序——社会领域中所创造的传统也是如此。"[9]

也许就是由于这个原因，波普尔将传统的理性方法与那种试图通过抽象的、乌托邦的构想来改造社会的理性主义尝试进行了对比。这种尝试是"危险而有害的"。乌托邦设想了人们对于各种目标所具有的共识性，同时，"我们不可能科学地决定目标。在两个目标之间进行选择不存在科学的方法…… "于是，"构建一幅乌托邦蓝图的问题不可能由科学来单独解决；因为我们不可能科学地决定政治行动的最终目标……这些目标至少会部分地具有信仰差异的特征，在不同乌托邦信仰之间不存在灰色地带……乌托邦主义者必须战胜或击垮他的对手……"[10]

换言之，如果乌托邦构想了要实现的抽象的善，而不是要消除的

[9] Popper, op cit, p.131.

[10] Popper, op cit, pp. 358-360.

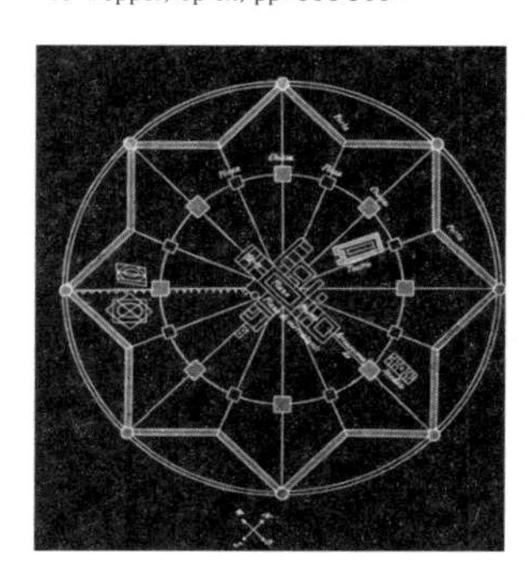

菲拉雷特关于斯福辛达的城市设想（源自马格里亚·贝乔努斯[Maglia Beccianus]版本），这是关于人类秩序的恒久象征，它设想所有的人类状况都取决于一个体系完整的、秩序良好的城市

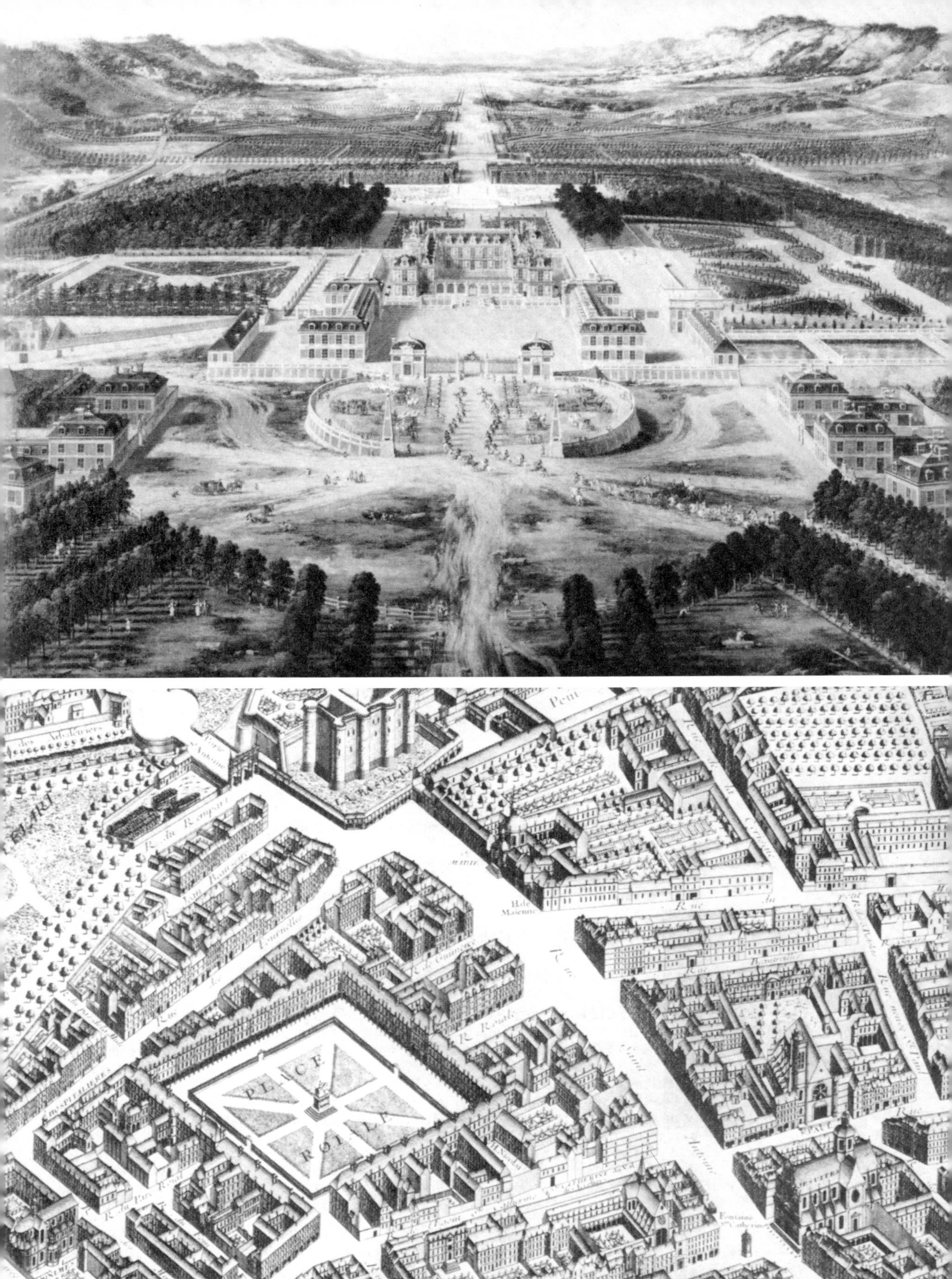

LA BASTILLE
Porte St. Antoine
R. du Rempart
Tournelles
R. de Guimené
R. Roiale
H. de Maienne
PLACE
ROIAL
Rue
Saint
Antoine

具体的恶，那么它就容易具有强制性，因为与抽象的善相比，人们关于具体的恶更容易达成共识。而且，如果乌托邦将自己描述为未来的蓝图，那么它就是双重强制性的，因为我们无法预知未来。但是，除此之外，乌托邦特别危险，因为乌托邦的发明很可能发生在社会快速变革的时期。一旦乌托邦蓝图在实施之前就可能已经过时，那么乌托邦的工程师很可能就会继续通过宣传，去抑制不同政见者，并且在必要时，通过具体控制来抑制变化。

也许不幸之处就在于，波普尔并没有对作为隐喻的乌托邦（utopia as metaphor）和作为处方的乌托邦（utopia as prescription）作出区分。但是，正如上述所言，通过推论，我们在这里所呈现的（尽管对传统的处理可能过于复杂，对乌托邦的处理肯定有些苦涩和唐突），是对 20 世纪的建筑师和规划师最彻底的批判之一。

这也是针对某种当代“正统性”的批判，这种正统性观点相当普遍。众所周知，在科学主义和历史决定论面前，波普尔主义立场坚持所有知识的不可靠性。但是，如果波普尔显然关心的是——就其可能的实际结果而言——那些几乎未经思索的程序和态度，那么他所坚持不懈地感到不得不检讨的知识状况就能相对比较容易地展现出来。

白宫于 1969 年 7 月 13 日发布的关于成立“国家目标研究小组”的公告如下所示：

“在公共机构与私人机构中，预测性工作越来越多，这将提供更为广泛的信息资源，人们将据此针对未来发展趋向和可选事项进行判断。”

“在目前正在进行的日益复杂的预测行为和决策过程之间，亟待建立更为直接的联系。建立这种联系的实际重要性突出表现在，今天几乎所有严重的国家问题都可以在达到临界规模之前早早地预测到。”

“大量的工具与技术已经研发出来，这使得预测未来趋势变得越来越可行——因此，如果我们要掌控变化过程，就必须作出知情的选择。”

“这些工具与技术在社会科学与自然科学领域中得到了广泛的应用，但是它们尚未被系统地应用于执政的科学之中，现在正是它们应

1　凡尔赛宫是一个总体控制的胜利，是路易十四单一性想法的体现

2　凡尔赛宫是 17 世纪对于中世纪巴黎的批判，这种批判只有到了后来的拿破仑三世才被接受。依靠奥斯曼男爵，拿破仑三世将秩序化的网格扩展到整个巴黎

当而且必须加以利用的时候了。”「11

执政的科学、“必须加以利用的工具和技术”、“复杂的预测”、“掌控变化过程必需的知情的选择”：这是圣西门和黑格尔建立在遥不可及高处的、潜在的理性社会和内在逻辑的历史的神话。在它天真保守但同时又是新未来主义的腔调中，作为今日民间传说的流行化演绎，它或许几乎已经被设计成波普尔的批判性策略所针对的目标。因为，如果“掌控变化过程”确实具有英雄气概，那么必须强调的是，这一概念完全缺乏理智。而且如果这是一个简单的事实：“掌控变化过程”几乎可以必然消除哪怕最细小、最繁琐的变化，那么这就是波普尔立场的真正负担。简单地说，就未来的形式取决于未来的想法而言，这种形式是不可预测的；因此，许多未来指向的乌托邦主义和历史决定论的融合（历史的持续进程要受到理性的管理），只能用来抑制任何发展性的进化，以及任何真正意义的解放。或许正是在这个意义上，人们才能辨识出典型的波普尔，历史决定论和严格的归纳主义科学方法观的自由主义批判者。他肯定比其他人已经更加深入地探索和辨析了历史幻想与科学畅想之间的重要复合体。这一复合体，无论好坏，已经成为 20 世纪推动力的一个活跃组成部分。

我们认为，1969 年的白宫声明远远不只是一种美国式的荒谬（它讽刺性地由事件伪造而成）。这是一种很可能所有政府都会发表的声明（我们可以想象它的法国版和英国版）。而且除了它的“决定论”之外，这种声明的基本假设与现代建筑的整体腔调，以及与规划师的模仿做派太过接近。

通往未来的道路终将燃料充沛而且没有事故，不再会有看不见的颠簸和不稳定的弯道。最终的真相已经被揭示。摆脱了教条式的预设，我们现在从逻辑上讲，只需参看“事实”；参看“事实”后，我们终于能够推测出包罗万象、永远不会被破坏的整体设计的最终解决方案。类似这样的东西，曾经是，并将继续是现代建筑的主音律（Leitmetif）[18]；如果说，无论它与社会有什么关系，都可能是明显神秘

18 原义指简短、不断反复出现的音乐短语，也用来指某个人、某个场所、某种思想的主旨。

「11 *Public Papers of the Presidents of the United States, Richard Nexon 1969*, No265. Statement of the Establishment of the National Goals Research Staff.

的，那么，人们仍然可以考虑整体政治与整体建筑各自的隶属关系。

也许，当最后结账时，人们将会发现它们大同小异。但是在所有乌托邦的投影中，必定会呈现出某些整体政治和整体建筑。乌托邦从不提供选项。再重复一遍：生活于托马斯·莫尔的乌托邦中的公民“不得不幸福，因为他们除了‘善’，别无选择”。居于“至善”之中而没有其他道德性的选择余地，这种想法很容易符合大多数理想社会的幻想，无论它们是隐喻性的还是实质性的。

对于乌托邦的支持是一回事，对于它的批判则是另外一回事。但是对于建筑师而言，美好社会的伦理内容或许一直是建筑所要彰显的。事实上，这很可能一直都是他的主要参照；因为，那些曾经融入过的、用来协助他的控制性幻想——古迹、传统、技术——它们始终都被视为有助于，或有利于一种多少有些仁厚而高雅的社会秩序。

因此，我们不用一直回溯到柏拉图，在 15 世纪就可以找到一个更为近期的出发点，菲拉雷特（Filarete）的斯福辛达（Sforzinda），它包含了被认为是完全易于统治的情形的所有征兆。这里有一系列等级化的宗教建筑、王侯宫殿（regia）、贵族府邸、商业机构、私人住宅；而且正是通过这样一个与地位和功能相关的层级化体系，井然有序的城市变得可以想象。

但是，这依然只是一种想法，谈不上它实际而直接的应用。中世纪城市象征了一种不可能戛然中止的习俗和趣味的坚固内核，这一内核毫无直接破裂的可能性；相应地，新城市的问题就成了在城市中颠覆性插入的问题——如马西莫宫（Palazzo Massimo）、卡比托利欧宫（Palazzo Campidoglio）等等——或者是一种在城市之外的有争议的示范，即通过园林表明城市应当是怎样的。

园林作为针对城市的一种批判——一种随后被城市完全接受了的批判——这一观点直到现在还没有得到人们的充分认识；但是譬如，在佛罗伦萨城外，这一话题如果已经得以充分表达，那么它最为极致的案例则是凡尔赛宫。作为 17 世纪对于中世纪巴黎的批判，它随后得到了奥斯曼和拿破仑三世的完全认同。

它是一种城市的预言性图景，它是一种菲拉雷特风格乌托邦的盛大演绎，在这个乌托邦中，树木充当起建筑物，成为一种乌托邦礼仪的夸张性表达，我们现在必须将凡尔赛宫作为一种伟大的变革，以便开启进一步的论证。我们有毫不含糊、毫不羞涩的凡尔赛宫，它向世界宣扬道德，并且这种推销几乎不会为人所拒。这就是整体控制及其耀眼光芒，这是普遍性的胜利，是总体控制思想的普及以及对于特殊性的否决。就当前而言，与它可以明确并置的就是位于蒂沃利的阿德良离宫。因为，如果凡尔赛宫可以作为一种在整体政治背景下所做的整体设计，阿德良离宫则试图避免所有的对于任何单一控制理念的参照。这两者，一个是关于统一和融合，另一个则是关于差异和分歧；一个认为自己是一种有机体，全面而完整，另一个则将自己呈现为各部分之间的一种弹性关系。与路易十四的单一性思想相比，阿德良提出了针对所有“整体性”的逆反，他似乎只关心汇聚最多样化的碎片。

毫无疑问，这两者都不寻常。它们都是绝对权力的产物，但它们是完全不同的心理（几乎是临床实例）的产物。或许采用以赛亚·伯林的文字来解释路易十四与阿德良之间的对比最为恰当不过。在他著名的文章中，伯林辨分了两种类型的人格：刺猬与狐狸。“狐狸知道很多事情，但刺猬只知道一件大事情”。选取这段文字进行阐述，并为下文做铺垫：

“……两类人泾渭分明，一类人把所有事物都与某种单一性的中央视域联系起来，这是一个或多或少连贯而清晰的系统，他们据此进行理解、思考和感受。通过某种统一的、普遍的、有组织的原则，他们的所是与所言才具有意义；另一类人，追求许多目的，他们的目的往往是不相关的，甚至是矛盾的，即使有联系，也只是以某种实际的方式，由于某种心理或生理原因而有所联系，与道德或美学原则无关。这一类人过着一种离心而非向心的生活、做事情和消遣设想，他们的思想是零散的，游离于各种层面之间，在大量的经验与事物之中去捕获本质。因为就他们自身而言，他们并非有意或无意地将自己纳入或排除于那种永恒不变……有时有些狂热的、统一的内部视域。第一种智慧和艺术个性属于刺猬，第二种则属于狐狸……”[12]

世上的伟大人物在这两种类型中均匀分布：柏拉图、但丁、陀思妥耶夫斯基、普鲁斯特，毋庸置疑是刺猬；亚里士多德、莎士比亚、普希金、乔伊斯则是狐狸。这是一个粗略的区分；但是，如果这是伯林重点关心的文学和哲学的代表人物，这个游戏也可以在其他方面进行。毕加索，一只狐狸；蒙德里安，一只刺猬，这些人物开始登场了；当我们转向建筑学，答案几乎完全处在意料之中。帕拉第奥是一只刺猬，朱利奥·罗马诺（Giulio Romano）是一只狐狸；豪克斯莫尔（Hawksmoor）、索恩（Soane）、菲利普·韦伯（Philip Webb）也许是刺猬，雷恩（Wren）、纳什（Nash）、诺曼·肖（Norman Shaw）几乎肯定是狐狸；离现在更近一些，如果赖特肯定是一只刺猬，勒琴斯（Lutyens）则明显是一只狐狸。但是，让我们暂时反思一下按照这种类别进行思考的结果，当我们走向现代建筑的领域时，我们开始认识到不可能形成如此对称的平衡格局，因为，如果格罗皮乌斯、密斯、汉斯·迈耶、巴克敏斯特·富勒显然是杰出的刺猬，那么谁是我们可以归类到对应范畴中的狐狸呢？此时的偏好显然是单向性的。“单一中心视域”占尽优势。我们意识到了刺猬们的统治性；但是，如果我们或许有时会意识到，狐狸这样的人容易怀疑犹豫，因此不能公开，自然勒·柯布西耶的特殊地位就仍然有待于去判定，“他是一元论者还是二元论者，他的视域是单一的还是多元的，他是由单一要素还是

「12 Isaiah Berlin, *The Hedgehog and the Fox*, New York 1957m p7.

凡尔赛宫依据一个理想而建造，蒂沃利的阿德良离宫则是数个理想的一种集成。阿德良离宫展示了对于所要理想的诉求，同时也表达了对于现实特征的诉求。这是拼贴的开始

由多元要素所构成的？”[13]

这是伯林在谈论托尔斯泰时所提出来的问题，（他所说的）这些问题也许完全是离题的；然后他尝试性地提出了自己的假设：“托尔斯泰本质上是一个狐狸，但是被人们认定为一个刺猬：他的天分和成就是一回事情，他的信仰以及由此对于自己成就的解释则是另外一回事情。因此，他的理想在引导着他，而那些受他说教才华蛊惑的人们，对于他和别人正在做的，或者该要做的事情产生了系统性的误解。”[14]

就如同许多其他文学批评可以被纳入建筑学领域那样，这种方式似乎也很贴切；而且，即使没有深入分析，它仍然可以提供类似的解释。建筑师勒·柯布西耶有着威廉·约迪（William Jordy）所谓的“诙谐的、矛盾的智慧”[15]，他具有多重的面目，智慧的参照和复杂的诙谐，他建立起诸多精妙的伪柏拉图式的结构，仅仅为了再以同样精妙的、带有经验细节的矫饰来伪装这些结构；随后出现了作为城市主义者的勒·柯布西耶，具有完全不同策略的、表情严肃冷峻的倡导者。在一种巨大和公共的尺度上，他极少使用思辩的技巧和空间的变化，他始终认为适当的装饰更适宜于个人化的环境。公共世界是简单的，私人世界是精致的；而且，如果私人世界引发了对于偶发事件的关注，那么潜在的公共性格长期以来就保持了一种对于所有特殊色彩都过于大义凛然的蔑视。

但是，如果复杂房子—简单城市的情形令人感到有点怪异（或许人们会觉得情况对调才是有道理的），而且如果想要解释勒·柯布西耶的建筑和他的城市设计之间的差异性，那么人们似乎觉得这是一个狐狸为了公共性外表的目的而乔装打扮成刺猬的案例，这是在一个题外话中植入另一个题外话。我们发现在今天狐狸已经够稀有的了；但是，尽管第二个题外话随后可能会派上用场，整个狐狸—刺猬话题的转换是为了表面上的其他目的而开始的，是为了使阿德良和路易十四或多或少地成为自由践行这两种精神类型的代表，他们具有专制的能力，可以放纵自己固有的倾向；那么试问，他们的两种产物——一个是互相冲撞后残余碎片的堆积，一个是完满和谐的展示，哪一种可以

[13] Berlin, op cit, p.10.

[14] Berlin, op cit, p.14.

[15] William Jordy, “The Symbolic Essence of Modern European Architecture of the Twenties and its Continuing Influence”, *Journal of the Society of Arhcitectural Historians*, Vol XXII, No 3, 1963.

成为对于今天而言更好的范例？

阿德良离宫是一座微缩的罗马。它似乎合乎情理地再现了所有片断之间的碰撞，以及一座城市所能尽情展现的所有偶然的经验性事件。这是对于罗马的保守的认可，而凡尔赛宫则是对于巴黎的激进的批评。在凡尔赛宫，所有的设计完整而完美；但是在蒂沃利以及在阿德良的罗马，设计和非设计界定并放大了它们各自的陈述。阿德良是弗朗索瓦·乔伊所谓的一位“文化主义者”，关注情感和实用性；但对于“进步主义者”路易十四（由科尔伯特辅佐）来说，可以合理化的现在与未来使其自身展现为一种精确化的理念。随机化特征，地方多样性，对这种思想状态而言，没什么好说的；而当科尔伯特的合理性开始由图尔高传到圣西门和孔德时，人们开始看到凡尔赛宫的预言的深远影响。

当然在凡尔赛宫，人们已经预见到了理性有序的、“科学”的社会的所有神话，即一个在知识和信息统治下的、消除了偶然性的社会，辩论在其中变得多余；而且，如果我们继续用历史演进的幻想来浇灌这个神话，并进一步用诅咒的威胁或对危机的关注给它充电，我们可能开始走近那种差不多主导了现代建筑起源的思想状态。但是，如果我们越来越难以不对这样一个古老的故事微笑，即为了避免即将到来的厄运，必须使人类的事业与幸福命运的必然力量更紧密地结合起来，那么，如果我们由于我们的这种嘲弄而得以解脱，就有可能（这个想法是在充分犹豫的情况下提出的）商议怎么来提升，首先是品味，其次是常识。

当然，品味或许从来、也不再是一种严谨的或者本质性的东西，谈及常识，同样应该有所保留；但是，如果两者都是最粗略的概念，它们仍然可以恰当地作为另一种看待阿德良离宫的最粗糙的、直接的方式。因此，鉴于凡尔赛宫和蒂沃利的同等规模、同样的恒久性的状况，几乎可以肯定，今天无拘无束的审美偏好会赞同阿德良离宫所呈现的结构上的不连续性和众多节奏变化的惊喜。同样，无论当前人们对于“单一中心视域”，以及对于完全、整体和新颖的连续性状况的关注是什么，很显然，阿德良离宫多样的不连贯性，以及它是由不同的人（或政权）在不同时期进行建造的持续性推论，它似乎是精神分裂与合理性的结合，都可能令我们注意到一个政治权力频繁——而又和缓地——更迭的政治社会。

鉴于卡尔·波普尔反乌托邦的论战，鉴于以赛亚·伯林本质性的反刺猬的暗示，这一观点的倾向性目前应当是明确的：由于在政治环境中完全不可行，相比起在总体和“完美”解决方案的幻想中自娱自乐，最好考虑一种小型的，甚至是相互矛盾的片段的集合（几乎就像不同政权的产物那样）。这意味着将阿德良离宫设定为某种模板，以展示对于理想的需求和对于特殊性的需求。其进一步的含义在于，在政治上，此类装置逐渐开始变得必要了。

但是，当然，阿德良离宫不仅仅是部件的物理性碰撞。它不仅仅是罗马的复制品。因为它还展现了与其平面一样复杂的意象。这里的参考应该是埃及，而我们则被设想在叙利亚，或者其他地方，我们可能是在雅典。因此，在物理上，阿德良离宫呈现为帝国大都市的一种版本，它进一步作为帝国带来的混合性的一种普世例证，并且也作为阿德良旅行的一系列纪念品。也就是说，在阿德良离宫中，除了物理性碰撞（虽然依赖于它们？），最重要的是，我们都处在符号性参照的高度影响下，而且还要引入一个必须推迟的论点：在阿德良离宫中，我们获得了一种类似于今天的观点，大家习惯上将其称为拼贴。

冲突城市与“拼贴”策略

这就是两次世界大战的间隔期间对于危机的膜拜。社会必须及时地把自己从过时的伤感、思绪和技术中引导出来。而且，如果为了迎接即将到来的解放，它必须准备好空白画板（tabula rasa），那么，作为这一变革中的关键人物的建筑师，必须做好准备成为历史领袖，因为人类栖居并审慎建成的世界正是新秩序的摇篮。为了合宜地摇晃这个摇篮，建筑师必须主动走上前来，成为一名为人类而战的前线战士。也许，尽管建筑师自称是科学的，他们未曾在如此奇特的精神—政治环境中操作过。但是再唠叨一下，正是由于这个原因，也就是帕斯卡尔式的心智，城市才会被设想成为一种科学发现的结果，一个完全欢乐的、“人类”合作的结果。这就成为了行动派乌托邦的整体设计。这也许是一个不可能的愿景，那些在过去五六十年间一直焦急等待这种新城市建成的人们（他们中的许多肯定已经去世），他们必然会越来越清楚地认识到，这种誓言恰如其所昭示的那样，将无法实现。也许人们可能会想：尽管整体设计的启示在其履历中有些瑕疵缺陷，而且经常遭到质疑，但它可能迄今仍然作为城市理论及其实际应用的心理学基础而留存下来。实际上，它是如此之少地受到抑制，以至于在最近几年中，这种信息的全新的、完全理论化的版本，以一种“系统”方法和其他“方法论”的形式得以出现。

我们在很大程度上引入卡尔·波普尔，以支持我们并不完全同意的反乌托邦论点，但是在我们对行动派乌托邦的解释中，我们受到波普尔立场的恩惠肯定是显而易见的。这个立场，尤其是在《科学发现的逻辑》（*Logical of Scientific Discovery*，1934 年）和《历史决定论的贫困》（*The Poverty of Historicism*，1957 年）[16] 中详尽论述时，是难以回避的。人们可能认为，现代建筑作为科学的观念，作为统一的综合科学的潜在部分，在理想情况下它就如同物理学（在所有的科学中是最好的科学），几乎不可能使自己迟迟不能进入到一个包含有波普尔对这种幻象进行批判的世界中。但这是对于建筑论战的封闭性和迟钝性的误解，在这些领域中，波普尔的批判似乎并不为人所知，早期

[16] Karl Popper, *The Logic of Scientific Discovery*, New York 1959 (originally 1934); The Poverty of Hisoricism, London, 1957.

现代建筑的“科学性”也被认为是令人苦恼的缺陷，毋庸赘言，所提出的解决问题的方法是耗时费力的，而且往往也是遥遥无期的。。

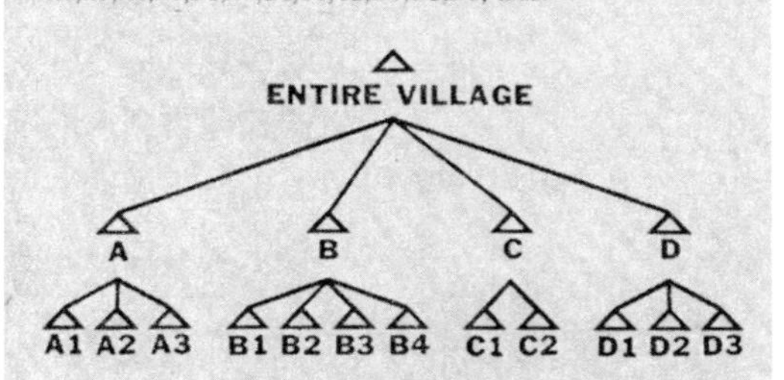

The complete list of interactions defines the set *L*. As we have seen before, the set *M* of misfit variables, together with the set *L* of links, define the graph *G*(*M*,*L*).

Analysis of the graph *G*(*M*,*L*), shows us the decomposition pictured below, where *M* itself falls into four major subsets A,B,C,D, and where these sets themselves break into twelve minor subsets, A1,A2,A3,B1,B2,B3,B4,C1,C2,D1,D2,D3, thus:

A1 contains requirements 7, 53, 57, 59, 60, 72, 125, 126, 128.
A2 contains requirements 31, 34, 36, 52, 54, 80, 94, 106, 136.
A3 contains requirements 37, 38, 50, 55, 77, 91, 103.
B1 contains requirements 39, 40, 41, 44, 51, 118, 127, 131, 138.
B2 contains requirements 30, 35, 46, 47, 61, 97, 98.

151

人们只需考虑一下在诸如《论形式的综合》（*Notes on the Synthesis of Form*）「17 这样的文本中所论述的操作的严密性，即可了解到这种情形。很显然，这是一个处理“纯净”信息的“纯净”过程，雾化、清洗、再清洗，一切在表面上都是健康卫生的；但是由于这种投入的内在本质，尤其是在物质层面的投入，它的成果似乎永远没有它的过程那么显著。与此相似的可能是枝干网络、网格、蜂窝结构等相关产物，它们在 1960 年代后期成为一项轰轰烈烈的事业，两者都试图避免来自偏见的污染；在第一个案例中，如果经验事实被假设为价值中立，而且是完全确凿的，那么在第二个案例中，网格坐标被赋予了同等的公平性。因为如同经度与纬度的线条，人们期望它们能够以某种方式，在具体的填充过程中杜绝任何倾向性，甚至包括责任。

但是，如果理想的中立观察者纯粹属于一种批判性的神话；如果在围绕着我们的众多现象中，我们想要观察自己想看的东西；如果由于大量的事实信息终究难以消化，从而使得我们的判断本质上就是选择性的；如果“中性”网络的实际运用将会遇到类似问题，建筑师作为 18 世纪自然哲学家的化身，作为救世主和科学家，摩西和牛顿，带着全套小小的测量棒、天平仪和蒸馏器的神话（一个由于被建筑师的缺乏门第出身的表弟 [也就是规划师] 所兼并之后而变得更加荒谬的神话），现在就必须与《野性的思维》（*The Savage Mind*）和“拼贴”所展现的各种事物一起考虑。

克劳德·列维 - 斯特劳斯认为，“在我们中间仍然存在着一种活动，它使我们从技术层面上很好地理解了那种我们倾向称作‘先前的’，而不是‘原本的’科学在思维层面上的情况。这就是在法语中通常被称为‘拼贴’的东西”「18。然后他对“拼贴”的目标和科学的

「17 Christopher Alexander, *Notes on the Synthesis of Form*, Cambridge, Mass., 1964.

「18 Claude Levi-Strauss, *The Savage Mind*, Chicago, 1969, p16.

对于清晰可辩秩序的渴望，依然是那些城市“系统”方法信奉者的心理学基础。这些对于秩序的渴望可以用最为简洁的图解来表达，例如克里斯托弗·亚历山大的《论形式的综合》

目标，以及“拼贴匠”（bricoleur）和工程师的各自角色进行了广泛的分析。

“在它旧有的含意中，动词‘拼贴’（bricoler）适用于球类和桌球、狩猎、射击和骑术。但是它一直也被用来指称一些不相干的活动：一只反弹球，一只狗或者一匹马绕开障碍。而在我们这个时代里，‘拼贴匠’仍然是指一个用他的双手、并用与工匠相比较为迂回的方式来进行工作的人。”[19]

现在我们无意将论点的全部重心放在列维-斯特劳斯的评论上，而是想要促成一种认识，它可以在某种程度上被证明是有用的，以至于如果有人要把勒·柯布西耶看作是伪装成刺猬的狐狸，那么他也会很容易识别类似的伪装的企图：“拼贴匠”装扮成工程师。

“工程师制造属于他们时代的工具……我们的工程师在工作中是健康的、有阳刚之气的，是活跃的、大有作为的，是安定的、欢乐的……我们的工程师制造建筑，因为他们采用了一种来自自然法则的数学计算。”[20]这样的说法几乎完全代表了早期现代建筑最明显的偏见，但是接下来我们将它与列维-斯特劳斯的陈述比较一下：

“‘拼贴匠’擅长完成大量的、各式各样的工作；但是与工程师不同，他不会局限于仅为该项目的目标而准备的原料和工具。他所有的工具是有限的，而且他的操作规则总是采用‘任何手边的东西’，也就是说，采用总是有限的并且多元的一套工具和材料，因为它所包含的内容与现时的计划没有关系，或者与任何特定的计划都没有关系。但它是以往出现的一切情况的偶然结果，这些情况连同先前的建构与分解过程中的剩余物，更新或丰富着这些工具的储备。这样，‘拼贴匠’的这套工具就不能按照一种计划来确定其内容（而在例如工程师的案例中，至少在理论上，有多少不同种类的计划，就有多少套不同的工具和材料），它只能根据潜在的用途来确定……因为这些零件是以‘它们或许总归是有用的’的原则来收集或储存的。这种零件的专门性达到了一定程度，足以使‘拼贴匠’不需要所有行业和职业的设备和知识，但对于每一种专用目的而言，零件却不齐全。它们都表现了一套实际的和可能的关系；它们是‘算子’（operators），但是它们

[19] Levi-Strauss, *op cit*, p.16.

[20] Le Corbusier, *Towards a New Architecture*, London 1927, pp. 18-19.

却可以应用于同一类型的任何运算。”⌈21

对于我们而言，不幸的是列维 - 斯特劳斯并没有采取一种适当的、简练的引证。例如“拼贴匠”，他当然代表了一种“特殊工作的人”，但其意义远不止于此。“众所周知，艺术家既有点儿是科学家，又有点儿是‘拼贴匠’”⌈22，但是，如果艺术创作处在科学与“拼贴”的中间地段，这并不意味着“拼贴匠”是“落后的”，“可以认为工程师是向宇宙提问，而‘拼贴匠’则是与人类尝试后留下的残余物打交道”⌈23，但同时必须肯定的是，在这里不存在首要性的问题。很简单，可以这样来区分科学家和“拼贴匠”：“他们赋予事件和结构不同的功能——手段和目的，科学家通过结构创造事件，而“拼贴匠”借助事件来创造结构。⌈24

但是目前在这里，我们与以指数级增长的精密“科学”的概念（一艘快艇，其后牵引着像拙手笨脚的滑水者的建筑学和城市设计）相距甚远；相反，我们不仅面对的是“拼贴匠”的“野性思维”与工程师“被驯服”的思维之间的一种冲突，而且还认识到这两种思维方式并不代表一种进步的序列（例如工程师代表了“拼贴匠”的一种完美境界，等等），而在事实上，两者在思想上是有必要共存和互补的。换言之，我们可能即将到达列维 - 斯特劳斯的“感觉性的逻辑思维（pensée logique au niveau du sensible）”的类似观点。

因为如果我们可以使自己摆脱职业情趣和公认的学术理论的欺骗，那么对“拼贴匠”的描述远比从“方法论”和“系统论”中产生的任何幻想更能说明建筑师—城市设计师是什么、做什么。

事实上，由于建筑学总是以各种方式关注改善，关注通过无论多么模糊地感知得到的标准，使事物变得更好，关注事物应该如何，因此，建筑学的困境总是绝望地涉及价值判断，永远不可能以科学的方式，更不可能以关于“事实”的简单经验的方式获得解决。而且，如

1

19 Watts Towers 是由一位意大利裔建筑工人 Simon Rodia 花了 33 年时间，在没有图纸、不借助任何专用机械的情况下，利用业余时间断断续续完成的建筑作品。整个建筑都由诸如破金属棒、被遗弃的水管、破床架等等徒手可拾的材料拼凑而成，30 多个高达 30 米、朝向天空的塔型雕塑装饰着玻璃、瓦片、珠宝饰品、大理石和贝壳等材料，颇为“艳俗”，却是美国朴素主义的代表，并于 1990 年被宣布为美国国家历史地标（National Historic Landmark）。

⌈21 Levi-Strauss, op cit, pp. 17-18.

⌈22 Levi-Strauss, op cit, p. 22.

⌈23 Levi-Strauss, op cit, p. 19.

⌈24 Levi-Strauss, op cit, p. 22.

1 洛杉矶，瓦茨塔（Watts Towers）[19]：拼贴匠可以为严谨科学的建筑和规划方法提供有效的替代方法。拼贴作为一项活动，展现着处理人类各种努力后遗留下来的奇妙东西的意愿

2 17 世纪的罗马体现了理想城市类型的辩证关系。这是一个完整的城市，互相配合的各个部分也表达着自己的身份

果这是涉及建筑学的情况，那么，在涉及城市设计时（它甚至不关心将事物建造起来），关于解决其困难的科学方法的问题只能变得更加尖锐。因为，如果通过对所有数据的最终收集而获得“最终”解决方法的概念明显是一种认识论的妄想，如果信息的某些方面将始终保持着含糊或混沌，如果“事实“的清单由于变化和过时的速度而永远不可能是完整的，那么此时此地，我们必然可以认为，在现实中，科学城市规划的前景应被视为等同于科学政治的前景。

因为，如果城市规划几乎不可能比形成了一个专门机构的政治社会更科学，那么无论在政治的还是在规划的情形中，在采取行为之前都不可能收集到充足的信息。在两种情况中，具体措施无论如何都不可能等待一种可以用来最终解决问题的理想的未来公式。而且，如果这很可能是因为，产生这种公式的未来可能性是建立在目前不完善的行为之上的，那么这只能再一次意味着，政治是如何类似于“拼贴”的角色，而城市规划也是应当如此。

但是，（由刺猬推动的？）“进步主义”的整体设计和（由狐狸推

2

动的？）“文化主义”的拼贴，这两种选择是否真的是我们最后可以选择的全部？我们相信是的，并且我们认为整体设计的政治影响简直是毁灭性的。没有持续不断的妥协与权宜之计、任性与专断的状况，只有“科学”和“命运”的极度不可抗拒的结合，这就是行动派乌托邦或历史派乌托邦的未被意识到的神话。在这一完整的意义上，整体设计过去以及现在就是用来使人相信的。因为，在一种世俗层面上，整体设计只能意味着整体控制，不是由与科学或历史的绝对价值有关的抽象概念来控制，而是由人的政府来控制；如果这一点似乎不值得强调，那么也不需要过于强烈地表明，整体设计（无论人们多么热衷于此）意味着它的实施需要具备集中式的政治和经济控制能力，考虑到目前世界上任何一个地方的政治权力的可能情况，这只能被认为是完全不可接受的。

“最专制的政府……不属于任何人的政府，技术极权主义”，在脑海中，汉娜·阿伦特关于某种恐怖事情的印象现在也可以呼之欲出。那么在这种背景下，什么是“文化主义者”的拼贴行为？人们可

以预测它的危险性，但是，出于对历史和变化的迂回曲折，对于未来必定会有的突如其来的临时休止，对于社会形态的整体腔调的一种审慎认知，将城市理解为一种本质上的、甚至理想上的拼贴性作品的这一概念，开始逐渐引起密切关注。因为，如果整体设计可能体现逻辑经验主义向一个最不经验的神话的屈从，如果它似乎可以将未来（因为所有将会真相大白）设想为一种无需辩论的辩证法，那么，正是因为（如狐狸那样的）拼贴匠不会接受这种终极综合体的前景，因为他所面对的不是一个世界（尽管可以无限延伸但是处在同一观念之下），他的活动本身就意味着处理多种封闭的有限系统（人类各种努力后留下来的奇妙东西的集合）的意愿和能力，至少在目前，他的行为可以提供一种重要的模型。

事实上，如果我们愿意承认科学和“拼贴”的方法具有一种如影随形的倾向，如果我们愿意认为它们两者都是处理问题的一种模式，如果我们愿意（但这也许有点困难）同意“文明”思维（带着它的逻辑连贯性的前提）和“野性”思维（带着它的非逻辑性的跳跃）是平等的，那么在重建与科学并存的“拼贴”的过程中，我们甚至可以认为，一种真正实用的未来辩证法已经出现了。

一种真正实用的辩证法？这种想法只不过是争吵不休的权力之间的斗争，是严格约定的利益之间固有的冲突，是对他人利益的合理性的质疑，民主进程正因如此才能持续向前。因此这种思想的必然结果不过是老套的；假如确实如此，假如民主是自由主义者的热情和墨守陈规者的怀疑之间的结合，假如它本质上是各种观点之间的撞击，并且被如此接受，那么为什么不能允许一种争权夺利的理论（它们全部都是可见的），从而可能建立一个比任何目前已经创造出来的更加理想、综合的心灵之城。

考虑到阿德良离宫，这种设想使我们（就如巴甫洛夫的狗那样）自然地想起 17 世纪罗马的情形：专制与宽容形成密不可分的融合，思想之间极其成功、火星四射的冲突，一个内部的作品合集以及穿插其

20　该博物馆位于罗马郊外罗马博览会新城（Esposizione Universale Roma）。

帝国时期的罗马（图中的模型来自罗马文明博物馆[20]），完美地展示了丰富的拼贴

中的特别要素，这既是一种关于理想类型的辩证法，也是一种带着经验环境的理想类型的辩证法；而且关于 17 世纪罗马的思考（由个性鲜明的局部区域所构成的完整城市：特拉斯提弗列 [Trastevere]、圣尤斯塔基奥 [Sant' Eustachio]、博尔戈 [Borgo]、战神广场 [Campo Marzo]、坎皮特利 [Campitelli] ……），导向了对于其先辈的同样阐释，在那里，各种各样的广场和温泉浴室以一种相互依存的、独立的和多重解释的方式环绕周边。而罗马帝国当然是一种更加戏剧化的宣言。由于它更加突兀的冲突，更加截然的断裂，它更加四散的残片，更加彻底地区分开来的网络，以及普遍缺乏"善解人意"的顾忌，罗马帝国远比盛期巴洛克的城市，更加以其极度奢华的方式表达了一些属于"拼贴"精神的东西 ——这里是一个方尖碑，那里是一个柱式，某个地方又是一圈雕塑，即使在细部，这种精神也被完全表达出来。在这种联系中，回想一群历史学家所带来的影响是十分有趣的。他们曾经一度坚决致力于将古罗马人展现为在本质上是 19 世纪的工程师，古斯塔夫·埃菲尔（Gustave Eiffel）的先驱。他们不知何故，不幸地迷失了方向。

因此罗马（无论是帝王的还是教皇的，坚硬的还是柔和的）在这里可以被视为某种模型，代替社会机制和整体设计所带来的灾难性的城市设计的模型。因为，尽管人们认识到，我们这里看到的是一种特定的地形和两种特殊的、虽然不是完全可以分得开的文化的产物，仍然可以认为，这是一个并不缺乏普遍意义的论点。那就是：当罗马的格局和政治提供了也许是关于冲突场域和间隙残片（interstitial debris）最为形象化的案例时，仍然存在着更加平和的版本。

例如，罗马就是伦敦的一个内爆式版本（如果你愿意这样去认为）；当然，罗马—伦敦的模型完全可以扩展到对休斯敦或洛杉矶进行类似的解释。但是，引入细节将会过度延长争论，那么就此总结：我们倾向考虑意识觉知与升华了的冲突之间互补的可能性，而不是黑格尔的"真与美的不灭纽带"，也不是恒久的、未来的统一的思想；而且如果此处急需狐狸和"拼贴匠"，只可能是，当面临普遍盛行的科学主义和明显的放任自流之时，他们的活动可以提供真正的、持续的"通过设计来生存"。

拼贴城市与时间回返

现代建筑的传统总是宣扬一种对艺术的厌恶，却已经以极其传统的艺术方式——整体、持续、系统——来构想城市与社会；但是正如大家所见，还存在另外一种显然更加偏“艺术”的操作方法，从未被认为有必要切实地向“基本”原则看齐。现代性的另一种明确的传统（人们会想到毕加索、斯特拉文斯基、艾略特、乔伊斯这样的名字）与现代建筑的精神相去甚远；而且，由于它使得隐晦和反讽成为一种美德，所以它绝不认为自己需要配备一条私人通道来应对科学真理或历史模式。

“我从来没有做过试证或者试验”，“我不能理解‘研究’这件事情有什么重要性”，“艺术是一个谎言，它让我们认识真理，至少是艺术让我们去认识的真理”，“艺术家肯定知道如何使别人相信他谎言真实性的方法”「25，从毕加索的这些话语中，人们也许会想到柯尔律治关于一件成功艺术品的定义，那就是它能激发起“自然而然的心悦诚服”（这或许也可以作为一种成功的政绩的定义）。柯尔律治的心态也许更加英国，更加乐观，更少受到西班牙式讥讽的侵染，但是思想的轨迹——对现实的理解的产物由于远非容易驾驭——却大同小异；

「25 Alfred Barr, *Picasso: Fifty Years of His Art*, New York, 1946.

21 希腊神话中的一个神祇，代表了时间。

时间是克洛诺斯（Chronos）[21]吞噬自己孩子时的形状。
朱利奥·罗马诺作品中的灰泥时钟。
时间，这一“进步的节拍器”，它本身可以重新设定吗？

而且，一旦开始以这种方式去思考事物，除了最极端的实用主义者之外，所有人都会逐渐远离广受宣传的思想状态和有时被称为现代建筑“主流”的快乐的确定性。因为人们现在进入了一个建筑师和城市规划师已经基本上将自己排除在外的领域。主要的心态现在已经完全转变：虽然我们仍处于20世纪，但是一元论信条的盲目的孤芳自赏，最终得出一个更加悲剧性的认知，也就是它认识到了令人眼花缭乱、难以解决的经验的多样性。

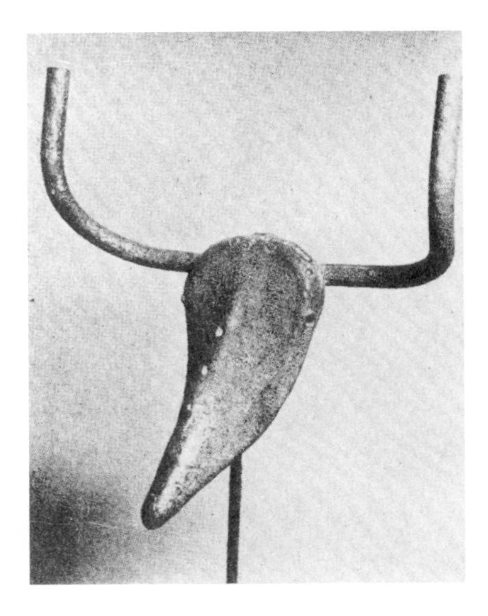

详细阐述自身的两种现代性模式现在或多或少已经浮出水面，而且，考虑到“严肃性”的两种对比模式，人们可以想到毕加索于1944年的《自行车坐垫》（公牛头）。

“你记得我最近展出的公牛头吗？我用自行车的坐垫和把手制作了一个任何人都能一眼看出是公牛头的公牛头。这就完成了一个转变；现在我想看看在相反方向上发生的另外一种转变。假设我的公牛头被扔进了垃圾堆，或许某天有个家伙走过来说：‘怎么正好有适合做自行车车把的东西……’于是，一种双重转变就达成了。”「26

对以前的功能和价值（自行车和米诺陶[minotaurs]）的记忆，语境的变换，意义的开发和再循环（有足够多的意义来循环吗？），对于功能的悬置以及参照物（reference）的聚合，记忆，预期，记忆与机智的关联，这是对毕加索命题的一系列反应。由于这一构想显然是说给人们听的，它以如此方式，以回忆中的愉悦和期望中的价值，以一种处在过去与未来之间的辩证法，以一种图式内容所产生的影响，以一种时间与空间的冲突，不禁令人想起前面的论述，我们或许需要讨论一下头脑中的那个理想城市。

面对毕加索的图像，人们会问：什么是假的，什么是真的？什么是古代的，什么是今天的？正是由于无法也不能回答这个令人愉快的艰巨问题，人们最终不得不从拼贴的角度来确定混合共存的问题（已经在阿德良离宫中有所预示）。拼贴与建筑师的良知，作为技术的拼贴，作为思维状态的拼贴：列维-斯特劳斯告诉我们：“‘拼贴’在手工艺消亡之际就已经开始兴起，它的时兴时起不可能……是别的，而

「26 Alfred Barr, op cit, p.241.

是自行车座椅，还是公牛头？1944年，毕加索设法变异了这些平凡的物体

是‘拼贴’被移入到思想领域”「27。如果20世纪的建筑师极不情愿地将自己视作为一名“拼贴匠”，那么正是在这一背景下，我们必须把他的冷淡与20世纪的重大发现联系起来。拼贴看上去缺乏真诚，表现出一种道德原则上的堕落，一种掺假。想想毕加索于1911—1912年创作的《有藤椅的静物》（他的第一个拼贴作品），我们就开始明白这是为什么。

阿尔弗雷德·巴尔在分析这幅作品时谈道：

“……藤椅的编制片断既非真实，又非画作，它实际上就是一块贴在画布上的印花油布，然后在上面进行局部涂抹。毕加索于此在一张画作上采用两种介质，在四种层次或比例上玩弄现实与抽象……（而且）如果我们不去纠结哪一个更加‘真实’，我们发现自己已经从审美沉思进入到隐喻沉思。因为看上去最真的东西实际上是最假的，而那些似乎离日常现实最遥远的东西，由于它至少是一件模仿品，或许才是最真实的。”「28

带有藤椅残片的油布是一件从下里巴人的“低俗”文化中捡来的拾获之物，又被弹射到阳春白雪的“高雅”艺术之中，这或许说明了建筑师的两难困境。拼贴既是质朴的，又是狡黠的。

「27 Levi-Strauss, op cit, p.22.

「28 Alfred Barr, op cit, p.79.

直白的、混杂的拼贴，毕加索的《有藤椅的静物》（1911年）。观众们很难辩分，画面中什么是“真实的”，什么是“绘画的”。谁能知道，模仿终止于何处，艺术又从哪里开始？

确实，在建筑师当中，只有伟大的骑墙者，时而狐狸时而刺猬的勒·柯布西耶，表达出对此类事物的接受。他的建筑，而不是他的城市规划，或多或少可以被视为一种拼贴过程的产物。实体和事件明显地带着它们的本源和本性，也从改变了的语境中获得了一种全新的效果。例如在奥赞方工作室，人们可以看到一大堆这样的隐喻和暗示，它们几乎全部都是通过拼贴手段组合到一起的。

截然迥异的实体通过各种“物质的、视觉的、心理的”方式被组合在一起，“油布上的印花细部刻画得非常清晰，它的表面看上去如此粗糙，实际上却是如此光滑……通过将绘画表面和画上的图形叠加在油布上，油布则部分被地被并入了两者”。「29 只用极少的修饰（将藤片油布替换成虚假的工业化饰面，将绘画表面替换成墙体，诸如此类），阿尔弗雷德·巴尔的观察就可以直接用来解读奥赞方工作室。不难发现更多的勒·柯布西耶作为拼贴匠的案例：最明显不过的德·比斯特盖顶层豪宅（De Beistegui penthouse）、普瓦西[22]和马赛公寓（船形和山形）的屋顶形式，莫里特住宅（Porte Molitor）和瑞士学生公寓（Pavillon Suisse）的毛石墙面，波尔多的佩萨克住宅（Bordeaux-Pessac）室内，特别是1928年的雀巢公司展示馆。

但是除了勒·柯布西耶以外，具有这种思想的人是十分稀少的，而且也甚少被人接受。人们可以想到卢贝特金（Lubetkin）和他在高点2号住宅群（Highpoint Ⅱ）中的伊瑞克先（Erectheion）人像柱，以及模拟木纹的房屋粉刷；人们可以想到设计了向日葵公寓（Casa del Girasole）的莫雷蒂，他在那里采用乡村化表皮（piano rustico）模仿了古迹片断；人们会想到设计了罗索府邸（Palazzo Rosso）的阿尔比尼（Albini），人们也会想到查尔斯·摩尔（Charles Moore）。但是这个名单不长，它的简短形成了一个令人尊敬的证言。它是针对绝对性的一种评议。因为拼贴，经常是作为一种关注世界上那些剩余之物的

22　指萨伏伊别墅。

23　高门区是伦敦市的郊区，位于汉姆斯台德 - 希斯地区的东北角。

24　位于波尔多（Bordeaux）市的南部，勒·柯布西耶于1924年为工业家弗鲁杰斯（Quartiers Modernes Frugčs）在佩萨克设计完成的一个住宅区。

「29 Alfred Barr, op cit, p.79.

拼贴——一种可以将混杂多元的参考物进行融合的方法

1　奥赞方工作室，到处都是幻景和参照物，它们似乎由拼贴手法关联到一起

2　卢贝特金在高点 2 号住宅群中，将伊瑞克先神庙中的人像柱带入到伦敦高门区（Highgate）[23]

3　1928 年的雀巢公司展示馆

4　马赛公寓的屋顶景象

5　柯布在德・比斯特盖顶层豪宅的设计中是一个拼贴匠

6　波尔图，佩萨克（Pessac）[24] 的一间起居室

方法，一种保持它们的完整性并赋予其尊严的一种方法，一种将事件的实在与盛名合成在一起的方法。它既是习俗的，又是突破习俗的，必然以无可预料的方式来操作。一种粗略的方法，“一种冲突之和谐（discordia concors）[25]；一种对陌生图景的融合，或者对看起来不同的事物中所隐含的共性的发现”，萨缪尔·约翰逊（Samuel Johnson）对约翰·多恩（John Donne）诗句的评价，也可以作为对斯特拉文斯基、艾略特、乔伊斯的评价，对众多综合立体主义画派创作的评价，它们表达了拼贴对于有效组织规范和记忆（a juggling of norms and recollections）的绝对依赖，对于一种回头看的依赖，这对于那些将历史和未来看成是指数级的进步，向着更完美的简单性发展的人来说，只会引出这样的判断，拼贴因其所有的心智技巧（安娜·利维亚[Anna Livia]，所有的沉积），对于严格的进化路线来说，是蓄意插入的障碍。

这一论断显然介于两种时间概念之间。一方面，时间就是进步的节拍器，它的序列性被赋予了累积性和动态性的特征；另一方面，虽然次序和年代顺序是公认的事实，但被去除了某种线性化的必要性的时间，被允许按照实验意图重新编排。从第一种论断来看，不合时宜的事务是一切潜在罪恶的最终根源；从第二种论断来看，日期概念无关紧要。马里内蒂说道：

“当不得不牺牲生命时，如果在我们脑海中闪烁着伟大的收获：高尚的生命从死亡中升华而来，那么我们就不会感到悲伤……我们正站在世纪的最前沿。回头看有什么用……我们已经生活在绝对之中，因为我们已经创造出最终无所不在的永恒速度。我们歌颂被工作激发起来的伟大人民：多么色彩斑斓而五音俱鸣的革命浪潮。”「30

他接着说道：

“维托里奥·威尼托战役（Vittorio Veneto）的胜利和即将降临的法西斯主义政权可算作最低限度的未来主义方案的实现……

「30 F. T. Marinetti, from the Futurist Manifesto 1909 and from appendix to A. Bellramelli, *L'uomo Nuoco*, Milan 1923. 两段引文均摘自 James Joll, *Three Intellectuals in Politics*, New York, 1960.

25　意思是从矛盾的、不协调的事物中所得出的一种和谐、统一的状态。萨缪尔·约翰逊在《诗人传记》（Lives of the Poets，1779 年）中，将“discordia concors”解释为“将不同相异的画面组合到一起，或者去发现隐匿于明显不同的事物之中的相似之处。

严格说来，未来主义是艺术的和意识形态的……

作为今日伟大意大利的预言家和先驱者，我们未来主义者向不满四十岁的总理致以崇高的未来主义式的敬礼。”

这或许是同一个论断的反证（reductio ad absurdum），毕加索说：

“于我看来，在艺术中没有过去和未来……我在我的艺术中所运用的几种方法不应当被视为一种进化，或是走向某种未知绘画理想的步伐……我所做的一切就是为了当下，并且希望它将永远保留在当下。”[31]

这可以作为第二种论断中的极端言论。从神学观点来看，一种论断是末日论的，另一种论断则是肉身论的；但是，当它们两者都有必要的时候，更为冷静、更为综合的第二种论断也许仍然值得注意。第二种论断可能包含着第一种，反之则不行；讨论到这里，我们现在可能将拼贴视为一种严肃的工具。

当我们看到马里蒂内的历时性（chronolatry）和毕加索的非时性（a-temporality），看到波普尔针对历史决定论的批判（这也是针对未来主义的），看到乌托邦和传统的困境，看到暴力和畏缩的问题，看到所谓的自由主义冲动和所谓的对秩序的保障的需求，看到建筑师道德紧身衣的宗教严酷性和更加理性的宽容目光，看到收缩和扩张，我们问：拼贴的确存在缺陷，但在此之外，还有什么可行的解决社会问题的方法？缺陷应该是很明显的，但是缺陷也指向并肯定了一个开放的领域。

这意味着拼贴方法，一种实体（以及姿态）脱离它们的环境而被征用或引出的方法，在今天是应对乌托邦与传统（无论是单个还是两者）的最终问题的唯一方法；并且，介入社会拼贴的建筑实体的来源无关紧要。它与品味和信仰有关。实体可以是贵族式的，也可以是“世俗化的”，学术的或大众的。无论它们来源于帕加马（Pergamum）或者达荷梅（Dahomey），底特律或杜布罗夫尼克（Dubrovnik），无论它们所展示的是20世纪的还是15世纪的，这无关紧要。社会和个人按照他们各自对绝对精神和传统价值的理解来进行聚合；并且在某种程度上，拼贴既包含了混合演示，也包含了对自我决策的要求。

但是这只能在某种程度上发生：因为如果拼贴城市可能比现代建

[31] Alfred Barr, op cit, pp. 79-80.

筑的城市更为友善，如果它可能是一种包容解放的手段，并且容许在多元化情境中各个组成部分都拥有自己的合法表达，那么，它不可能比任何其他人类机构更加完全友善。因为理想的开放城市，就如同理想的开放社会，和它的对立面一样，都是凭空想象出来的。开放社会和封闭社会，它们每一个都被设想为具有实践的可能性，都是相反理想的夸张描绘；并且人们应当选择将解放或控制的所有极端幻想归入夸张描绘的范畴。于是，当然必须承认波普尔赞同解放和开放社会的大部分论点。但是，同样也需要认识到，在经历了科学主义、历史决定论、心理学的长期否定之后，也需要重构一个具有操作性的批判性理论；如果我们期望为一个开放的社会去营造一座开放的城市，我们仍然需要注意到波普尔的总体立场的不平衡，这与他对传统和乌托邦的批判相类似。这似乎可以看作是对高度理想化的经验性过程的过于排他性的关注，以及相应地不愿去尝试一个积极的理想类型的建构。

正是广阔的文化时间维度，欧洲（或其他被认为是有文化的地方）的历史深度和丰富性，与“其他”地方的异国情调的微不足道形成鲜明的对比 ，它们极大地丰富了过往时代的建筑；而我们今天建筑的特征恰好与之相反——自愿废除几乎所有关于物理距离、空间界限的禁忌，与之并行的，是建立最顽固的时间边界的决心。在虔信者看来，这一时间顺序的铁幕将使现代建筑与所有随心所欲的、与时间关联的感染隔离开来；但是，当人们看清以往对其正当性的论证（辨别、孵化、温室）之后，人为地保持这种热情似乎越来越缺乏理由了。但是当人们认识到限制自由贸易，无论在空间上还是在时间上，都不可能永远有利可图，认识到没有自由交易，饮食就会变得单调和贫乏，幻想的空间就会极大萎缩，而且最终必然导致某种感觉上的紊乱。这只是指出了我们可以想到的情况的一个方面——一个可能的方面，一个波普尔可能认识到的方面，也是一个理智敏感的人很可能退缩的方面。因为对自由交易的接受并不意味着完全依赖于它，而自由交易的收益难道只能导致利比多（libido）的一种躁动?

在某种程度上，波普尔的社会哲学是值得赞同的。这是攻击与缓和的事，是对不利于缓和的态度的攻击。但是这种思想状态同时既展望了重工业和华尔街的存在（作为需要进行批判的传统），又假定了一个理想的争论舞台的存在（配有有机性的联邦制 [Tagesatzung] 的卢梭版本的瑞士行政州？），也可能激起怀疑的态度。

卢梭版本的瑞士行政州（对于卢梭而言几乎无用），类似的新英格兰市镇集会（白色粉刷和政治迫害？），18 世纪的下议院（不完全具有代表性），理想中的学院教员会议（对此可以说些什么），毫无疑问，这些——以及混杂的苏维埃、集体农庄以及其他与部落社会有关的东西——属于为数不多的逻辑性舞台，并类似于我们已经设定或树立起来的观点。但是，如果显然应该有更多这样的剧场，那么当人们思考他们的建筑时，也禁不住要问：这些是否仅仅是传统的建构？这意味着首先要闯入这些不同剧场的理想范畴，并随后追问（等待批判的），如果没有人类学传统中涉及巫术、仪式和理想类型的向心性的那一大堆东西，并假定乌托邦式的曼荼罗是最初的存在，具体的传统（有待批评）是否可以以任何方式进行想象。

尽管可能不完全确切，由于我们谈论的是一种积极的平衡的状态，现在必须要关注一下理想的瑞士行政州和明信片上的新英格兰社区。头脑中的瑞士行政州，它既可通行，又相隔离；以及明信片上的新英格兰村落，它虽封闭，却又向所有进来的商业投机开放。它们被誉为在一致性与独特性之间，始终保持着一种执拗而又着意的平衡。那就是：为了生存，它们只能保持两副面孔；因为这是自由贸易和开放社会的思想必须具备的条件，在这一点上，让人想起列维 - 斯特劳斯欠稳定的“结构与事件，必然与偶然，内在与外在……之间的平衡”。[32]

现在，一种不是根据定义而是根据其意图的拼贴术，坚持这样一种平衡行为的中心地位。一种平衡的行为？但是：

“你知道，智慧，是各种思想无可预料的融合，是对表面上远不相同的思想之间所存在的一些隐秘联系的发现；因此，智慧的流露是以知识的积累为前提的，是以储存着概念的记忆为前提的，而想象力可以将这些概念挑出来组成新的组合。无论头脑中的原生活力如何，她永远无法从很少的想法中形成许多组合，就像永远无法在几个钟上敲出许多变化一样。意外事件有时可能确实会产生一种幸运的类似，

[32] Levi-Strauss, op cit, p. 30.

或者一种惊人的反差；但是这些机遇的恩赐不是常有的，而且它没有属于自己的东西，却要让自己承担不必要的开支，必须依靠借贷或偷窃来生存。”「33

又一次，萨缪尔·约翰逊为类似拼贴的东西提供了一个远比我们所能作出的更好的定义。他的观察提出了一种交易，在其中，所有的组成部分都保留了因交往而丰富的特性，它们各自的角色不停地转换着，幻象的焦点始终围绕着现实的轴心而不停地变化。当然这种思想状态应该贯穿于乌托邦和传统的所有方法。

我们再次想到阿德良，想到了在蒂沃利的“个体性”与多样性的景象。同时，我们也想到了在罗马都城中的阿德良陵墓（圣天使城堡[Castel Sant' Angelo]）以及万神庙。我们尤其想到了万神庙，想到它的天眼（oculus）。这引发我们去思考那种必然是单一意图（帝国守护者）的公共性和精心设计的个人趣味的私密性——这完全不像光辉城市与加歇（Garches）（住宅）的情况。

乌托邦，无论是柏拉图式的还是马克思式的，都通常被视作寰宇之轴（axis mundi）或历史之轴（axis istoriae）；但是，如果它以这种方式运行，如同完全图腾化的、传统主义的和未经批判的思想混合体，如果它的存在在诗意方面是不可或缺的，在政治上是可悲的，那么我们只能主张这种想法：一种包容所有的寰宇之轴的拼贴技术（它们全是袖珍型的乌托邦——瑞士行政州、新英格兰村庄、金顶清真寺[Dome of the Rock]、旺多姆广场[Place Vendome]、卡比托利欧[Capidoglio) 等等)，可能会成为一种能够让我们既享受到乌托邦的诗意，又免于不得不去遭受乌托邦政治困境的方法。也就是说，由于拼贴的优点来源于它的反讽，因为它似乎是一种运用事物、但同时又对它们保持怀疑的技术，它因此也是一种可以将乌托邦作为一种图景，以碎片的方式来处理的策略，而不需要我们全盘接受它；甚而言之，拼贴可以成为一种策略，它通过支持永恒和终极的乌托邦图景，甚至可以去推动一种变化、运动、行动与历史的现实。

「33 Samuel Johnson, *The Rambler*, No 194, January 1752.

罗马万神庙的天眼，空间、时间，以及欧洲所有的历史渊薮

译名索引

A

B

C

D

E

F

G

H

I

J

K

L

M

N

O

P

R

S

T

U

V

W

Y

Z

译后记

1996 年初秋，我在同济大学刚刚完成博士生阶段的必修课程，时间方面有了一些闲暇，于是差不多每日都会花上半天泡在学校的图书馆里，想努力弥补一下在城市规划领域的知识空缺。同济大学图书馆当时在全国高校中是一座为数不多的高层建筑，位于第八层的外文资料室，平时基本上没有什么人，靠近窗口的一个角落就成了我的专属区域。

在当时的条件下，所谓专业对口的原版书籍也就散落在几排书架之间，而且大多数早已过时。要想找到值得一读的书，就只能在清一色的黑色硬壳封面中慢慢地淘了。这本印有“Collage City”烫银字体的书差不多被放在书架的最低层，虽然一时没看明白标题，随手翻了一翻，就被其中那张由各种奇怪的建筑组合而成的城市地图给电了一下，从这张地图中，依稀可以辨识以前在建筑历史课中学到的一些内容，奥林匹亚的露台剧院、路卡的竞技场、佛罗伦萨的乌菲齐、米兰的拱廊街……这些毫无关联的建筑平面图以一种貌似随机的方式组合在一起，形成了一种图案般的精妙格局。跟着这一瞬间的好奇心，再往下翻阅随后的文字，就立刻感受到了一种扑面而来的晕眩，于是整个下午就处在一种莫名的燥热之中。

《拼贴城市》采用的是一种文绉晦涩的写作语言，经常大半页的文字实质上就是一句话，得花上好一阵才能理顺句型结构，其中又没头没脑夹杂着许多从未接触过的特定名词与专业术语，这种阅读感受有些类似于陷入到康德著作的泥泞之中，而柯林 · 罗，他的名字当时对于国内的建筑界还几乎是个空白。

这样的一本天书，必定不是一时半会儿可以搞定的，于是就与门口的图书管理员磨了好半天，总算开恩借了出来。那时复印机在学校里还是一个稀罕物，再接着央求同宿舍的室友去他的实验室连夜翻印了一本，就这样，它成了我的一件珍物。

在接下来的四五年中，这个复印本始终随身携带，如果没有什么特别着急的事情，每天早晨的七点到十点钟就成了与之搏斗的时间。翻译就是为了阅读，或者为了阅读就只能逐字逐句地翻译，每天能够弄完两页已经实属不易，但是往往即便每条词语都已经列举清楚，也还是难以知道作者想要表达的意思是什么，于是又开始第二遍、第三遍……同时还得按图索骥去查询那些没完没了的相关线索。至于学校的图书馆，说来有些惭愧，自此之后就再未进入过一次。想象着很多空间都已经变动过多次，但愿八楼的外文资料室仍然保持着原样，而那本黑色硬壳的原版书，仍然静静地躺在倒数第二层的书架里。

后来一次偶然机会，结识了中国建筑工业出版社的徐纺女士，当时她正在筹建出版社在上海的工作室。听了对此书的介绍后，她鼓励我将它坚持译完，并帮着联系李德华教授作为译校。记得当时去他家时，年逾古稀的李先生正在兴致勃勃地学习西班牙语，一开口就指出“Plaza Mayor”应该要翻译成“大广场”，而旁边的罗小未先生则笑眯眯地端上来一盆水果，一种惴惴不安的紧张油然而生……

在度过浑浑噩噩的三年后，第一版中文译本于 2003 年由建工出版社出版。总体而言，由于当时学识浅薄，加上可以用于襄助的书籍资料也非常匮乏，所以尽管竭尽全力，仍然存有许多地方理解不清，这也就沉积为一个心结。时隔十年，随着西方现代建筑理论的大量涌入，专业书籍的大量普及，再加上互联网应用的日臻成熟，就逐渐萌发了对早先版本进行修订的念头，同时也可以借此机会将原著再进行彻底的梳理。

这一愿望幸得时任同济大学出版社光明城系列主持人秦蕾女士的热心帮助得以成立。大约从 2014 年开始，重新翻译并组织再版的工作就被纳入到日程之中。恰好此时得有机会前往纽约哥伦比亚大学访学一年，所结识的大卫·格雷厄姆·肖恩教授以前曾经受教于柯林·罗，他当时的一幅描绘伦敦城市结构的图，也被罗悄悄地收入《拼贴城市》之中。有一次我问他为什么柯林·罗的文字这么难懂，他就惟妙惟肖地模仿罗的讲话腔调，向我解释罗的文字很大程度上与他的思考方式相似，就是有些模糊不清的。这也有些类似柯林·罗在附录中对于城市的解读，一座城市就是由许多混沌而聚合的建筑群（ambiguous and composite buildings）所构成的，纵然有时会有一些壮丽的公共台地（splendid public terraces），但是那种自上而下的俯瞰，仍然不能让人洞悉这一复杂而混沌的聚合体。如果真能那样，人类社会的智慧及其积累，也就变得毫无意义了。

本次中文版本的形成，曾经得到过无数人的指点和帮助，江嘉玮、莫万莉、杨碧琼等为译文初稿提供了大量的指导、校正意见，责任编辑李争不辞辛劳，逐字逐句为文稿的每个部分进行了核验，另外还有我的研究生们，如曹源、蒋凡东、周丹妮、赵冠宁、朱静宜等，也加入到译稿的试读中。本次中文版也纳入了 1973 年英国《建筑评论》中的最初版本，因为其中内容与随后的版本有很大的不同，以便为读者呈现一幅更为全貌的拼贴城市的图景。另外，受启于华正阳博士的引荐以及丹尼尔·内格勒（Daniel Naegele）教授的推荐，本次译本的文字内容仍然采用了 1978 年的 MIT 版本，但是书中的插图与版式则采用了由霍伊斯利组织的 1986 年的德文版，以此尽可能多地在视觉感受方面实现柯林·罗曾经期待达到的效果，因为存在于图像中的很多意义，是文字所不能表达的。

童明

2021 年 5 月

图书在版编目（C I P）数据

拼贴城市 /（美）柯林 · 罗（Colin Rowe），（美）
弗瑞德 · 科特（Fred Koetter）著；童明译 . -- 上海：
同济大学出版社，2021.6

书名原文：COLLAGE CITY

ISBN 978-7-5608-9829-2

Ⅰ . ①拼… Ⅱ . ①柯… ②弗… ③童… Ⅲ . ①建筑哲
学 - 研究 Ⅳ . ① TU-021

中国版本图书馆 CIP 数据核字（2021）第 044251 号

出 版 人：华春荣
策 划：秦蕾 / 群岛工作室
责任编辑：李争
责任校对：徐春莲
装帧设计：付超
版 次：2021 年 6 月第 1 版
印 次：2024 年 4 月第 2 次印刷
印 刷：上海安枫印务有限公司
开 本：787mm×1092mm 1/16
印 张：23
字 数：574 000
书 号：ISBN 978-7-5608-9829-2
定 价：128.00 元
出版发行：同济大学出版社
地 址：上海市杨浦区四平路 1239 号
邮政编码：200092
网 址：http://www.tongjipress.com.cn
经 销：全国各地新华书店

本书若有印装质量问题，请向本社发行部调换。

COLLAGE CITY
拼贴城市

Colin Rowe Fred Koetter
柯林·罗 弗瑞德·科特

童明Tong Ming 译

本书受以下基金资助：
未来城市设计高精尖创新中心2019年度重点课题：基于城市功能混合视角的城市活力空间营造研究（UDC2019010921）
未来城市设计高精尖创新中心重大项目：城市设计理论方法体系研究（UDC2016010100）